普通高等教育土建学科专业"十二五"规划教材
全国高职高专教育土建类专业教学指导委员会规划推荐教材

建筑材料

(第四版)

(土建类专业适用)

本教材编审委员会组织编写
魏鸿汉　主编
卢经杨　薛国威　主审

中国建筑工业出版社

图书在版编目（CIP）数据

建筑材料/魏鸿汉主编. —4 版. —北京：中国建筑工业出版社，2012.7

普通高等教育土建学科专业"十二五"规划教材.全国高职高专教育土建类专业教学指导委员会规划推荐教材

ISBN 978-7-112-14531-7

Ⅰ.①建… Ⅱ.①魏… Ⅲ.①建筑材料 Ⅳ.①TU5

中国版本图书馆 CIP 数据核字（2012）第 168754 号

本教材是按照该门课程的教学基本要求及最新的有关国家标准或行业标准编写的。全书共分十三章，内容包括：绪论，建筑材料的基本性质，建筑石材，气硬性胶凝材料，水泥，混凝土，建筑砂浆，墙体材料，金属材料，有机高分子材料，防水材料，木材及制品，建筑功能材料，建筑材料试验等。

本教材主要作为高等职业教育土建类专业的教学用书，也可作为岗位培训教材或供土建工程技术人员参考使用。如需课件，请发邮件至 lm_bj@126.com。

* * *

责任编辑：朱首明　李　明
责任设计：陈　旭
责任校对：肖　剑　陈晶晶

普通高等教育土建学科专业"十二五"规划教材
全国高职高专教育土建类专业教学指导委员会规划推荐教材

建筑材料（第四版）

（土建类专业适用）

本教材编审委员会组织编写
魏鸿汉　主编
卢经杨　薛国威　主审

*

中国建筑工业出版社出版、发行（北京西郊百万庄）
各地新华书店、建筑书店经销
霸州市顺浩图文科技发展有限公司制版
北京市密东印刷有限公司印刷

*

开本：787×1092 毫米　1/16　印张：22¾　字数：523 千字
2012 年 10 月第四版　2015 年 11 月第二十八次印刷
定价：42.00 元（赠课件）
ISBN 978-7-112-14531-7
（22602）

版权所有　翻印必究
如有印装质量问题，可寄本社退换
（邮政编码　100037）

修订版教材编审委员会名单

主　任：赵　研

副主任：危道军　胡兴福　王　强

委　员（按姓氏笔画为序）：

丁天庭　于　英　卫顺学　王付全　王武齐
王春宁　王爱勋　邓宗国　左　涛　石立安
占启芳　卢经杨　白　俊　白　峰　冯光灿
朱首明　朱勇年　刘　静　刘立新　池　斌
孙玉红　孙现申　李　光　李社生　杨太生
何　辉　张　弘　张　伟　张若美　张学宏
张鲁风　宋新龙　陈东佐　陈年和　武佩牛
林　密　季　翔　周建郑　赵琼梅　赵慧琳
胡伦坚　侯洪涛　姚谨英　夏玲涛　黄春蕾
梁建民　鲁　军　廖　涛　熊　峰　颜晓荣
潘立本　薛国威　魏鸿汉

本教材编审委员会名单

主　任： 杜国城

副主任： 杨力彬　张学宏

委　员（按姓氏笔画为序）：

丁天庭　于　英　王武齐　危道军　朱勇年
朱首明　杨太生　林　密　周建郑　季　翔
胡兴福　赵　研　姚谨英　潘立本　魏鸿汉

修订版序言

本套教材第一版是2003年由原土建学科高职教学指导委员会根据"研究、咨询、指导、服务"的工作宗旨,本着为高职土建施工类专业教学提供优质资源、规范办学行为、提高人才培养质量的原则,在对建筑工程技术专业人才培养方案进行深入研究、论证的基础上,组织全国骨干高职高专院校的优秀编者按照系列开发建设的思路编写的,首批编写了《建筑识图与构造》、《建筑材料》、《建筑力学》、《建筑结构》、《地基与基础》、《建筑施工技术》、《高层建筑施工》、《建筑施工组织》、《建筑工程计量与计价》、《建筑工程测量》、《工程项目招投标与合同管理》等11门主干课程教材。本套教材自2004年面世以来,被全国有关高职高专院校广泛选用,得到了普遍赞誉,在专业建设、课程改革和日常教学中发挥了重要的作用,并于2006年全部被评为国家及建设部"十一五"规划教材。在此期间,按照构建理论和实践两个课程体系,根据人才培养需求不断拓展系列教材涵盖面的工作思路,又编写完成了《建筑工程识图实训》、《建筑施工技术管理实训》、《建筑施工组织与造价管理实训》、《建筑工程质量与安全管理实训》、《建筑工程资料管理实训》、《建筑工程技术资料管理》、《建筑法规概论》、《建筑CAD》、《建筑工程英语》、《建筑工程质量与安全管理》、《现代木结构工程施工与管理》、《混凝土与砌体结构》等12门课程教材,使本套教材的总量达到23部,进一步完善了教材体系,拓宽了适用领域,突出了适应性和与岗位对接的紧密程度,为各院校根据不同的课程体系选用教材提供了丰厚的教学资源,在2011年2月又全部被评为住房和城乡建设部"十二五"规划教材。

本次修订是在2006年第一次修订之后组织的第二次系统性的完善建设工作,主要目的是为了适应专业建设发展的需要,适应课程改革对教材提出的新要求,及时吸取新标准、新技术、新材料和新的管理模式,更好地为提高学校的人才培养质量服务。为了确保本次修订工作的顺利完成,土建施工类专业分指导委员会会同中国建筑工业出版社于2011年9月在西安市召开了专门的工作会议,就本次教材修订工作进行了深入的研究、论证、协商和部署。本次修订工作是在认真组织前期论证、广泛征集使用院校意见、紧密结合岗位需求、及时跟进专业和课程改革进程的基础上实施的。在整体修订方案的框架内,各位主编均提出了明确和细致的修订方案、切实可行的工作思路和进度计划,为确保修订质量提供了思想和技术方面的保障。

修订版序言

今后,要继续坚持"保持先进、动态发展、强调服务、不断完善"的教材建设思路,不片面追求在教材版次上的整齐划一,根据实际情况及时对具备修订条件的教材进行修订和完善,以保证本套教材的生命和活力,同时还要在行动导向课程教材的开发建设方面积极探索,在专业专门化方向及拓展课程教材编写方面有所作为。使本套教材在适应领域方面不断扩展,在适应课程模式方面不断更新,在课程体系中继续上下延伸,不断为提高高职土建施工类专业人才培养质量做出贡献。

全国高职高专教育土建类专业教学指导委员会
土建施工类专业分指导委员会
2012 年 5 月

序言 PREFACE

高等学校土建学科教学指导委员会高等职业教育专业委员会(以下简称土建学科高等职业教育专业委员会)是受教育部委托并接受其指导,由建设部聘任和管理的专家机构。其主要工作任务是,研究如何适应建设事业发展的需要设置高等职业教育专业,明确建设类高职人才的培养标准和规格,构建理论与实践紧密结合的教学内容体系,构筑"校企合作、产学结合"的人才培养模式,为我国建设事业的健康发展提供智力支持。在建设部人事教育司的领导下,2002年,土建学科高等职业教育专业委员会的工作取得了多项成果,编制了土建学科高等职业教育指导性专业目录;在"建筑工程技术"、"工程造价""建筑装饰技术"、"建筑电气技术"等重点专业的专业定位、人才培养方案、教学内容体系、主干课程内容等方面取得了共识;制定了建设类高等职业教育专业教材编审原则意见;启动了建设类高等职业教育人才培养模式的研究工作。

近年来,在我国建设类高等职业教育事业迅猛发展的同时,土建学科高等职业教育的教学改革工作亦在不断深化之中,对教育定位、教育规格的认识逐步提高;对高等职业教育与普通本科教育、传统专科教育和中等专业教育在类型、层次上的区别逐步明晰;对必须背靠行业、背靠企业,走校企合作之路,逐步加深了认识。但由于各地区的发展不尽平衡,既有理论又能实践的"双师型"教师队伍尚在建设之中等原因,高等职业教育的教材建设对于保证教育标准与规格,规范教育行为与过程,突出高等职业教育特色等都有着非常重要的现实意义。

"建筑工程技术"专业(原"工业与民用建筑"专业)是建设行业对高职人才需求量最大的专业,也是目前建设类高职院校中在校生人数最多的专业。改革开放以来,面对建筑市场的逐步建立和规范,面对建筑产品生产过程科技含量的迅速提高,在建设部人事教育司和中国建设教育协会的领导下,对该专业进行了持续多年的改革。改革的重点集中在实现三个转变,变"工程设计型"为"工程施工型",变"粗坯型"为"成品型",变"知识型"为"岗位职业能力型"。在反复论证人才培养方案的基础上,中国建设教育协会组织全国各有关院校编写了高等职业教育"建筑施工"专业系列教材,于2000年12月由中国建筑工业出版社出版发行,受到全国同行的普遍好评,其中《建筑构造》、《建筑结构》和《建筑施工技术》被教育部评为普通高等教育"十五"国家级规划教材。土建学科高等职业教育专业委员会成立之后,根据当前建设类高职院校对"建筑工程技术"专业教材的迫切需要;

序言

根据新材料、新技术、新规范急需进入教学内容的现实需求，积极组织全国建设类高职院校和建筑施工企业的专家，在对该专业课程内容体系充分研讨论证之后，在原高等职业教育"建筑施工"专业系列教材的基础上，组织编写了《建筑识图与构造》、《建筑力学》、《建筑结构》（第二版）、《地基与基础》、《建筑材料》、《建筑施工技术》（第二版）、《建筑施工组织》、《建筑工程计量与计价》、《建筑工程测量》、《高层建筑施工》、《工程项目招投标与合同管理》等11门主干课程教材。

教学改革是一个不断深化的过程，教材建设是一个不断推陈出新的过程，希望这套教材能对进一步开展建设类高等职业教育的教学改革发挥积极的推进作用。

土建学科高等职业教育专业委员会
2003 年 7 月

修订版前言

根据普通高等教育土建学科专业"十二五"规划教材的编写要求，在高职高专教育土建类专业教学指导委员会的组织和中国建筑工业出版社的支持下，在前三版由全国建设类和设置土建类专业高职院校广泛使用的基础上，第四版对以下内容进行了新的设计和修订。

（1）章节体系根据建筑材料应用的新理念加以调整；

（2）依据混凝土配合比设计新规范及混凝土新的检验评定标准对相关内容进行了重点修订和阐述；

（3）根据国家建筑节能标准的施行，增加新型节能保温墙体材料以及防水材料典型品种的介绍；

（4）参考建设行业执业资格（建造师、造价师等）考试对建筑材料知识掌握范围的界定，调整增减相应内容；

（5）遵循住房和城乡建设部新推出的《建筑工程施工现场专业人员职业标准》，充实了材料的进场验收和复验的内容，以满足教学内容与职业技能进一步对接的要求；

（6）参考国外先进教材和国内教学理念研究新成果，编写相应的"教学活动"（包括实践性、阅读性、情节性活动）。通过活动任务的设置，强化本书的教学设计，体现新时期高职教育教材的特色；

（7）按知识的相关性和考核要求，开发与教材配套的，符合 Scorm 国际标准并可纳入 LMS（学习管理系统）系统进行学习全过程管理的测验评价课件，以满足教学的需求（需要的院校可与出版社责任编辑联系），努力使本书成为形式新颖、深度适中、教师愿用、学生愿学、有吸引力的教材。

本书绪论、第一章、第五章、第十二章（部分）、各章的学习活动由中国建设教育协会专家委员会魏鸿汉编写，第四章、第十三章由常州大学王伯林编写，第六章、第七章由徐州建筑职业技术学院林丽娟编写，第二章、第三章由四川建筑职业技术学院杨魁编写，第八章、第十一章由内蒙古建筑职业技术学院李晓芳编写，第九章、第十章和第十二章（部分）由广东建设职业技术学院肖利才编写。本书由魏鸿汉任主编，王伯林任副主编。天津建材业协会副秘书长薛国威和徐州建筑职业技术学院卢经杨任主审。

由于编者水平和经验有限，书中难免存在疏漏和错误，衷心希望使用本书的读者批评指正。

2012 年 3 月

前言

本教材是根据高等学校土建学科教学指导委员会高等职业教育专业委员会制定的专业教育培养目标、培养方案及主干课程教学基本要求编写的,系建筑工程专业主干课程的教材之一。

本教材章节基本根据材料的组成而划分。根据高等职业教育人才培养目标的定位,教材在突出建筑材料的性质与应用这一主线的前提下,特别注意材料的标准、选用、检验、验收、储存等施工现场常遇问题的解决,对于理论性较强的问题以够用为度,不做过多、过深的阐述。

近年来,建筑材料的技术标准和规范有较大变化,本书一律采用最新标准和规范。根据建筑材料工业的不断发展和新技术、新工艺的不断涌现,本书在内容上摒弃一些已过时、应用面不广的建筑材料,注意反映新型建筑材料,以体现建筑材料工业发展的新趋势。

在教材体例的设计上,本书在各章节的主干内容外,加设"本章小结"、"复习思考题"、"习题",供教师课上组织教学和学生课后学习、复习选用。"应用案例与发展动态"主要摘自科研期刊和国内外科研网提供的资料,该部分内容供学生阅读使用,以增加学生的知识面,了解建筑材料的最新发展动态,增加教材的整体可读性。

本教材绪论、第一章、第五章由天津市建筑工程职工大学魏鸿汉编写,第二章、第三章由四川建筑职业技术学院杨魁编写,第四章、第十二章由甘肃建筑职业技术学院王伯林编写,第六章、第七章由徐州建筑职业技术学院林丽娟编写,第八章、第十一章由内蒙古建筑职业技术学院李晓芳编写,第九章、第十章由广东建筑职业技术学院肖利才编写。本教材由魏鸿汉任主编,王伯林任副主编,徐州建筑职业技术学院卢经杨任主审。

由于编者水平和经验有限,教材中难免存在疏漏和错误,衷心希望使用本教材的读者批评指正。

目 录

绪论 1

第一章　建筑材料的基本性质 7
　第一节　材料的化学组成、结构和构造 9
　第二节　材料的物理性质 11
　第三节　材料的力学性质 18
　第四节　材料的耐久性 21
　本章小结 23
　复习思考题 23
　习题 23

第二章　建筑石材 25
　第一节　岩石的基本知识 27
　第二节　常用的建筑（装饰）石材 31
　应用案例与发展动态 35
　本章小结 36
　复习思考题 36

第三章　气硬性胶凝材料 37
　第一节　石灰 39
　第二节　石膏 45
　第三节　水玻璃 48
　应用案例与发展动态 52
　本章小结 52
　复习思考题 52

第四章　水泥 55
　第一节　通用硅酸盐水泥概述 57
　第二节　硅酸盐水泥 65
　第三节　掺混合材料的硅酸盐水泥 73
　第四节　高铝水泥 79

第五节	其他品种水泥	81
应用案例与发展动态		85
本章小结		87
复习思考题		87
习题		88

第五章 混凝土 ········ 89

第一节	概述	91
第二节	混凝土的组成材料	92
第三节	混凝土拌合物的技术性质	103
第四节	硬化混凝土的技术性质	108
第五节	混凝土外加剂	118
第六节	普通混凝土的配合比设计	128
第七节	混凝土质量的控制	141
第八节	轻混凝土	147
第九节	特殊性能混凝土	160
应用案例与发展动态		168
本章小结		170
复习思考题		170
习题		171

第六章 建筑砂浆 ········ 173

第一节	砌筑砂浆	175
第二节	抹面砂浆	184
第三节	预拌砂浆	186
第四节	其他品种的砂浆	190
应用案例与发展动态		192
本章小结		193
复习思考题		193
习题		193

第七章　墙体材料 …… 195
第一节　砌墙砖 …… 197
第二节　砌块 …… 202
第三节　其他新型墙体材料 …… 205
应用案例与发展动态 …… 206
本章小结 …… 208
复习思考题 …… 208

第八章　金属材料 …… 209
第一节　建筑钢材 …… 211
第二节　钢结构专用型钢 …… 229
第三节　铝合金 …… 232
应用案例与发展动态 …… 232
本章小结 …… 233
复习思考题 …… 233

第九章　有机高分子材料 …… 235
第一节　高分子化合物的基本知识 …… 237
第二节　建筑塑料 …… 239
第三节　建筑胶粘剂 …… 247
本章小结 …… 250
复习思考题 …… 251

第十章　防水材料 …… 253
第一节　沥青材料 …… 255
第二节　其他防水材料 …… 263
第三节　防水卷材 …… 265
第四节　防水涂料、防水油膏、防水粉 …… 271
应用案例与发展动态 …… 275
本章小结 …… 276
复习思考题 …… 276
习题 …… 277

目 录

第十一章 木材及制品 ... 279
- 第一节 木材的基本知识 ... 281
- 第二节 木材的腐朽与防止 ... 286
- 第三节 木材的综合利用 ... 287
- 应用案例与发展动态 ... 290
- 本章小结 ... 291
- 复习思考题 ... 291

第十二章 建筑功能材料 ... 293
- 第一节 隔热保温材料 ... 295
- 第二节 建筑装饰材料简介 ... 298
- 第三节 建筑功能材料的新发展 ... 309
- 应用案例与发展动态 ... 311
- 本章小结 ... 312
- 复习思考题 ... 312

第十三章 建筑材料试验 ... 313
- 绪论 ... 315
- 试验一 建筑材料基本性质的试验 ... 315
- 试验二 水泥试验 ... 321
- 试验三 混凝土用骨料试验 ... 329
- 试验四 普通混凝土试验 ... 333
- 试验五 建筑砂浆试验 ... 337
- 试验六 钢筋试验 ... 339
- 试验七 石油沥青试验 ... 343

主要参考文献 ... 348

绪 论

绪论

一、建筑材料在建筑工程中的重要作用

建筑材料是指组成建筑物或构筑物各部分实体的材料。随着历史的发展、社会的进步，特别是科学技术的不断创新，建筑材料的内涵也不断在丰富。从人类文明发展早期的木材、石材等天然材料到近代以水泥、混凝土、钢材为代表的主体建筑材料进而发展到现代由金属材料、高分子材料、无机硅酸盐材料互相结合而产生的众多复合材料，形成了建筑材料丰富多彩的大家族。纵观建筑历史的长河，建筑材料的日新月异无疑对建筑科学的发展起到了巨大的推动作用。

首先，建筑材料是建筑工程的物质基础。不论是高达420.5m的上海金茂大厦，还是普通的一幢临时建筑，都是由各种散体建筑材料经过缜密的设计和复杂的施工最终构建而成。建筑材料的物质性还体现在其使用的巨量性，一幢单体建筑一般重达几百至数千吨甚至可达数万、几十万吨，这形成了建筑材料的生产、运输、使用等方面与其他门类材料的不同。其二，建筑材料的发展赋予了建筑物以时代的特性和风格。中国古代以木架构为代表的宫廷建筑、西方古典建筑的石材廊柱、当代以钢筋混凝土和型钢为主体材料的超高层建筑，都呈现了鲜明的时代感。其三，建筑设计理论不断进步和施工技术的革新不但受到建筑材料发展的制约，同时亦受到其发展的推动。大跨度预应力结构、薄壳结构、悬索结构、空间网架结构、节能建筑、绿色建筑的出现无疑都是与新材料的产生而密切相关的。其四，建筑材料的正确、节约、合理的运用直接影响到建筑工程的造价和投资。在我国，一般建筑工程的材料费用要占到总投资的50%~60%，特殊工程这一比例还要提高，对于中国这样一个发展中国家，对建筑材料特性的深入了解和认识，最大限度地发挥其效能，进而达到最大的经济效益，无疑具有非常重要的意义。

二、建筑材料的分类

建筑材料种类繁多，随着材料科学和材料工业的不断发展，新型建筑材料不断涌现。为了研究、应用和阐述的方便，可从不同角度对其进行分类。如按其在建筑物中的所处部位，可将其分为基础、主体、屋面、地面等材料；按其使用功能可将其分为结构（梁、板、柱、墙体）材料、围护材料、保温隔热材料、防水材料、装饰装修材料、吸声隔声材料等。本书是按材料的化学成分和组成的特点进行分类的，即将材料分为无机材料、有机材料和由这两类材料复合而形成的复合材料，见表0-1。

三、建筑材料的发展趋势

1. 根据建筑物的功能要求研发新的建筑材料

建筑物的使用功能是随着社会的发展，人民生活水平的不断提高而不断丰富的，从其最基本的安全（主要由结构设计和结构材料的性能来保证）、适用（主要由建筑设计和功能材料的性能来保证），发展到当今的轻质高强、抗震、高耐久性、无毒环保、节能等诸多新的功能要求，使建筑材料的研究从被动的以研究应用为主向开发新功能、多功能材料的方向转变。

建筑材料的分类　　　　　　　　　　　表 0-1

无机材料	金属材料	黑色金属：铁、碳素钢、合金钢 有色金属：铝、锌、铜及其合金
	非金属材料	石材（天然石材、人造石材） 烧结制品（烧结砖、陶瓷面砖） 熔融制品（玻璃、岩棉、矿棉） 胶凝材料（石灰、石膏、水玻璃、水泥） 混凝土、砂浆 硅酸盐制品（砌块、蒸养砖）
有机材料	植物材料	木材、竹材及制品
	高分子材料	沥青、塑料、有机涂料、合成橡胶、胶粘剂
复合材料	金属非金属复合材料 无机有机复合材料	钢纤维混凝土、铝塑板、涂塑钢板 沥青混凝土、塑料颗粒保温砂浆、聚合物混凝土

2. 高分子建筑材料应用日益广泛

石油化工工业的发展和高分子材料本身优良的工程特性促进了高分子建筑材料的发展和应用。塑料上下水管、塑钢、铝塑门窗、树脂砂浆、胶粘剂、蜂窝保温板、高分子有机涂料、新型高分子防水材料将广泛应用于建筑物，为建筑物提供了许多新的功能和更高的耐久性。

3. 用复合材料生产高性能的建材制品

单一材料的性能往往是有限的，不足以满足现代建筑对材料提出的多方面的功能要求。如现代窗玻璃的功能要求应是采光、分隔、保温隔热、隔声、防结露、装饰等。但传统的单层窗玻璃除采光、分隔外，其他功能均不尽如人意。近年来广泛采用的中空玻璃，由玻璃、金属、橡胶、惰性气体等多种材料复合，发挥各种材料的性能优势，使其综合性能明显改善。据预测，低辐射玻璃、中空玻璃、钢木组合门窗、铝塑门窗和用复合材料制作的建筑用梁、桁架及高性能混凝土的应用范围将不断扩大。

4. 充分利用工业废渣及廉价原料生产建筑材料

建筑材料应用的巨量性，促使人们去探索和开发建筑材料原料的新来源，以保证经济与社会的可持续发展。粉煤灰、矿渣、煤矸石、页岩、磷石膏、热带木材和各种非金属矿都是很有应用前景的建筑材料原料。由此开发的新型胶凝材料、烧结砖、砌块、复合板材将会为建材工业带来新的发展契机。

四、建筑材料的技术标准

标准一词广义上讲是指对重复事物和概念所作的统一规定，它以科学、技术和实践的综合成果为基础，经有关方面协商一致，由主管部门批准发布，作为共同遵守的准则和依据。

与建筑材料的生产和选用有关的标准主要有产品标准和工程建设标准两类。产品标准是为保证建筑材料产品的适用性，对产品必须达到的某些或全部要求所制定的标准，其中包括：品种、规格、技术性能、试验方法、检验规则、包装、储藏、运输等内容。工程建设标准是对工程建设中的勘察、规划、设计、施工、安装、验收等需要协调统一的事项所制定的标准，其中结构设计规范、施工验收规范中有与建筑材料的选用相关的内容。

本课程主要依据的是国内标准。它分为国家标准、行业标准两类。国家标准由国家质量监督检验检疫总局发布或由各行业主管部门和国家质量监督检验检疫总局联合发布，作为国家级的标准，各有关行业都必须执行。国家标准代号由标准名称、标准发布机构的组织代号、标准号和标准颁布时间4部分组成。如《通用硅酸盐水泥》（GB 175—2007）为国家标准，标准名称为通用硅酸盐水泥、标准发布机构的组织代号为GB（国家标准）、标准号为175、颁布时间为2007年。行业标准由我国各行业主管部门批准，在特定行业内执行，其分为建筑材料（JC）、建筑工程（JGJ）、石油工业（SY）、冶金工业（YB）等，其标准代号组成与国家标准相同。除此两类，国内各地方和企业还有地方标准和企业标准供使用。

我国加入WTO后，采用和参考国际通用标准和先进标准是加快我国建筑材料工业与世界步伐接轨的重要措施，对促进建材工业的科技进步，提高产品质量和标准化水平，扩大建筑材料的对外贸易有着重要作用。

常用的国际标准有以下几类：

美国材料与试验协会标准（ASTM）等，属于国际团体和公司标准。

联邦德国工业标准（DIN）、欧洲标准（EN）等，属区域性国家标准。

国际标准化组织标准（ISO）等，属于国际性标准化组织的标准。

学习活动 0-1

技术标准的查阅渠道及方法

在此活动中你将重点了解应用网络进行建筑材料国内技术标准查阅的渠道，掌握相应的方法，能准确找到被查阅规范标准的版本更新情况，并能够保存有用的信息。

步骤1：请你选取教材中提供的3~4个国家标准的名称、标准号，进入当地（省级）质量技术主管部门（如天津质量技术监督信息研究所 http://www.tjtsi.ac.cn/wenxian/w_index.asp）网站的相应查询模块，输入标准号并选择标准级别，即可获取所查寻规范标准的版本信息，以便进一步查询。版本查询一般免费。

步骤2：应用步骤1的所获得的版本信息，进一步查阅全文。查阅全文可直接将已获取的版本信息（如混凝土强度检验评定标准 GB/T 50107—2010）输入搜索门户网站，选择有下载或阅读功能的网站即可查询全文。

反馈：

1. 填写以下列表的相关内容。

待查询标准代号	查询网站	版本相符性	查询结论

2. 根据反馈1的结果选择1个国家标准，查阅相关全文，并提交下载文档（全文或摘选），如下载需付费，亦可提交阅览截屏。

五、本课程的学习目的及方法

建筑材料是建筑工程类专业的一门重要专业基础课，它全面系统地介绍建筑工程施工和设计所涉及的建筑材料性质与应用的基本知识，为今后继续学习其他专业课，如钢筋混凝土结构、钢结构、建筑施工技术、建筑工程计量与计价等课程打下了基础，同时也使学员接受建筑材料试验的基本技能训练。

建筑材料的种类繁多，各类材料的知识既有联系又有很强的独立性。该门课程涉及到化学、物理、应用等方面的基本知识，因此要掌握好理论学习和实践认识两者间的关系。

在理论学习方面，要重点掌握材料的组成、技术性质和特征、外界因素对材料性质的影响和应用的原则，各种材料都应遵循这一主线来学习。理论是基础，只有牢固掌握好基础理论知识，才能应对建筑材料科学的不断发展，在实践中加以灵活正确地应用。

建筑材料是一门应用技术学科，特别要注意实践和认知环节的学习。学生要注意把所学的理论知识落实在材料的检测、验收、选用等实践操作技能上。在理论学习的同时，要在教师的指导下，随时到工地或实验室穿插进行材料的认知实习，并完成课程所要求的建筑材料试验，以高质量完成该门课程的学习。

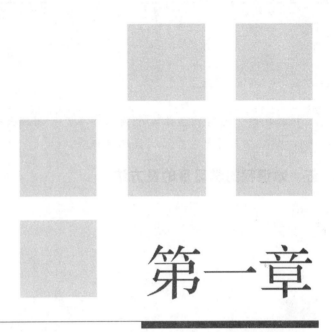

第一章

建筑材料的基本性质

[学习重点和建议]

1. 材料的密度、表观密度、体积密度、堆积密度、孔隙率和密实度的概念、表达式、各密度指标所反映的材料构造特点。

2. 材料吸水率、含水率、耐水性的概念及指标;材料导热性的影响因素及导热系数的表达式。

3. 材料的强度与强度等级的概念及区别;弹性和塑性、脆性和韧性的概念。

4. 材料的各种基本性质的有关计算。

5. 材料耐久性的概念及耐久性的影响因素。

建议从材料的体积构成去掌握和理解材料的各密度指标概念和其之间的区别。从材料吸水率、含水率影响因素的不同去理解两者的区别及联系。以材料的孔隙率为基础去理解材料各基本性质间的变化依存关系。

第一章　建筑材料的基本性质

建筑物要保证其正常使用，就必须具备基本的强度、防水、保温、隔声、耐热、耐腐蚀等项功能，而这些功能往往是由所采用的建筑材料提供的。本章主要研究各类建筑材料具有共性的基本性能及其指标，作为我们研究各类建筑材料性能的出发点和工具。建筑材料的基本性质可归纳为以下几类：

（1）物理性质：包括材料的密度、孔隙状态、与水有关的性质、热工性能等。

（2）化学性质：包括材料的抗腐蚀性、化学稳定性等，因材料的化学性质差异较大，故该部分内容在以后各章中分别叙述。

（3）力学性质：材料的力学性质应包括在物理性质中，但因其对建筑物的安全使用有重要意义，故对其单独研究，包括材料的强度、变形、脆性和韧性、硬度和耐磨性等。

（4）耐久性：材料的耐久性是一项综合性质，虽很难对其量化描述，但对建筑物的使用至关重要。

第一节　材料的化学组成、结构和构造

一、材料的化学组成

材料化学组成的不同是造成其性能各异的主要原因。化学组成通常从材料的元素组成和矿物组成两方面分析研究。

材料的元素组成主要是指其化学元素的组成特点，例如不同种类合金钢的性质不同，主要是其所含合金元素如 C、Si、Mn、V、Ti 的不同所致。硅酸盐水泥之所以不能用于海洋工程，主要是因为硅酸盐水泥石中所含的 Ca(OH)$_2$ 与海水中的盐类（Na_2SO_4、$MgSO_4$ 等）会发生反应，生成体积膨胀或疏松无强度的产物所致。

材料的矿物组成主要是指元素组成相同，但分子团组成形式各异的现象。如黏土和由其烧结而成的陶瓷中都含 SiO_2 和 Al_2O_3 两种矿物，其所含化学元素相同，均为 Si、Al 和 O 元素，但黏土在焙烧中由 SiO_2 和 Al_2O_3 分子团结合生成的 $3SiO_2 \cdot Al_2O_3$ 矿物，即莫来石晶体，使陶瓷具有了强度、硬度等特性。

二、材料的微观结构

材料的微观结构主要是指材料在原子、离子、分子层次上的组成形式。材料的许多性质与材料的微观结构都有密切的关系。建筑材料的微观结构主要有晶体、玻璃体和胶体等形式。晶体的微观结构特点是组成物质的微观粒子在空间的排列有确定的几何位置关系。如纯铝为面心立方体晶格结构，而液态纯铁在温度降至 1535℃时，可形成体心立方体晶格。强度极高的金刚石和强度极低的石墨，虽元素组成都为碳，但由于各自的

晶体结构形式不同，而形成了性质上的巨大反差。一般来说，晶体结构的物质具有强度高、硬度较大、有确定的熔点、力学性质各向异性的共性。建筑材料中的金属材料（钢和铝合金）和非金属材料中的石膏及水泥石中的某些矿物（水化硅酸三钙，水化硫铝酸钙）等都是典型的晶体结构。

玻璃体微观结构的特点是组成物质的微观粒子在空间的排列呈无序混沌状态。玻璃体结构的材料具有化学活性高、无确定的熔点、力学性质各向同性的特点。粉煤灰、建筑用普通玻璃都是典型的玻璃体结构。

胶体是建筑材料中常见的一种微观结构形式，通常是由极细微的固体颗粒均匀分布在液体中所形成。胶体与晶体和玻璃体最大的不同点是可呈分散相和网状结构两种结构形式，分别称为溶胶和凝胶。溶胶失水后成为具有一定强度的凝胶结构，可以把材料中的晶体或其他固体颗粒粘结为整体，如气硬性胶凝材料水玻璃和硅酸盐水泥石中的水化硅酸钙和水化铁酸钙都呈胶体结构。

三、材料的构造

材料在宏观可见层次上的组成形式称为构造，按照材料宏观组织和孔隙状态的不同可将材料的构造分为以下类型：

1. 致密状构造

该构造完全没有或基本没有孔隙。具有该种构造的材料一般密度较大，导热性较高，如钢材、玻璃、铝合金等。

2. 多孔状构造

该种构造具有较多的孔隙，孔隙直径较大（mm 级以上）。该种构造的材料一般都为轻质材料，具有较好的保温隔热性和隔声吸声性能，同时具有较高的吸水性，如加气混凝土、泡沫塑料、刨花板等。

3. 微孔状构造

该种构造具有众多直径微小的孔隙，通常密度和导热系数较小，有良好的隔声吸声性能和吸水性，抗渗性较差。石膏制品、烧结砖具有典型的微孔状的构造。

4. 颗粒状构造

该种构造为固体颗粒的聚集体，如石子、砂和蛭石等。该种构造的材料可由胶凝材料粘结为整体，也可单独以填充状态使用。该种构造的材料性质因材质不同相差较大，如蛭石可直接铺设作为保温层，而砂、石可作为骨料与胶凝材料拌合形成砂浆和混凝土。

5. 纤维状构造

木材、玻璃纤维、矿棉都是纤维状构造的代表。该种构造通常呈力学各向异性，其性质与纤维走向有关，一般具有较好的保温和吸声性能。

6. 层状构造

该种构造形式最适合于制造复合材料，可以综合各层材料的性能优势，其性能往往呈各向异性。胶合板、复合木地板、纸面石膏板、夹层玻璃都是层状构造。

四、建筑材料的孔隙

材料实体内部和实体间常常部分被空气所占据，一般称材料实体内部被空气所占据的空间为孔隙，而材料实体之间被空气所占据的空间称为空隙。孔隙状况对建筑材料的各种基本性质具有重要的影响。

孔隙一般由材料自然形成或人工制造过程中各种内、外界因素所致而产生，其主要形成原因有水的占据作用（如混凝土、石膏制品等）；火山作用（如浮石、火山渣等）；外加剂作用（如加气混凝土、泡沫塑料等）；焙烧作用（如陶粒、烧结砖等）等。

材料的孔隙状况由孔隙率、孔隙连通性和孔隙直径三个指标来说明。

孔隙率是指孔隙在材料体积中所占的比例。一般孔隙率越大，材料的密度越小、强度越低、保温隔热性越好、吸声隔声能力越高。

孔隙按其连通性可分为连通孔和封闭孔。连通孔是指孔隙之间、孔隙和外界之间都连通的孔隙（如木材、矿渣）；封闭孔是指孔隙之间、孔隙和外界之间都不连通的孔隙（如发泡聚苯乙烯、陶粒）；介于两者之间的称为半连通孔或半封闭孔。一般情况下，连通孔对材料的吸水性、吸声性影响较大，而封闭孔对材料的保温隔热性能影响较大。

孔隙按其直径的大小可分为粗大孔、毛细孔、极细微孔三类。粗大孔指直径大于 mm 级的孔隙，其主要影响材料的密度、强度等性能。毛细孔是指直径在 $\mu m \sim mm$ 级的孔隙，这类孔隙对水具有强烈的毛细作用，主要影响材料的吸水性、抗冻性等性能。极细微孔的直径在 μm 以下，其直径微小，对材料的性能反而影响不大。矿渣、石膏制品、陶瓷马赛克分别以粗大孔、毛细孔、极细微孔为主。

第二节 材料的物理性质

一、材料与质量有关的性质

材料与质量有关的性质主要是指材料的各种密度和描述其孔隙与空隙状况的指标，在这些指标的表达式中都有质量这一参数。为了更简洁准确地学习有关的概念，先介绍一下材料的体积构成。

如图 1-1 所示。单体材料的体积主要由绝对密实的体系 V、开口孔隙体积（之和）$V_{开}$、闭口孔隙体积（之和）$V_{闭}$ 组成，为研究问题的方便起见，我们又将绝对密实的体积 V 与

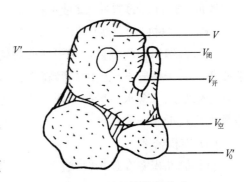

图 1-1　材料的体积构成

闭口孔隙体积 $V_闭$ 之和定义为表观体积 V'，而将材料的自然体积即 $V+V_闭+V_开$（也即 $V+V_孔$）用 V_0 表示。对于堆积材料，将材料的空隙体积（之和）$V_空$ 与自然体积 V_0 之和定义为材料的堆积体积，用 V_0' 表示。

1. 材料的密度、表观密度、体积密度和堆积密度

广义密度的概念是指物质单位体积的质量。在研究建筑材料的密度时，由于对体积的测试方法的不同和实际应用的需要，根据不同的体积的内涵，可引出不同的密度概念。

（1）密度和表观密度

密度是指材料在绝对密实状态下，单位体积的质量。用下式表达：

$$\rho = \frac{m}{V} \tag{1-1}$$

式中　ρ——材料的密度（g/cm^3 或 kg/m^3）；

　　　m——材料的质量（g 或 kg）；

　　　V——材料在绝对密实状态下的体积（cm^3 或 m^3）。

对于绝对密实而外形规则的材料如钢材、玻璃等，V 可采用测量计算的方法求得。对于可研磨的非密实材料，如砌块、石膏，V 可采用研磨成细粉，再用密度瓶测定的方法求得。对于颗粒状外形不规则的坚硬颗粒，如砂或石子，V 可采用排水法测得，但此时所得体积为表观体积 V'，故对此类材料一般采用表观密度 ρ' 的概念。

$$\rho' = \frac{m}{V'} \tag{1-2}$$

式中　ρ'——材料的表观密度（g/cm^3 或 kg/m^3）；

　　　m——材料的质量（g 或 kg）；

　　　V'——材料的表观体积（cm^3 或 m^3）。

（2）体积密度

材料的体积密度是材料在自然状态下，单位体积的质量，用下式表达：

$$\rho_0 = \frac{m}{V_0} \tag{1-3}$$

式中　ρ_0——体积密度（g/cm^3 或 kg/cm^3）；

　　　m——材料的质量（g 或 kg）；

　　　V_0——材料的自然体积（cm^3 或 m^3）。

材料自然体积的测量，对于外形规则的材料，如烧结砖、砌块，可采用测量计算方法求得。对于外形不规则的散粒材料，亦可采用排水法，但材料需经涂蜡处理。根据材料在自然状态下含水情况的不同，体积密度又可分为干燥体积密度、气干体积密度（在空气中自然干燥）等几种。

（3）堆积密度

材料的堆积密度是指粉状、颗粒状或纤维状材料在堆积状态下单位体积的质量，用下式表达：

第一章 建筑材料的基本性质

$$\rho_0' = \frac{m}{V_0'} \tag{1-4}$$

式中 ρ_0'——堆积密度（g/cm³ 或 kg/m³）；
　　m——材料的质量（g 或 kg）；
　　V_0'——材料的堆积体积（cm³ 或 m³）。

材料的堆积体积可采用容积筒来测量。

以上各有关的密度指标，在建筑工程的计算构件自重、配合比设计、测算堆放场地和材料用量时各有其应用。常用建筑材料的密度、表观密度、堆积密度见表 1-1。

2. 材料的密实度和孔隙率

（1）密实度

密实度是指材料的体积内，被固体物质充满的程度，用 D 表示：

$$D = \frac{V}{V_0} = \frac{\rho_0}{\rho} \times 100\% \tag{1-5}$$

（2）孔隙率

孔隙率是指在材料的体积内，孔隙体积所占的比例，用 P 表示：

$$P = \frac{V_0 - V}{V_0} = \left(1 - \frac{\rho_0}{\rho}\right) \times 100\% \tag{1-6}$$

由式（1-5）和式（1-6）直接可导出

$$P + D = 1 \tag{1-7}$$

即材料的自然体积仅由绝对密实的体积和孔隙体系构成。如前所述，材料的孔隙率是反映材料孔隙状态的重要指标，与材料的各项物理、力学性能有密切的关系。几种常见材料的孔隙率见表 1-1。

常用建筑材料的密度、体积密度、堆积密度和孔隙率　　表 1-1

材　料	ρ (g/cm³)	ρ_0 (kg/m³)	ρ_0' (kg/m³)	$P(\%)$
石灰岩	2.60	1800～2600	—	0.2～4
花岗岩	2.60～2.80	2500～2800	—	<1
普通混凝土	2.60	2200～2500	—	5～20
碎石	2.60～2.70	—	1400～1700	—
砂	2.60～2.70	—	1350～1650	—
黏土空心砖	2.50	1000～1400	—	20～40
水泥	3.10	—	1000～1100（疏松）	—
木材	1.55	400～800	—	55～75
钢材	7.85	7850	—	0
铝合金	2.7	2750	—	0
泡沫塑料	1.04～1.07	20～50	—	—

注：习惯上 ρ 的单位采用 g/cm³、ρ_0 和 ρ_0' 的单位采用 kg/m³。

3. 材料的填充率与空隙率

（1）填充率

填充率是指散粒状材料在其堆积体积中，被颗粒实体体积填充的程度，以 D' 表示。

$$D' = \frac{V_0}{V_0'} \times 100\% = \frac{\rho_0'}{\rho_0} \times 100\% \tag{1-8}$$

(2) 空隙率

空隙率是指散粒材料的堆积体积内,颗粒之间的空隙体积所占的比例,以 P' 表示。

$$P' = \left(1 - \frac{V_0}{V_0'}\right) \times 100\% = \left(1 - \frac{\rho_0'}{\rho_0}\right) \times 100\% \tag{1-9}$$

由式（1-8）和式（1-9）可直接导出

$$P' + D' = 1 \tag{1-10}$$

空隙率反映了散粒材料的颗粒之间的相互填充的致密程度,对于混凝土的粗、细骨料,空隙率越小,说明其颗粒大小搭配的愈合理,用其配制的混凝土愈密实,水泥也愈节约。

二、材料与水有关的性质

水对于正常使用阶段的建筑材料,绝大多数都有不同程度的有害作用。但在建筑物使用过程中,材料又不可避免会受到外界雨、雪、地下水、冻融等经常的作用,故要特别注意建筑材料和水有关的性质,包括材料的亲水性和憎水性以及材料的吸水性、含水性、抗冻性、抗渗性等。

1. 亲水性和憎水性

为说明材料与水的亲和能力,我们引进润湿角的概念,如图 1-2 所示。

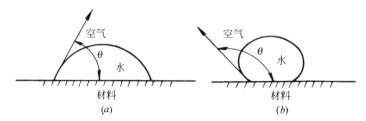

图 1-2 材料的润湿示意图

在水、材料与空气的液、固、气三相交接处作液滴表面的切线,切线经过水与材料表面的夹角称为材料的润湿角,以 θ 表示。若润湿角 $\theta \leqslant 90°$,如图（a）所示,说明材料与水之间的作用力要大于水分子之间的作用力,故材料可被水浸润,称该种材料是亲水的。反之,当润湿角 $\theta > 90°$,如图（b）所示,说明材料与水之间的作用力要小于水分子之间的作用力,则材料不可被水浸润,称该种材料是憎水的。亲水材料（大多数的无机硅酸盐材料和石膏、石灰等）若有较多的毛细孔隙,则对水有强烈的吸附作用。而像沥青一类的憎水材料则对水有排斥作用,故常用作防水材料。

2. 吸水性

材料的吸水性是指材料在水中吸收水分达饱和的能力,吸水性有质量吸水率和体积吸水率两种表达方式,分别以 W_w 和 W_v 表示：

$$W_w = \frac{m_2 - m_1}{m_1} \times 100\% \tag{1-11}$$

第一章 建筑材料的基本性质

$$W_v = \frac{V_w}{V_0} = \frac{m_2 - m_1}{V_0} \cdot \frac{1}{\rho_w} \times 100\% \tag{1-12}$$

式中 W_w——质量吸水率（%）；
$\quad W_v$——体积吸水率（%）；
$\quad m_2$——材料在吸水饱和状态下的质量（g）；
$\quad m_1$——材料在绝对干燥状态下的质量（g）；
$\quad V_w$——材料所吸收水分的体积（cm³）；
$\quad \rho_w$——水的密度，常温下可取 1g/cm³。

对于质量吸水率大于100%的材料，如木材等通常采用体积吸水率，而对于大多数材料，经常采用质量吸水率。两种吸水率存在着以下关系：

$$W_v = W_w \rho_0 \tag{1-13}$$

这里的 ρ_0 应是材料的干燥体积密度，单位采用 g/cm³。影响材料的吸水性的主要因素有材料本身的化学组成、结构和构造状况，尤其是孔隙状况。一般来说，材料的亲水性越强，孔隙率越大，连通的毛细孔隙越多，其吸水率越大。不同的材料吸水率变化范围很大，花岗岩为0.5%～0.7%，外墙面砖为6%～10%，内墙釉面砖为12%～20%，普通混凝土为2%～4%。材料的吸水率越大，其吸水后强度下降越大，导热性增大，抗冻性随之下降。

3. 吸湿性

材料的吸湿性是指材料在潮湿空气中吸收水分的能力。

$$W = \frac{m_k - m_1}{m_1} \tag{1-14}$$

式中 W——材料的含水率（%）；
$\quad m_k$——材料吸湿后的质量（g）；
$\quad m_1$——材料在绝对干燥状态下的质量（g）。

影响材料吸湿性的因素，除材料本身（化学组成、结构、构造、孔隙），还与环境的温、湿度有关。材料堆放在工地现场，不断向空气中挥发水分，又同时从空气中吸收水分，其稳定的含水率是达到挥发与吸收动态平衡时的一种状态。在混凝土的施工配合比设计中要考虑砂、石料含水率的影响。

4. 耐水性

耐水性是指材料在长期饱和水的作用下，不破坏、强度也不显著降低的性质。耐水性用软化系数表示：

$$K_p = \frac{f_w}{f} \tag{1-15}$$

式中 K_p——软化系数，其取值在0～1之间；
$\quad f_w$——材料在吸水饱和状态下的抗压强度（MPa）；
$\quad f$——材料在绝对干燥状态下的抗压强度（MPa）。

软化系数越小，说明材料的耐水性越差。材料浸水后，会降低材料组成微粒间的结合力，引起强度的下降。通常 K_p 大于0.80的材料，可认为是耐水材料。长期受水浸泡或处于潮湿环境的重要结构物 K_p 应大于 0.85，次要建筑物或受潮较轻的情况下，K_p 也不宜小于 0.75。

5. 抗渗性

抗渗性是指材料抵抗压力水或其他液体渗透的性质。地下建筑物、水工建筑物或屋面材料都需要具有足够的抗渗性，以防止渗水、漏水现象。

抗渗性可用渗透系数表示。根据水力学的渗透定律，在一定的时间 t 内，通过材料的水量 Q 与试件截面面积 A 及材料两侧的水头差 H 成正比，而与试件厚度 d 成反比，而其比例数 K 即定义为渗透系数。

即由 $$Q = k \cdot \frac{HAt}{d} \qquad 可得 \qquad k = \frac{Qd}{HAt} \tag{1-16}$$

式中　Q——透过材料试件的水量（cm^3）；
　　　H——水头差（cm）；
　　　A——渗水面积（cm^2）；
　　　d——试件厚度（cm）；
　　　t——渗水时间（h）；
　　　k——渗透系数（cm/h）。

材料的抗渗性，也可用抗渗等级 P 表示。即在标准试验条件下，材料的最大渗水压力（MPa）。如抗渗等级为 P6，表示该种材料的最大渗水压力为 0.6MPa。

材料的抗渗性主要与材料的孔隙状况有关。材料的孔隙率越大，连通孔隙越多，其抗渗性越差。绝对密实的材料和仅有闭口孔或极细微孔的材料实际是不渗水的。

6. 抗冻性

抗冻性是指材料在吸水饱和状态下，抵抗多次冻融循环，不破坏、强度也不显著降低的性质。

建筑物或构筑物在自然环境中，温暖季节被水浸湿，寒冷季节又受冰冻，如此多次反复交替作用，会在材料孔隙内壁因水的结冰体积膨胀（约 9%）产生高达 100MPa 的应力，而使材料产生严重破坏。同时冰冻也会使墙体材料由于内外温度不均匀而产生温度应力，进一步加剧破坏作用。

抗冻性用抗冻等级 F 表示。例如，抗冻等级 F10 表示在标准试验条件下，材料强度下降不大于 25%，质量损失不大于 5%，所能经受的冻融循环的次数最多为 10 次。抗冻等级的确定是根据建筑物的种类、材料的使用条件和部位、当地的气候条件等因素决定的。如陶瓷面砖、普通烧结砖等墙体材料要求抗冻等级为 F15 或 F25，而水工混凝土的抗冻等级要求可高达 F500。

三、材料与热有关的性质

1. 导热性

导热性是指材料传导热量的能力。可用导热系数表示。根据热工试验可知（图 1-3），材料传导的热量 Q 与材料的厚度成反比，而与其导热面积 A、材料两侧的温度差

($T_1 > T_2$)、导热时间 t 成正比，可表达为下式：

$$Q = \lambda \frac{A(T_1 - T_2)t}{d} \quad (1\text{-}17)$$

比例系数 λ 则定义为导热系数。由式（1-17）可得：

$$\lambda = \frac{Qd}{(T_1 - T_2)At} \quad (1\text{-}18)$$

式中 λ——导热系数 [W/(m·K)]；
$T_1 - T_2$——材料两侧温差（K）；
d——材料厚度（m）；
A——材料导热面积（m²）；
t——导热时间（s）。

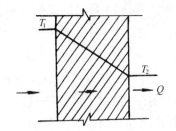

图 1-3 材料导热示意图

建筑材料导热系数的范围在 0.023~400W/(m·K) 之间，数值变化幅度很大，见表 1-2。导热系数越小，材料的保温隔热性越强。一般将 λ 小于 0.25W/(m·K) 的材料称为绝热材料。

材料的导热系数主要与以下各因素有关：

（1）材料的化学组成和物理结构：一般金属材料的导热系数要大于非金属材料，无机材料的导热系数大于有机材料，晶体结构材料的导热系数大于玻璃体或胶体结构的材料。

（2）孔隙状况：因空气的 λ 仅 0.024W/(m·K)，且材料的热传导方式主要是对流，故材料的孔隙率越高、闭口孔隙越多、孔隙直径越小，则导热系数越小。

（3）环境的温湿度：因空气、水、冰的导热系数依次加大（表 1-2），故保温材料在受潮、受冻后，导热系数可加大近 100 倍，因此，保温材料使用过程中一定要注意防潮防冻。

常用建筑材料的热工性能指标　　　　　　表 1-2

材　料	λ（W/m·K）	比热容 C（J/g·K）
钢	55	0.48
铝合金	370	—
烧结砖	0.55	0.84
混凝土	1.8	0.88
泡沫塑料	0.03	1.30
松木	0.15	1.63
空气	0.024	1.00
水	0.60	4.19
冰	2.20	2.05

2. 热容

材料受热时吸收热量、冷却时放出热量的性质称为热容。

比热容是指单位质量的材料温度升高 1K（或降低 1K）时所吸收（或放出）的热量，其表达式为：

$$C = \frac{Q}{m(T_2 - T_1)} \quad (1\text{-}19)$$

式中 Q——材料吸收（或放出）的热量（J）；

m——材料的质量（g）；

T_2-T_1——材料受热（或冷却）前后的温度差（K）；

C——材料的比热容（J/g·K）。

材料的热容可用热容量表示，它等于比热容 C 与质量 m 的乘积，单位为 kJ/K。材料的热容量对于稳定建筑物内部温度的恒定和冬期施工有很重要的意义。热容量大的材料可缓和室内温度的波动，使其保持恒定。

3. 耐燃性和耐火性

耐燃性是指材料在火焰和高温作用下可否燃烧的性质。国家标准《建筑材料及制品燃烧性能分级》（GB 8624—2006），把材料分为 A1、A2、B、C、D、E 六个燃烧性能级别。而 GB 8624—1997 将材料分为非燃烧材料（如钢铁、砖、石等）、难燃材料（如纸面石膏板、水泥刨花板等）和可燃材料（如木材、竹材等），分别对应于 A、B1、B2 三个耐燃性级别，在建筑物的不同部位，根据其使用特点和重要性可选择不同耐燃性的材料。两个版本在原理、分级结构、试验方法等方面有较大差异，在目前一些相关规范尚未完成相关修订的情况下，为确保新旧标准体系的平稳过渡，可暂参照以下分级对比关系：

（1）非燃烧材料：A 级（GB 8624—1997）对应于 A1 级和 A2 级（GB 8624—2006）；

（2）难燃材料：B1 级（GB 8624—1997）对应于 B 级和 C 级（GB 8624—2006）；

（3）可燃材料：B2 级（GB 8624—1997）对应于 D 级和 E 级（GB 8624—2006）。

应注意试验室的检验只是对试块进行阻燃试验，因此并不能一定反映出材料在实际火灾情况下出现的反应。

耐火性是材料在火焰和高温作用下，保持其不破坏、性能不明显下降的能力。用其耐受时间（h）来表示，称为耐火极限。要注意耐燃性和耐火性概念的区别，耐燃的材料不一定耐火，耐火的一般都耐燃。如钢材是非燃烧材料，但其耐火极限仅有 0.25h，故钢材虽为重要的建筑结构材料，但其耐火性却较差，使用时须进行特殊的耐火处理。

第三节　材料的力学性质

材料的力学性质是指材料在外力作用下，抵抗破坏的能力和变形方面的性质，它对建筑物的正常、安全使用是至关重要的。

在描述材料的力学性质时，要常用到与受力和变形相对应的两个概念：应力和应变。应力是作用于材料表面或内部单位面积的力，通常以"σ"表示。

应变是材料在外力作用方向上，所发生的相对变形值，通常以"ε"表示。对于拉、压变形，$\varepsilon = \dfrac{\Delta L}{L}$（$\Delta L$ 为试件受力方向上的变形值，L 为试件原长）。

一、材料的强度特性

1. 材料的强度

材料在外力作用下抵抗破坏的能力称为强度。材料的强度也可定量地描述为材料在外力作用下发生破坏时的极限应力值,常用"f"表示。材料强度的单位为兆帕(MPa)。

根据材料所受外力的不同,材料的常用强度有抗压强度、抗拉强度、抗剪强度和抗弯(或抗折)强度(图1-4)。

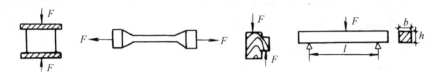

图1-4 常见强度试验示意图

抗压、抗拉、抗剪强度可统一按下式计算:

$$f = \frac{P_{\max}}{A} \quad (1-20)$$

式中 f——材料抗压、抗拉、抗剪强度(MPa);
$P_{\max}$——材料受压、受拉、受剪破坏时的极限荷载值(N);
A——材料受力的截面面积(mm^2)。

材料的抗弯强度取决于外力作用形式的不同而不同。一般所采用的是矩形截面,试件放在两支点间,在跨中点处作用有集中荷载,此时抗弯(抗折)强度可按下式计算:

$$f_t = \frac{3P_{\max}L}{2bh^2} \quad (1-21)$$

式中 f_t——材料的抗弯(抗折)强度(MPa);
$P_{\max}$——试件破坏时的极限荷载值(N);
L——试件两支点的间距(mm);
b、h——试件矩形截面的宽和高(mm)。

常用建筑材料的各种强度见表1-3。由表可见,不同材料的各种强度间相差是不同的。花岗岩、普通混凝土等的抗拉强度比抗压强度小几十至几百倍,因此,这类材料只适于做受压构件(基础、墙体、桩等)。而钢材的抗压强度和抗拉强度相等,所以作为结构材料性能最为优良。

常用建筑材料的强度值(MPa)   表1-3

材 料	抗 压	抗 拉	抗 折
花岗岩	100～250	5～8	10～14
普通混凝土	5～60	1～9	—
轻骨料混凝土	5～50	0.4～2	—
松木(顺纹)	30～50	80～120	60～100
钢材	240～1500	240～1500	—

2. 影响材料试验结果的因素

在进行材料强度试验时，我们发现以下因素往往会影响强度试验的结果：

（1）试件的形状和大小：一般情况下，大试件的强度往往小于小试件的强度。棱柱体试件的强度要小于同样尺度的正立方体试件的强度。

（2）加荷速度：强度试验时，加荷速度越快，所测强度值越高。

（3）温度：一般情况，试件温度越高，所测强度值越低。但钢材在温度下降到某一负温时，其强度值会突然下降很多。

（4）含水状况：含水试件的强度较干燥的试件为低。

（5）表面状况：做抗压试验时，承压板与试件间摩擦越小，所测强度值越低。

可见材料的强度试验结果受多种因素的影响，因此在进行某种材料的强度试验时，必须按相应的统一规范或标准进行，不得随意改变试验条件。

3. 强度等级

强度等级是材料按强度的分级，如硅酸盐水泥按7d、28d抗压、抗折强度值划分为42.5、52.5、62.5等强度等级。强度等级是人为划分的，是不连续的。根据强度划分强度等级时，规定的各项指标都合格，才能定为某强度等级，否则就要降低级别。而强度具有客观性和随机性，其试验值往往是连续分布的。强度等级与强度间的关系，可简单表述为"强度等级来源于强度，但不等同于强度"。

4. 比强度

比强度是指材料的强度与其体积密度之比，是衡量材料轻质高强性能的指标。木材的强度值虽比混凝土低，但其比强度却高于混凝土，这说明木材与混凝土相比是典型的轻质高强材料。

二、材料的弹性和塑性

弹性和塑性是材料的变形性能，它们主要描述的是材料变形的可恢复特性。弹性是指材料在外力作用下发生变形，当外力解除后，能完全恢复到变形前形状的性质，这种变形称为弹性变形或可恢复变形。图1-5（a）为弹性材料的变形曲线，其加荷和卸荷是完全重合的两条直线，表示了其变形的可恢复性。该直线与横轴夹角的正切，称为弹性模量，以E表示。$E=\dfrac{\sigma}{\varepsilon}$，弹性模量$E$值愈大，说明材料在相同外力作用下的变形愈小。

塑性是指材料在外力作用下发生变形，当外力解除后，不能完全恢复原来形状的性质。这种变形称为塑性变形或不可恢复变形。完全弹性的材料实际是不存在的，大部分材料是弹性、塑性分阶段发生的。图1-5（b）和（c）所示分别为软钢和混凝土的σ-ε曲线，虚线表示的是卸荷过程，可见都存在着不可恢复的残余变形，故常将其称为弹塑性材料。

三、材料韧性和脆性

在冲击、振动荷载作用下，材料可吸收较大的能量产生一定的变形而不破坏的性质

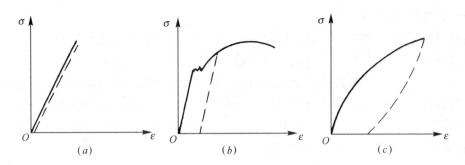

图 1-5　材料的 $\sigma\text{-}\varepsilon$ 变形曲线

称为韧性或冲击韧性。建筑钢材（软钢）、木材、塑料等是较典型的韧性材料。路面、桥梁、吊车梁及有抗震要求的结构都要考虑材料的韧性。

脆性是指当外力达到一定限度时，材料发生无先兆的突然破坏，且破坏时无明显塑性变形的性质。脆性材料的力学性能特点是抗压强度远大于抗拉强度，破坏时的极限应变值极小。砖、石材、陶瓷、玻璃、混凝土、铸铁等都是脆性材料，与韧性材料相比，它们对抵抗冲击荷载和承受震动作用是相当不利的。

四、材料的硬度和耐磨性

硬度是指材料表面耐较硬物体刻划或压入而产生塑性变形的能力。木材、金属等韧性材料的硬度，往往采用压入法来测定。压入法硬度的指标有布氏硬度和洛氏硬度，它等于压入荷载值除以压痕的面积或密度。而陶瓷、玻璃等脆性材料的硬度往往采用刻划法来测定，称为莫氏硬度，根据刻划矿物（滑石、石膏、磷灰石、正长石、硫铁矿、黄玉、金刚石等）的不同分为 10 级。

耐磨性是指材料表面抵抗磨损的能力，用磨损率表示，它等于试件在标准试验条件下磨损前后的质量差与试件受磨表面积之商。磨损率越大，材料的耐磨性越差。

第四节　材料的耐久性

建筑材料除应满足各项物理、力学的功能要求外，还必须经久耐用，反映这一要求的即耐久性。耐久性是指材料使用过程中，在内、外部因素的作用下，经久不破坏、不变质，保持原有性能的性质。

影响材料耐久性的外部作用因素是多种多样的。环境的干湿、温度及冻融变化等物理作用会引起材料的体积胀缩，周而复始会使材料变形、开裂甚至破坏。材料长期与酸、碱、盐或其他有害气体接触，会发生腐蚀、碳化、老化等化学作用而逐渐丧失使用功能。木材等天然纤维材料会由于自然界中的虫、菌的长期生物作用而产生腐朽、虫蚀，进而造成严重破坏。

影响材料耐久性的外部因素，往往又是通过其内部因素而发生作用的。

与材料耐久性有关的内部因素，主要是材料的化学组成、结构和构造的特点。当材料含有易与其他外部介质发生化学反应的成分时，就会造成因其抗渗性和耐腐蚀能力差而引起的破坏。如玻璃因其玻璃体结构所呈现出的导热性较小，而弹性模量又很大的原因，使其极不耐温度剧变作用。材料含有较多的开口孔隙，会加快外部侵蚀性介质对材料的有害作用，而使其耐久性急剧下降。

材料的耐久性是一项综合性能，不同材料的耐久性往往有不同的具体内容。如混凝土的耐久性，主要以抗渗性、抗冻性、抗腐蚀性和抗碳化性所体现。钢材的耐久性，主要决定于其抗锈蚀性，而沥青的耐久性则主要取决于其大气稳定性和温度敏感性。

材料耐久性的测定需长期的观察，这往往满足不了工程的需要。所以常常根据使用要求，用一些实验室可测定又能基本反映其耐久性特性的短时试验指标来表达，如常用软化系数来反映材料的耐水性；用实验室的冻融循环（数小时一次）试验得出的抗冻等级来说明材料的抗冻性；采用较短时间的化学介质浸渍来反映实际环境中的水泥石长期腐蚀现象等。

学习活动 1-1

各密度指标与材料微观结构和应用性能的关系

在此活动中你将根据材料的密度指标的特点判断材料的微观孔隙状况，并区分材料不同的应用性能。

步骤1：请你写下材料的4个密度指标的表达式、体积构成，然后结合所给出的密度指标特点标记对应的微观孔隙状况。

项目	表达式	体积构成	密度指标特点	微观孔隙状况
①密度			①=②≠③	
②表观密度			②=③	
③体积密度			①=③	
④堆积密度				

步骤2：应用步骤1的所获得的分析思路，根据表1-1给出的各材料密度指标任选3种，表述对应的孔隙（空隙）状况，并结合各自的组成，对强度、吸水性、导热性几方面应用性能给出大致的评价。

反馈：

1. 填写所给列表的相关内容。注意"密度指标特点"给出的是对于同一材料可能出现的密度指标间的关系，如不可能出现，注明"不可能"即可。

2. （答题要点示例）根据下表所示普通混凝土的相关信息：

	$\rho(\text{g/cm}^3)$	$\rho_0(\text{kg/m}^3)$	$\rho_0'(\text{kg/m}^3)$	$P(\%)$
普通混凝土	2.600	2200~2500	—	5~20

并结合相关知识可知：普通混凝土——无机非金属材料——较密实、孔隙率低——强度高——有一定的吸水性——导热性较高。

本 章 小 结

本章所讨论的建筑材料的各种基本性质是全书的重点，掌握和了解这些性质对于认识、研究和应用建筑材料具有极为重要的意义。

掌握 材料的密度、表观密度、体积密度、堆积密度、孔隙率和密实度；材料与水有关的性质及指标；材料的导热性及导热系数；材料的强度与强度等级；弹性和塑性、脆性和韧性的概念；材料的各种基本性质的有关计算；材料的耐久性及影响因素。

理解 材料的组成结构和构造；影响材料强度试验结果的因素；影响导热性的因素。

了解 材料的耐燃性和耐火性；材料的热容和热容量；材料的化学性质；材料的硬度和耐磨性。

复习思考题

1. 说明材料的体积构成与各种密度概念之间的关系。
2. 何谓材料的亲水性和憎水性？材料的耐水性如何表示？
3. 试说明材料导热系数的物理意义及影响因素。
4. 说明提高材料抗冻性的主要技术措施。
5. 材料的强度与强度等级间的关系是什么？
6. 材料的孔隙状态包括哪几方面的内容？材料的孔隙状态是如何影响密度、体积密度、抗渗性、抗冻性、导热性等性质的？
7. 一般来说墙体或屋面材料的导热系数越小越好，而热容值却以适度为好，能说明其原因吗？
8. 材料的密度、体积密度、表观密度、堆积密度是否随其含水量的增加而加大？为什么？
9. 能否认为材料的耐久性越高越好？如何全面理解材料的耐久性与其应用价值间的关系？

习 题

1. 已知某砌块的外包尺寸为 240mm×240mm×115mm，其孔隙率为 37%，干燥质量为 2487g，浸水饱和后质量为 2984g，试求该砌块的体积密度、密度、质量吸水率。

2. 某种石子经完全干燥后，其质量为 482g，将其放入盛有水的量筒中吸水饱和后，水面由原来的 452cm³ 上升至 630cm³，取出石子擦干表面水后称质量为 487g，试求该石子的表观密度、体积密度及吸水率。

3. 一种材料的密度为 2.7g/cm³，浸水饱和状态下的体积密度为 1.862g/cm³，其体积吸水率为 4.62%，试求此材料干燥状态下的体积密度和孔隙率各为多少？

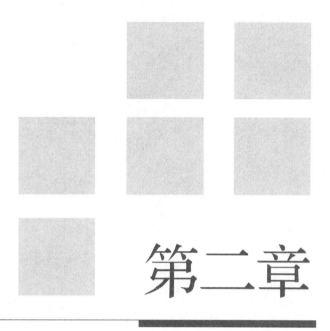

第二章

建筑石材

[学习重点和建议]

1. 岩石、矿物、造岩矿物的概念和区别。

2. 造岩矿物的种类与岩石品种之间的内在联系,岩石的形成因素变化时对岩石组成、性能的影响。

3. 石材的装饰性能对石材应用价值的重要作用。

建议仔细观察自己周围环境中碰到的各种石材,能够辨别花岗石、大理石等常见石材品种,能够用所学知识解释石材使用于建筑物不同部位的原因。

人类对石材的使用可追溯到战国时期,那时候石材主要用来作为工具、饰物和建筑材料,如石斧、纺轮、"蓝田玉"、"灵璧玉"以及宫殿的栏杆、华表;另外古代的桥梁、城垣、水利工程上也大量使用了石材。石材具有不燃、耐水、耐压、耐久和美观等优点,因此现代在工业和民用建筑上仍普遍使用石材作基础、墙体、梁柱等;更由于石材具有美观、高雅的特点,石材的使用经久不衰。人民英雄纪念碑、人民大会堂、中国历史博物馆等都采用优质石材经凿毛、剁斧、琢磨、抛光、火焰烧毛等不同工艺处理,取得了很好的艺术效果。但是由于石材本身存在着重量大、抗拉和抗弯强度小、连接困难等缺点,故自从钢筋混凝土应用以来,石材大体上不作为结构材料使用,但以之用作装饰材料和混凝土骨料还是较多的。另外某些石材可作为胶凝材料的原料或水泥混合料。

第一节 岩石的基本知识

岩石是矿物的集合体,具有一定的地质意义,是构成地壳的一部分。没有地质意义的矿物集合体不能算是岩石,如由水泥熟料凝结起来的砂砾,也是矿物集合体,但不能称作岩石。严格地讲,岩石是由各种不同地质作用所形成的天然固态矿物集合体。这种矿物是在地壳中受不同的地质作用,所形成的具有一定化学组成和物理性质的单质或化合物。由单一矿物组成的岩石叫单矿岩,由两种或两种以上矿物组成的岩石叫多矿岩。主要的造岩矿物是硅酸盐矿物,其次还有非硅酸盐类的造岩矿物。

一、造岩矿物

造岩矿物主要是指组成岩石的矿物,造岩矿物大部分是硅酸盐、碳酸盐矿物,根据其在岩石中的含量,造岩矿物又可分主要矿物、次要矿物和副矿物。一般造岩矿物按其组成可分两大类。一类是深色(或暗色)矿物,其内部富含 Fe、Mg 等元素,如硫铁矿、黑云母等;另一类称为浅色矿物,其内部富含 Si、Al 等元素,又称硅铝矿物,它们的颜色较浅,如石英、长石等。建筑上常用的岩石有花岗岩、正长岩、闪长岩、石灰岩、砂岩、大理岩和石英岩等。这些岩石中存在的主要矿物有长石、石英、云母、方解石、白云石、硫铁矿等。它们的主要性质见表 2-1。

二、岩石的种类及性质

1. 岩石的种类

(1) 按岩石的成因分类

自然界的岩石以其成因可分为三类。由地球内部的岩浆上升到地表附近或喷出地表,冷却凝结而成的岩石称为岩浆岩;由岩石风化后再沉积,胶结而成的岩石称为沉积

常见造岩矿物的性质 表2-1

序号	名称	矿物颜色	莫氏硬度	密度(g/cm³)	化学成分	备注
1	长石	灰、白色	6	约2.6	$KAlSi_3O_8$	多见于花岗岩中
2	石英	无色、白色等	7	约2.6	SiO_2	多见于花岗岩、石英岩中
3	白云母	黄、灰、浅绿	2~3	约2.9	$KAl_2(OH)_2[AlSi_3O_{10}]$	有弹性，多以杂质状存在
4	方解石	白色或灰色等	3	2.7	$CaCO_3$	多见于石灰岩、大理岩
5	白云石	白、浅绿、棕色	3.5	2.83	$CaCO_3 \; MgCO_3$	多见于白云岩中
6	硫铁矿	亮黄色	6	5.2	FeS_2	为岩石中的杂质

岩；岩石在温度、压力作用或化学作用下变质而成的新岩石称为变质岩。岩浆和各类岩石之间的变化关系如图2-1所示。

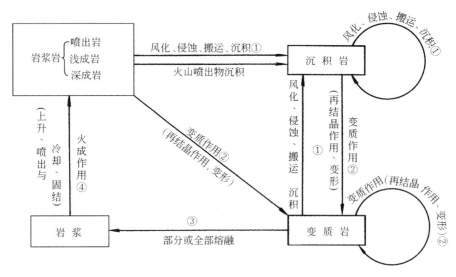

图2-1 岩浆、岩浆岩、沉积岩及变质岩循环图

（2）按岩石强度分类

根据日本JIS标准，岩石可按抗压强度来分为硬石、次硬石和软石三类（表2-2），硬石为花岗岩、安山岩、大理岩等；次硬石为软质安山岩、硬质砂岩等；软石为凝灰岩。

岩石按抗压强度分类（JIS） 表2-2

种类	抗压强度(MPa)	参考值	
		吸水率(%)	表观密度(g/cm³)
硬石	>50	5以下	2.7~2.5
次硬石	30以上,50以下	5以上,15以下	2.5~2
软石	10以下	15以上	2以下

（3）按岩石形状分类

石材用于建筑工程，分为砌筑和装饰两类。砌筑用石材分为毛石和料石；装饰用石材主要为板材。

2. 岩石的性质

岩石的性质主要包括物理性质、力学性质、化学性质。表 2-3 列出了岩石的主要性质。

岩石的主要性质　　　　　　表 2-3

岩石名	表观密度 (g/cm³)	孔隙率 (%)	莫氏硬度	抗压强度 (MPa)	抗弯强度 (MPa)	冲击韧性 (kg·cm)	热胀系数 (10^{-7}/℃)
花岗岩	2.54~2.61	0.4~2.36	5.8~6.6	100~321	9.3~39.3	2.8~11.0	37~60
斑岩、闪长岩、辉岩	2.81~3.03	0.3~2.7	4.76~6.21	128~314	14.3~57.1	2.2~14.1	20~30
玄武岩	2.8~2.9	0.1~1.0	4~6	114~350	14.3~57.1	2.0~15.8	22~35
砂岩	2.0~2.6	5.0~25	2.4~6.1	35.7~257.1	5~16.4	0.8~13.8	37~63
片麻岩	2.64~3.36	0.5~0.8	5.26~6.47	157.1~257.1	8.6~22.1	1.5~3.3	13~44
石英岩	2.75	0.3	4.2~6.6	214.3~650	8.6~32.1	2.0~11.8	60
板岩	2.71~2.9	0.1~4.3	2.8~5.2	143~214.3	35.7~128	—	45~49
大理岩	2.37~3.2	0.67~2.3	3.7~4.3	71.4~250	4.3~28.5	6~9.1	27~51
石灰岩	1.79~2.92	0.26~3.6	2.79~4.84	14.3~264.3	3.6~37.1	2.0~3.4	17~68

(1) 物理性质

1) 表观密度　造岩矿物的密度约为 2.6~3.3g/cm³。由于岩石中存在孔隙，因此除软石凝灰岩外，其余岩石的表观密度为 2~3g/cm³，岩石的表观密度小于矿物的表观密度。表观密度与孔隙率密切相关，表观密度大的岩石因其结构致密，所以强度也高。

2) 吸水率　它反映了岩石吸水能力的大小，也反映了岩石耐水性的好坏。岩石的表观密度越大，说明其内部孔隙数量越少，水进入岩石内部的可能性随之减少，岩石的吸水率跟着减小；反之岩石的吸水率跟着增大。另外，岩石的吸水率也与岩石内部的孔隙结构和岩石是否憎水有关。例如，岩石内部连通孔多，岩石破碎后开口孔相应增多，如果该岩石又是亲水性的，那么该岩石的吸水率必然增大。岩石的吸水性直接影响了其抗冻性，抗风化性等耐久性指标。吸水率大，往往说明岩石的耐久性差。

3) 硬度　分析表 2-3 中岩石硬度和强度的关系，可以看出二者间有很好的相关性。岩石的硬度大，它的强度也高。其次岩石的硬度高，其耐磨性和抗刻划性也好，其磨光后也有良好的镜面效果，但是，硬度高的岩石开采困难，加工成本高。

4) 岩石的物理风化　岩石的风化分为物理风化和化学风化。物理风化在以下两种情况下发生：

A. 岩石中的多种矿物当岩石温度发生明显变化时，体积变化率各不相同，导致岩石内产生应力，使岩石内形成了细微裂缝。

B. 岩石由于受干、湿循环的影响，使其发生反复胀缩而产生微细裂纹。在寒冷地区，渗入岩石缝隙中的水会因结冰而体积增大，加剧了岩石的开裂。岩石的开裂导致其风化剥落，最后造成岩石损坏，损坏后所形成的新的岩石表面又受到同样的物理风化作用。周而复始，岩石的风化不断加深。

（2）岩石的力学性质

表2-3列出了主要岩石的力学性质。

1) 强度　岩石的抗压强度很大，而抗拉强度却很小，后者约为前者的1/10～1/20，岩石是典型的脆性材料。这是岩石区别于钢材和木材的主要特征之一，也是限制石材作为结构材料使用的主要原因。岩石的比强度也小于木材和钢材。岩石属于非均质的天然材料。由于生成的原因，大部分岩石呈现出各向异性。一般而言，加压方向垂直于节理面或裂纹时，其抗压强度大于加压方向平行于节理面或裂纹时的抗压强度。

2) 岩石受力后的变形　即使在应力很小的范围内，岩石的应力-应变曲线也不是直线，所以在曲线上各点的弹性模量是不同的。同时也说明岩石受力后没有一个明显的弹性变化范围，属于非弹性变形。

（3）岩石的化学性质

1) 化学风化　通常认为岩石是一种非常耐久的材料，然而，按材质而言，其抵抗外界作用的能力是比较差的。石材的劣化现象是指长期日晒夜露及受风雨和气温变化而不断风化的状态。风化是指岩石在各种因素的复合或者相互促进下发生的物理或化学变化，直至破坏的复杂现象。化学风化是指雨水和大气中的气体（O_2、CO_2、CO、SO_2、SO_3等）与造岩矿物发生化学反应的现象，主要有水化、氧化、还原、溶解、脱水、碳化等反应，在含有碳酸钙和铁质成分的岩石中容易产生这些反应。由于这些作用在表面产生，风化破坏表现为岩石表面有剥落现象。

2) 化学风化和物理风化的关系　化学风化与物理风化经常相互促进，例如，在物理风化作用下石材产生裂缝，雨水就渗入其中，因此，就促进了化学风化作用。另外，发生化学风化作用之后，使石材的孔隙率增加，就易受物理风化的影响。

3) 不同种类岩石的耐久性　从抗物理风化、化学风化的综合性能来看，一般花岗岩耐久性最佳，安山岩次之，软质砂岩和凝灰岩最差。大理岩的主要成分碳酸钙的化学性质不稳定，故容易风化。

（4）岩石的热学性质

岩石属于不燃烧材料，但从其构造可知，岩石的热稳定性不一定很好。这是因为各种岩石的热膨胀系数不相同（表2-3）。当岩石温度发生大幅度升高或降低时，其内部会产生内应力，导致岩石崩裂；其次，有些造岩矿物（如碳酸钙）因热的作用会发生分解反应，导致岩石变质。

岩石的比热大于钢材、混凝土和烧结普通砖，所以用石材建造的房屋，能在热流变动或采暖设备供热不足时，能较好地缓和室内的温度波动。岩石的导热系数小于钢材，大于混凝土和烧结普通砖，说明其隔热能力优于钢材，但比混凝土和烧结普通砖的要差。

第二节 常用的建筑（装饰）石材

天然石材是将开采来的岩石，对其形状、尺寸和表面质量三方面进行一定的加工处理后所得到的材料。建筑石材是指主要用于建筑工程中的砌筑或装饰的天然石材。前面已经提到，石材可用于建造房屋、宫殿、陵墓、桥、塔、碑和石雕等建筑物。分析石材在建筑上的用途，或者是用于砌筑，或者是用于装饰。砌筑用石材有毛石和料石之分，装饰用石材主要指各类和各种形状的天然石质板材。

一、毛石

毛石（又称片石或块石）是由爆破直接获得的石块。依据其平整程度又分为乱毛石和平毛石两类。

1. 乱毛石

乱毛石形状不规则，一般在一个方向的尺寸达 300～400mm，重量约为 20～30kg，其中部厚度一般不宜小于 150mm。乱毛石主要用来砌筑基础、勒角、墙身、堤坝、挡土墙壁等，也可作毛石混凝土的骨料。

2. 平毛石

平毛石是乱毛石略经加工而成，形状较乱毛石整齐，其形状基本上有 6 个面，但表面粗糙，中部厚度不小于 200mm。常用于砌筑基础、墙身、勒角、桥墩、涵洞等。

3. 毛石的抗压强度

毛石的抗压强度取决于其母岩的抗压强度，它是以三个边长为 70mm 的立方体试块的抗压强度的平均值表示。根据抗压强度的大小，石材共分 9 个强度等级：MU100、MU80、MU60、MU50、MU40、MU30、MU20、MU15、MU10。抗压试件也可采用表 2-4 所列各种边长的立方体，但对其试验结果要乘以相应的换算系数予以校正。

石材强度等级的换算系数　　　　表 2-4

立方体边长(mm)	200	150	100	70	50
换算系数	1.43	1.28	1.14	1	0.86

岩石的矿物组成对毛石的抗压强度有一定的影响。组成花岗岩的主要矿物成分中石英是很坚硬的矿物，其含量越高，花岗岩的强度也越高；而云母为片状矿物，易于分裂成柔软的薄片，因此，若云母含量越多，则其强度越低。沉积岩的抗压强度与胶结物成分有关，由硅质物质胶结的沉积岩，其抗压强度较大；石灰石物质胶结的，强度次之；黏土物质胶结的，抗压强度最小。

毛石的结构与构造特征对石材的抗压强度也有很大的影响。结晶质石材的强度较玻璃质的高；等粒结构的石材较斑状结构的高；构造致密的强度较疏松多孔的高。上述有关毛石抗压强度的论述也适应于料石。

二、料石

料石（又称条石）系由人工或机械开采出的较规则的六面体石块，略经加工凿琢而成，按其加工后的外形规则程度，分为毛料石、粗料石、半细料石和细料石4种。

（1）毛料石　外形大致方正，一般不加工或仅稍加修整，高度不应小于200mm，叠砌面凹入深度不大于25mm。

（2）粗料石　其截面的宽度、高度应不小于200mm，且不小于长度的1/4，叠砌面凹入深度不大于20mm。

（3）半细料石　规格尺寸同上，但叠砌面凹入深度不应大于15mm。

（4）细料石　通过细加工，外形规则，规格尺寸同上，叠加面凹入深度不大于10mm。

上述料石常由砂岩、花岗岩等质地比较均匀的岩石开采琢制，至少应有一个面较整齐，以便互相合缝。主要用于砌筑墙身、踏步、地坪、拱和纪念碑；形状复杂的料石制品，用于柱头、柱脚、楼梯踏步、窗台板、栏杆和其他装饰面等。

三、饰面石材

1. 天然花岗石板材

建筑装饰工程上所指的花岗石是指以花岗岩为代表的一类装饰石材，包括各类以石英、长石为主要的组成矿物，并含有少量云母和暗色矿物的岩浆岩和花岗质的变质岩，如花岗岩、辉绿岩、辉长岩、玄武岩、橄榄岩等。从外观特征看，花岗石常呈整体均粒状结构，称为花岗结构。

（1）特性

花岗石构造致密、强度高、密度大、吸水率极低、质地坚硬、耐磨，属酸性硬石材。

花岗石的化学成分有SiO_2、Al_2O_3、CaO、MgO、Fe_2O_3等，其中SiO_2的含量常为60%以上，为酸性石材，因此，其耐酸、抗风化、耐久性好，使用年限长。花岗石所含石英在高温下会发生晶变，体积膨胀而开裂，因此不耐火。

（2）分类、等级及技术要求

天然花岗石板材按形状可分为毛光板（MG）、普型板（PX）、圆弧板（HM）和异型板（YX）四类。按其表面加工程度可分为细面板（YG）、镜面板（JM）、粗面板（CM）三类。

根据国家标准《天然花岗石建筑板材》（GB/T 18601—2009），毛光板按厚度偏差、平面度公差、外观质量等，普型板按规格尺寸偏差、平面度公差、角度公差及外观质量等，圆弧板按规格尺寸偏差、直线度公差、线轮廓度公差及外观质量等，分为优等品（A）、一等品（B）、合格品（C）三个等级。

天然花岗石板材的技术要求包括规格尺寸允许偏差、平面度允许公差、角度允许公差、外观质量和物理性能。

（3）天然放射性

天然石材中的放射性是引起普遍关注的问题。经检验证明，绝大多数的天然石材中所含放射物质极微，不会对人体造成任何危害，但部分花岗石产品放射性指标超标，会在长期使用过程中对环境造成污染，因此有必要给予控制。国家标准《建筑材料放射性核素限量》（GB 6566—2001）中规定，装修材料（花岗石、建筑陶瓷、石膏制品等）中以天然放射性核素（镭-226、钍-232、钾-40）的放射性比活度及和外照射指数的限值分为 A、B、C 三类：A 类产品的产销与使用范围不受限制；B 类产品不可用于 I 类民用建筑的内饰面，但可用于 I 类民用建筑的外饰面及其他一切建筑物的内、外饰面；C 类产品只可用于一切建筑物的外饰面。

放射性水平超过此限值的花岗石和大理石产品，其中的镭、钍等放射元素衰变过程中将产生天然放射性气体氡。氡是一种无色、无味、感官不能觉察的气体，特别是易在通风不良的地方聚集，可导致肺、血液、呼吸道发生病变。

目前国内使用的众多天然石材产品，大部分是符合 A 类产品要求的，但不排除有少量的 B、C 类产品。因此装饰工程中应选用经放射性测试，且发放了放射性产品合格证的产品。此外，在使用过程中，还应经常打开居室门窗，促进室内空气流通，使氡稀释，达到减少污染的目的。

（4）应用

花岗石板材主要应用于大型公共建筑或装饰等级要求较高的室内外装饰工程。花岗石因不易风化，外观色泽可保持百年以上，所以，粗面和细面板材常用于室外地面、墙面、柱面、勒脚、基座、台阶；镜面板材主要用于室内外地面、墙面、柱面、台面、台阶等，特别适宜做大型公共建筑大厅的地面。

2. 天然大理石板材

建筑装饰工程上所指的大理石是广义的，除指大理岩外，还泛指具有装饰功能，可以磨平、抛光的各种碳酸盐岩和与其有关的变质岩，如石灰岩、白云岩、钙质砂岩等，其主要成分为碳酸盐矿物。

（1）特性

质地较密实、抗压强度较高、吸水率低、质地较软，属碱性中硬石材。天然大理石易加工、开光性好，常被制成抛光板材，其色调丰富、材质细腻、极富装饰性。

大理石的化学成分有 CaO、MgO、SiO_2 等，其中 CaO 和 MgO 的总量占 50% 以上，故大理石属碱性石材。在大气中受硫化物及水汽形成的酸雨长期的作用，大理石容易发生腐蚀，造成表面强度降低、变色掉粉，失去光泽，影响其装饰性能。所以除少数大理石，如汉白玉、艾叶青等质纯、杂质少、比较稳定、耐久的板材品种可用于室外，绝大多数大理石板材只宜用于室内。

（2）分类、等级及技术要求

天然大理石板材按形状分为普型板（PX）、圆弧板（HM）。国际和国内板材的通用厚度为 20mm，亦称为厚板。随着石材加工工艺的不断改进，厚度较小的板材也开始应用于装饰工程，常见的有 10mm、8mm、7mm、5mm 等，亦称为薄板。

根据《天然大理石建筑板材》（GB/T 19766—2005），天然大理石板材按板材的规格尺寸偏差、平面度公差、角度公差及外观质量分为优等品（A）、一等品（B）、合格品（C）三个等级。

天然大理石板材的技术要求包括规格尺寸允许偏差、平面度允许公差、角度允许公差、外观质量和物理性能。

天然大理石、花岗石板材采用"平方米"计量，出厂板材均应注明品种代号标记、商标、生产厂名。配套工程用材料应在每块板材侧面标明其图纸编号。包装时应将光面相对，并按板材品种规格、等级分别包装。运输搬运过程中应严禁滚摔碰撞。板材直立码放时，倾斜角不大于 15°；平放时地面必须平整，垛高不高于 1.2m。

（3）应用

天然大理石板材是装饰工程的常用饰面材料。一般用于宾馆、展览馆、剧院、商场、图书馆、机场、车站、办公楼、住宅等工程的室内墙面、柱面、服务台、栏板、电梯间门口等部位。由于其耐磨性相对较差，虽也可用于室内地面，但不宜用于人流较多场所的地面。大理石由于耐酸腐蚀能力较差，除个别品种外，一般只适用于室内。

3. 青石装饰板材

青石板属于沉积岩类（砂岩），主要成分为石灰石、白云石。随着岩石埋深条件的不同和其他杂质如铜、铁、锰、镍等金属氧化物的混入，形成多种色彩。青石板质地密实，强度中等，易于加工，可采用简单工艺凿割成薄板或条形材，是理想的建筑装饰材料。用于建筑物墙裙、地坪铺贴以及庭园栏杆（板）、台阶等，具有古建筑的独特风格。

常用青石板的色泽为豆青色和深豆青色以及青色带灰白结晶颗粒等多种。青石板根据加工工艺的不同分为粗毛面板、细毛面板和剁斧板等多种。尚可根据建筑意图加工成光面（磨光）板。青石板的主要产地有台州、江苏吴县、北京石化区等。

天然大理石、花岗石板材采用"平方米（m^2）"计量，出厂板材均应注明品种代号标记、商标、生产厂名。配套工程用材料应在每块板材侧面标明其图纸编号。包装时应将光面相对，并按板材品种规格、等级分别包装。运输搬运过程中应严禁滚摔碰撞。板材直立码放时，倾斜角不大于 15°；平放时地面必须平整，垛高不超过 1.2m。

青石板以"立方米（m^3）"或"平方米（m^2）"计量。包装、运输、贮存条件类似于花岗石板材。

学习活动 2-1

大理石和花岗石适用性的区别

在此活动中你将通过简单的试验，认知大理石和花岗石适用性，以增强根据工程特点选择适用材料品种的意识和能力。

步骤1：准备大理石和花岗石边角料（最好选抛光料）各一块以及少许稀盐酸溶液。将酸液用吸管滴放在两种石材料表面一些。

步骤2：观察石料表面滴酸液处发生的变化，或将试块表面擦拭干净，观察相应部位光泽程度的变化。

反馈：

（1）大理石表面有气泡产生或失去光泽，而花岗石无前述变化。

（2）说明了大理石、花岗石耐酸腐蚀性能的差异及工程适用性的不同。

应用案例与发展动态

玄武岩的妙用[1]

玄武岩在自然界的分布十分广泛，除作为一般的建筑石材外，由于它具有抗酸碱、耐腐蚀的特点，还是制作机器铸石的理想原料。而用它来制造"石头纸"和"棉花"却鲜为人知。20世纪80年代初期，前苏联发明家文丘纳斯制造了世界上第一张"石头纸"。它的主要原料就是玄武岩。其制作过程如下：先以2000℃的高温将玄武岩熔融，然后拉制成纤维，再把纤维浸泡在酚醛树脂里，这些纤维很快就变成棕色的类似于复写纸的东西。再加入白土粉，终于制成了名贵的"石头纸"。由于这种纸不怕火，不怕水，不怕虫咬，还可以进行染色，受到了人们的青睐。更妙的是，可以将它制成柔韧若棉、薄如蝉翼、白如冰雪、滑润如脂的纸张。由于它还具有很强的抗拉强度，在印刷机上快速滚动时也不破裂，于是可提高印刷速度。凡是印刷文件，各类纸币、邮票以及需长期保存的资料、珍贵契约等都可以利用这种"石头纸"来制作。

目前，一些工业发达国家，已经用玄武岩来制作"棉花"，称为岩棉。利用天然玄武岩经高温熔融以后，拉成直径几微米的纤维，外形很像棉花。普通棉花在常温下会着火，岩棉不会燃烧，试验证明：在750℃炉内放置时岩棉也不会燃烧，到900～1000℃时，一半岩棉开始变形，在绝对零度（－273℃）时，岩棉也不变形。因此，在绝对零度到700℃范围内，可以放心使用岩棉。岩棉的用途相当广泛，主要用在建筑和工业设备的保温，膨松的岩棉适用于不规则形状的设备空腔的充填，也可在岩棉中加入特制的粘结剂和防尘油制成岩棉板、岩棉缝毡、岩棉保温带等产品，供各种规则形态的设备使用。据报道，前苏联使用的保温材料中，岩棉几乎占一半；美国、德国、瑞典也广为利用，我国也已生产并投入使用。

为什么岩棉如此受欢迎呢？第一，它的重量轻，每立方米的岩棉，其重量只有几十公斤到一百公斤，所以是理想的建筑材料。第二，导热系数低，作为保温材料，可节约大量能源，据测算，工业热力装置若采用 $1m^3$ 的岩棉，平均每小时可节省热能2500kcal，相当于每年节省3t标准煤。如建筑上使用1t岩棉保温，一年至少节省1t石油。例如，北京燕山石油化工公司用岩棉代替常规保温材料，在直径50cm，长1600多米的蒸气管道上进行试验，结果表明，热损失减少50%，隔热效率达99%，仅此一段

---

[1] 摘自：朱汉卫. 玄武岩的妙用. 地球. 2003, 19

管道，每年可节省加热油500多吨。第三，岩棉对化学反应具有稳定性，能经受酸碱的腐蚀作用。第四，隔声、吸声效果好。可以作为会堂、舞厅、教室等建筑物内音响设施的建筑材料。第五，使用温幅广。岩棉在-273~700℃范围内，不会变形，可以放心使用，这是其他保温材料所不具备的。

本 章 小 结

本章以天然石材的种类和性质为主，同时简要介绍了常用建筑石材的品种、质量等级、使用要求和注意事项。

掌握 岩石的种类和性质。要明确造岩矿物的性质、组成方式对岩石的使用性质具有决定意义。同时岩石的形成与地质作用有密切的关系，地质对岩石的作用从未停止，所以花岗岩、沉积岩和变质岩可在漫长的地质年代里发生转变。

理解 正确选用建筑石材规则、合理确定建筑石材在建筑物中的使用部位。正确选择和使用天然石材的方法。建筑石材的概念、种类、质量评价等级。造岩矿物的种类，造岩矿物对石材结构和性能的决定作用。

了解 天然石材的发展趋势。

复习思考题

1. 分析造岩矿物、岩石、石材之间的相互关系。
2. 岩石的性质对石材的使用有何影响？举例说明。
3. 毛石和料石有哪些用途？与其他材料相比有何优势（从经济、工程、与自然的关系三方面分析）？
4. 天然石材有哪些优势和不足？新的天然石材品种是如何克服的？
5. 天然石材的强度等级是如何划分的？举例说明。
6. 总结生活中遇见的石材，了解它们的使用目的。
7. 青石板材有哪些用途？
8. 什么是岩石、造岩矿物和石材？
9. 岩石按成因划分主要有哪几类？简述它们之间的变化关系。
10. 岩石孔隙大小对其哪些性质有影响？为什么？
11. 针对天然石材的放射性说明其使用时的注意事项和选取方法。

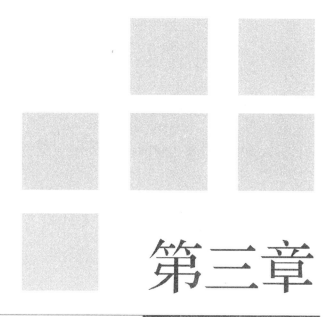

第三章

气硬性胶凝材料

[学习重点和建议]
1. 石灰、石膏和水玻璃三种胶凝材料的硬化机理和各自特点和区别。
2. 石灰的熟化特点和必要性。
3. 石灰、石膏和水玻璃的重要用途。

石灰、石膏和水玻璃三种胶凝材料是传统的性能稳定的胶凝材料,也是现代许多新胶凝材料的基础。建议深入建筑工地对三种胶凝材料的使用情况开展调查,以丰富自己的知识。查阅相关文献,作专项探究,加深和扩大对该部分知识的了解。

第三章 气硬性胶凝材料

胶凝材料也称胶结材料，是指用来把块状、颗粒状或纤维状材料粘结为整体的材料。建筑上使用的胶凝材料按其化学组成可分为有机和无机的两大类。

无机胶凝材料是以无机化合物为主要成分，掺入水或适量的盐类水溶液（或含少量有机物的水溶液），经一定的物理化学变化过程产生强度和粘结力的胶凝材料。无机胶凝材料亦称矿物胶凝材料（例如各种水泥、石膏、石灰等）。

有机胶凝材料是以天然或合成的高分子化合物（例如沥青、树脂、橡胶等）为基本组分的胶凝材料。

无机胶凝材料按硬化条件的不同可分为气硬性胶凝材料和水硬性胶凝材料。气硬性胶凝材料是只能在空气中凝结、硬化、保持和发展强度的胶凝材料，如石灰、石膏、水玻璃；水硬性胶凝材料是指既能在空气中硬化，更能在水中凝结、硬化、保持和发展强度的胶凝材料，如各种水泥。

本章重点叙述石灰、石膏和水玻璃三种建筑上常用的气硬性胶凝材料。水硬性胶凝材料和有机胶凝材料将在其后各相应章节中介绍。

第一节 石 灰

石灰是建筑上最早使用的气硬性胶凝材料之一。由于生产石灰的原料广泛，工艺简单，成本低廉，所以至今仍被广泛地应用于建筑中。

一、石灰的品种和生产

1. 石灰的品种

石灰是将以碳酸钙（$CaCO_3$）为主要成分的岩石如石灰岩、贝壳石灰岩等，经适当煅烧、分解、排出二氧化碳（CO_2）而制得的块状材料，其主要成分为氧化钙（CaO），其次为氧化镁（MgO），通常把这种白色轻质的块状物质称为块灰；以块灰为原料经粉碎、磨细制成的生石灰称为磨细生石灰粉或建筑生石灰粉。

根据生石灰中氧化镁含量的不同，生石灰分为钙质生石灰和镁质生石灰。钙质生石灰中的氧化镁含量小于5%；镁质生石灰的氧化镁含量为5%～24%。

建筑用石灰有：生石灰（块灰），生石灰粉，熟石灰粉（又称建筑消石灰粉、消解石灰粉、水化石灰）和石灰膏等几种形态。

2. 石灰的生产

生产石灰的过程就是煅烧石灰石，使其分解为生石灰和二氧化碳的过程，其反应如下：

$$CaCO_3 \xrightarrow{900℃} CaO + CO_2 \uparrow$$

碳酸钙煅烧温度达到900℃时，分解速度开始加快。但在实际生产中，由于石灰石致密程度、杂质含量及块度大小的不同，并考虑到煅烧中的热损失，所以实际的煅烧温度在1000~1200℃，或者更高。当煅烧温度达到700℃时，石灰岩中的次要成分碳酸镁开始分解为氧化镁，反应如下：

$$MgCO_3 \xrightarrow{700℃} MgO + CO_2 \uparrow$$

一般而言，入窑石灰石的块度不宜过大，并力求均匀，以保证煅烧质量的均匀。石灰石越致密，要求的煅烧温度越高。当入窑石灰石块度较大、煅烧温度较高时，石灰石块的中心部位达到分解温度时，其表面已超过分解温度，得到的石灰石晶粒粗大，遇水后熟化反应缓慢，称其为过火石灰。过火石灰熟化十分缓慢，其细小颗粒可能在石灰使用之后熟化，体积膨胀，致使硬化的砂浆产生"崩裂"或"鼓泡"现象，会严重影响工程质量。若煅烧温度较低，不仅使煅烧周期延长，而且大块石灰石的中心部位还没完全分解，此时称其为欠火石灰。欠火石灰降低了生石灰的质量，也影响了石灰石的产灰量。

二、石灰的熟化和硬化

1. 石灰的熟化

石灰的熟化是指生石灰（CaO）加水之后水化生成熟石灰［$Ca(OH)_2$］的过程。其反应方程式如下：

$$CaO + H_2O == Ca(OH)_2$$

生石灰具有强烈的消化能力，水化时放出大量的热（约64.8kJ/mol），其放热量和放热速度比其他胶凝材料大得多。生石灰熟化的另一个特点为：质量为一份的生石灰可生成1.31份质量的熟石灰，其体积增大1~2.5倍。煅烧良好、氧化钙含量高、杂质含量低的生石灰（块灰），其熟化速度快、放热量大、体积膨胀也大。

生石灰熟化的方法有淋灰法和化灰法。淋灰法就是在生石灰中均匀加入生石灰质量70%左右的水（理论值为31.2%），便可得到颗粒细小、分散的熟石灰粉。工地上调制熟石灰粉时，每堆放半米高的生石灰块，淋60%~80%的水，再堆放再淋，使之成粉且不结块为止。目前，多用机械方法将生石灰熟化为熟石灰粉。化灰法是在生石灰中加入约为块灰质量2.5~3倍的水，得到的浆体流入灰池或储灰坑中充分熟化。为了消除过火石灰后期熟化造成的危害，石灰浆体应在储灰坑中存放半个月以上，然后方可使用。这一过程叫做"陈伏"。陈伏期间，石灰浆表面应敷盖一层水，以隔绝空气，防止石灰浆表面碳化。

2. 石灰的硬化

石灰的硬化过程包括下述内容：

（1）干燥硬化：浆体中大量水分向外蒸发，或为附着基面吸收，使浆体中形成大量彼此相通的孔隙网，尚留于孔隙内的自由水，由于水的表面张力，产生毛细管压力，使石灰粒子更加紧密，因而获得强度。浆体进一步干燥时，这种作用也随之加强。但这种由于干燥获得的强度类似于黏土干燥后的强度，其强度值不高，而且，当再遇到水时，其强度又会丧失。

（2）结晶硬化：浆体中高度分散的胶体粒子，为粒子间的扩散水层所隔开，当水分逐渐减少，扩散水层逐渐减薄，因而胶体粒子在分子力的作用下互相粘结，形成凝聚结构的空间网，从而获得强度。在存在水分的情况下，由于氢氧化钙能溶解于水，故胶体凝聚结构逐渐通过通常的由胶体逐渐变为晶体的过程，转变为较粗晶粒的结晶结构网，从而使强度提高。但是，由于这种结晶结构网的接触点溶解度较高，故当再遇到水时会引起强度降低。

（3）碳酸化硬化：浆体从空气中吸收 CO_2 气体，形成实际上不溶解于水的碳酸钙。这个过程称为浆体的碳酸化（简称碳化）。其反应式如下：

$$Ca(OH)_2 + CO_2 + nH_2O \longrightarrow CaCO_3 + (n+1)H_2O$$

生成的碳酸钙晶体互相共生或与氢氧化钙颗粒共生，构成紧密交织的结晶网，从而使浆体强度提高。另外，由于碳酸钙的固相体积比氢氧化钙的固相体积稍有增大，故使硬化的浆体更趋坚固。显然，碳化对强度的提高和稳定都是有利的。但由于空气中二氧化碳的浓度很低，而且，表面形成碳化薄层以后，二氧化碳不易进入内部，故在自然条件下，石灰浆体的碳化十分缓慢。碳化层还能阻碍水分蒸发，反而会延缓浆体的硬化。

上述硬化过程中的各种变化是同时进行的。在内部，对强度增长起主导作用的是结晶硬化。干燥硬化也起一定的附加作用。表层的碳化作用，固然可以获得较高的强度，但进行得非常慢；而且从反应式看，这个过程的进行，一方面必须有水分存在，另一方面又放出较多的水，这将不利于干燥和结晶硬化。由于石灰浆的这种硬化机理，故它不宜用于长期处于潮湿或反复受潮的地方。具体使用时，往往在石灰浆中掺入填充材料，如掺入砂子配成石灰砂浆使用，掺入砂可减少收缩，更主要的是砂的掺入能在石灰浆内形成连通的毛细孔道使内部水分蒸发并进一步碳化，以加速硬化。为了避免收缩裂缝，常加纤维材料，制成石灰麻刀灰，石灰纸筋灰等。

三、石灰的技术要求

生石灰的质量是以石灰中活性氧化钙和氧化镁含量高低、过火石灰和欠火石灰及其他杂质含量的多少作为主要指标来评价其质量优劣的。根据建材行业标准（JC/T 479—1992 和 JC/T 480—1992），将建筑生石灰和建筑生石灰粉划分为三等，具体指标见表 3-1、表 3-2。

建筑生石灰技术指标（JC/T 479—1992）　　　　表 3-1

项　目	钙质石灰			镁质石灰		
	优等品	一等品	合格品	优等品	一等品	合格品
CaO+MgO 含量不小于(%)	90	85	80	85	80	75
未消化残渣含量(5mm 圆孔筛筛余)不大于(%)	5	10	15	5	10	15
CO_2 含量不大于(%)	5	7	9	6	8	10
产浆量不小于(L/kg)	2.8	2.3	2.0	2.8	2.3	2.0

建筑生石灰粉技术指标（JC/T 480—1992） 表3-2

项 目		钙质石灰			镁质石灰		
		优等品	一等品	合格品	优等品	一等品	合格品
CaO+MgO 含量不小于(%)		90	85	80	85	80	75
CO_2 含量不大于%		5	7	9	6	8	10
细度	0.90mm 筛筛余(%)不大于	0.2	0.5	1.5	0.2	0.5	1.5
	0.125mm 筛筛余(%)不大于	7.0	12.0	18.0	7.0	2.0	18.0

建筑消石灰半分（熟石灰）按氧化镁含量分为：钙质消石灰、镁质消石灰和白云石消石灰粉等，其分类界限见表3-3。

建筑消石灰粉按氧化镁含量的分类界限 表3-3

品 种 名 称	MgO 指标
钙质消石灰粉	≤4%
镁质消石灰粉	4%～24%
白云石消石灰粉	25%～30%

熟化石灰粉的品质与有效物质和水分的相对含量及细度有关，熟石灰粉颗粒愈细，有效成分愈多，其品质愈好。建筑消石灰粉的质量按《建筑消石灰粉》（JC/T 481—1992）规定也分为三等，具体指标见表3-4。

建筑消石灰粉的技术指标（JC/T 481—1992） 表3-4

项 目		钙质消石灰粉			镁质消石灰粉			白云石消石灰粉		
		优等品	一等品	合格品	优等品	一等品	合格品	优等品	一等品	合格品
CaO+MgO 含量不小于(%)		70	65	60	65	60	55	65	60	55
游离水(%)		0.4～2	0.4～2	0.4～2	0.4～2	0.4～2	0.4～2	0.4～2	0.4～2	0.4～2
体积安定性		合格	合格	—	合格	合格	—	合格	合格	—
细度	0.90mm 筛筛余(%) 不大于	0	0	0.5	0	0	0.5	0	0	0.5
	0.125mm 筛筛余(%) 不大于	3	10	15	3	10	15	3	10	15

学习活动 3-1

材料技术指标列表的识读

在此活动中你将重点学习识读技术标准提供的技术指标列表，了解通过数据的横纵向的对比，得知技术特性变化规律的方法，进而不断提高通过表观数据揭示材料的性能内在变化，以提高正确认知和指导建筑材料选择应用的职业能力。

步骤1：请你阅读表3-1，注意第一列（纵向）各项技术指标随产品类别及等级

（横向）的不同，相应技术数据的变化规律。可通过对自己提问"每一种生石灰 CaO+MgO 含量随等级的提高是如何变化的"，再如"为什么对于 CO_2 含量要求是"不大于等等。进而认识所反映的规律和本质。

步骤2：按照步骤1的思路分析表3-2、表3-4。

反馈：

1. 填写所给列表的相关内容。（可任选若干项，所给为填写示例）

表号	技术指标	数据变化特点	反映的规律	对选择应用的影响
4-2	CaO+MgO 含量	等级↑下限值↑	有效成分含量↑等级↑	根据强度、硬化速度的要求选择品种及等级

2. 教师对学习者的活动结论给予指导评价。

四、石灰的技术性质和应用

1. 石灰的主要技术性质

（1）良好的保水性：石灰和水后，具有较强的保水性（即材料保持水分不泌出的能力）。这是由于生石灰熟化为石灰浆时，氢氧化钙粒子呈胶体分散状态。其颗粒极细，直径约为 $1\mu m$，颗粒表面吸附一层较厚的水膜。由于粒子数量很多，其总表面积很大，这是它保水性良好的主要原因。利用这一性质，将其掺入水泥砂浆中，配合成混合砂浆，克服了水泥砂浆容易泌水的缺点。

（2）凝结硬化慢、强度低：由于空气中的 CO_2 含量低，而且碳化后形成的碳酸钙硬壳阻止 CO_2 向内部渗透，也阻止水分向外蒸发，结果使 $CaCO_3$ 和 $Ca(OH)_2$ 结晶体生成量少且缓慢。已硬化的石灰强度很低。如 1∶3 的石灰砂浆 28d 的强度只有 $0.2\sim0.5MPa$。

（3）吸湿性强：生石灰吸湿性强，保水性好，是传统的干燥剂。

（4）体积收缩大：石灰浆体凝结硬化过程中，蒸发大量水分，由于硬化石灰中的毛细管失水收缩，引起体积收缩，使制品开裂。因此，石灰不宜单独用来制作建筑构件及制品。

（5）耐水性差：若石灰浆体尚未硬化之前，就处于潮湿环境中，由于石灰中水分不能蒸发出去，则其硬化停止；若是已硬化的石灰，长期受潮或受水浸泡，则由于 $Ca(OH)_2$ 易溶于水，会使已硬化的石灰溃散。因此，石灰不宜用于潮湿环境及易受水浸泡的部位。

（6）化学稳定性差：石灰是碱性材料，与酸性物质接触时，容易发生化学反应，生成新物质。因此，石灰及含石灰的材料长期处在潮湿空气中，容易与二氧化碳作用生成碳酸钙，即"碳化"。石灰材料还容易遭受酸性介质的腐蚀。

2. 石灰的应用

（1）粉刷墙体和配制砂浆

用熟化并陈伏好的石灰膏，稀释成石灰乳，可用作内、外墙及顶棚的涂料，一般多用于内墙涂刷。由于石灰乳为白色或浅灰色，具有一定的装饰效果，还可掺入碱性矿质颜料，使粉刷的墙面具有需要的颜色。以石灰膏为胶凝材料，掺入砂和水后，拌合成砂浆，称为石灰砂浆。它作为抹灰砂浆可用于墙面、顶棚等大面积暴露在空气中的抹灰层，也可以用做要求不高的砌筑砂浆。在水泥砂浆中掺入石灰膏后，可以提高水泥砂浆的保水性和砌筑、抹灰质量，节省水泥，这种砂浆叫做水泥混合砂浆，在建筑工程中用量很大。

(2) 配制灰土和三合土

熟石灰粉可用来配制灰土（熟石灰＋黏土）和三合土（熟石灰＋黏土＋砂、石或炉渣等填料），用以进行人工地基的加固。常用的三七灰土和四六灰土，分别表示熟石灰和黏土体积比例为 3∶7 和 4∶6。

1) 灰土的特性：灰土的抗压强度一般随土的塑性指数的增加而提高。不随含灰率的增加而一直提高，并且灰土的最佳含灰率与土壤的塑性指数成反比。一般最佳含灰率的重量百分比为 10%～15%；灰土的抗压强度随龄期（灰土制备后的天数）的增加而提高，当天的抗压强度与素土夯实相同，但在 28d 以后则可提高 2.5 倍以上；灰土的抗压强度随密实度的增加而提高。对常用的 3∶7 灰土（其重量比 1∶2.5）多打一遍夯后，其 90d 的抗压强度可提高 44%。

灰土的抗渗性随土的塑性指数及密实度的增高而提高。且随龄期的延长抗渗性也有提高。灰土的抗冻性与其是否浸水有很大关系。在空气中养护 28d 不经浸水的试件，历经三个冰冻循环，情况良好，其抗压强度不变，无崩裂破坏现象。但养护 14d 并接着浸水 14d 后的试件，同上试验后则出现崩裂破坏现象。分析原因，是因为灰土龄期太短，灰土与土作用不完全，致使强度太差。

灰土的主要优点是充分利用当地材料和工业废料（如炉渣灰土），节省水泥，降低工程造价，灰土基础比混凝土基础可降低造价 60%～75%，在冰冻线以上代替砖或毛石基础可降低造价 30%，用于公路建设时比泥结碎石降低 40%～60%。

2) 注意事项：配制灰土或三合土时，一般熟石灰必须充分熟化，石灰不能消解过早，否则熟石灰碱性降低，减缓与土的反应，从而降低灰土的强度；所选土种以黏土、亚黏土及轻亚黏土为宜；准确掌握灰土的配合比；施工时，将灰土或三合土混合均匀并夯实，使彼此粘结为一体。黏土等土中含有 SiO_2 和 Al_2O_3 等酸性氧化物，能与石灰在长期作用下反应，生成不溶性的水化硅酸钙和水化铝酸钙，使颗粒间的粘结力不断增强，灰土或三合土的强度及耐水性能也不断提高。

(3) 生产无熟料水泥、硅酸盐制品和碳化石灰板

五、石灰的验收与复验

(1) 建筑生石灰的验收以同一厂家、同一类别、同一等级不超过 100t 为一验收批。取样应从不同部位选取，取样点不少于 25 个，每个点不少于 2kg，缩分至 4kg。复验的项目有 CaO＋MgO 含量、未消化残渣含量、CO_2 含量和产浆量。

(2) 建筑生石灰粉的验收以同一厂家、同一类别、同一等级不超过 100t 为一验收

批。取样应从本批中随机抽取10袋，总量不少于3kg，缩分至300g。复验的项目有$CaO+MgO$含量、细度、游离水、体积安定性。

六、石灰的储存和运输

生石灰要在干燥环境中储存和保管。若储存期过长必须在密闭容器内存放。运输中要有防雨措施。要防止石灰受潮或遇水后水化，甚至由于熟化热量集中放出而发生火灾。磨细生石灰粉在干燥条件下储存期一般不超过1个月，最好是随生产随用。

第二节 石　膏

我国是一个石膏资源丰富的国家，石膏作为建筑材料使用已有悠久的历史。由于石膏及石膏制品具有轻质、高强、隔热、耐火、吸声、容易加工等一系列优良性能，特别是近年来在建筑中广泛采用框架轻板结构，作为轻质板材主要品种之一的石膏板受到普遍重视，其生产和应用都得到迅速发展。生产石膏胶凝材料的原料有二水石膏和天然无水石膏以及来自化学工业的各种副产物化学石膏。

一、石膏的生产与品种

建筑上常用的石膏，主要是由天然二水石膏（或称生石膏）经过煅烧，磨细而制成的。天然二水石膏出自天然石膏矿，因其主要成分为$CaSO_4 \cdot 2H_2O$，其中含两个结晶水而得名。又由于其质地较软，也被称为软石膏。将二水石膏在不同的压力和温度下煅烧，可以得到结构和性质均不同的下列品种的石膏产品。

1. 建筑石膏和模型石膏

建筑石膏是将二水石膏（生石膏）加热至110～170℃时，部分结晶水脱出后得到半水石膏（熟石膏），再经磨细得到粉状的建筑中常用的石膏品种，故称"建筑石膏"。反应式如下：

$$CaSO_4 \cdot 2H_2O \xrightarrow{加热} CaSO_4 \cdot 1/2H_2O + 3/2H_2O$$

将这种常压下的建筑石膏称为β型半水石膏。若在上述条件下煅烧一等或二等的半水石膏，然后磨得更细些，这种β型半水石膏称为模型石膏，是建筑装饰制品的主要原料。

2. 高强度石膏

将二水石膏在0.13MPa、124℃的压蒸锅内蒸炼，则生成比β型半水石膏晶体粗大的α型半水石膏，称为高强度石膏。由于高强度石膏晶体粗大，比表面小，调成可塑性浆体时需水量（35%～45%）只是建筑石膏需求量的一半，因此硬化后具有较高的密实度和强度。其3h的抗压强度可达9～24MPa，其抗拉强度也很高。7d的抗压强度可达

15～39MPa。高强度石膏的密度为 2.6～2.8g/cm³。高强石膏可以用于室内抹灰，制作装饰制品和石膏板。若掺入防水剂可制成高强度抗水石膏，在潮湿环境中使用。

3. 硬石膏

继续升温煅烧二水石膏，还可以得到下列品种的硬石膏（无水石膏）。当温度升至 180～210℃，半水石膏继续脱水得到脱水半水石膏。结构变化不大仍具有凝结硬化性质；当煅烧温度升至 320～390℃，得到可溶性硬石膏。水化凝结速度较半水石膏快，但它的需水量大、硬化慢、强度低；当煅烧温度达 400～750℃时，石膏完全失掉结合水，成为不溶性石膏，其结晶体变得紧密而稳定，密度达 2.29g/cm³，难溶于水，凝结很慢，甚至完全不凝结。但若加入石灰激发剂后，又使其具有水化凝结和硬化能力。这些材料按比例磨细后可得无水石膏（强度约 49～29.4MPa）；当煅烧温度超过 800℃，部分 $CaSO_4$ 分解出 CaO，磨细后的石膏称为高温煅烧石膏，由于它处于碱性激发剂作用下，使这种石膏具有活性。硬化后有较高的强度和耐磨性，抗水性较好，所以也称其为地板石膏。

石膏的品种很多，虽然各品种的石膏在建筑中均有应用，但是用量最多、用途最广的是建筑石膏。

二、石膏的凝结与硬化

建筑石膏与适量的水混合后，起初形成均匀的石膏浆体，但紧接着石膏浆体失去塑性，成为坚硬的固体。这是因为半水石膏遇水后，将重新水化生成二水石膏放出热量并逐渐凝结硬化的原故。反应式如下：

$$CaSO_4 \cdot 1/2H_2O + 3/2H_2O \longrightarrow CaSO_4 \cdot 2H_2O$$

其凝结硬化过程的机理如下：半水石膏遇水后发生溶解，并生成不稳定的过饱合溶液，溶液中的半水石膏经过水化成为二水石膏。由于二水石膏在水中的溶解度（20℃为 2.05g/L）较半水石膏的溶解度（20℃为 8.16g/L）小得多，所以二水石膏溶液会很快达到过饱合，因此很快析出胶体微粒并且不断转变为晶体。由于二水石膏的析出便破坏了原来半水石膏溶解的平衡状态，这时半水石膏会进一步溶解，以补偿二水石膏析晶而在液相中减少的硫酸钙含量。如此不断地进行半水石膏的溶解和二水石膏的析出，直到半水石膏完全水化为止。与此同时由于浆体中自由水因水化和蒸发逐渐减少，浆体变稠，失去塑性。以后水化物晶体继续增长，直至完全干燥，强度发展到最大值，达到石膏的硬化。

三、石膏的技术要求

建筑石膏呈洁白粉末状，密度约为 2.6～2.75g/cm³，堆积密度约为 0.8～1.1g/cm³。建筑石膏的技术要求主要有：细度、凝结时间和强度。按 2h 强度（抗折），根据国家标准 GB/T 9776—2008，建筑石膏分为 3.0、2.0、1.6 三个等级。建筑石膏技术要求的具体指标见表 3-5。建筑石膏容易受潮吸湿，凝结硬化快，因此在运输、贮存的过程中,应注意避免受潮。石膏长期存放强度也会降低。一般贮存三个月后,强度下降30%左右。所以,建筑石膏自生产之日起,在正常运输与贮存条件下,贮存期为三个月。

建筑石膏物理力学性能（GB/T 9776—2008）　　　表3-5

等级	细度(0.2mm方孔筛筛余)%	凝结时间 min		2h 强度/MPa	
		初凝	终凝	抗折	抗压
3.0	≤10	≥3	≤30	≥3.0	≥6.0
2.0				≥2.0	≥4.0
1.6				≥1.6	≥3.0

四、石膏的性质与应用

1. 石膏的性质

与石灰等胶凝材料相比,石膏具有如下的性质特点:

(1) 凝结硬化快:建筑石膏的初凝和终凝时间很短,加水后3min即开始凝结,终凝不超过30min,在室温自然干燥条件下,约1周时间可完全硬化。为施工方便,常掺加适量缓凝剂,如硼砂、纸浆废液、骨胶、皮胶等。

(2) 孔隙率大,表观密度小,保温、吸声性能好:建筑石膏水化反应的理论需水量仅为其质量的18.6%,但施工中为了保证浆体有必要的流动性,其加水量常达60%~80%,多余水分蒸发后,将形成大量孔隙,硬化体的孔隙率可达50%~60%。由于硬化体的多孔结构特点,而使建筑石膏制品具有表观密度小、质轻,保温隔热性能好和吸声性强等优点。

(3) 具有一定的调湿性:由于多孔结构的特点,石膏制品的热容量大、吸湿性强,当室内温度变化时,由于制品的"呼吸"作用,使环境温度、湿度能得到一定的调节。

(4) 耐水性、抗冻性差:石膏是气硬性胶凝材料,吸水性大,长期在潮湿环境中,其晶体粒子间的结合力会削弱,直至溶解,因此不耐水、不抗冻。

(5) 凝固时体积微膨胀:建筑石膏在凝结硬化时具有微膨胀性,其体积膨胀率为0.05%~0.15%。这种特性可使成型的石膏制品表面光滑、轮廓清晰、线角饱满、尺寸准确。干燥时不产生收缩裂缝。

(6) 防火性好:二水石膏遇火后,结晶水蒸发,形成蒸汽幕,可阻止火势蔓延,起到防火作用。但建筑石膏不宜长期在65℃以上的高温部位使用,以免二水石膏缓慢脱水分解而降低强度。

学习活动 3-2

石膏技术特性的应用意义

在此活动中你将通过实物观察和日常生活经验,加深对上述石膏技术特性的实际应用意义的认识,以增强根据工程特点选择适用材料品种的意识和能力。

步骤1：通过学校样品室或材料市场观察装饰石膏制品（饰线、饰物等）的断面和表面表观状况。

步骤2：取一块石膏制品的碎块浸入水中，观察其吸水性（可根据水浸润的情况确定）和耐水性（可根据浸水后溃散或强度的变化确定）。

反馈：
(1) 石膏为什么最适宜做定型装饰线？
(2) 说明石膏制品不适用于室外的原因。

2. 石膏的应用

不同品种的石膏其性质各异，用途也不一样。二水石膏可以作石膏工业的原料，水泥的调节剂等；煅烧的硬石膏可用来浇注地板和制造人造大理石，也可以作为水泥的原料；建筑石膏（半水石膏）在建筑工程中可用作室内抹灰、粉刷、油漆打底等材料，还可以制造建筑装饰制品、石膏板，以及水泥原料中的调凝剂和激发剂。此处重点学习建筑石膏的应用。

(1) 室内抹灰及粉刷

将建筑石膏加水调成浆体，用作室内粉刷材料。石膏浆中还可以掺入部分石灰，或将建筑石膏加水、砂拌合成石膏砂浆，用于室内抹灰或作为油漆打底使用。石膏砂浆具有隔热保温性能好，热容量大，吸湿性大，因此能够调节室内温、湿度，经常保持均衡状态，给人以舒适感。粉刷后的表面光滑、细腻、洁白美观。这种抹灰墙面还具有绝热、阻火、吸声以及施工方便、凝结硬化快、粘结牢固等特点，所以称其为室内高级粉刷和抹灰材料。石膏抹灰的墙面及顶棚，可以直接涂刷油漆及粘贴墙纸。

(2) 建筑装饰制品

以模型石膏为主要原料，掺加少量纤维增强材料和胶料，加水搅拌成石膏浆体。将浆体注入各种各样的金属（或玻璃）模具中，就获得了花样、形状不同的石膏装饰制品。如平板、多孔板、花纹板、浮雕板等。石膏装饰板具有色彩鲜艳、品种多样、造型美观、施工方便等优点，是公用建筑物和顶棚常用的装饰制品。

(3) 石膏板

近年来随着框架轻板结构的发展，石膏板的生产和应用也迅速地发展起来。石膏板具有轻质、隔热保温、吸声、不燃以及施工方便等性能。除此之外，还具有原料来源广泛，燃料消耗低，设备简单，生产周期短等优点。常见的石膏板主要有纸面石膏板、纤维石膏板和空心石膏板。另外，新型石膏板材不断涌现。

第三节 水 玻 璃

水玻璃是一种气硬性胶凝材料。在建筑工程中常用来配制水玻璃胶泥和水玻璃砂浆、水玻璃混凝土,以及单独使用水玻璃为主要原料配制涂料。水玻璃在防酸工程和耐热工程中的应用甚为广泛。

一、水玻璃的组成与生产

1. 水玻璃的组成

水玻璃俗称"泡花碱",是一种无色或淡黄、青灰色的透明或半透明的黏稠液体,是一种能溶于水的碱金属硅酸盐。其化学通式为:

$$R_2O \cdot nSiO_2$$

式中　R_2O——碱金属氧化物,多为Na_2O,其次是K_2O;

　　　n——表示一个碱金属氧化物分子与n个SiO_2分子化合。

通常把n称为水玻璃的模数。我国生产的水玻璃模数一般都在2.4~3.3范围内,建筑中常用模数为2.6~2.8的硅酸钠水玻璃。水玻璃常以水溶液状态存在,表示为:

$$R_2O \cdot nSiO_2 + mH_2O$$

水玻璃在其水溶液中的含量(或称浓度)用相对密度或(波美度°$B'e$)来表示。建筑中常用的液体水玻璃的相对密度为1.36~1.5(波美度为38.4~48.3°$B'e$)。一般来说,当密度大时,表示溶液中水玻璃的含量高,其黏度也大。

2. 水玻璃的生产

制造水玻璃的方法很多,大体分为湿制法和干制法两种。它的主要原料是以含SiO_2为主的石英岩、石英砂、砂岩、无定形硅石及硅藻土等,和含Na_2O为主的纯碱(Na_2CO_3)、小苏打、硫酸钠(Na_2SO_4)及苛性钠($NaOH$)等。

(1) 湿制法生产硅酸钠水玻璃是根据石英砂能在高温烧碱中溶解生成硅酸钠的原理进行的。其反应式如下:

$$SiO_2 + 2NaOH \xrightarrow{\triangle} Na_2SiO_3 + H_2O$$

(2) 干制法是根据原料的不同可分为碳酸钠法、硫酸法等。最常用的碳酸钠法生产是根据纯碱(Na_2CO_3)与石英砂(SiO_2)在高温(1350℃)熔融状态下反应后生成硅酸钠的原理进行的。生产工艺主要包括配料、煅烧、浸溶、浓缩几个过程,其反应式如下:

$$Na_2CO_3 + nSiO_2 \xrightarrow{1400\sim1500℃} Na_2O \cdot nSiO_2 + CO_2\uparrow$$

所得产物为固体块状的硅酸钠,然后用非蒸压法(或蒸压法)溶解,即可得到常用的水玻璃。

如果采用碳酸钾代替碳酸钠则可得到相应的硅酸钾水玻璃。由于钾、锂等碱金属盐类价格较贵,相应的水玻璃生产较少。不过,近年来水溶性硅酸锂生产也有所发展、多用于要求较高的涂料和胶粘剂。

通常水玻璃成品分三类:

1) 块状、粉状的固体水玻璃:是由熔炉中排出的硅酸盐冷却而得,不含水分。

2) 液体水玻璃:是由块状水玻璃溶解于水而得,产品的模数、浓度、相对密度各不相同。

3) 含有化合水的水玻璃：也称为水化玻璃，它在水中的溶解度比无水水玻璃大。

二、水玻璃的硬化

水玻璃溶液是气硬性胶凝材料，在空气中，它能与 CO_2 发生反应，生成硅胶，其反应方程式为：

$$Na_2O \cdot nSiO_2 + CO_2 + mH_2O = Na_2CO_3 + nSiO_2 \cdot mH_2O$$

硅胶（$nSiO_2 \cdot mH_2O$）脱水析出固态的 SiO_2。但这种反应很缓慢，所以水玻璃在自然条件下凝结与硬化速度也缓慢。

若在水玻璃中加入硬化剂则硅胶析出速度大大加快，从而加速了水玻璃的凝结硬化。常用固化剂为氟硅酸钠（Na_2SiF_6），其反应方程式为：

$$2[Na_2O \cdot nSiO_2] + mH_2O + Na_2SiF_6 = (2n+1)SiO_2 \cdot mH_2O + 6NaF$$

$$SiO_2 \cdot mH_2O = SiO_2 + mH_2O \uparrow$$

生成物硅胶脱水后由凝胶转变成固体 SiO_2，具有强度及 SiO_2 的其他一些性质。

氟硅酸钠的适宜掺量，一般情况下占水玻璃质量的 12%～15%。若掺量少于 12%，则其凝结硬化慢、强度低，并且存在没参加反应的水玻璃，当遇水时，残余水玻璃易溶于水；若其掺量超过 15% 时，则凝结硬化快，造成施工困难，水玻璃硬化后的早期强度高而后期强度降低。

水玻璃的模数和密度，对于凝结、硬化速度影响较大。当模数高时（即 SiO_2 相对含量高），硅胶容易析出，水玻璃凝结硬化快。当水玻璃相对密度小时，溶液黏度小，使反应和扩散速度快，凝结硬化速度也快。而当模数低或者相对密度大时，则凝结硬化都较慢。

此外，温度和湿度对水玻璃凝结硬化速度也有明显影响。温度高、湿度小时，水玻璃反应加快，生成的硅酸凝胶脱水亦快；反之水玻璃凝结硬化速度也慢。

三、水玻璃的性质

以水玻璃为胶凝材料配制的材料，硬化后，变成以 SiO_2 为主的人造石材。它具有 SiO_2 的许多性质，如强度高、耐酸和耐热性能优良等。

1. 强度

水玻璃硬化后具有较高的粘结强度、抗拉强度和抗压强度。水玻璃砂浆的抗压强度以边长 70.7mm 的立方体试块为准。水玻璃混凝土则以边长为 150mm 的立方体为准。按规范规定的方法成型，然后在 20～25℃，相对湿度小于 80% 空气中养护（硬化）2d 拆模，再养护至龄期达 14d 时，测得强度值作为标准抗压强度。

水玻璃硬化后的强度与水玻璃模数、相对密度、固化剂用量及细度，以及填料、砂和石的用量及配合比等因素有关，同时还与配制、养护、酸化处理等施工质量有关。

2. 耐酸性

硬化后的水玻璃，其主要成分为 SiO_2，所以它的耐酸性能很高。尤其是在强氧化性酸中具有较高的化学稳定性。除氢氟酸、20% 以下的氟硅酸、热磷酸和高级脂肪酸以外，几乎在所有酸性介质中都有较高的耐腐蚀性。如果硬化得完全，水玻璃类材料耐稀酸、甚至耐酸性水腐蚀的能力也是很高的。水玻璃类材料不耐碱性介质的侵蚀。

3. 耐热性

水玻璃硬化形成 SiO_2 空间网状骨架，因此具有良好的耐热性能。若以铸石粉为填料，调成的水玻璃胶泥，其耐热度可达 900~1100℃。对于水玻璃混凝土，其耐热度还受骨料品种的影响。若用花岗岩为骨料时，其耐热度仅在 200℃ 以下；若用石英岩、玄武岩、辉绿岩、安山岩时，其使用温度在 500℃ 以下；若以耐火黏土砖类耐热骨料配制的水玻璃混凝土，使用温度一般在 800℃ 以下；若以镁质耐火材料为骨料时耐热度可达 1100℃。

四、水玻璃的应用

水玻璃具有粘结和成膜性好、不燃烧、不易腐蚀、价格便宜、原料易得等优点。多用于建筑涂料、胶结材料及防腐、耐酸材料。

1. 涂刷材料表面，浸渍多孔性材料，加固土壤

以水玻璃涂刷石材表面，可提高其抗风化能力，提高建筑物的耐久性。以密度为 $1.35g/cm^3$ 的水玻璃浸渍或多次涂刷黏土砖、水泥混凝土等多孔材料，可以提高材料的密实度和强度，其抗渗性和耐水性均有提高。这是由于水玻璃生成硅胶，与材料中的 $Ca(OH)_2$ 作用生成硅酸钙凝胶体，填充在孔隙中，从而使材料致密。但需要注意，切不可用水玻璃处理石膏制品。因为含 $CaSO_4$ 的材料与水玻璃生成 Na_2SO_4，具有结晶膨胀性，会使材料受结晶膨胀作用而破坏。若以模数 2.5~3 的水玻璃和氯化钙溶液一起灌入土壤中，生成的冻状硅酸凝胶在潮湿环境下，因吸收土壤中水分而处于膨胀状态，使土壤固结，抗渗性得到提高。

2. 配制防水剂

以水玻璃为基料，加入两种或四种矾的水溶液，称为二矾或四矾防水剂。这种防水剂可以掺入硅酸盐水泥砂浆或混凝土中，以提高砂浆或混凝土的密实性和凝结硬化速度。

二矾防水剂是以 1 份胆矾（$CuSO_4 \cdot 5H_2O$）和 1 份红矾（$Na_2Cr_2O_7 \cdot 2H_2O$），加入 60 份的沸水中，将冷却至 30~40℃ 的水溶液加入 400 份的水玻璃溶液中，静止半小时即成。

四矾防水剂与二矾防水剂所不同的是除加入胆矾和红矾外，还加入明矾 [$K_2SO_4 \cdot Al_2(SO_4)_3 \cdot 24H_2O$] 和紫矾 [$KCr(SO_4)_2 \cdot 12H_2O$]，并控制四矾水溶液加入水玻璃时的温度为 50℃。这种四矾防水剂凝结速度快，一般不超过 1min，适用于堵塞漏洞、缝隙等抢修工程。

3. 水玻璃混凝土

以水玻璃为胶结材料，以氟硅酸钠为固化剂，掺入铸石粉等粉状填料和砂、石骨料，经混合搅拌、振捣成型、干燥养护及酸化处理等加工而成的复合材料叫水玻璃混凝土。若采用的填料和骨料为耐酸材料，则称为水玻璃耐酸混凝土；若选用耐热的砂、石骨料时，则称为水玻璃耐热混凝土。

水玻璃混凝土具有机械强度高、耐酸和耐热性能好、整体性强、材料来源广泛、施工方便、成本低及使用效果好等特点。适用于耐酸地坪、墙裙、踢脚板、设备基础和支架、烟囱内衬以及耐酸池、槽、罐等设备外壳或内衬，还可以配筋后制成预制件。

应用案例与发展动态

新型石膏板在CCTV井道隔墙中的应用[1]

从生命安全的角度看，井道隔墙是建筑物最重要的隔墙，其构造为在井道外侧采用自攻螺钉安装石膏板，内侧直接插入一层25mm厚高级耐水耐火石膏板，解决了井道内侧石膏板安装不便的问题。J型龙骨骨架中加入岩棉，可增加井道墙的防火性能。隔墙用墙体材料必须有良好的防火性、隔声性和高的抗压抗折强度，以采用的新型防火石膏板为例，其优良性表现在以下几方面：

（1）防火石膏板隔墙可满足在200Pa压强下，侧向挠度小于$L_0/240$（L_0为隔墙高度），符合《建筑用轻钢龙骨》GB 11981—2001所规定的优等品要求。

（2）防火石膏板井道隔墙可以阻挡与割断火势的延伸，其防火标准经国家消防装备质量监督检验中心测试，它的耐火极限大于3小时（三层15厚的板组合而成），符合《建筑设计防火规范》（GB 50016—2006）中的有关要求。

（3）防火石膏板井道隔墙具有良好的隔声性能，其隔声效果相当于STC50普通墙体的隔声效果。

（4）防潮性采用该系列专用芯板经边部倒角设计，施工时很方便插入到CH龙骨中，防火石膏板表面为防潮纸面，芯体吸水率小于7%，遇火稳定性大于20min。

本 章 小 结

本章以石灰、石膏和水玻璃的硬化机理、技术性质为主，同时介绍了三种气硬性胶凝材料的应用和生产工艺。

掌握 气硬性胶凝材料的性质、硬化原理和应用。学习中应从掌握胶凝材料、气硬性胶凝材料的概念入手，通过分析三种气硬性胶凝材料的生产工艺、结构和化学组成，牢固掌握各自的硬化机理和特性。

理解 准确地选择和使用好气硬性胶凝材料规则的具体含义、石灰陈伏对石灰质量的保证作用、水玻璃固化剂对其硬化反应的加速作用。

了解 石灰、石膏和水玻璃同属无机材料，它们的结构和性质稳定，使用中或遭受破坏时不会释放出有害气体，因此是理想的绿色建筑材料之一。特别是石膏，它的多种良好的性能使它在新型墙体材料、吊顶材料中的使用越来越广泛。

复习思考题

1. 有机胶凝材料和无机胶凝材料有何差异？气硬性胶凝材料和水硬性胶凝材料有何区别？
2. 简述石灰的熟化特点。

---

[1] 摘自：石膏板在CCTV井道隔墙设计中的应用，建筑技艺，2009（3）：14～15

第三章 气硬性胶凝材料

3. 灰土在制备和使用中有什么要求?
4. 石膏的生产工艺和品种有何关系?
5. 简述石膏的性能特点。
6. 水玻璃模数、密度与水玻璃性质有何关系?
7. 水玻璃的硬化有何特点?
8. 总结自己周围所使用的有代表性的气硬性胶凝材料,它们的优点是什么?
9. 生石灰块灰、生石灰粉、熟石灰粉和石灰膏等几种建筑石灰在使用时有何特点?使用中应注意哪些问题?
10. 确定石灰质量等级的主要指标有哪些?根据这些指标如何确定石灰的质量等级?
11. 石膏制品为什么具有良好的保温隔热性和阻燃性?
12. 石膏抹灰材料和其他抹灰材料的性能相比有何特点?举例说明。
13. 推断水玻璃涂料性能的优缺点。

第四章

水 泥

[学习重点和建议]

1. 硅酸盐水泥熟料四种主要矿物的基本组成与性能特点。
2. 硅酸盐水泥的水化硬化机理。
3. 硅酸盐水泥及几种通用水泥的技术要求、相应的检测方法及选用原则。

建议在学习中要着重掌握硅酸盐水泥熟料的矿物组成及其特性，凝结硬化过程，技术性质及应用；在此基础上掌握混合材料以及掺混合材料硅酸盐水泥的组成、特性及应用；再拓展至其他特性水泥和专用水泥，采用点面结合、对比的学习方法。注意硅酸盐水泥与掺混合材料硅酸盐水泥性质区别的主要原因在于其之间不同的熟料组成。

第四章 水泥

凡细磨材料与水混合后成为塑性浆体，经一系列物理化学作用凝结硬化变成坚硬的石状体，并能将砂石等散粒状材料胶结成为整体的水硬性胶凝材料，通称为水泥。

水泥是最主要的建筑材料之一，广泛应用于工业与民用建筑、道路、水利和国防工程。作为胶凝材料与骨料及增强材料制成混凝土、钢筋混凝土、预应力混凝土构件，也可配制砌筑砂浆、防水砂浆、装饰砂浆用于建筑物的砌筑、抹面、装饰等。

水泥品种繁多，按其主要水硬性物质的不同，可分为硅酸盐水泥、铝酸盐水泥、硫铝酸盐水泥、铁铝酸盐水泥等系列，其中以硅酸盐系列水泥生产量最大，应用最为广泛。

硅酸盐系列水泥是以硅酸钙为主要成分的水泥熟料、一定量的混合材料和适量石膏共同磨细制成。按其性能和用途不同，又可分为通用水泥、专用水泥和特性水泥三大类。

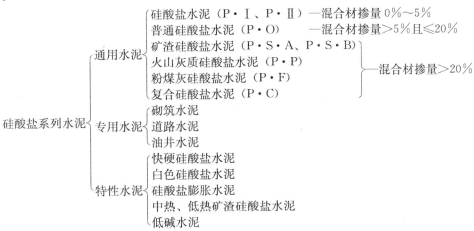

第一节 通用硅酸盐水泥概述

通用硅酸盐水泥是以硅酸盐水泥熟料和适量的石膏及规定的混合材料制成的水硬性胶凝材料。其包括硅酸盐水泥、普通硅酸盐水泥、矿渣硅酸盐水泥、火山灰质硅酸盐水泥、粉煤灰硅酸盐水泥和复合硅酸盐水泥。

一、通用硅酸盐水泥的生产

通用硅酸盐水泥的生产原料主要是石灰质原料和黏土质原料。石灰质原料，如石灰石、白垩等，主要提供氧化钙；黏土质原料，如黏土、页岩等，主要提供氧化硅、氧化铝与氧化铁。有时为调整化学成分还需加入少量辅助原料，如铁矿石。

为调整通用硅酸盐水泥的凝结时间，在生产的最后阶段还要加入石膏。

通用硅酸盐水泥生产的主要过程如图 4-1 所示。

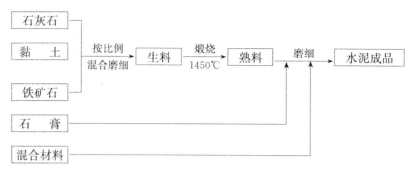

图 4-1 通用硅酸盐水泥生产流程示意图

概括地讲，通用硅酸盐水泥生产的主要工艺就是两磨（磨细生料，磨细熟料）一烧（生料煅烧成熟料）。

二、通用硅酸盐水泥的组分与组成材料

1. 组分

通用硅酸盐水泥的组分见表 4-1。

通用硅酸盐水泥的组分（GB 175—2007） 表 4-1

品　　种	代号	组分（质量分数）%				
		熟料＋石膏	粒化高炉矿渣	火山灰质混合材料	粉煤灰	石灰石
硅酸盐水泥	P·Ⅰ	100	—	—	—	—
	P·Ⅱ	≥95	≤5	—	—	—
		≥95	—	—	—	≤5
普通硅酸盐水泥	P·O	≥80且<95	>5且≤20			
矿渣硅酸盐水泥	P·S·A	≥50且<80	>20且≤50	—	—	—
	P·S·B	≥30且<50	>50且≤70	—	—	—
火山灰质硅酸盐水泥	P·P	≥60且<80	—	>20且≤40	—	—
粉煤灰硅酸盐水泥	P·F	≥60且<80	—	—	>20且≤40	—
复合硅酸盐水泥	P·C	≥50且<80	>20且≤50			

2. 组成材料

通用硅酸盐水泥由硅酸盐水泥熟料、石膏和混合材料等材料组成。

（1）硅酸盐水泥熟料

硅酸盐水泥熟料是由主要含 CaO、SiO_2、Al_2O_3、Fe_2O_3 的原料，按适当比例磨成细粉成为生料，再将生料送入水泥窑（立窑或回转窑）中进行高温煅烧（约 1450℃），烧至部分熔融，得到以硅酸钙为主要矿物成分的水硬性胶凝物质。其中硅酸钙矿物不小于 66%，氧化钙和氧化硅的质量比不小于 2.0。

生料在煅烧过程中，首先是石灰石和黏土分别分解出 CaO、SiO_2、Al_2O_3 和 Fe_2O_3，然后在 800℃～1200℃ 的温度范围内相互反应，经过一系列的中间反应过程后，

第四章 水泥

生成硅酸二钙（2CaO·SiO$_2$）、铝酸三钙（3CaO·Al$_2$O$_3$）和铁铝酸四钙（4CaO·Al$_2$O$_3$·Fe$_2$O$_3$）；在1400～1450℃的温度范围内，硅酸二钙又与CaO在熔融状态下发生反应生成硅酸三钙（3CaO·SiO$_2$）。这些经过反应形成的化合物——硅酸三钙、硅酸二钙、铝酸三钙和铁铝酸四钙，统称为水泥熟料的矿物组成。

熟料中的各种矿物单独与水作用时，表现出不同的性能，见表4-2。

水泥熟料矿物的组成、含量及特性　　表4-2

矿物名称		硅酸三钙	硅酸二钙	铝酸三钙	铁铝酸四钙
矿物组成		3CaO·SiO$_2$	2CaO·SiO$_2$	3CaO·Al$_2$O$_3$	4CaO·Al$_2$O$_3$·Fe$_2$O$_3$
简写式		C$_3$S	C$_2$S	C$_3$A	C$_4$AF
矿物含量		37%～60%	15%～37%	7%～15%	10%～18%
矿物特性	硬化速度	快	慢	最快	快
	早期强度	高	低	低	中
	后期强度	高	高	低	低
	水化热	大	小	最大	中
	耐腐蚀性	差	好	最差	中

水泥中各熟料矿物的含量，决定着水泥某一方面的性能。改变熟料矿物成分之间的比例，水泥的性质就会发生相应的变化。如提高硅酸三钙的相对含量，就可以制得高强水泥和早强水泥；如提高硅酸二钙的相对含量，同时适当降低硅酸三钙与铝酸三钙的相对含量，即可制得低热水泥或中热水泥。

学习活动 4-1

熟料矿物含量对水泥性能的影响

在此活动中你将根据所给水泥中不同的熟料矿物含量推测相对应水泥产品的性能特点，并说明理由，逐步形成由材料的物理化学组成推测其应用性能特点的岗位能力和举一反三的逻辑推断学习能力。

步骤1：阅读以下资料，有两种硅酸盐水泥熟料，其矿物组成及其含量（%）见下表：

组　别	C$_3$S	C$_2$S	C$_3$A	C$_4$AF
甲	53	21	10	13
乙	45	30	7	15

步骤2：根据所给数据分析甲、乙两种水泥产品在早期强度、后期强度、水化热、凝结时间、耐腐蚀性方面的相对性能特点。

反馈：（1）自行设计并填写包括步骤1、2所有信息的汇总表格。

（2）教师给予评价或学习者之间进行交互评价。

(2) 石膏

石膏是通用硅酸盐水泥中的重要组成部分，其主要作用是调节水泥的凝结时间，如天然二水石膏（G类）、硬石膏（A）、混合石膏（M类二级）以及工业副产石膏（以硫酸钙为主要成分的工业副产品，如磷石膏、氟石膏、硼石膏、盐石膏等，采用前应经过试验证明对水泥性能无害）。

(3) 混合材料

混合材料也是通用硅酸盐水泥中经常采用的重要组成材料，主要是指为改善水泥性能，调节水泥强度等级而加入到水泥中的矿物质材料。根据其性能分为活性混合材料与非活性混合材料。

1) 活性混合材料：是指具有火山灰性或潜在的水硬性，或兼有火山灰性和水硬性的矿物质材料，其绝大多数为工业废料或天然矿物，应用时不需再经煅烧。活性混合材料的主要作用是改善水泥的某些性能、扩大水泥强度等级范围、降低水化热、增加产量和降低成本的作用。

活性混合材料主要有粒化高炉矿渣与粒化高炉矿渣粉、火山灰质混合材料和粉煤灰。

粒化高炉矿渣是高炉炼铁的熔融矿渣，经水或水蒸气急速冷却处理所得到的质地疏松、多孔的粒状物，也称水淬矿渣。将符合规定要求的粒化高炉矿渣经干燥、粉磨，达到一定细度并且符合活性指数的粉体，称为粒化高炉矿渣粉。粒化高炉矿渣在急冷过程中，熔融矿渣的黏度增加很快，来不及结晶，大部分呈玻璃态（一般占80%以上），潜存有较高的化学能，即潜在活性。如熔融矿渣任其自然冷却，凝固后呈结晶态，活性很小，则属非活性混合材料。粒化高炉渣的活性来源主要是其中的活性氧化硅和活性氧化铝。矿渣的化学成分与硅酸盐水泥熟料相近，差别在于氧化钙含量比熟料低，氧化硅含量较高。粒化高炉矿渣中氧化铝和氧化钙含量愈高，氧化硅含量愈低，则矿渣活性愈高，所配制的矿渣水泥强度亦越高。

火山灰质混合材料泛指以活性氧化硅及活性氧化铝为主要成分的活性混合材料。它的应用是从天然火山灰开始的，故而得名，其实并不限于火山灰。火山灰质混合材料结构上的特点是疏松多孔，内比表面积大，易产生反应。

火山灰质混合材料按其活性主要来源可分为如下三类：

含水硅酸质混合材料，主要有硅藻土、蛋白质、硅质渣等。活性来自活性氧化硅。

铝硅玻璃质混合材料，主要是火山爆发喷出的熔融岩浆在空气中急速冷却所形成的玻璃质多孔的岩石，如火山灰、浮石、凝灰岩等。活性来自活性氧化硅和活性氧化铝。

烧黏土质混合材料，主要有烧黏土、炉渣、燃烧过的煤矸石等。其活性来自活性氧化铝和活性氧化硅。掺这种混合材料的水泥水化后水化铝酸钙含量较高，其抗硫酸盐腐蚀性差。

粉煤灰是煤粉锅炉吸尘器所吸收的微细粉尘，又称飞灰。粉煤灰以氧化硅和氧化铝为主要成分，经熔融、急冷成为富含玻璃体的球状体。从化学组分分析，粉煤灰属于火山灰质混合材一类，其活性主要取决于玻璃体的含量以及无定形 Al_2O_3 及 SiO_2 含量，但粉煤灰结构致密,并且颗粒形状及大小对其活性也有较大影响,细小球形玻璃体含量越高,其活性越高。

2) 非活性混合材料:是指在水泥中主要起填充作用,而对水泥的基本物理化学性能无影响的矿物质材料。其在常温下不能与氢氧化钙和水发生反应或反应甚微,也不能产生凝结硬化,它掺在水泥中的主要作用是:扩大水泥强度等级范围、降低水化热、增加产量、降低成本等。常用的非活性混合材料主要有石灰石($Al_2O_3 \leqslant 2.5\%$)、砂岩以及不符合质量标准的活性混合材料等。

(4) 助磨剂

水泥粉磨时允许加入助磨剂,其加入量应不大于水泥质量的0.5%,技术要求应符合规定标准。

三、通用硅酸盐水泥的技术要求

1. 化学指标

通用硅酸盐水泥的化学指标见表4-3。

通用硅酸盐水泥的化学指标(%)(GB 175—2007)　　表4-3

品　种	代号	不溶物 (质量分数)	烧失量 (质量分数)	三氧化硫 (质量分数)	氧化镁 (质量分数)	氯离子 (质量分数)
硅酸盐水泥	P·Ⅰ	≤0.75	≤3.0	≤3.5	5.0[a]	≤0.06[c]
	P·Ⅱ	≤1.50	≤3.5			
普通硅酸盐水泥	P·O	—	≤5.0			
矿渣硅酸盐水泥	P·S·A	—	—	≤4.0	≤6.0[b]	
	P·S·B	—	—			
火山灰质硅酸盐水泥	P·P			≤3.5	≤6.0[b]	
粉煤灰硅酸盐水泥	P·F					
复合硅酸盐水泥	P·C					

注:[a] 如果水泥压蒸试验合格,则水泥中氧化镁的含量(质量分数)允许放宽至6.0%。
　　[b] 如果水泥中氧化镁的含量(质量分数)大于6.0%时,需进行水泥压蒸安定性试验并合格。
　　[c] 当有更低要求时,该指标由买卖双方协商确定。

不溶物是指水泥经酸和碱处理后,不能被溶解的残余物。它是水泥中非活性组分的反映,主要由生料、混合材和石膏中的杂质产生。

烧失量是指水泥经高温灼烧以后的质量损失率,主要由水泥中未煅烧组分产生,如未烧透的生料、石膏带入的杂质、掺合料及存放过程中的风化物等。当样品在高温下灼烧时,会发生氧化、还原、分解及化合等一系列反应并放出气体。

2. 碱含量

通用硅酸盐水泥除主要矿物成分以外,还含有少量其他化学成分,如钠和钾的化合物。碱含量按 $Na_2O + 0.658K_2O$ 的计算值来表示。当用于混凝土中的水泥碱含量过高,骨料又具有一定的活性时,会发生有害的碱集料反应。因此,国家标准规定:若使用活性骨料,用户要求提供低碱水泥时,水泥中碱含量不得大于0.6%或由买卖双方商定。

3. 物理指标

（1）细度

水泥细度是指水泥颗粒粗细的程度。

水泥与水的反应从水泥颗粒表面开始，逐渐深入到颗粒内部。水泥颗粒越细，其比表面积越大，与水的接触面积越多，水化反应进行的越快和越充分，一般认为，粒径小于 $40\mu m$ 的水泥颗粒才具有较高的活性，大于 $90\mu m$ 的颗粒则几乎接近惰性。因此水泥的细度对水泥的性质有很大影响。通常水泥越细，凝结硬化越快，强度（特别是早期强度）越高，收缩也增大。但水泥越细，越易吸收空气中水分而受潮形成絮凝团，反而会使水泥活性降低。此外，提高水泥的细度要增加粉磨时的能耗，降低粉磨设备的生产率，增加成本。

国家标准规定，硅酸盐水泥的细度采用比表面积测定仪（勃氏法）检验，矿渣硅酸盐水泥、火山灰质硅酸盐水泥、粉煤灰硅酸盐水泥和复合矿渣硅酸盐水泥的细度采用 $80\mu m$ 方孔筛的筛余表示。

（2）凝结时间

水泥从加水开始到失去流动性，即从可塑性状态发展到固体状态所需要的时间称为凝结时间。凝结时间又分为初凝和终凝。初凝时间是指从水泥加水拌合起到水泥浆开始失去塑性所需的时间；终凝时间为从水泥加水拌和时起到水泥浆完全失去可塑性，并开始具有强度的时间。

水泥凝结时间的测定是以标准稠度的水泥净浆，在规定的温湿度条件下，用凝结时间测定仪来测定（见水泥试验）。

水泥的凝结时间与熟料的矿物成分和水泥细度有关，实际使用时，受到拌合用水量和周围环境湿度的影响。此外，许多有机和无机物质亦对水泥的凝结时间有影响，如选用适量的速凝剂或缓凝剂掺入水泥中，亦可调节其凝结时间。

规定水泥的凝结时间，在施工中有重要意义。初凝时间不宜过早是为了有足够的时间对混凝土进行搅拌、运输、浇注和振捣；终凝时间不宜过长是为了使混凝土尽快硬化，产生强度，以便尽快拆去模板，提高模板周转率。

（3）安定性

水泥凝结硬化过程中，体积变化是否均匀适当的性质称为安定性。一般来说，硅酸盐水泥在凝结硬化过程中体积略有收缩，这些收缩绝大部分是在硬化之前完成的，因此水泥石（包括混凝土和砂浆）的体积变化比较均匀适当，即安定性良好。如果水泥中某些成分的化学反应不能在硬化前完成而在硬化后进行，并伴随体积不均匀的变化，便会在已硬化的水泥石内部产生内应力，达到一定程度时会使水泥石开裂，从而引起工程质量事故，即安定性不良。

水泥安定性不良，一般是由于熟料中所含游离氧化钙、游离氧化镁过多或掺入的石膏过多等原因所造成的。

熟料中所含的游离 CaO 和游离 MgO 均属过烧物质，水化速度很慢，在已硬化的水泥石中继续与水反应，固相体积分别增大到 1.98 倍和 2.48 倍，在水泥石中产生膨胀应力，降低了水泥石强度，严重时会造成结构开裂和崩溃。

$$CaO + H_2O \Longrightarrow Ca(OH)_2$$
$$MgO + H_2O \Longrightarrow Mg(OH)_2$$

若水泥中所掺石膏过多，在水泥硬化以后，石膏还会继续与水化铝酸钙起反应，生成水化硫铝酸钙，体积增大到 2.22 倍，也会引起水泥石开裂。

国家标准规定：由游离的 CaO 过多引起的水泥安定性不良可用沸煮法（分雷氏法和试饼法）检验，在有争议时以雷氏法为准。试饼法是用标准稠度的水泥净浆做成试饼，经恒沸 3h 以后，用肉眼观察未发现裂纹，用直尺检查没有弯曲，则安定性合格。反之，则为安定性不良。雷氏法是按规定方法制成圆柱体试件，然后测定沸煮前后试件尺寸的变化来评定安定性是否合格。

由于游离 MgO 的水化作用比游离 CaO 更加缓慢，所以必须用压蒸方法才能检验出它的危害作用。石膏的危害则需长期浸在常温水中才能发现。

（4）强度

水泥作为胶凝胶材料，强度是它最重要的性质之一，也是划分强度等级的依据。

水泥强度一般是指水泥胶砂试件单位面积上所能承受的最大外力，根据外力作用方式的不同，把水泥强度分为抗压强度、抗折强度、抗拉强度等，这些强度之间既有内在的联系又有很大的区别。水泥的抗压强度最高，一般是抗拉强度的 10～20 倍，实际建筑结构中主要是利用水泥的抗压强度较高的特点。

硅酸盐水泥的强度主要取决于四种熟料矿物的比例和水泥细度，此外还和试验方法、试验条件、养护龄期有关。

国家标准规定：将水泥、标准砂及水按规定比例（水泥：标准砂：水 = 1：3：0.5），用规定方法制成的规格为 40mm×40mm×160mm 的标准试件，在标准条件（1d 内为 20±1℃、相对湿度 90% 以上的养护箱中，1d 后放入 20±1℃ 的水中）下养护，测定其 3d 和 28d 龄期时的抗折强度和抗压强度。根据 3d 和 28d 时的抗折强度和抗压强度划分硅酸盐水泥的强度等级，并按照 3d 强度的大小分为普通型和早强型（用 R 表示）。

（5）水化热

水泥在水化过程中所放出的热量，称为水泥的水化热。大部分的水化热是在水化初期（3～7d 内）放出的，以后则逐步减少。水泥放热量大小及速度与水泥熟料的矿物组成和细度有关。

硅酸盐水泥水化热很大，冬期施工时，水化热有利于水泥的正常凝结硬化。但对于大体积混凝土工程，如大型基础、大坝、桥墩等，水化热是有害因素。由于混凝土本身是热的不良导体，积聚在内部的水化热不易散出，常使内部温度高达 50～60℃。由于混凝土表面散热很快，内外温差引起的应力，可使混凝土产生裂缝。所以，水化热是大体积混凝土施工时必须要考虑的问题。水化热还容易在水泥混凝土结构中引起微裂缝，影响混凝土结构的完整性和耐久性。因此大体积混凝土中一般要严格控制水泥的水化热。

四、水泥的储运与验收

1. 质量评定

通用硅酸盐水泥性能中，凡化学指标中任一项及凝结时间、强度、安定性中的任一项不符合标准规定的指标时称为不合格品。

2. 储运与包装

水泥储运方式，主要有散装和袋装。散装水泥从出厂、运输、储存到使用，直接通过专用工具进行，发展散装水泥具有较好的经济和社会效益。袋装水泥一般采用50kg包装袋的形式。国家标准规定：袋装水泥每袋净含量为50kg，且应不少于标志质量的99%；随机抽取20袋总质量（含包装袋）应不少于1000kg。其他包装形式由供需双方协商确定，但有关袋装质量要求，应符合上述规定。水泥包装袋上应清楚标明：执行标准、水泥品种、代号、强度等级、生产者名称、生产许可证标志（QS）及编号、出厂编号、包装日期、净含量。散装发运时应提交与袋装标志相同内容的卡片。

为了便于识别，硅酸盐水泥和普通水泥包装袋上要求用红字印刷，矿渣水泥包装袋上要求采用绿字印刷，火山灰水泥、粉煤灰水泥和复合水泥则要求采用黑字或蓝字印刷。

水泥在运输和保管时，不得混入杂物。不同品种、强度等级及出厂日期的水泥，应分别储存，并加以标志，不得混杂。散装水泥应分库存放。袋装水泥堆放时应考虑防水防潮，堆置高度一般不超过10袋，每平方米可堆放1t左右。使用时应考虑先存先用的原则。存放期一般不应超过3个月。即使在储存良好的条件下，因为水泥会吸收空气中的水分缓慢水化而散失强度。袋装水泥储存3个月后，强度约降低10%~20%；6个月后，约降低15%~30%；1年后约降低25%~40%。

五、水泥的验收与复验

经确认水泥各项技术指标及包装质量符合要求时方可出厂，水泥出厂时应附检验报告。检验报告内容应包括出厂检验项目、细度、混合材料品种和掺加量、石膏和助磨剂的品种及掺加量、属旋窑或立窑生产及合同约定的其他技术要求。当用户需要时，生产者应在水泥发出之日起7d内寄发除28d强度以外的各项检验结果，32d内补报28d强度的检验结果。

交货时水泥的质量验收可抽取实物试样以其检验结果为依据，也可以生产者同编号水泥的检验报告为依据。采取何种方法验收由买卖双方商定，并在合同或协议中注明。卖方有告知买方验收方法的责任。当无书面合同或协议，或未在合同、协议中注明验收方法的，卖方应在发货票上注明"以本厂同编号水泥的检验报告为验收依据"字样。

以抽取实物试样的检验结果为验收依据时，买卖双方应在发货前或交货地共同取样和签封。取样数量为20kg，缩分为二等份。一份由卖方保存40d，一份由买方按本标准规定的项目和方法进行检验。

在40d以内，买方检验认为产品质量不符合标准规定要求，而卖方又有异议时，则双方应将卖方保存的另一份试样送省级或省级以上国家认可的水泥质量监督检验机构进行仲裁检验。水泥安定性仲裁检验时，应在取样之日起10d以内完成。

以生产者同编号水泥的检验报告为验收依据时，在发货前或交货时买方在同编号水泥中取样，双方共同签封后由卖方保存90d，或认可卖方自行取样、签封并保存90d的同编号水泥的封存样。

在90d内，买方对水泥质量有疑问时，则买卖双方应将共同认可的试样送省级或省级以上国家认可的水泥质量监督检验机构进行仲裁检验。

水泥进场以后应立即进行复验，为确保工程质量，应严格贯彻先检验后使用的原则。水泥复验的周期较长，一般要1个月。

第二节 硅酸盐水泥

硅酸盐水泥是由硅酸盐水泥熟料、0～5%石灰石或符合标准要求的粒化高炉矿渣、适量石膏磨细制成的水硬性胶凝材料。硅酸盐水泥分为两种类型，不掺加混合材料的称Ⅰ型硅酸盐水泥，其代号为P·Ⅰ。在硅酸盐水泥粉磨时掺加不超过水泥质量5%石灰石或粒化高炉矿渣混合材料的称Ⅱ型硅酸盐水泥，其代号为P·Ⅱ。

一、硅酸盐水泥的水化、凝结和硬化

1. 硅酸盐水泥的水化

水泥加水拌合后，水泥颗粒立即分散于水中并与水发生化学反应，生成水化产物并放出热量。其反应式如下：

$$2(3CaO \cdot SiO_2) + 6H_2O \longrightarrow 3CaO \cdot 2SiO_2 \cdot 3H_2O + 3Ca(OH)_2$$
（水化硅酸钙）　　（氢氧化钙）

$$2(2CaO \cdot SiO_2) + 4H_2O \longrightarrow 3CaO \cdot 2SiO_2 \cdot 3H_2O + Ca(OH)_2$$
（水化硅酸钙）　　（氢氧化钙）

$$3CaO \cdot Al_2O_3 + 6H_2O \longrightarrow 3CaO \cdot Al_2O_3 \cdot 6H_2O$$
（水化铝酸三钙）

$$4CaO \cdot Al_2O_3 \cdot Fe_2O_3 + 7H_2O \longrightarrow 3CaO \cdot Al_2O_3 \cdot 6H_2O + CaO \cdot Fe_2O_3 \cdot H_2O$$
（水化铝酸三钙）　　　　（水化铁酸一钙）

$$3CaO \cdot Al_2O_3 \cdot 6H_2O + 3(CaSO_4 \cdot 2H_2O) + 19H_2O \longrightarrow 3CaO \cdot Al_2O_3 \cdot 3CaSO_4 \cdot 31H_2O$$
水化硫铝酸钙（钙矾石）

经水化反应后生成的主要水化产物中水化硅酸钙和水化铁酸钙为凝胶体、氢氧化钙、水化铝酸钙和水化硫铝酸钙为晶体。在完全水化的水泥石中，凝胶体约为70%，

氢氧化钙约占20%。

2. 硅酸盐水泥的凝结

水泥加水拌合后的剧烈水化反应，一方面使水泥浆中起润滑作用的自由水分逐渐减少；另一方面，由于结晶和析出的水化产物逐渐增多，水泥颗粒表面的新生物厚度逐渐增大，使水泥浆中固体颗粒间的间距逐渐减少，越来越多的颗粒相互连接形成了骨架结构。此时，水泥浆便开始慢慢失去可塑性，表现为水泥的初凝。

由于铝酸三钙水化极快，会使水泥很快凝结，使得工程中缺少足够的时间操作使用。为此，水泥中加入了适量的石膏，水泥加入石膏后，一旦铝酸三钙开始水化，石膏会与水化铝酸三钙反应生成针状的钙矾石。当钙矾石的数量达到一定量时，会形成一层保护膜覆盖在水泥颗粒的表面，阻止水泥颗粒表面水化产物的向外扩散，降低了水泥的水化速度，也就延缓了水泥颗粒间相互靠近的速度，使水泥的初凝时间得以延缓。

当掺入水泥的石膏消耗殆尽时，水泥颗粒表面的钙矾石覆盖层一旦被水泥水化物的积聚所胀破，铝酸三钙等矿物的再次快速水化得以继续进行，水泥颗粒间逐渐相互靠近，直至连接形成骨架。此过程表现为水泥浆的塑性逐渐消失，直到终凝。

3. 硅酸盐水泥的硬化

随着水泥水化的不断进行，凝结后的水泥浆结构内部孔隙不断被新生水化物填充和加固，使其结构的强度不断增长，即使已形成坚硬的水泥石，其强度仍在缓慢增长。因此，只要条件适宜，硅酸盐水泥的硬化（图4-2）在长时期内是一个无休止的过程。

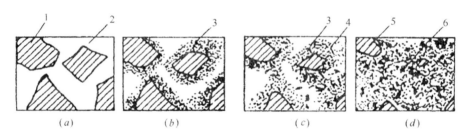

图4-2 水泥凝结硬化过程示意图

(a) 分散在水中未水化的水泥颗粒；(b) 在水泥颗粒表面形成水化物膜层；
(c) 膜层长大并互相连接（凝结）；(d) 水化物进一步发展，填充毛细孔（硬化）
1—水泥颗粒；2—水分；3—凝胶；4—晶体；5—未水化水泥颗粒；6—毛细孔

硅酸盐水泥的水化速度表现为早期快后期慢，特别是在最初的3～7d内水泥的水化速度最快，所以硅酸盐水泥的早期强度发展最快。

硬化后的水泥浆体称为水泥石，主要是由凝胶体（胶体）、晶体、未水化的水泥熟料颗粒、毛细孔及游离水分等组成。

水泥石的硬化程度越高，凝胶体含量越多，未水化的水泥颗粒和毛细孔含量越少，水泥石的强度越高。

4. 影响水泥凝结硬化的主要因素

（1）水泥的熟料矿物组成及细度

水泥熟料中各种矿物的凝结硬化特点不同,当水泥中各矿物的相对含量不同时,水泥的凝结硬化特点就不同。水泥熟料的各种矿物凝结硬化特点见表4-2。

水泥磨得愈细,水泥颗粒平均粒径小,比表面积大,水化时与水的接触面大,水化速度快,相应地水泥凝结硬化速度就快,早期强度就高。

(2) 水灰比

水灰比是指水泥浆中水与水泥的质量之比。当水泥浆中加水较多时,水灰比较大,此时水泥的初期水化反应得以充分进行;但是水泥颗粒间由于被水隔开的距离较远,颗粒间相互连接形成骨架结构所需的凝结时间长,所以水泥浆凝结较慢。

水泥完全水化所需的水灰比约为0.15~0.25,而实际工程中往往加入更多的水,以便利用水的润滑取得较好的塑性。当水泥浆的水灰比较大时,多余的水分蒸发后形成的孔隙较多,造成水泥石的强度较低,因此当水灰比过大时,会明显降低水泥石的强度。

(3) 石膏的掺量

生产水泥时掺入石膏,主要是作为缓凝剂使用,以延缓水泥的凝结硬化速度。掺入石膏后,由于钙矾石晶体的生成,还能改善水泥石的早期强度。但是石膏的掺量过多时,不仅不能缓凝,而且可能对水泥石的后期性能造成危害。

(4) 环境温度和湿度

水泥水化反应的速度与环境的温度有关,只有处于适当温度下,水泥的水化、凝结和硬化才能进行。通常,温度较高时,水泥的水化、凝结和硬化速度就较快。温度降低,则水化作用延缓,强度增长缓慢,当环境温度低于0℃时,水化反应停止,由于水分结冰,会导致水泥石冻裂,破坏其结构。温度的影响主要表现在水泥水化的早期阶段,对后期影响不大。

水泥水化是水泥与水之间的反应,只有在水泥颗粒表面保持有足够的水分,水泥的水化、凝结硬化才能充分进行。环境湿度大,水分不易蒸发,水泥的水化及凝结硬化就能够保持足够的化学用水。如果环境干燥,水泥浆中的水分蒸发过快,当水分蒸发完毕后,水化作用将无法继续进行,硬化即行停止,强度也不再增长,甚至还会在制品表面产生干缩裂缝。因此,使用水泥时必须注意养护,使水泥在适宜的温度及湿度环境中进行硬化,从而不断增长其强度。

(5) 龄期

水泥的水化硬化是一个较长时期内不断进行的过程,随着水泥颗粒内各熟料矿物水化程度的提高,凝胶体不断增加,毛细孔不断减少,使水泥石的强度随龄期增长而增加。实践证明,水泥一般在28d内强度发展较快,28d后增长缓慢。

(6) 外加剂的影响

硅酸盐水泥的水化、凝结硬化受硅酸三钙、铝酸三钙的制约,凡对硅酸三钙和铝酸三钙的水化能产生影响的外加剂,都能改变硅酸盐水泥的水化、凝结硬化性能。如加入促凝剂($CaCl_2$、Na_2SO_4等)就能促进水泥水化硬化,提高早期强度。相反,掺加缓凝剂(木钙糖类等)就会延缓水泥的水化、硬化,影响水泥早期强度的发展。

二、硅酸盐水泥的技术要求

1. 细度

硅酸盐水泥的细度其比表面积应不小于 $300m^2/kg$。

2. 凝结时间

硅酸盐水泥的初凝时间不得早于 45min，终凝时间不得迟于 390min。

3. 安定性

由于氧化镁和石膏的危害作用不便于快速检验。因此国家标准（GB 175—2007）规定：水泥出厂时，硅酸盐水泥中氧化镁的含量（质量分数）不得超过 5.0%，如经压蒸安定性检验合格，允许放宽到 6.0%。硅酸盐水泥中三氧化硫的含量（质量分数）不得超过 3.5%。

4. 强度

各强度等级的硅酸盐水泥的各龄期强度不得低于表 4-4 中的数值，如有一项指标低于表 4-4 中数值，则应降低强度等级，直到四个数值全部满足表中规定。

硅酸盐水泥各强度等级、各龄期的强度值（GB 175—2007）　　　　表 4-4

强度等级	抗压强度(MPa)		抗折强度(MPa)	
	3d	28d	3d	28d
42.5	≥17.0	≥42.5	≥3.5	≥6.5
42.5R	≥22.0	≥42.5	≥4.0	≥6.5
52.5	≥23.0	≥52.5	≥4.0	≥7.0
52.5R	≥27.0	≥52.5	≥5.0	≥7.0
62.5	≥28.0	≥62.5	≥5.0	≥8.0
62.5R	≥32.0	≥62.5	≥5.5	≥8.0

注：R 为早强型。

学习活动 4-2

水泥强度等级的评定

在此活动中你将根据所给硅酸盐水泥各龄期的强度测定相关数据评定其强度等级，加深对材料强度与强度等级关系的理解和增强技术标准应用的能力。

步骤 1：阅读以下某硅酸盐水泥各龄期的强度，测定相关数据并计算相应抗折、抗压强度代表值：

龄期	抗折强度(MPa)	抗压破坏荷载(kN)
3d	4.05, 4.20, 4.10	41.0, 42.5, 46.0, 45.5, 43.0, 43.6
28d	7.00, 7.50, 8.50	112, 115, 114, 113, 108, 119

步骤2：根据步骤1所得结果，以国家标准GB 175—2007（表5-4）为判据，评定其强度等级。

反馈：

(1) 评定结果，并借此进一步理解"强度等级源于强度，但不等同于强度"的含义。

(2) 说明评定抗折、抗压强度代表值的理由，理解和熟悉试验数据的整理过程。

(3) 教师给予评价或学习者之间进行交互评价。

三、水泥石的腐蚀与防止

硅酸盐水泥硬化以后在通常的使用条件下，有较好的耐久性。但在某些腐蚀性介质作用下，会逐渐受到损害，性能改变，强度降低，严重时会引起整个工程结构的破坏。

引起水泥石腐蚀的原因很多，腐蚀是一个相当复杂的过程，下面介绍几种典型的水泥石腐蚀。

1. 软水侵蚀（溶出性侵蚀）

软水是不含或仅含少量钙、镁等可溶性盐的水。雨水、雪水、蒸馏水、工厂冷凝水以及含重碳酸盐甚少的河水与湖水等均属软水。软水能使水化产物中的$Ca(OH)_2$溶解，并促使水泥石中其他水化产物发生分解，故软水侵蚀又称为"溶出性侵蚀"。

水泥石中各水化产物都必须在一定的CaO浓度的液相中才能稳定存在，低于此极限石灰浓度时，水化产物将会发生逐步分解。各主要水化产物稳定存在时所必需的极限石灰浓度如下：

氢氧化钙约为1.3gCaO/L；

水化硅酸三钙稍大于1.2gCaO/L；

水化铁铝酸四钙约为1.06gCaO/L；

水化硫铝酸钙约为0.045gCaO/L。

各种水化产物与水作用时，因为$Ca(OH)_2$溶解度最大，所以首先被溶出。在水量不多或无水压的静水情况下，由于周围的水迅速被溶出的$Ca(OH)_2$所饱和，溶出作用很快即中止，破坏作用仅发生于水泥石的表面部位，危害不大。但在大量水或流动水中，$Ca(OH)_2$会不断溶出，特别是当水泥石渗透性较大而又受压力水作用时，水不仅能渗入内部，而且还能产生渗流作用，将$Ca(OH)_2$溶解并渗滤出来，因此不仅减小了水泥石的密实度，影响其强度，而且由于液相中$Ca(OH)_2$的浓度降低，还会破坏原来水化物间的平衡碱度，而引起其他水化产物如水化硅酸钙、水化铝酸钙的溶解或分解。最后，变成一些无胶结能力的硅酸凝胶、氢氧化铝、氢氧化铁等，水泥石结构彻底破坏。

淡水腐蚀的轻重程度与水泥石所承受的水压、水中有无其他离子存在等因素有关。当水泥石结构承受水压时，受穿流水作用，水压越大，水泥石透水性越大，腐蚀越严重；水中含有少量SO_4^{2-}、Cl^-、Na^+、K^+等离子时，能提高氢氧化钙的溶解度，使溶出性腐蚀加重。

溶出性侵蚀的速度还与环境水中重碳酸盐的含量有很大关系。重碳酸盐能与水泥石中的 $Ca(OH)_2$ 起作用，生成几乎不溶于水的 $CaCO_3$：

$$Ca(OH)_2 + Ca(HCO_3)_2 = 2CaCO_3 + 2H_2O$$

生成的碳酸钙积聚在已硬化水泥石的孔隙内，可阻滞外界水的侵入和内部的氢氧化钙向外扩散。

将要与软水接触的水泥混凝土制品事先在空气中放置一段时间，使其表面碳化，再与软水接触，对溶出性侵蚀有一定的抵抗作用。

2. 酸类侵蚀（溶解性侵蚀）

硅酸盐水泥水化生成物呈碱性，其中含有较多的 $Ca(OH)_2$，当遇到酸类或酸性水时则会发生中和反应，生成比 $Ca(OH)_2$ 溶解度大的盐类，导致水泥石受损破坏。

（1）碳酸的侵蚀

在工业污水、地下水中常溶解有较多的二氧化碳，这种碳酸水对水泥石的侵蚀作用如下：

$$Ca(OH)_2 + CO_2 + H_2O \longrightarrow CaCO_3 + 2H_2O$$

最初生成的 $CaCO_3$ 溶解度不大，但继续处于浓度较高的碳酸水中，则碳酸钙与碳酸水进一步反应。

$$CaCO_3 + CO_2 + H_2O \longrightarrow Ca(HCO_3)_2$$

此反应为可逆反应，当水中溶有较多的 CO_2 时，则上述反应向右进行。所生成重碳酸钙溶解度大，水泥石中的 $Ca(OH)_2$ 与碳酸水反应生成重碳酸钙溶失，$Ca(OH)_2$ 浓度的降低又会导致其他水化产物的分解，使腐蚀作用进一步加剧。

（2）一般酸的腐蚀

工业废水、地下水、沼泽水中常含有多种无机酸、有机酸。工业窑炉的烟气中常含有 SO_2，遇水后生成亚硫酸。各种酸类都会对水泥石造成不同程度的损害。其损害作用是酸类与水泥石中的 $Ca(OH)_2$ 发生化学反应，生成物或者易溶于水，或者体积膨胀使水泥石中产生内应力而导致破坏。无机酸中的盐酸、硝酸、硫酸、氢氟酸和有机酸中的醋酸、蚁酸、乳酸的腐蚀作用尤为严重。以盐酸、硫酸与水泥石中的 $Ca(OH)_2$ 的作用为例，其反应式如下：

$$Ca(OH)_2 + 2HCl = CaCl_2 + 2H_2O$$
$$Ca(OH)_2 + H_2SO_4 = CaSO_4 \cdot 2H_2O$$

反应生成的 $CaCl_2$ 易溶于水，生成的二水石膏（$CaSO_4 \cdot 2H_2O$）结晶膨胀，还会进一步引起硫酸盐的腐蚀作用。

酸性水对水泥石腐蚀的强弱取决于水中氢离子浓度，pH 值越小，H^+ 离子越多，腐蚀就越强烈。

3. 盐类腐蚀

（1）硫酸盐及氯盐腐蚀（膨胀型腐蚀）

在一些湖水、海水、沼泽水、地下水以及某些工业污水中常含钠、钾、铵等的硫酸盐，它们会先与硬化的水泥石结构中的氢氧化钙起置换反应，生成硫酸钙。硫酸钙再与水泥石中的水化铝酸钙起反应，生成高硫型水化硫铝酸钙。

$$3CaO \cdot Al_2O_3 \cdot 6H_2O + 3(CaSO_4 \cdot 2H_2O) + 19H_2O = 3CaO \cdot Al_2O_3 \cdot 3CaSO_4 \cdot 31H_2O$$

生成的高硫型水化硫铝酸钙含有大量结晶水，其体积较原体积增加 2.22 倍，产生巨大的膨胀应力，因此对水泥石的破坏作用很大。高硫型水化硫铝酸钙呈针状晶体，俗称"水泥杆菌"。

当水中硫酸盐浓度较高时，硫酸钙会在孔隙中直接结晶成二水石膏，造成膨胀压力，引起水泥石的破坏。

氯盐会对水泥石尤其是钢筋产生严重锈蚀，这里主要介绍对水泥石的影响。氯盐进入水泥石主要有两种途径：一种是施工过程中掺加氯盐外加剂如氯化钙等或在拌和水中含有氯盐成分而混入；另一种是由于环境中所含氯盐渗透到水泥石中，如工业中的氯及氯化氢污染地区、沿海地区、盐湖地带等。腐蚀机理是由于 NaCl 和 $CaCl_2$ 等氯盐同水泥中的水化铝酸钙作用生成膨胀性的复盐，使已硬化的水泥石破坏，反应式如下：

$$3CaO \cdot Al_2O_3 \cdot 6H_2O + CaCl_2 + 4H_2O \longrightarrow 3CaO \cdot Al_2O_3 \cdot CaCl_2 \cdot 10H_2O$$

（2）镁盐的腐蚀（双重腐蚀）

在海水及地下水中，常含有大量的镁盐，主要是硫酸镁和氯化镁。它们与水泥石中的氢氧化钙起置换作用：

$$MgSO_4 + Ca(OH)_2 + 2H_2O = CaSO_4 \cdot 2H_2O + Mg(OH)_2$$
$$MgCl_2 + Ca(OH)_2 = CaCl_2 + Mg(OH)_2$$

生成的氢氧化镁松软而无胶凝能力，氯化钙易溶于水，二水石膏则引起硫酸盐的破坏作用。因此，镁盐腐蚀属于双重腐蚀，腐蚀特别严重。

4. 强碱腐蚀

硅酸盐水泥水化产物呈碱性，一般碱类溶液浓度不大时不会造成明显损害。但铝酸盐（C_3A）含量较高的硅酸盐水泥遇到强碱（如 NaOH）会发生反应，生成的铝酸钠易溶于水。反应式如下：

$$3CaO \cdot Al_2O_3 + 6NaOH \longrightarrow 3NaO \cdot Al_2O_3 + 3Ca(OH)_2$$

当水泥石被氢氧化钠浸透后又在空气中干燥，则溶于水的铝酸钠会与空气中的 CO_2 反应生成碳酸钠，由于水分失去，碳酸钠在水泥石毛细管中结晶膨胀，引起水泥石疏松、开裂。

除上述四种侵蚀类型外，对水泥石有腐蚀作用的还有糖类、酒精、脂肪、氨盐和含环烷酸的石油产品等。

上述各类型侵蚀作用，可以概括为下列三种破坏形式：

第一种破坏形式是溶解浸析。主要是介质将水泥石中的某些组成逐渐溶解带走，造成溶失性破坏。

第二种破坏形式是离子交换。侵蚀性介质与水泥石的组分发生离子交换反应，生成容易溶解或是没有胶结能力的产物，破坏了原有的结构。

第三种破坏形式是形成膨胀组分。在侵蚀性介质的作用下，所形成的盐类结晶长大时体积增加，产生有害的内应力，导致膨胀性破坏。

值得注意的是，在实际工程中，水泥石的腐蚀往往是多种腐蚀介质同时存在的一个极其复杂的物理化学作用过程。引起水泥石腐蚀的外部因素是侵蚀介质。而内在因素一是水泥石中含有易引起腐蚀的组分，即 $Ca(OH)_2$ 和水化铝酸钙（$3CaO \cdot Al_2O_3 \cdot 6H_2O$）；二是水泥石不密实。水泥水化反应理论需水量仅为水泥质量的23%，而实际应用时拌合用水量多为40%～70%，多余水分会形成毛细管和孔隙存在于水泥石中，侵蚀性介质不仅在水泥石表面起作用，而且易于进入水泥石内部引起严重破坏。

由于硅酸盐水泥（P·Ⅰ、P·Ⅱ）水化生成物中，$Ca(OH)_2$ 和水化铝酸钙含量较多，所以其耐侵蚀性较其他水泥差。掺混合材料的水泥水化反应生成物中 $Ca(OH)_2$ 明显减少，其耐侵蚀性比硅酸盐水泥显著改善。

5. 防止水泥石腐蚀的措施

根据以上腐蚀原因的分析，可以采取下列防止措施：

（1）根据侵蚀环境特点，合理选用水泥品种

水泥石中引起腐蚀的组分主要是氢氧化钙和水化铝酸钙。当水泥石遭受软水等侵蚀时，可选用水化产物中氢氧化钙含量较少的水泥。水泥石如处在硫酸盐的腐蚀环境中，可采用铝酸三钙含量较低的抗硫酸盐水泥。在硅酸盐水泥熟料中掺入某些人工或天然矿物材料（混合材料）可提高水泥的抗腐蚀能力。

（2）提高水泥石的密实度

水泥石中的毛细管、孔隙是引起水泥石腐蚀加剧的内在原因之一。因此，采取适当技术措施，如强制搅拌、振动成型、真空吸水、掺加外加剂等，在满足施工操作的前提下，努力降低水灰比，提高水泥石的密实度，都将使水泥石的耐侵蚀性得到改善。

（3）表面加做保护层

当侵蚀作用比较强烈时，需在水泥制品表面加做保护层。保护层的材料常采用耐酸石料（石英岩、辉绿岩）、耐酸陶瓷、玻璃、塑料、沥青等。

四、硅酸盐水泥的特性及应用

（1）强度高　硅酸盐水泥凝结硬化快，强度高，尤其是早期强度增长率大，特别适合早期强度要求高的工程、高强混凝土结构和预应力混凝土工程。

（2）水化热高　硅酸盐水泥 C_3S 和 C_3A 含量高，使早期放热量大，放热速度快，早期强度高，用于冬期施工常可避免冻害。但高放热量对大体积混凝土工程不利，如无可靠的降温措施，不宜用于大体积混凝土工程。

（3）抗冻性好　硅酸盐水泥拌合物不易发生泌水，硬化后的水泥石密实度较大，所以抗冻性优于其他通用水泥。适用于严寒地区受反复冻融作用的混凝土工程。

（4）碱度高、抗碳化能力强　硅酸盐水泥硬化后的水泥石显示强碱性，埋于其中的钢筋在碱性环境中表面生成一层灰色钝化膜，可保持几十年不生锈。由于空气中的 CO_2 与水泥石中的 $Ca(OH)_2$ 会发生碳化反应生成 $CaCO_3$，使水泥石逐渐由碱性变为中性，当中性化深度达到钢筋附近时，钢筋失去碱性保护而锈蚀，表面疏松膨胀，会造成钢筋混凝土构件报废。因此，钢筋混凝土构件的寿命往往取决于水泥的抗碳化性能。硅

酸盐水泥碱性强且密实度高，抗碳化能力强，所以特别适用于重要的钢筋混凝土结构和预应力混凝土工程。

（5）干缩小　硅酸盐水泥在硬化过程中，形成大量的水化硅酸钙凝胶体，使水泥石密实，游离水分少，不易产生干缩裂纹，可用于干燥环境的混凝土工程。

（6）耐磨性好　硅酸盐水泥强度高，耐磨性好，且干缩小，可用于路面与地面工程。

（7）耐腐蚀性差　硅酸盐水泥石中有大量的 $Ca(OH)_2$ 和水化铝酸钙，容易引起软水、酸类和盐类的侵蚀。所以不宜用于受流动水、压力水、酸类和硫酸盐侵蚀的工程。

（8）耐热性差　硅酸盐水泥石在温度为 250℃ 时水化物开始脱水，水泥石强度下降。当受热 700℃ 以上将遭破坏。所以硅酸盐水泥不宜单独用于耐热混凝土工程。

（9）湿热养护效果差　硅酸盐水泥在常规养护条件下硬化快、强度高。但经过蒸汽养护后，再经自然养护至 28 天测得的抗压强度往往低于未经蒸养的 28 天抗压强度。

第三节　掺混合材料的硅酸盐水泥

掺混合材料的硅酸盐水泥是由硅酸盐水泥熟料，加入适量混合材料及石膏共同磨细而制成的水硬性胶凝材料。

一、活性混合材料的作用

磨细的活性混合材料，它们与水调和后，本身不会硬化或硬化极为缓慢。但在氢氧化钙溶液中，会发生显著水化。其水化反应式：

$$xCa(OH)_2 + SiO_2 + mH_2O \longrightarrow xCaO \cdot SiO_2 \cdot nH_2O$$

$$yCa(OH)_2 + Al_2O_3 + mH_2O \longrightarrow yCa(OH)_2 \cdot Al_2O_3 \cdot nH_2O$$

生成的水化硅酸钙和水化铝酸钙是具有水硬性的水化物，当有石膏存在时，水化铝酸钙还可以和石膏进一步反应生成水硬性产物水化硫铝酸钙。式中 x、y 值决定于混合材料的种类、石灰和活性氧化硅及活性氧化铝的比例、环境温度以及作用所延续的时间等，一般为 1 或稍大，n 值一般为 1~2.5。

当活性混合材料掺入硅酸盐水泥中与水拌合后，首先的反应是硅酸盐水泥熟料水化，生成氢氧化钙。然后，它与掺入的石膏作为活性混合材料的激发剂，产生前述的反应（称二次水化反应）。二次反应的速度较慢，受温度影响敏感。温度高，水化加快，强度增长迅速；反之，水化减慢，强度增长缓慢。

可以看出，活性混合材料的活性是在氢氧化钙和石膏作用下才激发出来的，故称它们为活性混合材料的激发剂，前者称为碱性激发剂，后者称为硫酸盐激发剂。

由于活性混合材料掺入硅酸盐水泥产生二次水化反应，所以使其作用主要表现为：

强度发展早低后高（活性混合材料的水化滞后）；水化热降低（熟料含量降低、水化热释放时间延长）；抗腐蚀能力加强（造成水泥石腐蚀的重要水化产物氢氧化钙被消耗转化）；节省熟料、降低能耗和成本；可调整硅酸盐水泥的强度等级。

二、普通硅酸盐水泥

普通硅酸盐水泥，简称普通水泥，代号为 P·O，其水泥中熟料＋石膏的掺量应≥85%且<95%，允许符合标准要求的活性混合材料的掺量为>5%且≤20%，其中允许用不超过水泥质量5%的符合标准要求的窑灰或不超过水泥质量8%的非活性混合材料来代替。

普通硅酸盐水泥的技术要求有：

（1）细度　与硅酸盐水泥要求相同。

（2）凝结时间　初凝不得早于45min，终凝不大于600min。

（3）强度　根据3d和28d龄期的抗折和抗压强度，将普通硅酸盐水泥划分为42.5，42.5R，52.5，52.5R四个强度等级。各强度等级各龄期的强度不得低于表4-5中的数值。

普通硅酸盐水泥各强度等级、各龄期强度值（GB 175—2007）　　　表4-5

强度等级	抗压强度(MPa)		抗折强度(MPa)	
	3d	28d	3d	28d
42.5	≥17.0	≥42.5	≥3.5	≥6.5
42.5R	≥22.0		≥4.0	
52.5	≥23.0	≥52.5	≥4.0	≥7.0
52.5R	≥27.0		≥5.0	

注：R—早强型。

普通硅酸盐水泥与硅酸盐水泥的差别仅在于其中含有少量混合材料，由于混合材料掺量较少，其矿物组成的比例仍在硅酸盐水泥的范围内，所以其性能、应用范围与硅酸盐水泥相近。与硅酸盐水泥比较，早期硬化速度稍慢，3d强度略低；抗冻性、耐磨性及抗碳化性稍差；而耐腐蚀性稍好，水化热略有降低。普通硅酸盐水泥的其他技术性质与硅酸盐水泥相同。

三、矿渣硅酸盐水泥、火山灰质硅酸盐水泥、粉煤灰硅酸盐水泥和复合硅酸盐水泥

1. 组成

矿渣硅酸盐水泥（简称矿渣水泥）根据粒化高炉矿渣掺量的不同分为A型与B型两种，A型矿渣掺量>20%且≤50%，代号P·S·A；B型矿渣掺量>50%且≤70%，代号P·S·B。其中允许用不超过水泥质量8%且符合标准要求的活性混合材料、非活性混合材料或符合标准要求的窑灰中的任一种材料代替。

火山灰质硅酸盐水泥（简称火山灰水泥），代号为P·P，其水泥中熟料＋石膏的掺

量应≥60%且<80%,混合材料为符合标准要求的火山灰质活性混合材料,其掺量为>20%且≤40%。

粉煤灰硅酸盐水泥(简称粉煤灰水泥),代号P·F。其水泥中熟料+石膏的掺量应≥60%且<80%,混合材料为符合标准要求的粉煤灰活性混合材料,其掺量为>20%且≤40%。

复合硅酸盐水泥(简称复合水泥),代号P·C。其水泥中熟料+石膏的掺量应≥50%且<80%,混合材料为两种或两种以上的活性混合材料及非活性混合材料,其掺量为>20%且≤50%,其中允许用不超过水泥质量8%且符合标准要求的窑灰代替,掺矿渣时混合材料掺量不得与矿渣硅酸盐水泥重复。

2. 技术要求

(1) 强度等级

矿渣硅酸盐水泥、火山灰质硅酸盐水泥、粉煤灰硅酸盐水泥、复合硅酸盐水泥按3d、28d 龄期抗压强度及抗折强度分为 32.5,32.5R,42.5,42.5R,52.5,52.5R6 个强度等级。各强度等级各龄期的强度值不得低于表4-6中的数值。

矿渣水泥、火山灰水泥、粉煤灰水泥、复合水泥各强度等级、各龄期强度值 (GB 175—2007)   表4-6

强度等级	抗压强度(MPa)		抗折强度(MPa)	
	3d	28d	3d	28d
32.5	≥10.0	≥32.5	≥2.5	≥5.5
32.5R	≥15.0		≥3.5	
42.5	≥15.0	≥42.5	≥3.5	≥6.5
42.5R	≥19.0		≥4.0	
52.5	≥21.0	≥52.5	≥4.0	≥7.0
52.5R	≥23.0		≥4.5	

注:R——早强型。

(2) 细度

矿渣硅酸盐水泥、火山灰质硅酸盐水泥、粉煤灰硅酸盐水泥和复合硅酸盐水泥的细度以筛余量表示,80μm方孔筛筛余不大于10%或45μm方孔筛筛余不大于30%。

(3) 凝结时间与体积安定性

初凝时间不得早于45min,终凝时间不大于600min。安定性用沸煮法检验合格。

除上述技术要求外,国家标准还对这四种水泥的氧化镁含量、三氧化硫含量、氯离子含量等化学成分作了明确规定,参见表4-3。

不合格水泥的判定均与硅酸盐水泥相同。

3. 性能与使用

矿渣水泥、火山灰水泥、粉煤灰水泥和复合水泥都是在硅酸盐水泥熟料基础上掺入较多的活性混合材料,再加上适量石膏共同磨细制成的。由于活性混合材料的掺量较多,且活性混合材料的化学成分基本相同(主要是活性氧化硅和活性氧化铝),因此它们具有一些相似的性质。这些性质与硅酸盐水泥或普通水泥相比，有明显的不同。又由于不同混合材料结构上的不同，它们相互之间又具有一些不同的特性，这些性质决定了它们使用上的特点和应用。所以我们从这些水泥的共性和个性两个方面来阐述它们的性质。

（1）掺活性混合材料的硅酸盐水泥的共性

1）密度较小。硅酸盐水泥、普通水泥的密度范围一般在 $3.05\sim3.20\mathrm{g/cm^3}$ 之间，掺较多活性混合材料的硅酸盐水泥，由于活性混合材料的密度较小，密度一般为 $2.7\sim3.10\mathrm{g/cm^3}$。

2）早期强度比较低，后期强度增长较快。掺较多活性混合材料的硅酸盐水泥中水泥熟料含量相对减少，加水拌以后，首先是熟料矿物的水化，熟料水化以后析出的氢氧化钙作为碱性激发剂激发活性混合材料水化，生成水化硅酸钙、水化硫铝酸钙等水化产物。因此早期强度比较低，后期由于二次水化的不断进行，水化产物不断增多，使得后期强度发展较快。

复合水泥因掺用两种或两种以上混合材料，相互之间能够取长补短，使水泥性能比掺单一混合材料的有所改善，其早期强度要求与同标号普通水泥强度要求相同。

3）对养护温、湿度敏感，适合蒸汽养护。掺较多活性混合材料的硅酸盐水泥水化温度降低时，水化速度明显减弱，强度发展慢。提高养护温度可以促进活性混合材料的水化，提高早期强度，且对后期强度发展影响不大。而硅酸盐水泥或普通水泥，蒸汽养护可提高早期强度，但后期强度发展要受到一定影响，通常28d强度要比标准养护条件下的低。这是因为在高温下这两种水泥水化速度过快，短期内生成大量的水化产物，对后期水泥熟料颗粒的水化起了一定的阻碍作用。

4）水化热小。由于这几种水泥掺入了大量混合材料，水泥熟料含量较少，放热量大的 C_3A、C_3S 相对减少。因此，水化热小且放热缓慢，适合于大体积混凝土施工。

5）耐腐蚀性较好。由于熟料含量少，水化以后生成的氢氧化钙少，而且二次水化还要进一步消耗氢氧化钙，使水泥石结构中氢氧化钙的含量更低。因此，抵抗海水、软水及硫酸盐腐蚀性介质的作用较强。但如果火山灰水泥中掺入的火山灰质活性混合材料中氧化铝含量较高，水化后生成的水化铝酸钙数量较多，则抵抗硫酸盐腐蚀的能力较差。

6）抗冻性、耐磨性不及硅酸盐水泥或普通水泥。

（2）掺较多活性混合材料的硅酸盐水泥的个性

1）矿渣水泥：为玻璃态的物质，难磨细，对水的吸附能力差，故矿渣水泥保水性差，泌水性大。在混凝土施工中由于泌水而形成毛细管通道及水囊，水分的蒸发又容易引起干缩，影响混凝土的抗渗性、抗冻性及耐磨性等。由于矿渣经过高温，矿渣水泥硬化后氢氧化钙的含量又比较少，因此矿渣水泥的耐热性比较好。

2）火山灰水泥：火山灰质混合材料的结构特点是疏松多孔，内比表面积大。火山灰水泥的特点是易吸水、易反应。在潮湿的条件下养护，可以形成较多的水化产物，水泥石结构比较致密，从而具有较高的抗渗性和耐水性。如处于干燥环境中，所吸收的水分会蒸发，体积收缩，产生裂缝。因此火山灰水泥不宜用于长期处于干燥环境和水位变化区的混凝土工程。

火山灰水泥抗硫酸盐性能随成分而异。如活性混合材中氧化铝的含量较多，熟料中又含有较多的 C_3A 时，其抗硫酸盐能力较差。

3）粉煤灰水泥：粉煤灰与其他天然火山灰相比，结构较致密，内比表面积小，有很多球形颗粒，吸水能力较弱，所以粉煤灰水泥需水量比较低，抗裂性较好。尤其适合于大体积水工混凝土以及地下和海港工程等。

4）复合水泥：复合水泥中掺用两种以上混合材，混合材的作用会相互补充、取长补短。如矿渣水泥中掺石灰石能改善矿渣水泥的泌水性，提高早期强度，又能保证后期强度的增长。在需水性大的火山灰水泥中掺入矿渣等，能有效减少水泥需水量。复合水泥的性能在以矿渣为主要混合材时其性能与矿渣水泥接近。而当火山灰质为主要混合材时则接近火山灰水泥的性能。所以，复合水泥的使用，应搞清楚所掺的主要混合材。复合水泥包装袋上均标明了主要混合材的名称。

硅酸盐水泥、普通水泥、矿渣水泥、火山灰水泥、粉煤灰水泥和复合水泥是建设工程中的常用水泥。它们的主要性能与应用见表4-7。

常用水泥的性能与使用　　　　表4-7

水泥	硅酸盐水泥	普通水泥	矿渣水泥	火山灰水泥	粉煤灰水泥	复合水泥
主要成分	硅酸盐水泥熟料，0%～5%混合材料，适量石膏	硅酸盐水泥熟料，5%＜且≤20%混合材料，适量石膏	硅酸盐水泥熟料，20%＜且≤70%粒化高炉矿渣，适量石膏	硅酸盐水泥熟料，20%＜且≤40%火山灰质混合材料，适量石膏	硅酸盐水泥熟料，20%＜～40%粉煤灰，适量石膏	硅酸盐水泥熟料，20%＜且≤50%两种及两种以上混合材料，适量石膏
特性	1. 强度高； 2. 快硬早强； 3. 抗冻耐磨性好； 4. 水化热大； 5. 耐腐蚀性较差； 6. 耐热性较差	1. 早期强度较高； 2. 抗冻性较好； 3. 水化热较大； 4. 耐腐蚀性较差； 5. 耐热性较差	1. 强度早期低但后期增长快； 2. 强度发展对温湿度敏感； 3. 水化热低； 4. 耐软水、海水、硫酸盐腐蚀性较好； 5. 耐热性较好； 6. 抗冻抗渗性较差	1. 抗渗性较好，耐热不及矿渣水泥，干缩大，耐磨性差； 2. 其他同矿渣水泥	1. 干缩性较小，抗裂性较好； 2. 其他同矿渣水泥	1. 早期强度较高； 2. 其他性能与掺主要混合材的水泥接近
适用范围	1. 高强度混凝土； 2. 预应力混凝土； 3. 快硬早强结构； 4. 抗冻混凝土	1. 一般的混凝土； 2. 预应力混凝土； 3. 地下与水中结构； 4. 抗冻混凝土	1. 一般耐热要求的混凝土； 2. 大体积混凝土； 3. 蒸汽养护构件； 4. 一般混凝土构件； 5. 一般耐软水、海水、硫酸盐腐蚀要求的混凝土	1. 水中、地下、大体积混凝土，抗渗混凝土； 2. 其他同矿渣水泥	1. 地上、地下、与水中大体积混凝土； 2. 其他同矿渣水泥	1. 早期强度较高的工程； 2. 其他与掺主要混合材的水泥类似

续表

水泥	硅酸盐水泥	普通水泥	矿渣水泥	火山灰水泥	粉煤灰水泥	复合水泥
不适用范围	1. 大体积混凝土； 2. 易受腐蚀的混凝土； 3. 耐热混凝土，高温养护混凝土		1. 早期强度要求较高的混凝土； 2. 严寒地区及处在水位升降的范围内的混凝土； 3. 抗渗性要求高的混凝土	1. 干燥环境及处在水位变化范围内的混凝土； 2. 耐磨要求的混凝土； 3. 其他同矿渣水泥	1. 抗碳化要求的混凝土； 2. 其他同火山灰质水泥； 3. 有抗渗要求的混凝土	与掺主要混合材的水泥类似

学习活动 4-3

水泥品种的选择与应用

在此活动中你将根据所给工程特点选择适宜的水泥品种，并说明理由，以进一步增强根据工程特点选择合适水泥品种的岗位能力。

步骤1：请你写下所给10个工程背景下，可选和不可选硅酸盐水泥品种各一个，各选择具代表性的一个品种即可。

步骤2：采取"决定的外界条件——所选水泥的特性"的格式简要填写各选择的理由。

反馈：（1）答案填写形式见示例。

（2）根据教师的安排，可分组完成，对不一致选择，展开讨论。

工程背景	可选水泥品种	不可选水泥品种	选择理由
湿热养护的混凝土构件厚大体积的混凝土工程	掺混合材水泥	硅酸盐水泥	体积厚大——水化热低
湿热养护的混凝土构件			
水下混凝土工程			
现浇混凝土梁、板、柱			
高温设备或窑炉的混凝土基础			
严寒地区受冻融的混凝土工程			
接触硫酸盐介质的混凝土工程			
水位变化区的混凝土工程			
高强混凝土工程			
有耐磨要求的混凝土工程			

第四节 高铝水泥

高铝水泥（以前称矾土水泥）是以铝矾土和石灰为原料，按一定比例配合，经煅烧、磨细所制得的一种以铝酸盐为主要矿物成分的水硬性胶凝材料，又称铝酸盐水泥。

一、高铝水泥的矿物组成

高铝水泥主要矿物成分为铝酸一钙（$CaO \cdot Al_2O_3$，简写为 CA），其含量约占高铝水泥质量的 70%，此外还有少量的硅酸二钙（C_2S）与其他铝酸盐，如七铝酸十二钙（$12CaO \cdot 7Al_2O_3$，简写 $C_{12}A_7$）、二铝酸一钙（$CaO \cdot 2Al_2O_3$，简写 CA_2）和硅铝酸二钙（$2CaO \cdot 7Al_2O_3 \cdot SiO_2$，简写 C_2AS）等。

二、高铝水泥的水化和硬化

高铝水泥的水化和硬化主要是铝酸一钙的水化和水化物结晶。其水化产物随温度的不同而不同。当温度低于 20℃时，其主要的反应式为：

$$CaO \cdot Al_2O_3 + 10H_2O \longrightarrow \underset{\text{水化铝酸一钙（简写为 }CAH_{10}\text{）}}{CaO \cdot Al_2O_3 \cdot 10H_2O}$$

当温度为 20～30℃时，其主要的反应式为：

$$2(CaO \cdot Al_2O_3) + 11H_2O \longrightarrow \underset{\text{水化铝酸二钙（简写为 }C_2AH_8\text{）}}{2CaO \cdot Al_2O_3 \cdot 8H_2O} + Al_2O_3 \cdot 3H_2O$$

当温度高于 30℃时，其主要的反应式为：

$$3(CaO \cdot Al_2O_3) + 12H_2O \longrightarrow \underset{\text{水化铝酸三钙（简写为 }C_3AH_6\text{）}}{3CaO \cdot Al_2O_3 \cdot 6H_2O} + 2(Al_2O_3 \cdot 3H_2O)$$

水化产物 CAH_{10} 和 C_2AH_8 为针状或板状结晶，能相互交织成坚固的结晶合成体，析出的氢氧化铝难溶于水，填充于晶体骨架的空隙中，形成比较致密的结构，使水泥石获得很高的强度。水化反应集中在早期，5～7d 后水化物的数量很少增加。所以，高铝水泥早期强度增长很快。

CAH_{10} 和 C_2AH_8 属亚稳定晶体，随时间增长，会逐渐转化为比较稳定的 C_3AH_6，转化过程随着温度的升高而加快。转化结果使水泥石内析出游离水，增大了孔隙体积，同时由于 C_3AH_6 晶体本身缺陷较多，强度较低，因而水泥石强度明显降低。

三、高铝水泥的技术性质

高铝水泥呈黄、褐或灰色，其密度和堆积密度与硅酸盐水泥接近。国家标准规定：高铝水泥的细度要求比表面积不小于 $300m^2/kg$ 或 $45\mu m$ 方孔筛筛余不得超过 20%；初凝时间 CA-50、CA-70、CA-80 不得早于 30min，CA-60 不得早于 60min；终凝时间 CA-50、CA-70、CA-80 不得迟于 6h，CA-60 不得迟于 18h。体积安定性必须合格。高铝水泥分为 CA-50、CA-60、CA-70、CA-80 四种类型，强度要求见表 4-8。

高铝水泥各龄期强度值 （GB 201—2000）　　表 4-8

水泥类型	抗压强度(MPa)				抗折强度(MPa)			
	6h	1d	3d	28d	6h	1d	3d	28d
CA-50	20*	40	50	—	3.0*	5.5	6.5	—
CA-60	—	20	45	85	—	2.5	5.0	10.0
CA-70	—	30	40	—	—	5.0	6.0	—
CA-80	—	25	30	—	—	4.0	5.0	—

四、高铝水泥的特性与应用

1. 高铝水泥的特性

（1）快硬早强，早期强度增长快，1d 强度即可达到极限强度的 80% 左右。故宜用于紧急抢修工程（筑路、修桥、堵漏等）和早期强度要求高的工程。但高铝水泥后期强度可能会下降，尤其是在高于 30℃ 的湿热环境下，强度下降更快，甚至会引起结构的破坏。因此，结构工程中使用高铝水泥应慎重。

（2）水化热大，而且集中在早期放出。高铝水泥水化初期的 1d 放热量约相当于硅酸盐水泥 7d 放热量。达水化放热总量的 70%～80%。因此，适合于冬期施工，不适合于大体积混凝土的工程及高温潮湿环境中的工程。

（3）具有较好的抗硫酸盐侵蚀能力。这是因为其主要成分为低钙铝酸盐，游离的氧化钙极少，水泥石结构比较致密，故适合于有抗硫酸盐侵蚀要求的工程。

（4）耐碱性差。高铝水泥与碱性溶液接触，甚至混凝土骨料内含有少量碱性化合物时，都会引起侵蚀，故不能用于接触碱溶液的工程。

（5）耐热性好。因为高温时产生了固相反应，烧结结合代替了水化结合，使得高铝水泥在高温下仍能保持较高的强度，如干燥的高铝水泥混凝土，900℃ 时仍能保持 70% 强度，1300℃ 时尚有 53% 的强度。如采用耐火的粗细骨料（如铬铁矿等），可制成使用温度达到 1300～1400℃ 的耐热混凝土。

2. 高铝水泥使用注意事项

（1）最适宜的硬化温度为 15℃ 左右，一般施工时环境温度不得超过 25℃，否则，会产生晶型转换，强度降低。高铝水泥拌制的混凝土不能进行蒸汽养护。

（2）高铝水泥使用时，严禁与硅酸盐水泥或石灰混杂使用，也不得与尚未硬化的硅酸盐水泥混凝土接触使用，否则将产生瞬凝，以至无法施工，且强度很低。

（3）由于晶型转化及铝酸盐凝胶体老化等原因，高铝水泥的长期强度有降低的趋势，如需用于工程中，应以最低稳定强度为依据进行设计，其值按 GB 201—2000 规定，经试验确定。

第五节 其他品种水泥

一、快硬硅酸盐水泥

由硅酸水泥熟料和适量石膏磨细制成的,以 3d 抗压强度表示强度等级的水硬性胶凝材料称为快硬硅酸盐水泥(简称快硬水泥)。

快硬硅酸盐水泥与硅酸盐水泥的主要区别,在于提高了熟料中 C_3A 和 C_3S 的含量,并提高了水泥的粉磨细度,比表面积在 $330\sim450m^2/kg$ 左右。

快硬水泥的基本技术要求与普通水泥相似,初凝不得早于 45min,终凝不得迟于 10h。安定性(沸煮法检验)必须合格。强度等级以 3d 抗压强度表示,分为 32.5、37.5、42.5 三个等级,28d 强度作为供需双方参考指标。各强度等级要求见表 4-9。

快硬硅酸盐水泥各强度等级、各龄期强度值 (GB 199—1990)　　表 4-9

强度等级	抗压强度(MPa)			抗压强度(MPa)		
	1d	3d	28d*	1d	3d	28d*
32.5	15.0	32.5	52.5	3.5	5.0	7.2
37.5	17.0	37.5	57.5	4.0	6.0	7.6
42.5	19.0	42.5	62.5	4.5	6.4	8.0

注:供需双方参考指定。

快硬硅酸盐水泥的特点是凝结硬化快,早期强度增长率高,适用于早期强度要求高的工程。可用于紧急抢修工程、低温施工工程、高等级混凝土等。

快硬水泥易受潮变质,在运输和贮存时,必须注意防潮,并应及时使用,不宜久存,出厂一月后,应重新检验强度,合格后方可使用。

二、白色硅酸盐水泥及彩色硅酸盐水泥

1. 白色硅酸盐水泥

由氧化铁含量少的硅酸盐水泥熟料、适量石膏及 0~10% 的石灰石或窑灰,经磨细制成的水硬性胶凝材料称为白色硅酸盐水泥(简称白水泥),代号 P·W。

硅酸盐水泥呈暗灰色,主要原因是其含 Fe_2O_3 较多(Fe_2O_3 3‰~4%)。当 Fe_2O_3 含量在 0.5% 以下,则水泥接近白色。白色硅酸盐水泥的生产要求采用纯净的石灰石、白垩及纯石英砂、纯净的高岭土做原料,采用无灰分的可燃气体或液体燃料,磨机衬板采用铸石、花岗岩、陶瓷等,研磨体采用硅质卵石(白卵石)或人造瓷球。生产过程严格控制 Fe_2O_3 并尽可能减少 MnO、TiO_2 等着色氧化物。因此白水泥生产成本较高。

白水泥的细度要求为 $80\mu m$ 方孔筛筛余不得大于 10%;初凝时间不得早于 45min,

终凝时间不得迟于10h；安定性用沸煮法检验必须合格；水泥中三氧化硫的含量不得超过3.5%；按3d、28d的强度值将白水泥划分为32.5、42.5、52.5三个强度等级，各龄期的强度值不得低于表4-10中的规定。

白水泥各强度等级、各龄期的强度值（GB/T 2015—2005）   表4-10

强度等级	抗压强度(MPa)		抗压强度(MPa)	
	3d	28d	3d	28d
32.5	12.0	32.5	3.0	6.0
42.5	17.0	42.5	3.5	6.5
52.5	22.0	52.5	4.0	7.0

白水泥的白度是指水泥色白的程度，白水泥的白度值应不低于87。

学习活动 4-4

胶凝材料的现场鉴别

在此活动中你将学习工程现场对外观相似的3种常见胶凝材料的简易鉴别方法，通过说明理由，进一步增强对不同胶凝材料性质特点的认识，强化理论知识与实际岗位技能的融合。

步骤1：若有3种白色胶凝材料，分别是生石灰粉、建筑石膏和白水泥，你提出简易的鉴别方法并说明其理论根据。

步骤2：对以上3种胶凝材料的试样进行鉴别实际操作，以证明鉴别方法的有效性。

反馈：

（1）确定鉴别结论的正确性，如有多种鉴别方法，请对比各自的优缺点。

（2）如活动分组进行，可展开交互讨论，教师给出评价。

2. 彩色硅酸盐水泥

彩色硅酸盐水泥，简称彩色水泥，按生产方法分为两类。一类是在白水泥的生料中加入少量金属氧化物，直接烧成彩色水泥熟料，然后再加适量石膏磨细而成。另一类为白水泥熟料。适量石膏及碱性颜料，共同磨细而成。彩色水泥中加入的颜料，必须具有良好的大气稳定性及耐久性，不溶于水，分散性好，抗碱性强，不参与水泥水化反应，对水泥的组成和特性无破坏作用等特点。常用的颜料有氧化铁（黑、红、褐、黄色）、二氧化锰（黑、褐色）、氧化铬（绿色）、钴蓝（蓝色）等。

白水泥和彩色水泥主要用于建筑物内外的装饰，如地面、楼面、墙柱、台阶；建筑立面的线条、装饰图案、雕塑等。配以彩色大理石、白云石石子和石英石砂作为粗细骨料，可拌制成彩色砂浆和混凝土，做成水磨石、水刷石、斩假石等饰面，起到艺术装饰的效果。

三、膨胀水泥和自应力水泥

在水化硬化过程中产生体积膨胀的水泥，属膨胀类水泥。一般硅酸盐水泥在空气中硬化时，体积会发生收缩。收缩会使水泥石结构产生微裂缝，降低水泥石结构的密实性，影响结构的抗渗、抗冻、耐腐蚀性等。膨胀水泥在硬化过程中体积不会发生收缩，还略有膨胀，可以解决由于收缩带来的不利后果。当这种膨胀受到水泥混凝土中钢筋的约束而膨胀率又较大时，钢筋和混凝土会一起发生变形，钢筋受到拉力，混凝土受到压力，这种压力是水泥水化产生的体积变化所引起的，所以叫自应力。自应力值大于2MPa的水泥称为自应力水泥。

膨胀水泥按膨胀值不同，分为膨胀水泥和自应力水泥。膨胀水泥的线膨胀率一般在1‰以下，相当或稍大于一般水泥的收缩率，可以补偿收缩，所以又称补偿收缩水泥或无收缩水泥。自应力水泥的线膨胀率一般为1%～3%，膨胀值较大，在限制的条件（如配有钢筋）下，使混凝土受到压应力，从而达到预应力的目的。

常用的膨胀水泥及主要用途：

1. 硅酸盐膨胀水泥

主要用于制造防水砂浆和防水混凝土。适用于加固结构、浇铸机器底座或固结地脚螺栓，并可用于接缝及修补工程。但禁止在有硫酸盐侵蚀性的水中工程中使用。

2. 低热微膨胀水泥

主要用于要求较低水化热和要求补偿收缩的混凝土、大体积混凝土，也适用于要求抗渗和抗硫酸盐侵蚀的工程。

3. 硫铝酸盐膨胀水泥

主要用于浇筑构件节点及应用于抗渗和补偿收缩的混凝土工程中。

4. 自应力水泥

主要用于自应力钢筋混凝土压力管及其配件。

四、中热硅酸盐水泥、低热硅酸盐水泥和低热矿渣硅酸盐水泥

以适当成分的硅酸盐水泥熟料，加入适量石膏，磨细制成的具有中等水化热的水硬性胶凝材料，称为中热硅酸盐水泥（简称中热水泥），代号 P·MH。在中热水泥熟料中，C_3S 的含量应不超过 55%，C_3A 的含量应不超过 6%，游离氧化钙的含量不超过 1.0%。

以适当成分的硅酸盐水泥熟料，加入适量石膏，磨细制成的具有低水化热的水硬性胶凝材料，称为低热硅酸盐水泥（简称低热水泥），代号 P·LH。在低热水泥熟料中，C_2S 的含量应不小于 40%，C_3A 的含量不得超过 6%，游离氧化钙的含量应不超过 1.0%。

以适当成分的硅酸盐水泥熟料，加入粒化高炉矿渣、适量石膏，磨细制成的具有低水化热的水硬性胶凝材料，称为低热矿渣硅酸盐水泥（简称低热矿渣水泥），代号 P·SLH。水泥中粒化高炉矿渣掺加量按质量百分比计为 20%～60%，允许用不超过混合

材料总量50%的粒化电炉磷渣或粉煤灰代替部分粒化高炉矿渣。在低热矿渣水泥熟料中，C_3A的含量应不超过8%，游离氧化钙的含量应不超过1.2%，氧化镁的含量不应超过5.0%；如果水泥经压蒸安定性试验合格，则熟料中氧化镁的含量允许放宽到6.0%。

以上三种水泥性质应符合国家标准（GB 200—2003）的规定：即细度为比表面积大于$250m^2/kg$；三氧化硫含量不得超过3.5%；安定性检验合格；初凝不得早于60min，终凝不得迟于12h。

中热水泥强度等级为42.5，低热水泥强度等级为42.5，低热矿渣水泥强度等级为32.5。三种水泥的强度等级按规定龄期的抗压强度和抗折强度划分，各龄期的抗压强度和抗折强度应不低于表4-11的数值。

中、低热水泥各龄期的强度要求（GB 200—2003） 表4-11

品 种	强度等级	抗压强度(MPa)			抗折强度(MPa)		
		3d	7d	28d	3d	7d	28d
中热水泥	42.5	12.0	22.0	42.5	3.0	4.5	6.5
低热水泥	42.5	—	13.0	42.5	—	3.5	6.5
低热矿渣水泥	32.5	—	12.0	32.5	—	3.0	5.5

水泥的水化热允许采用直接法或溶解热法进行检验，各龄期的水化热应大于表4-12中数值。

中、低热水泥各龄期的水化热要求（kJ/kg）（GB 200—2003） 表4-12

品 种	强度等级	水 化 热	
		3d	7d
中热水泥	42.5	251	293
低热水泥	42.5	230	260
低热矿渣水泥	32.5	197	230

中热水泥水化热较低，抗冻性与耐磨性较高，适用于大体积水工建筑物水位变动区的覆面层及大坝溢流面，以及其他要求低水化热、高抗冻性和耐磨性的工程。低热矿渣水泥水化热更低，适用于大体积建筑物或大坝内部要求更低水化热的部位，此外，这几种水泥有一定的抗硫酸盐侵蚀能力，可用于低硫酸盐侵蚀的工程。

五、低碱度硫铝酸盐水泥

以无水硫铝酸钙为主要成分的硫铝酸盐水泥熟料，加入适量的石膏和20%~50%石灰石磨细而成，具有碱度低、自由膨胀较小的水硬性胶凝材料，称为低碱度硫铝酸盐水泥，代号为L-SAC。

1. 技术要求

国家标准规定，细度为比表面积不得低于$450m^2/kg$；初凝不得早于25min，终凝不得迟于3h；碱度要求为：灰水比为1∶10的水泥浆液，1h的pH值不得大于10.5；28d自由膨胀率0~0.15%；低碱度硫酸盐的强度以7d抗压强度表示，分为42.5及52.5两个强度等级，要求见表4-13。

低碱度硫酸盐水泥各强度等级、各龄期强度值　　　　　表 4-13

强度等级	抗压强度(MPa)		抗折强度(MPa)	
	1d	7d	1d	7d
42.5	32.0	42.5	4.5	6.0
52.5	39.0	52.5	5.0	6.5

出厂水泥应保证 7d 强度、28d 自由膨胀率合格,凡比表面积、凝结时间、强度中任一项不符合规定要求时为不合格品。凡碱度和自由膨胀率中任一项不符合规定要求时为废品。

2. 特性

(1) 与其他品种水泥相比较,具有明显的快捷、早强的特性,又有碱度低、膨胀率小、干缩不变形的优点,使用寿命长,是 GRC 制品专用水泥。

(2) 低碱度水泥制品易于着色、喷涂油漆色彩鲜艳、牢固、易粘贴墙纸、平整美观。

(3) 制成板材可锯裁、钻孔、敲打,具有保温隔声、抗虫蛀、不霉变等特性。

3. 适用范围

低碱度硫铝酸盐水泥可用于生产各类 GRC 轻质内外复合墙板、通风道、欧式浮雕、各种构件、蔬菜大棚架、网架板及其他小型建筑饰品等。

4. 注意事项

(1) 低碱度硫铝酸盐水泥耐热性能差,不得在 100℃ 环境下使用;低碱度硫铝酸盐水泥抗冻性能差,冬期施工特别要加强养护。

(2) 产品在使用前,应做好准备工作,已搅拌过的料要在初凝前用完。砂浆或混凝土失去流动性后不得二次搅拌。水泥制品必须在终凝后开始养护,养护期不得小于 7d。

(3) 水泥厂应在水泥发出之日起,11d 内向寄发水泥检验报告,28d 自由膨胀率数值应在水泥发出之日起 32d 内补报。

(4) 该水泥不得与其他品种水泥混用。运输与贮存时,不得受潮和混入杂物,应与其他水泥分别贮运,不得混杂。水泥贮存期为 3 个月,逾期水泥应重新检验,合格后方可使用。

应用案例与发展动态

生态水泥的研究进展(摘选)[1]

1. 引言

水泥是最主要的一种建筑材料,随着我国房地产行业的迅速发展,我国的水泥产量也飞速提高,在 2006 年达到 12 亿吨水泥,约占世界的 44%。传统的水泥是一个高能耗、原料消耗大、污染大的产业,例如,生产 1t 水泥消耗 1.2t 石灰石,169kg 左右标准

---

[1] 摘自:方培育. 生态水泥的研究进展. 科技信息(学术版). 2008 (15): 421.

煤，排放 1 吨 CO_2、$2kg\ SO_2$、$4kg\ NO_x$，1t 水泥需要综合耗电 100 度 360MJ，还要向大气排放大量粉尘和烟尘。

面对这种情况，生态水泥（Ecocement）应运而生，在发达国家得到了相当广泛的应用，我国在这方面也开始起步。狭义的生态水泥是指利用城市垃圾废弃物焚烧灰和下水道污泥为主要原料生产的新型水泥。广义的生态水泥定义则是指相对于传统水泥，其生产过程能耗减少、废气和粉尘排放减少、节约黏土和石灰石等原料、利用城市垃圾或者工业废料生产的水泥。

2. 节约原料

煤矸石是在成煤过程中与煤层伴生、在采煤和洗煤过程中被废弃的一种含碳量低、质地坚硬的岩石。每开采 1t 原煤将产生 150~250kg 的煤矸石，煤炭是我国的主要能源，其产量逐年增长，2002 年我国原煤产量已达 13.8 亿 t，煤矸石排放量按当年煤产量的 10%~15% 计算，每年将新增煤矸石约 1.5~2 亿 t。大量煤矸石简单堆放或任意排放状态，不但侵占了大量农田，而且煤矸石在自然堆放中会发生自燃，将释放出 SO_2、SO_3、H_2S 和 NO_x 等有害气体，造成酸雨危害；而且煤矸石经雨水淋溶冲刷，还可能产生酸性水或溶出重金属离子污染水质，构成了对生态和环境的双重破坏，阻碍了社会的可持续发展。

在水泥工业中，根据煤矸石的化学组成和矿物组成，可以用煤矸石代替部分黏土，可以通过熟料设计保证水泥的矿物组成。据统计，煤矸石含碳量一般在 20% 以下，发热量波动在 800~1500cal/g（3.35~6.28kJ）。通常，用于水泥生产中的煤粉的发热量为 4000~7000cal/g（16.75~29.30kJ）。所以煤矸石燃烧还可以利用其中的热能，减少煤粉的使用量，节约能源。

煤矸石还可以调节硅氧率，增加水泥的易烧性，降低烧结温度，进一步节约能源。由于黏土中一般含有 10%~30% 的砂石，砂石中的 SiO_2 多以结晶状态存在，结构较稳定，Si—O—Si 键之间键能较大，不易被破坏，因而不易与 CaO 化合烧结困难，造成游离 CaO 偏高，熟料标号偏低。而煤矸石中 SiO_2 以非结晶状态存在，采用煤矸石代替黏土配料，减少了生料中结晶 SiO_2 的含量，较容易同 CaO 结合，从而使硅氧率降低、生料易烧性得到改善。

高活性的稻壳灰加入水泥中能够提高水泥性能，在相应的条件下也就减少了水泥的使用量。采用一种"两段煅烧法"可以稳定地实现半工业化生产 SiO_2 含量大于 90% 且主要为非晶态的白色多孔状稻壳灰，其火山灰活性很高。在水泥中掺入不同比例的稻壳灰，可以大幅度地提高水泥胶砂强度，而且水胶比越大，强度提高率越大。

3. 节约能源

水泥回转窑可以用来处理一些有毒、有害的无机和有机废料。例如，其他工业部门的难以处理的多氯联苯类物质则可以在水泥回转窑中作为燃料分解，废渣可以制造水泥，不存在二次污染和不需要特殊处理废气，同时额外消耗的能源很少，还可以利用其中的热能，比使用垃圾焚烧炉更有现实意义。

在水泥的"两磨一烧"生产中，煅烧和球磨需要消耗大量的能量，而国家 863 项目：碱激发碳酸盐-矿渣非煅烧复合胶凝材料的研究，利用大量的废弃物以及工业副产物生产环境友好型材料，有效减少了能源、资源消耗和废物排放量。化学组成为 $w(CaO)<45\%$ 和 $6\%<w(MgO)<20\%$ 的碳酸盐矿，不能应用于水泥工业和冶金工业，是一种废弃的天然资源。这种碳酸盐矿经机械力活化后在常温下与一定状态下的水玻璃作用，所制得的胶凝材料的强度低、强度发展缓慢，20℃时其 28d 胶砂抗压强度仅为 1~3MPa，只适合用作灌浆材料，而不能应用于强度要求较高的场合。

4. 减少污染

我国的固体废弃物数量巨大，其一般的处理方式是填埋处理，但是容易污染地下水，并且占据大量的土地。还有一种处理方法是污泥和生活垃圾混合堆肥，但是由于其中含有重金属离子，限制了废料的使用范围。目前比较流行的是焚烧处理，固体废弃物在垃圾焚烧炉中经过高温燃烧分解，但是容易产生含氯废气、SO_2、NO_X 等有毒气体，而且垃圾焚烧灰会出现重金属离子溶出，污染水体和土壤。但若改用水泥回转窑来焚烧处理固体废弃物，不但回转窑中温度高，燃烧稳定，而且还具有很多其他优点，例如，焚烧温度（气体温度为 1750℃，物料温度为 1450℃）比垃圾焚烧炉（气体温度为 1200℃，物料温度为 800℃）更高，使有机体破坏的更彻底，有些物质在中温条件下燃烧会产生剧毒的二噁英，而在水泥回转窑内的高温条件下焚烧就能避免产生，至于有些废物，如制药厂废料等则只有经过水泥回转窑的高温煅烧，其有害物质才能消除，而且气体和物料在水泥回转窑内的停留时间更长，同时其中强烈的高温气体湍流会使废弃物焚烧更彻底；其二，在环保方面，水泥窑内为负压，有毒有害气体不会逸出，不但除尘效率更高，而且会大大降低对大气环境的污染；其三，水泥煅烧是在碱性条件下进行的，有毒有害的氯、硫、氟等在窑内被碱性物质吸收，变成无毒的氯化钙、硫酸钙、氟化钙，便于废气的净化处理，而且焚烧废物的残渣的化学组成和黏土差不多，所以进入水泥熟料以后，对水泥质量一般无不良影响，做到了彻底焚烧而无二次污染；其四，水泥窑还可以将绝大部分有毒的重金属离子固定在水泥熟料中，避免它们对地下水的再污染。目前在世界上许多国家，水泥窑已成为处理固体废弃物的设备装置。

本 章 小 结

本章是本课程的重点章节之一，以硅酸盐水泥和掺混合材料的硅酸盐水泥为重点。

掌握 硅酸盐水泥熟料矿物的组成及特性，硅酸盐水泥水化产物及其特性，掺混和材料的硅酸盐水泥性质的共同点及不同点，硅酸盐水泥以及掺混和材料的硅酸盐水泥的性质与应用。能综合运用所学知识，根据工程要求及所处的环境选择水泥品种。

理解 水泥石的腐蚀类型，基本原因及防止措施。

了解 其他品种水泥的特性及其用。

复 习 思 考 题

1. 什么是硅酸盐水泥和硅酸盐水泥熟料？
2. 硅酸盐水泥的凝结硬化过程是怎样进行的，影响硅酸盐水泥凝结硬化的因素有哪些？
3. 何谓水泥的体积安定性？不良的原因和危害是什么？如何测定？

4. 什么是硫酸盐腐蚀和镁盐腐蚀？

5. 腐蚀水泥石的介质有哪些？水泥石受腐蚀基本原因是什么？

6. 为什么掺较多活性混合材料的硅酸盐水泥早期强度比较低，后期强度发展比较快，甚至超过同强度等级的硅酸盐水泥？

7. 与硅酸盐水泥相比，矿渣水泥、火山灰水泥和粉煤灰水泥在性能上有哪些不同，并分析它们的适用和不宜使用的范围。

8. 不同品种以及同品种不同强度等级的水泥能否掺混使用？为什么？

9. 白色硅酸盐水泥对原料和工艺有什么要求？

10. 膨胀水泥的膨胀过程与水泥体积安定性不良所形成的体积膨胀有何不同？

11. 简述高铝水泥的水化过程及后期强度下降的原因。

习 题

1. 在下列工程中选择适宜的水泥品种，并说明理由。

(1) 采用湿热养护的混凝土构件；

(2) 厚大体积的混凝土工程；

(3) 水下混凝土工程；

(4) 现浇混凝土梁、板、柱；

(5) 高温设备或窑炉的混凝土基础；

(6) 严寒地区受冻融的混凝土工程；

(7) 接触硫酸盐介质的混凝土工程；

(8) 水位变化区的混凝土工程；

(9) 高强混凝土工程；

(10) 有耐磨要求的混凝土工程。

2. 为什么生产硅酸盐水泥时掺适量石膏对水泥不起破坏作用，而硬化水泥石遇到有硫酸盐溶液的环境，产生出与石膏同种成分的物质就有破坏作用？

第五章

混凝土

[学习重点和建议]

1. 混凝土应用的四项基本要求。

2. 细骨料的细度模数和粗骨料最大粒径的定义及确定方法，粗骨料颗粒级配的定义及连续级配和间断级配的概念。

3. 混凝土拌合物工作性的含义及确定，砂率的概念及与混凝土拌合物的工作性的关系，调整工作性的常用方法。

4. 混凝土的立方体抗压强度的定义和确定方法，立方体抗压强度的标准值及强度等级的定义，影响混凝土强度的因素，混凝土强度公式的运用，提高混凝土强度的措施。

5. 混凝土配制的基本参数（水胶比、砂率、用水量）的确定，混凝土配合比设计计算及调整。

6. 混凝土常用外加剂（减水剂、早强剂、引气剂）的主要性质、选用和应用要点，减水剂的作用机理。

建议从混凝土工作性和强度的影响因素去学习和总结调整混凝土工作性和强度的措施。从混凝土的四项基本要求去理解和掌握混凝土配合比设计过程的特点。结合混凝土的基本实验和施工现场认知参观加深理解本章相关内容。

第五章 混凝土

第一节 概 述

从广义上讲，混凝土是以胶凝材料、粗细骨料及其他外掺材料按适当比例拌制、成型、养护、硬化而成的人工石材。混凝土可以从不同角度进行分类。

按胶凝材料不同，可分为水泥混凝土、沥青混凝土、水玻璃混凝土、聚合物混凝土等。

按体积密度不同，可分为特重混凝土（$\rho_0 > 2500 kg/m^3$）、重混凝土（$\rho_0 = 1900 \sim 2500 kg/m^3$）、轻混凝土（$\rho_0 = 600 \sim 1900 kg/m^3$）、特轻混凝土（$\rho_0 < 600 kg/m^3$）。

按性能特点不同，可分为抗渗混凝土、耐酸混凝土、耐热混凝土、高强混凝土、高性能混凝土等。

按施工方法分类，可分为现浇混凝土、预制混凝土、泵送混凝土、喷射混凝土等。

通常将水泥、矿物掺合材料、粗细骨料、水和外加剂按一定的比例配制成的干表观密度为 $2000 \sim 2800 kg/m^3$ 的混凝土称为普通混凝土，为本章讲述的主要内容。

混凝土是世界上用量最大的一种工程材料。应用范围遍及建筑、道路、桥梁、水利、国防工程等领域。近代混凝土基础理论和应用技术的迅速发展有力地推动了土木工程的不断创新。

混凝土之所以在土木工程中得到广泛应用，是由于它有许多独特的技术性能。这些特点主要反映在以下几个方面：

1. 材料来源广泛

混凝土中占整个体积80%以上的砂、石料均就地取材，其资源丰富，有效降低了制作成本。

2. 性能可调整范围大

根据使用功能要求，改变混凝土的材料配合比例及施工工艺可在相当大的范围内对混凝土的强度、保温耐热性、耐久性及工艺性能进行调整。

3. 在硬化前有良好的塑性

混凝土拌合物优良的可塑成型性，使混凝土可适应各种形状复杂的结构构件的施工要求。

4. 施工工艺简易、多变

混凝土既可简单进行人工浇筑，亦可根据不同的工程环境特点灵活采用泵送、喷射、水下等施工方法。

5. 可用钢筋增强

钢筋与混凝土虽为性能迥异的两种材料，但两者却有近乎相等的线膨胀系数，从而使它们可共同工作。弥补了混凝土抗拉强度低的缺点，扩大了其应用范围。

6. 有较高的强度和耐久性

近代高强混凝土的抗压强度可达 100MPa 以上，同时具备较高的抗渗、抗冻、抗腐蚀、抗碳化性，其耐久年限可达数百年以上。

混凝土除以上优点外也存在着自重大、养护周期长、导热系数较大、不耐高温、拆除废弃物再生利用性较差等缺点。随着混凝土新功能、新品种的不断开发，这些缺点正不断克服和改进。

混凝土应用的基本要求为：

(1) 要满足结构安全和施工不同阶段所需要的强度要求。
(2) 要满足混凝土搅拌、浇筑、成型过程所需要的工作性要求。
(3) 要满足设计和使用环境所需要的耐久性要求。
(4) 要满足节约水泥，降低成本的经济性要求。

简单地说，就是要满足强度、工作性、耐久性和经济性的要求，这些要求也是混凝土配合比设计的基本目标。

第二节 混凝土的组成材料

水、水泥、砂（细骨料）、石子（粗骨料）是普通混凝土的 4 种基本组成材料，在此基础上还常掺入矿物掺合料和化学外加剂。水和胶凝材料形成胶凝材料浆，在混凝土中赋予混凝土拌合物以流动性；粘结粗、细骨料形成整体；填充骨料的间隙，提高密实度。砂和石子构成混凝土的骨架，有效抵抗水泥浆的干缩；砂石颗粒逐级填充，形成理想的密实状态，节约胶凝材料浆的用量。

一、水泥

水泥是决定混凝土成本的主要材料，同时又起到粘结、填充等重要作用，故水泥的选用格外重要。水泥的选用，主要考虑的是水泥的品种和强度等级。

水泥的品种应根据工程的特点和所处的环境气候条件，特别是应针对工程竣工后可能遇到的环境影响因素进行分析，并考虑当地水泥的供应情况作出选择，相关内容在第四章中已有阐述。

水泥强度等级的选择是指水泥强度等级和混凝土设计强度等级的关系。若水泥强度过高，水泥的用量就会过少，从而影响混凝土拌合物的工作性。反之，水泥强度过低，则可能影响混凝土的最终强度。根据经验，一般情况下水泥强度等级应为混凝土设计强度等级的 1.5~2.0 倍为宜。对于较高强度等级的混凝土，应为混凝土强度等级的 0.9~1.5 倍。选用普通强度等级的水泥配制高强（>C60）混凝土时并不受此比例的约束。对于低强度等级的混凝土，可采用特殊种类的低强度水泥或掺加一些改善工作性的外掺材料（如粉煤灰等）。

二、细骨料（砂）

细骨料是指公称粒径小于5.00mm的岩石颗粒，通常称为砂。

按砂的生成过程特点，可将砂分为天然砂、人工砂和混合砂。

天然砂根据产地特征，分为河砂、湖砂、山砂和海砂。河砂、湖砂材质最好，洁净、无风化、颗粒表面圆滑。山砂风化较严重，含泥较多，含有机杂质和轻物质也较多，质量最差。海砂中常含有贝壳等杂质，所含氯盐、硫酸盐、镁盐会引起水泥的腐蚀，故材质较河砂为次。

人工砂是经除土处理的机制砂和混合砂的统称。机制砂是由机械破碎、筛分而得的岩石颗粒，但不包括软质岩、风化岩石的颗粒。混合砂是由机制砂和天然砂混合而成的砂。

天然砂是一种地方资源，随着我国基本建设的日益发展和农田、河道环境保护措施的逐步加强，天然砂资源逐步减少。不但如此，混凝土技术的迅速发展，对砂的要求日益提高，其中一些要求较高的技术指标，天然砂难以满足，故在2001年国家标准中人工砂被首次承认其地位并加以规范。我国有大量的金属矿和非金属矿，在采矿和加工过程中伴随产生较多的尾尘。这些尾尘及由石材粉碎生产的机制砂的推广使用，既有效利用资源又保护了环境，可形成综合利用的效益。

混合砂是指天然砂与人工砂按一定比例组合而成的砂。

根据国家标准GB/T 14684—2011，砂按技术要求分为Ⅰ类、Ⅱ类、Ⅲ类三个级别，在行业标准JGJ 52—2006中，则根据混凝土的3个强度范围，对砂提出相应的技术要求。

砂的技术要求主要有以下几个方面：

1. 砂的粗细程度及颗粒级配

在混凝土中，胶凝材料浆是通过骨料颗粒表面来实现有效粘结的，骨料的总表面积越小，胶凝材料越节约，所以混凝土对砂的第一个基本要求就是颗粒的总表面积要小，即砂尽可能粗。而砂颗粒间大小搭配合理，达到逐级填充，减小空隙率，以实现尽可能高的密实度，是对砂提出的又一基本要求，反映这一要求的即砂的颗粒级配。

砂的粗细程度和颗粒级配是由砂的筛分试验来进行测定的。筛分试验是采用过筛孔边长9.50mm方孔筛后500g烘干的待测砂，用一套筛孔边长从大到小（筛孔边长分别为4.75mm、2.36mm、1.18mm、600μm、300μm、150μm）的标准金属方孔筛进行筛分，然后称其各筛上所得的粗颗粒的质量（称为筛余量），将各筛余量分别除以500得到分级筛余百分率（%）a_1、a_2、a_3、a_4、a_5、a_6，再将其累加得到累计筛余百分率（简称累计筛余率）β_1、β_2、β_3、β_4、β_5、β_6，其计算过程见表5-1。

由筛分试验得出的6个累计筛余百分率作为计算砂平均粗细程度的指标细度模数（μ_f）和检验砂的颗粒级配是否合理的依据。

累计筛余率的计算过程 表 5-1

筛孔边长(mm)	分计筛余		累计筛余百分率(%)
	分计筛余量(g)	分级筛余百分率(%)	
4.75 mm	m_1	a_1	$\beta_1=a_1$
2.36mm	m_2	a_2	$\beta_2=a_2+a_1$
1.18mm	m_3	a_3	$\beta_3=a_3+a_2+a_1$
600μm	m_4	a_4	$\beta_4=a_4+a_3+a_2+a_1$
300μm	m_5	a_5	$\beta_5=a_5+a_4+a_3+a_2+a_1$
150μm	m_6	a_6	$\beta_6=a_6+a_5+a_4+a_3+a_2+a_1$

注：与以上筛孔边长系列对应的筛孔的公称直径及砂的公称直径系列为 5.00mm、2.50mm、1.25mm、630μm、315μm、160μm。

细度模数是指各号筛的累计筛余百分率之和除以 100 之商。即

$$\mu_t = \frac{\sum_{i=2}^{6}\beta_i}{100} \tag{5-1}$$

因砂定义为公称粒径小于 5.00mm 的颗粒，故公式中的 i 应取 2～6。

若砂中含有公称粒径大于 5.00mm 的颗粒时，即 $a_1 \neq 0$，则应在（5-1）式中考虑该项影响，式（5-1）变形为常见的下式。

$$\mu_t = \frac{(\beta_2+\beta_3+\beta_4+\beta_5+\beta_6)-5\beta_1}{100-\beta_1} \tag{5-2}$$

细度模数越大，砂越粗。行业标准 JGJ 52—2006 按细度模数将砂分为粗砂（$\mu_t=$ 3.7～3.1）、中砂（$\mu_t=3.0～2.3$）、细砂（$\mu_t=2.2～1.6$）特细砂（$\mu_t=1.5～0.7$）四级。普通混凝土在可能情况下应选用粗砂或中砂，以节约水泥。

细度模数的数值主要决定于 150μm 筛孔边长的筛到 2.36mm 筛孔边长的筛 5 个累计筛余量，由于在累计筛余的总和中，粗颗粒分计筛余的"权"比细颗粒大（如 a_2 的权为 5，而 a_6 的权仅为 1），所以 μ_t 的值很大程度上取决于粗颗粒的含量。此外，细度模数的数值与小于 150μm 的颗粒含量无关。可见细度模数在一定程度上反映砂颗粒的平均粗细程度，但不能反映砂粒径的分布情况，不同粒径分布的砂，可能有相同的细度模数。

颗粒级配是指粒径大小不同的砂相互搭配的情况。如图 5-1 所示，一种粒径的砂，颗粒间的空隙最大，随着砂径级别的增加，会达到中颗粒填充大颗粒间的空隙，而小颗粒填充中颗粒间的空隙的"逐级填充"理想状态。

可见用级配良好的砂配制混凝土，不仅空隙率小节约水泥，而且因胶凝材料的用量减小，水泥石含量少，混凝土的密实度提高，从而强度和耐久性得以加强。

根据计算和实验结果，JGJ 52—2006 规定

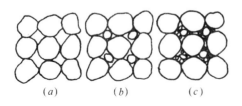

图 5-1 砂的不同级配情况
(a) 一种粒径；(b) 两种粒径；(c) 多种粒径

将砂的合理级配以 600μm 级的累计筛余率为准,划分为三个级配区,分别称为Ⅰ、Ⅱ、Ⅲ区,见表 5-2。任何一种砂,只要其累计筛余率 $\beta_1 \sim \beta_6$ 分别分布在某同一级配区的相应累计筛余率的范围内,即为级配合理,符合级配要求。具体评定时,除 4.75mm 及 600μm 级外,其他级的累计筛余率允许稍有超出,但超出总量不得大于 5%。由表中数值可见,在三个级配区内,只有 600μm 级的累计筛余率是不重叠的,故称其为控制粒级,控制粒级使任何一个砂样只能处于某一级配区内,避免出现同属两个级配区的现象。

评定砂的颗粒级配,也可采用作图法,即以筛孔直径为横坐标,以累计筛余率为纵坐标,将表 5-2 规定的各级配区相应累计筛余率的范围标注在图上形成级配区域,如图 5-2 所示。然后,把某种砂的累计筛余率 $\beta_1 \sim \beta_6$ 在图上依次描点连线,若所连折线都在某一级配区的累计筛余率范围内,即为级配合理。

砂颗粒级配区 (JGJ 52—2006)　　　　　表 5-2

累计筛余 (%) 级配区 筛孔边长	Ⅰ区	Ⅱ区	Ⅲ区
9.50mm	0	0	0
4.75mm	10～0	10～0	10～0
2.36mm	35～5	25～0	15～0
1.18mm	65～35	50～10	25～0
600μm	85～71	70～41	40～16
300μm	95～80	92～70	85～55
150μm	100～90	100～90	100～90

注:Ⅰ区人工砂中 150μm 筛孔的累计筛余率可以放宽至 100～85;Ⅱ区人工砂中 150μm 筛孔的累计筛余率可以放宽至 100～80;Ⅲ区人工砂 150μm 筛孔的累计筛余率可以放宽至 100～75。

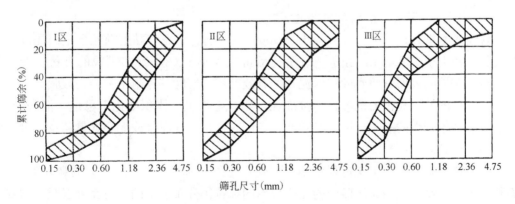

图 5-2　混凝土用砂级配范围曲线

如果砂的自然级配不符合级配的要求,可采用人工调整级配来改善,即将粗细不同的砂进行掺配或将砂筛除过粗、过细的颗粒。

配制混凝土时宜优先选用Ⅱ区砂。当采用Ⅰ区砂时,应提高砂率,并保持足够的水泥用量,满足混凝土的和易性;当采用Ⅲ区砂时,宜适当降低砂率;当采用特细砂时,应符合相应的规定。配制泵送混凝土宜选用中砂。

2. 砂的含水状态

砂在实际使用时,一般是露天堆放的,受到环境温湿度的影响,往往处于不同的含水状态。在混凝土的配合比计算中,需要考虑砂的含水状态的影响。

砂的含水状态,从干到湿可分为4种状态。

(1) 全干状态,或称烘干状态,是砂在烘箱中烘干至恒重,达到内、外部均不含水,如图5-3(a)所示。

(2) 气干状态,在砂的内部含有一定水分,而表层和表面是干燥无水的,砂在干燥的环境中自然堆放达到干燥往往是这种状态,如图5-3(b)所示。

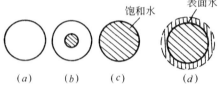

图 5-3 砂的含水状态
(a) 全干状态;(b) 气干状态;
(c) 饱和面干状态;(d) 湿润状态

(3) 饱和面干状态,即砂的内部和表层均含水达到饱和状态,而表面的开口孔隙及面层却处于无水状态,如图5-3(c)所示,拌合混凝土的砂处于这种状态时,与周围水的交换最少,对配合比中水的用量影响最小。

(4) 湿润状态,砂的内部不但含水饱和,其表面还被一层水膜覆裹,颗粒间被水所充盈,如图5-3(d)所示。

一般情况下,混凝土的实验室配合比是按砂的全干状态考虑的,此时拌合混凝土的实际流动性要小一些。而在施工配合比中,又把砂的全部含水都考虑在用水量的调整中而缩减拌合水量,实际状况是仅有湿润状态的表面的水才可以冲抵拌合水量。因此也会出现实际流动性的损失。因此从理论上讲,实验室配合比中砂的理想含水状态应为饱和面干状态。在混凝土用量较大,需精确计算的市政、水利工程中常以砂的饱和面干状态为准。

3. 含泥量、泥块含量和石粉含量

含泥量是指砂、石中公称粒径小于 $80\mu m$ 的岩屑、淤泥和黏土颗粒含量。泥块含量是公称粒径大于 $1.25mm$,经水洗、手捏后可成为小于 $630\mu m$ 的颗粒的含量。砂中的泥可包裹在砂的表面,妨碍砂与水泥石的有效粘结,同时其吸附水的能力较强,使拌合水量加大,降低混凝土的抗渗性、抗冻性。尤其是黏土,体积变化不稳定,潮胀干缩,对混凝土产生较大的有害作用,必须严格控制其含量。含泥量或泥块含量超量,可采用水洗的方法处理。

石粉含量是人工砂生产过程中不可避免产生的公称粒径小于 $80\mu m$ 的颗粒的含量。石粉的粒径虽小,但与天然砂中的泥成分不同,粒径分布也不同。对完善混凝土的细骨料的级配,提高混凝土的密实性,进而提高混凝土的整体性能起到有利作用,但其掺量也要适宜。

天然砂的含泥量、泥块含量应符合表5-3的规定。人工砂或混合砂中的石粉含量应符合表5-4的规定。表5-4中的亚甲蓝试验是专门用于检测公称粒径小于 $80\mu m$ 的物质是纯石粉还是泥土的试验方法。

天然砂中含泥量和砂中泥块含量（JGJ 52—2006） 表 5-3

混凝土强度等级	≥C60	C55～C30	≤C25
含泥量（按质量计，%）	≤2.0	≤3.0	≤5.0
泥块含量（按质量计，%）	≤0.5	≤1.0	≤2.0

注：对于有抗冻、抗渗或其他特殊要求的小于或等于C25混凝土用砂，其含泥量不应大于3.0%，泥块含量不应大于1.0%。

人工砂或混合砂中石粉含量（JGJ 52—2006） 表 5-4

混凝土强度等级		≥C60	C55～C30	≤C25
石粉含量（%）	MB<1.4（合格）	≤5.0	≤7.0	≤10.0
	MB≥1.4（不合格）	≤2.0	≤3.0	≤5.0

注：MB为亚甲蓝试验的技术指标，称为亚甲蓝值，表示每千克0～2.36mm粒级试样所消耗的亚甲蓝克数。

4. 砂的有害物质

砂在生成过程中，由于环境的影响和作用，常混有对混凝土性质造成不利的物质，以天然砂尤为严重。砂中不应混有草根、树叶、树枝、塑料、煤块、炉渣等杂物。其他有害物质，包括云母、轻物质、有机物、硫化物和硫酸盐的含量控制应符合表5-5的规定。

砂中的有害物质含量（JGJ 52—2006） 表 5-5

项 目	质 量 指 标
云母含量（按质量计，%）	≤2.0
轻物质含量（按质量计，%）	≤1.0
硫化物及硫酸盐含量（折算成SO_3按质量计，%）	≤1.0
有机物含量（用比色法试验）	颜色不应深于标准色。当颜色深于标准色时，应按水泥胶砂强度试验方法进行强度对比试验，抗压强度比不应低于0.95

（1）云母及轻物质

云母是砂中常见的矿物，呈薄片状，极易分裂和风化，会影响混凝土的工作性和强度。轻物质是ρ小于$2g/cm^3$的矿物（如煤或轻砂），其本身与水泥粘结不牢，会降低混凝土的强度和耐久性。

（2）有机物

有机物是指天然砂中混杂的动植物的腐殖质或腐殖土等。有机物减缓水泥的凝结，影响混凝土的强度。如砂中有机物过多，可采用石灰水冲洗，露天摊晒的方法处理解决。

（3）硫化物和硫酸盐

硫化物和硫酸盐是指砂中所含的二硫化铁（FeS_2）和石膏（$CaSO_4·2H_2O$）会与硅酸盐水泥石中的水化产物生成体积膨胀的水化硫铝酸钙，造成水泥石的开裂，降低混凝土的耐久性。

（4）氯盐

海水常会使海砂中的氯盐超标。氯离子会对钢筋造成锈蚀，所以对钢筋混凝土，尤其是预应力混凝土中的氯盐含量应严加控制，对于钢筋混凝土用砂和预应力混凝土用砂，其氯离子含量应分别不得大于 0.06％和 0.02％（以干砂的质量百分率计）。氯盐超标可用水洗的方法给予处理。

（5）贝壳含量

海砂中贝壳含量应符合表 5-6 的规定，对于有抗冻、抗渗或其他特殊要求的小于或等于 C25 混凝土用砂，其贝壳含量不应大于 5％。

海砂中贝壳含量（JGJ 52—2006）　　　　　表 5-6

混凝土强度等级	≥C40	C35～C30	C25～15
贝壳含量(按质量计，%)	≤3.0	≤5.0	≤8.0

三、粗骨料（石子）

粗骨料是指公称粒径大于 5.00mm 的岩石颗粒。常将人工破碎而成的石子称为碎石，即人工石子。而将天然形成的石子称为卵石，按其产源特点，也可分为河卵石、海卵石和山卵石。其各自的特点与相应的天然砂类似，虽各有其优缺点，但因用量大，故应按就地取材的原则给予选用。卵石的表面光滑，混凝土拌合物比碎石流动性要好，但与水泥砂浆粘结力差，故强度较低。在 GB/T 14685—2011 中，卵石和碎石按技术要求分为Ⅰ类、Ⅱ类、Ⅲ类三个等级。Ⅰ类用于强度等级大于 C60 的混凝土；Ⅱ类用于强度等级 C30～C60 及抗冻、抗渗或有其他要求的混凝土；Ⅲ类适用于强度等级小于 C30 的混凝土。

粗骨料的技术性能主要有以下各项。

1. 最大粒径及颗粒级配

与细骨料相同，混凝土对粗骨料的基本要求也是颗粒的总表面积要小和颗粒大小搭配要合理，以达到胶凝材料的节约和逐级填充形成最大的密实度。这两项要求分别用最大粒径和颗粒级配表示。

（1）最大粒径

粗骨料公称粒径的上限称为该粒级的最大粒径。如公称粒级 5～20（mm）的石子其最大粒径即 20mm。最大粒径反映了粗骨料的平均粗细程度。拌合混凝土中粗骨料的最大粒径加大，总表面积减小，单位用水量有效减少。在用水量和水灰比固定不变的情况下，最大粒径加大，骨料表面包裹的水泥浆层加厚，混凝土拌合物可获较高的流动性。若在工作性一定的前提下，可减小水灰比，使强度和耐久性提高。通常加大粒径可获得节约水泥的效果。但最大粒径过大（大于 150mm）不但节约水泥的效率不再明显，而且会降低混凝土的抗拉强度，会对施工质量，甚至对搅拌机械造成一定的损害。根据《混凝土结构工程施工质量验收规范》（GB 50204—2002）的规定：混凝土用的粗骨料，其最大粒径不得超过构件截面最小尺寸的 1/4，且不得超过钢筋最小净间距的 3/4。对混凝土的实心板，骨料的最大粒径不宜超过板厚的 1/3，且不得超过 40mm。

学习活动 5-1

石子最大粒径的确定

在此活动中你将通过具体案例问题的解决，掌握配制混凝土时石子最大粒径确定原则的具体应用，逐步形成工程实践中对于多因素影响问题的解决能力。

步骤1：某高层建筑剪力墙施工中，商品混凝土供应方要求施工单位提供石子粒径，施工员查阅相应施工图，得到的技术信息为：剪力墙截面为 180mm×3000mm、纵向钢筋（双排）直径15mm 间距200mm、箍筋直径8mm 间距150mm。

步骤2：根据步骤1所获取的相关信息，画出剪力墙横截面配筋详图，确定应选石子最大粒径。

反馈：

（1）钢筋净距等于钢筋间距与钢筋直径之差。思考：构件截面最小尺寸如何确定？纵向钢筋间距、箍筋间距、双排纵向钢筋间距是否都需考虑？

（2）在满足确定的最大粒径的要求下，选定向混凝土供应方回复的粒径规格。

(2) 颗粒级配

与砂类似，粗骨料的颗粒级配也是通过筛分实验来确定，所采用的标准筛孔边长为 2.36mm、4.75mm、9.50mm、16.0mm、19.0mm、26.5mm、31.5mm、37.5mm、53.0mm、63.0mm、75.0mm、90.0mm 等 12 个。根据各筛的分计筛余量计算而得的分计筛余百分率及累计筛余百分率的计算方法也与砂相同。根据累计筛余百分率，碎石和卵石的颗粒级配范围见表 5-7。

碎石和卵石的颗粒级配的范围（JGJ 52—2006）　　　表 5-7

公称粒径(mm)	累计筛余(%) 筛孔(mm)	2.36	4.75	9.50	16.0	19.0	26.5	31.5	37.5	53.0	63.0	75.0	90.0
连续粒级	5～10	95～100	80～100	0～15	0	—	—	—	—	—	—	—	—
	5～16	95～100	85～100	30～60	0～10	0	—	—	—	—	—	—	—
	5～20	95～100	90～100	40～80	—	0～10	0	—	—	—	—	—	—
	5～25	95～100	90～100	—	30～70	—	0～5	0	—	—	—	—	—
	5～31.5	95～100	90～100	70～90	—	15～45	—	0～5	0	—	—	—	—
	5～40	—	95～100	70～90	—	30～65	—	—	0～5	0	—	—	—
单粒粒级	10～20	—	95～100	85～100	—	0～15	0	—	—	—	—	—	—
	16～31.5	—	95～100	—	85～100	—	—	0～10	0	—	—	—	—
	20～40	—	—	95～100	—	80～100	—	—	0～10	0	—	—	—
	31.5～63	—	—	—	95～100	—	—	75～100	45～75	—	0～10	0	—
	40～80	—	—	—	—	95～100	—	—	70～100	—	30～60	0～10	0

注：与以上筛孔尺寸系列对应的筛孔的公称直径和石子的公称粒径系列为 2.50mm、5.00mm、10.0mm、16.0mm、20.0mm、25.0mm、31.5mm、40.0mm、50.0mm、63.0mm、80.0mm、100.0mm。

粗骨料的颗粒级配按供应情况分为连续粒级和单粒粒级。按实际使用情况分为连续级配和间断级配两种。

连续级配是石子的粒径从大到小连续分级，每一级都占适当的比例。连续级配的颗粒大小搭配连续合理（最小公称粒径都从 5mm 起），用其配制的混凝土拌合物工作性好，不易发生离析，在工程中应用较多。但其缺点是，当最大粒径较大（大于 40mm）时，天然形成的连续级配往往与理论最佳值有偏差，且在运输、堆放过程中易发生离析，影响到级配的均匀合理性。实际应用时，除直接采用级配理想的天然连续级配外，常采用由预先分级筛分形成的单粒粒级进行掺配组合成人工连续级配。

间断级配是石子粒级不连续，人为剔去某些中间粒级的颗粒而形成的级配方式。间断级配能更有效降低石子颗粒间的空隙率，使水泥达到最大程度的节约，但由于粒径相差较大，故混凝土拌合物易发生离析，间断级配需按设计进行掺配而成。

无论连续级配还是间断级配，其级配原则是共同的，即骨料颗粒间的空隙要尽可能小；粒径过渡范围小；骨料颗粒间紧密排列，不发生干涉，如图 5-4 所示。

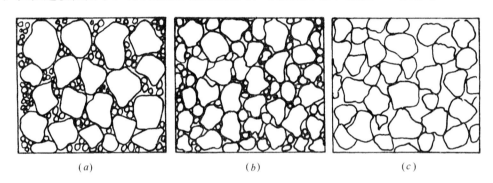

图 5-4　粗骨料级配情况的示意图
(a) 粒径过渡过大；(b) 理想级配；(c) 颗粒间发生干涉

2. 强度及坚固性

(1) 强度

粗骨料在混凝土中要形成紧实的骨架，故其强度要满足一定的要求。粗骨料的强度有抗压强度和压碎指标值两种，碎石的强度可用岩石的抗压强度和压碎指标值表示，卵石的强度可用压碎指标值表示。

抗压强度是水中浸泡 48h 状态下的骨料母体岩石制成的 50mm×50mm×50mm 立方体试件，在标准试验条件下测得的抗压强度值。要求该强度应比所配制的混凝土强度至少高 20%。当混凝土强度等级大于或等于 C60 时，应进行岩石的抗压强度检验。

压碎指标是对粒状粗骨料强度的另一种测定方法。该种方法是将气干的石子按规定方法填充于压碎指标测定仪（内径 152mm 的圆筒）内，其上放置压头，在实验机上均匀加荷至 200kN 并稳荷 5s，卸荷后称量试样质量（m_0），然后再用边长为 2.36mm 的筛进行筛分，称其筛余量（m_1），则压碎指标 δ_a 可用下式表示：

$$\delta_a = \frac{m_0 - m_1}{m_0} \times 100\% \tag{5-3}$$

第五章 混凝土

压碎指标值越大，说明骨料的强度越小。该种方法操作简便，在实际生产质量控制中应用较普遍。粗骨料的压碎指标值控制可参照表5-8选用。

碎石和卵石的压碎值指标（JGJ 52—2006） 表5-8

石类型	岩石品种	混凝土强度等级	压碎指标值(%)
碎石	沉积岩	C60～C40	≤10
		≤C35	≤16
	变质岩或深成的火成岩	C60～C40	≤12
		≤C35	≤20
	喷出的火成岩	C60～C40	≤13
		≤C35	≤30
卵石		C60～C40	≤12
		≤C35	≤16

注：沉积岩包括石灰岩、砂岩等；变质岩包括片麻岩、石英岩等；深成的火成岩包括花岗岩、正长岩、闪长岩和橄榄岩等；喷出的火成岩包括玄武岩和辉绿岩。

（2）坚固性

骨料颗粒在气候、外力及其他物理力学因素作用下抵抗碎裂的能力称为坚固性。骨料的坚固性，采用硫酸钠溶液浸泡法来检验。该种方法是将骨料颗粒在硫酸钠溶液中浸泡若干次，取出烘干后，测其在硫酸钠结晶晶体的膨胀作用下骨料的质量损失率来说明骨料的坚固性，其指标应符合表5-9的规定。

砂、碎石和卵石的坚固性指标（JGJ 52—2006） 表5-9

混凝土所处的环境条件及其性能要求	砂石类型	5次循环后的质量损失(%)
在严寒及寒冷地区室外使用，并经常处于潮湿或干湿交替状态下的混凝土。对于有抗疲劳、耐磨、抗冲击要求的混凝土。有腐蚀介质作用或经常处于水位变化区的地下结构混凝土。	砂	≤8
	碎石、卵石	≤8
其他条件下使用的混凝土	砂	≤10
	碎石、卵石	≤12

3. 针片状颗粒

骨料颗粒的理想形状应为立方体。但实际骨料产品中常会出现颗粒长度大于平均粒径2.4倍的针状颗粒和厚度小于平均粒径0.4倍的片状颗粒。针片状颗粒的外形和较低的抗折能力，会降低混凝土的密实度和强度，并使其工作性变差，故其含量应予控制，见表5-10。

针、片状颗粒含量（JGJ 52—2006） 表5-10

混凝土强度等级	≥C60	C55～C30	≤C25
针、片状颗粒含量(按质量计，%)	≤8	≤15	≤25

4. 含泥量和泥块含量

卵石、碎石的含泥量和泥块含量应符合表5-11规定。

碎石或卵石中含泥量、泥块含量（JGJ 52—2006） 表 5-11

混凝土强度等级	≥C60	C55～C30	≤C25
含泥量（按质量计，%）	≤0.5	≤1.0	≤2.0
泥块含量（按质量计，%）	≤0.2	≤0.5	≤0.7

5. 有害物质

与砂相同，卵石和碎石中不应混有草根、树叶、树枝、塑料、煤块和炉渣等杂物，且其中的有害物质：卵石中有机物、碎石或卵石中的硫化物和硫酸盐的含量应符合表 5-12 的规定。

碎石或卵石中的有害物质含量（JGJ 52—2006） 表 5-12

项　目	质　量　指　标
硫化物及硫酸盐含量（折算成 SO_3 按质量计，%）	≤1.0
卵石中的有机物含量（用比色法试验）	颜色应不深于标准色。当颜色深于标准色时，应配制成混凝土进行强度对比试验，抗压强度比不应低于 0.95

当粗细骨料中含有活性二氧化硅（如蛋白石、凝灰岩、鳞石英等岩石）时，可与水泥中的碱性氧化物 Na_2O 或 K_2O 发生化学反应，生成体积膨胀的碱-硅酸凝胶体。该种物质吸水体积膨胀，会造成硬化混凝土的严重开裂，甚至造成工程事故，这种有害作用称为碱-骨料反应。行业标准 JGJ 52—2006 规定，对于长期处于潮湿环境的重要结构混凝土，其所使用的碎石或卵石应进行碱活性检验。当判定骨料存在潜在的碱-碳酸盐反应危害时，不宜用作混凝土骨料；否则，应通过专门的混凝土试验，做最后评定。当判定骨料存在潜在碱-硅反应危害时，应控制混凝土的碱含量不超过 $3kg/m^3$，或采用能抑制碱-骨料反应的有效措施。

四、拌合用水

混凝土拌合用水按水源可分为饮用水、地表水、地下水、再生水、海水等。拌合用水所含物质对混凝土、钢筋混凝土和预应力混凝土不应产生以下有害作用：

（1）影响混凝土的工作性及凝结。

（2）有碍于混凝土强度发展。

（3）降低混凝土的耐久性，加快钢筋腐蚀及导致预应力钢筋脆断。

（4）污染混凝土表面。

根据以上要求，符合国家标准的生活用水（自来水、河水、江水、湖水）可直接拌制各种混凝土。海水只可用于拌制素混凝土（但不宜用于装饰混凝土）。混凝土拌合水应符合表 5-13 的规定。对于设计使用年限为 100 年的结构混凝土，氯离子含量不得超过 500mg/L；对于使用钢丝或经热处理钢筋的预应力混凝土，氯离子含量不得超过 350mg/L。有关指标值在限值内才可作为拌合用水。表中不溶物指过滤可除去的物质。可溶物指各种可溶性的盐、有机物以及能通过滤膜干燥后留下的其他物质。

混凝土拌合用水水质要求（JGJ 63—2006） 表 5-13

项　目	预应力混凝土	钢筋混凝土	素混凝土
pH 值	≥5.0	≥4.5	≥4.5
不溶物(mg/L)	≤2000	≤2000	≤5000
可溶物(mg/L)	≤2000	≤5000	≤10000
氯化物(以 Cl^- 计,mg/L)	≤500	≤1000	≤3500
硫化物(以 S^{2-} 计,mg/L)	≤600	≤2000	≤2700
碱含量(mg/L)	≤1500	≤1500	≤1500

注：碱含量按 $Na_2O+0.658K_2O$ 计算值来表示。采用非碱性活性骨料时，可不检验碱含量。

第三节　混凝土拌合物的技术性质

混凝土的技术性质常以混凝土拌合物和硬化混凝土分别研究。混凝土拌合物的主要技术性质是工作性。

一、混凝土拌合物的工作性

1. 工作性的概念

工作性又称和易性，是指混凝土拌合物在一定的施工条件和环境下，是否易于各种施工工序的操作，以获得均匀密实混凝土的性能。工作性在搅拌时体现为各种组成材料易于均匀混合，均匀卸出；在运输过程中体现为拌合物不离析，稀稠程度不变化；在浇筑过程中体现为易于浇筑、振实、流满模板；在硬化过程中体现为能保证水泥水化以及水泥石和骨料的良好粘结。可见混凝土的工作性应是一项综合性质。目前普遍认为，它应包括流动性、黏聚性、保水性三个方面的技术要求。

(1) 流动性

流动性是指混凝土拌合物在本身自重或机械振捣作用下产生流动，能均匀密实流满模板的性能，它反映了混凝土拌合物的稀稠程度及充满模板的能力。

(2) 黏聚性

黏聚性是指混凝土拌合物的各种组成材料在施工过程中具有一定的黏聚力，能保持成分的均匀性，在运输、浇筑、振捣、养护过程中不发生离析、分层现象。它反映了混凝土拌合物的均匀性。

(3) 保水性

保水性是指混凝土拌合物在施工过程中具有一定的保持水分的能力，不产生严重泌水的性能。保水性也可理解为水泥、砂、石子与水之间的黏聚性。保水性差的混凝土，会造成水的泌出，影响水泥的水化；会使混凝土表层疏松，同时泌水通道会形成混凝土的连通孔隙而降低其耐久性。它反映了混凝土拌合物的稳定性。

混凝土的工作性是一项由流动性、黏聚性、保水性构成的综合指标体系，各性能间有联系也有矛盾。如提高水灰比可提高流动性，但往往又会使黏聚性和保水性变差。在实际操作中，要根据具体工程特点、材料情况、施工要求及环境条件，既有所侧重，又要全面考虑。

2. 工作性的测定方法

混凝土拌合物的工作性常用的有坍落度试验法和维勃稠度测定法两种（图 5-5）。

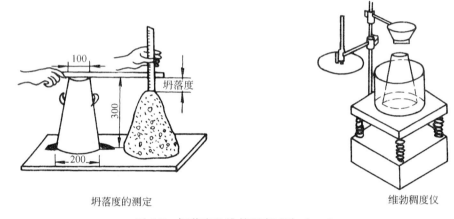

坍落度的测定　　　　　　　　维勃稠度仪

图 5-5　坍落度及维勃稠度试验（mm）

（1）坍落度试验法

坍落度法是将按规定配合比配制的混凝土拌合物按规定方法分层装填至坍落筒内，并分层用捣棒插捣密实，然后提起坍落度筒，测量筒高与坍落后混凝土试体最高点之间的高度差，即为坍落度值（以 mm 计），以 S 表示。坍落度是流动性（亦称稠度）的指标，坍落度值越大，流动性越大。

在测定坍落度的同时，观察确定黏聚性。用捣棒侧击混凝土拌合物的侧面，如其逐渐下沉，表示黏聚性良好；若混凝土拌合物发生坍塌，部分崩裂，或出现离析，则表示黏聚性不好。保水性以在混凝土拌合物中稀浆析出的程度来评定。坍落度筒提起后如有较多稀浆自底部析出，部分混凝土因失浆而骨料外露，则表示保水性不好。若坍落度筒提起后无稀浆或仅有少数稀浆自底部析出，则表示保水性好。具体操作过程，可参看书后所附的相关试验。

采用坍落度试验法测定混凝土拌合物的工作性，操作简便，故应用广泛。但该种方法的结果受操作技术的影响较大，尤其是黏聚性和保水性主要靠试验者的主观观测而定，不定量，人为因素较大。该法一般仅适用骨料最大粒径不大于 40mm，坍落度值不小于 10mm 的混凝土拌合物流动性的测定。

根据《普通混凝土配合比设计规程》（JGJ 55—2011），由坍落度的大小可将混凝土拌合物分为干硬性混凝土（$S<10$mm）、塑性混凝土（$S=10\sim 90$mm）、流动性混凝土（$S=100\sim 150$mm）和大流动性混凝土（$S\geq 160$mm）4 类。

(2) 维勃稠度试验法

该种方法主要适用于干硬性的混凝土，若采用坍落度试验，测出的坍落度值过小，不易准确说明其工作性。维勃稠度试验法是将坍落度筒置于一振动台的圆桶内，按规定方法将混凝土拌合物分层装填，然后提起坍落度筒，启动震动台。测定从起振开始至混凝土拌合物在振动作用下逐渐下沉变形直到其上部的透明圆盘的底面被水泥浆布满时的时间为维勃稠度（单位为秒）。维勃稠度值越大，说明混凝土拌合物的流动性越小。根据国家标准，该种方法适用于骨料粒径不大于40mm、维勃稠度值在5～30s间的混凝土拌合物工作性的测定。

二、影响混凝土拌合物工作性的因素

影响混凝土拌合物工作性的因素较复杂，大致分为组成材料、环境条件和时间三方面，如图5-6所示。

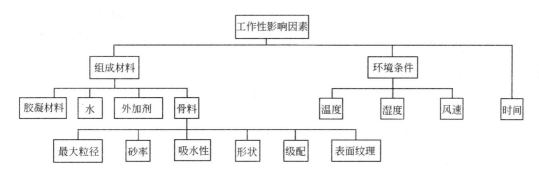

图5-6 混凝土拌合物工作性的影响因素

1. 组成材料

(1) 胶凝材料的特性

不同品种和质量的胶凝材料，其矿物组成、细度、所掺混合材料种类的不同都会影响到拌合用水量。即使拌合水量相同，所得胶凝材料浆的性质也会直接影响混凝土拌合物的工作性，如矿渣硅酸盐水泥拌合的混凝土流动性较小而保水性较差。粉煤灰硅酸盐水泥拌合的混凝土则流动性、黏聚性、保水性都较好。水泥的细度越细，在相同用水量情况下其混凝土拌合物流动性小，但黏聚性及保水性较好。矿物掺合料的特性也是影响混凝土拌合物工作性的重要因素。

(2) 用水量

在水胶比不变的前提下，用水量加大，则胶凝材料浆量增多，会使骨料表面包裹的胶凝材料浆层厚度加大，从而减小骨料间的摩擦，增加混凝土拌合物的流动性。大量试验证明，当水胶比在一定范围（0.40～0.80）内而其他条件不变时，混凝土拌合物的流动性只与单位用水量（每立方米混凝土拌合物的拌合水量）有关，这一现象称为"恒定用水量法则"，它为混凝土配合比设计中单位用水量的确定提供了一种简单的方法，即单位用水量可主要由流动性来确定。现行行业标准《普通混凝土配合比设计规程》（JGJ 55—2011）提供的混凝土用水量见表5-14。

混凝土的用水量（kg/m³）　　　　　　　　　表 5-14

拌合物稠度			卵石最大公称粒径(mm)				碎石最大公称粒径(mm)			
干硬性混凝土	项目	指标	10.0	20.0	40.0	—	16.0	20.0	40.0	—
	维勃稠度(s)	16～20	175	160	145	—	180	170	155	—
		11～15	180	165	150	—	185	175	160	—
		5～10	185	170	155	—	190	180	165	—
塑性混凝土	项目	指标	10.0	20.0	31.5	40.0	10.0	20.0	31.5	40.0
	坍落度(mm)	10～30	190	170	160	150	200	185	175	165
		35～50	200	180	170	160	210	195	185	175
		55～70	210	190	180	170	220	205	195	185
		75～90	215	195	185	175	230	215	205	195

注：1. 本表用水量系采用中砂时的取值。采用细砂时，每立方米混凝土用水量可增加 5～10kg；采用粗砂时，可减少 5～10kg；

2. 掺用矿物掺合料和外加剂时，用水量应相应调整。

（3）水胶比

水胶比即每立方米混凝土中水和胶凝材料质量之比（当胶凝材料仅有水泥时，亦称水灰比），用 $\frac{W}{B}$ 表示，水胶比的大小，代表胶凝材料浆体的稀稠程度，水胶比越大，浆体越稀软，混凝土拌合物的流动性越大，这一依存关系，在水胶比为 0.4～0.8 的范围内时，又呈现得非常不敏感，这是"恒定用水量法则"的又一体现，为混凝土配合比设计中水胶比的确定提供了一条捷径，即在确定的流动性要求下，胶水比（水胶比的倒数）与混凝土的试配强度间呈简单的线性关系。

学习活动 5-2

恒定用水量法则的实用意义

在此活动中你将通过学习资源包中对影响混凝土拌合物工作性影响因素的讲解，归纳恒定用水量法则的含义和实用意义。通过此学习活动，用以提高你在学习中引申思维，在实践中拓展应用的能力。

步骤1：学习对恒定用水量法则的讲解并结合文字教材的阐述，复述和解释恒定用水量法则两种表现形式。

步骤2：根据步骤1所获取的相关信息，阐述恒定用水量法则的有效范围及在配合比设计中可引申应用的价值。

反馈：

（1）恒定用水量法则的有效范围：W/B＝0.4～0.8。

（2）在配合比设计中引申应用的价值：为用水量的确定提供了一种简单的方法；水胶比与试配强度间的简单线性关系，得到水胶比确定的捷径。

（4）骨料性质

1）砂率

砂率是每立方米混凝土中砂和砂石总质量之比,用下式表示：

$$\beta_s = \frac{m_S}{m_S + m_G} \times 100\% \tag{5-4}$$

式中　β_s——砂率（%）；
　　　m_S——砂的质量（kg）；
　　　m_G——石子质量（kg）。

砂率的高低说明混凝土拌合物中细骨料所占比例的多少。在骨料中，细骨料越多，则骨料的总表面积就越大，吸附的胶凝材料浆也越多，同时细骨料充填于粗骨料间也会减小粗骨料间的摩擦。砂率对混凝土拌合物的工作性是主要影响因素，图 5-7 是砂率对混凝土拌合物流动性和水泥用量影响的试验曲线。

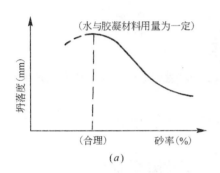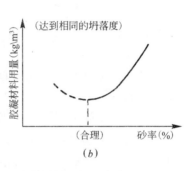

图 5-7　砂率对混凝土拌合物的流动性和胶凝材料用量的影响

在图 5-7 的（a）图中，在胶凝材料用量和水胶比不变的前提下（即胶凝材料浆量不变），曲线的右半部表示当砂率提高时，骨料的总表面积加大，骨料表面包裹的胶凝材料浆层变薄，使拌合物的坍落度变小；曲线的左半部表示，当砂率变小时，粗骨料间的砂量减小，胶凝材料浆填充粗骨料间空隙，粗骨料表面胶凝材料浆变薄，石子间的摩擦变大，也使拌合物的坍落度变小。可见，当砂率过大或过小，是影响流动性的主要因素，即粗骨料表面胶凝材料浆层的厚薄及粗骨料间的摩擦，依次变成为影响流动性的主要矛盾，都会引起流动性的变小，而曲线的最高点所对应的砂率，即在用水量和水胶比一定（即胶凝材料浆量）的前提下，能使混凝土拌合物获得最大流动性，且能保持良好黏聚性及保水性的砂率，我们称其为合理砂率。在图 5-7（b）中，依据相似的解释方法，我们可得到合理砂率的第二种定义，即在流动性不变的前提下，所需胶凝材料浆总体积为最小的砂率。合理砂率的选择，除根据流动性及胶凝材料用量的原则来考虑外，还要根据所用材料及施工条件对混凝土拌合物的黏聚性和保水性的要求而确定。如砂的细度模数较小，则应采用较小的砂率；水胶比较小，应采用较小的砂率；流动性要求较大，应采用较大砂率等。

2）骨料粒径、级配和表面状况

在用水量和水胶比不变的情况下，加大骨料粒径可提高流动性，采用细度模数较小的砂，黏聚性和保水性可明显改善。级配良好，颗粒表面光滑圆整的骨料（如卵石）所配制的混凝土流动性较大。

3) 外加剂

外加剂可改变混凝土组成材料间的作用关系,改善流动性、黏聚性和保水性。

2. 环境条件

新搅拌的混凝土的工作性在不同的施工环境条件下往往会发生变化。尤其是当前推广使用集中搅拌的商品混凝土与现场搅拌最大的不同就是要经过长距离的运输,才能到达施工面。在这个过程中,若空气湿度较小,气温较高,风速较大,混凝土的工作性就会因失水而发生较大的变化。

3. 时间

新拌制的混凝土随着时间的推移,部分拌合水挥发、被骨料吸收,同时水泥矿物会逐渐水化,进而使混凝土拌合物变稠,流动性减小,造成坍落度损失,影响混凝土的施工质量。

三、改善混凝土拌合物工作性的措施

根据上述影响混凝土拌合物工作性的因素,可采取以下相应的技术措施来改善混凝土拌合物的工作性。

(1) 在水胶比不变的前提下,适当增加胶凝材料浆的用量。

(2) 通过试验,采用合理砂率。

(3) 改善砂、石料的级配,一般情况下尽可能采用连续级配。

(4) 调整砂、石料的粒径,如为加大流动性可加大粒径,若欲提高黏聚性和保水性可减小骨料的粒径。

(5) 掺加外加剂。采用减水剂、引气剂、缓凝剂都可有效地改善混凝土拌合物的工作性。

(6) 根据具体环境条件,尽可能缩小新拌混凝土的运输时间。若不允许,可掺缓凝剂、流变剂,减少坍落度损失。

第四节　硬化混凝土的技术性质

一、混凝土的强度

混凝土的强度有抗压强度、抗拉强度、抗剪强度、疲劳强度等多种,但以抗压强度最为重要。一方面抗压是混凝土这种脆性材料最有利的受力状态,同时抗压强度也是判定混凝土质量的最主要的依据。

1. 普通混凝土受压破坏的特点

混凝土受压一般有三种破坏形式,一是骨料先破坏;二是水泥石先破坏;三是水泥

石与粗骨料的接合面发生破坏。在普通混凝土中第一种破坏形式不可能发生,因拌制普通混凝土的骨料强度一般都大于水泥石。第二种仅会发生在骨料少而水泥石过多的情况下,在一般配合比正常时也不会发生。最可能发生的受压破坏形式是第三种,即最早的破坏发生在水泥石与粗骨料的结合面上。水泥石与粗骨料的结合面由于水泥浆的泌水及水泥石的干缩存在着早期微裂缝,随着所加外荷载的逐渐加大,这些微裂缝逐渐加大、发展,并迅速进入水泥石,最终造成混凝土的整体贯通开裂。由于普通混凝土这种受压破坏特点,水泥石与粗骨料结合面的粘结强度就成为普通混凝土抗压强度的主要决定因素。

2. 混凝土的抗压强度及强度等级

(1) 立方体抗压强度

按照国家标准《普通混凝土力学性能试验方法标准》(GB/T 50081—2002)的规定,以边长为150mm的标准立方体试件,在标准养护条件(温度$20\pm2℃$,相对湿度大于95%)下养护28d进行抗压强度试验所测得的抗压强度称为混凝土的立方体抗压强度,以f_{cc}表示。

混凝土的立方体抗压强度,也可根据粗骨料的最大粒径而采用非标准试件得出的强度值得出,但必须经换算。换算系数见表5-15。当混凝土强度等级≥C60时,宜采用标准试件;使用非标准试件时,尺寸换算系数应由试验确定。

混凝土试件尺寸及强度的尺寸换算系数 (GB 50204—2011) 表5-15

试件尺寸(mm)	强度的尺寸换算系数	骨料最大粒径(mm)
100×100×100	0.95	≤31.5
150×150×150	1.00	≤40
200×200×200	1.05	≤63

注:对强度等级为C60及以上的混凝土试件,其强度的尺寸换算系数可通过试验确定。

混凝土立方体抗压强度试验,每组三个试件,应在同一盘混凝土中取样制作,三个强度值应按以下原则进行整理,得出该组试件的强度代表值:取三个试件强度的算术平均值;当一组试件中强度的最大值或最小值有一个与中间值之差超过中间值的15%时,取中间值作为该组试件的强度代表值;当一组试件中强度的最大值、最小值均与中间值之差超过中间值的15%时,该组试件的强度不应作为评定强度的依据。

(2) 轴心抗压强度

立方体抗压强度是评定混凝土强度等级的依据,而实际工程中绝大多数混凝土构件都是棱柱体或圆柱体。同样的混凝土,试件形状不同,测出的强度值会有较大差别。为与实际情况相符,结构设计中采用混凝土的轴心抗压强度作为混凝土轴心受压构件设计强度的取值依据。根据《普通混凝土力学性能试验方法标准》(GB/T 50081—2002)规定,混凝土的轴心抗压强度是采用150mm×150mm×300mm的棱柱体标准试件,在标准养护条件下所测得的28d抗压强度值,以"f_{cp}"表示。根据大量的试验资料统计,轴心抗压强度与立方体抗压强度的间的关系为:

$$f_{cp}=(0.7\sim 0.8)f_{cc} \tag{5-5}$$

(3) 立方体抗压强度标准值和强度等级

影响混凝土强度的因素非常复杂，大量的统计分析和试验研究表明，同一等级的混凝土，在龄期、生产工艺和配合比基本一致的条件下，其强度的分布（即在等间隔的不同的强度范围内，某一强度范围的试件的数量占试件总数量的比例）成正态分布，如图5-8所示。图中平均强度指该批混凝土的立方体抗压强度的平均值，若以此值作为混凝土的试验强度，则只有50%的混凝土的强度大于或等于试配强度。显然满足不了要求。为提高强度的保证率（我国规定为95%），平均强度（即试配强度）必须要提高（图5-8，图中σ为均方差，为正态分布曲线拐点处的相对强度范围，代表强度分布的不均匀性）。立方体抗压强度的标准值是指按标准试验方法测得的立方体抗压强度总体分布中的一个值，强度低于该值的百分率不超过5%（即具有95%的强度保证率）。立方体抗压强度标准值用 $f_{cu,k}$ 表示（图5-9）。

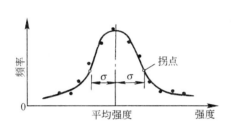 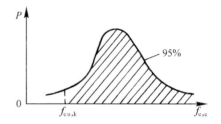

图 5-8 混凝土的强度分布　　　　　图 5-9 混凝土的立方体抗压强度标准值

为便于设计和施工选用混凝土，将混凝土按立方体抗压强度的标准值分成若干等级，即强度等级。混凝土的强度等级采用符号C与立方体抗压强度的标准值（以MPa计）表示，普通混凝土划分为C15、C20、C25、C30、C35、C40、C45、C50、C55、C60、C65、C70、C75、C80等14个等级。

如强度等级为C20的混凝土，是指 $20MPa \leqslant f_{cu,k} < 25MPa$ 的混凝土。

3. 影响混凝土强度的因素

影响混凝土强度的因素很多，大致有各组成材料的性质、配合比及施工质量几个方面，如图5-10所示。

(1) 胶凝材料强度和水胶比

由前述混凝土的破坏形式可知，混凝土的破坏主要是水泥石与粗骨料间结合面的破坏。结合面的强度越高，混凝土的强度也越高，而结合面的强度又与胶凝材料强度及水胶比有直接关系。一般情况下，若水胶比不变，则胶凝材料强度与水泥石的强度之间成正比关系，水泥石强度越高，与骨料间的粘结力越强，则最终混凝土的强度也越高。

水胶比是反映水与胶凝材料质量之比的一个参数。一般来说，水泥水化需要的水分仅占水泥质量的25%左右，但此时胶凝材料浆稠度过大，混凝土的工作性满足不了施工的要求。为满足浇筑混凝土对工作性的要求，通常需提高水胶比，这样在混凝土完全硬化后，多余的水分就挥发而形成众多的孔隙，影响混凝土的强度和耐久性。大量试验表明，随着水胶比的加大，混凝土的强度将下降。图5-11所示即普通混凝土的抗压强

第五章 混凝土

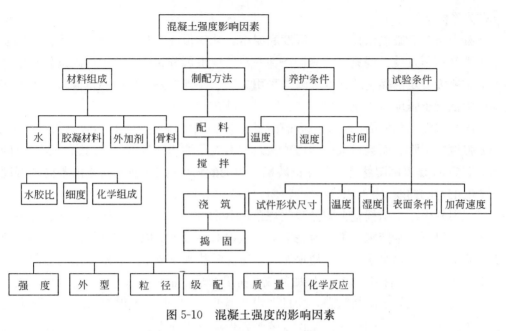

图 5-10 混凝土强度的影响因素

度与水胶比间的关系。图 5-12 所示的普通混凝土的抗压强度与胶水比间的线性关系，该种关系极易通过试验样本值用线性拟合的方法求出。

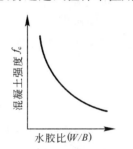

图 5-11 混凝土的抗压强度
与水胶比间的关系

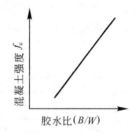

图 5-12 混凝土的抗压强度
与胶水比间的关系

混凝土的强度与胶凝材料强度和胶水比间的线性关系式，由式（5-6）表示。

$$f_{cu,o}=\alpha_a f_b \left(\frac{B}{W}-\alpha_b\right) \tag{5-6}$$

式中　$f_{cu,o}$——混凝土 28d 的立方体抗压强度；

　　　f_b——胶凝材料 28d 胶砂抗压强度，其确定方法详见第六节相关介绍。

式（5-6）中小 a、小 b 为回归系数，由实验所定。

JGJ 55-2011 给出的回归系数 α_a 和 α_b 见表 5-16。

回归系数 α_a、α_b 选用表（JGJ 55—2011）　　　表 5-16

系数 石子品种	碎 石	卵 石
α_a	0.53	0.49
α_b	0.20	0.13

(2) 养护条件

混凝土浇筑后必须保持足够的湿度和温度，才能保证胶凝材料的不断水化，以使混凝土的强度不断发展。混凝土的养护条件一般情况下可分为标准养护和同条件养护，标准养护主要为确定混凝土的强度等级时采用。同条件养护是为检验浇筑混凝土工程或预制构件中混凝土强度时采用。

为满足水泥水化的需要，浇筑后的混凝土，必须保持一定时间的湿润，过早失水，会造成强度的下降，而且形成的结构疏松，产生大量的干缩裂缝，进而影响混凝土的耐久性。图 5-13 是以潮湿状态下，养护龄期为 28d 的强度为 100%，得出的不同的湿度条件对强度的影响曲线。

按《混凝土结构工程施工质量验收规范》（GB 50240—2002）规定，浇筑完毕的混凝土应采取以下保水措施：①浇筑完毕 12h 以内对混凝土加以覆盖并保温养护。②混凝土浇水养护的时间，对采用硅酸盐水泥、普通硅酸盐水泥或矿渣硅酸盐水泥拌制的混凝土，不得少于 7d；对掺用缓凝型外加剂或有抗渗要求的混凝土，不得少于 14d。浇水次数应能保持混凝土处于湿润状态。③日平均气温低于 5℃时，不得浇水。④混凝土表面不便浇水养护时，可采用塑料布覆盖或涂刷养护剂（薄膜养护）。

水泥的水化是放热反应，维持较高的养护温度，可有效提高混凝土强度的发展速度。当温度降至 0℃ 以下时，拌合用水结冰，水泥水化将停止并受冻遭破坏作用。图 5-14 是不同养护温度对混凝土的强度发展的影响曲线。在生产预制混凝土构件时，可采用蒸汽高温养护来缩短生产周期。而在冬期现浇混凝土施工中，则需采用保温措施来维持混凝土中水泥的正常水化。

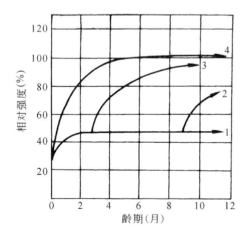

图 5-13　养护湿度条件对混凝土强度的影响
1—空气养护；2—9 个月后水中养护；
3—3 个月后水中养护；4—标准湿度条件下养护

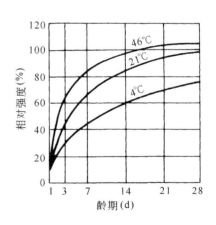

图 5-14　养护温度条件对混凝土强度的影响

(3) 龄期

在正常不变的养护条件下混凝土的强度随龄期的增长而提高，一般早期（7～14d）增长较快，以后逐渐变缓，28d 后增长更加缓慢，但可延续几年，甚至几十年之久，如

图 5-15（a）所示。

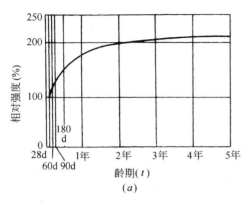
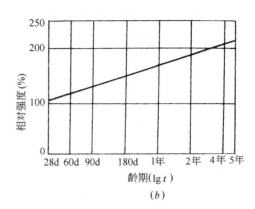

图 5-15 普通混凝土强度与龄期的变化关系

混凝土强度和龄期间的关系，对于用早期强度推算长期强度和缩短混凝土强度判定的时间具有重要的实际意义。几十年来，国内外的工程界和学者对此进行了深入的研究，取得了一些重要成果，图 5-15（b）即 D. 阿布拉姆斯提出的在潮湿养护条件下，混凝土强度与龄期（以对数表示）间的直线表达式。我国对此也有诸多的研究成果，但由于问题较复杂，至今还没有统一严格的推算公式，各地、各单位常根据具体情况采用经验公式，式（5-7）是目前采用较广泛的一种经验公式。

$$f_n = f_a \frac{\lg n}{\lg a} \tag{5-7}$$

式中　f_n——需推算龄期 n d 时的强度（MPa）；
　　　f_a——配制龄期为 a d 时的强度（MPa）；
　　　n——需推测强度的龄期（d）；
　　　a——已测强度的龄期（d）。

式（5-8）适用于标准养护条件下所测强度的龄期小于等于 3d，且为中等强度等级硅酸盐水泥所拌合的混凝土。其他测定龄期和具体条件下，仅可作为参考。

在工程实践中，通常采用同条件养护，以更准确地检验混凝土的质量。为此《混凝土结构工程质量施工质量验收规范》（GB 50204—2002）提出了同条件养护混凝土养护龄期的确定原则：

1）等效养护龄期应根据同条件养护试件强度与在标准养护条件下 28d 龄期试件强度相等的原则确定。

2）等效养护龄期可采用按日平均温度逐日累计达到 600℃·d 时所对应的龄期，0℃及以下的龄期不计入；等效养护龄期不应小于 14d，也不宜大于 60d。

(4) 施工质量

混凝土的搅拌、运输、浇筑、振捣、现场养护是一复杂的施工过程，受到各种不确定性随机因素的影响。配料的准确、振捣密实程度、拌合物的离析、现场养护条件的控制以至施工单位的技术和管理水平都会造成混凝土强度的变化。因此，必须采取严格有效的控制措施和手段，以保证混凝土的施工质量。

4. 提高混凝土强度的措施

现代混凝土的强度不断提高，C40、C50 强度等级的普通混凝土应用已很普遍，提高混凝土强度的技术措施主要有以下各点：

(1) 采用高强度等级的水泥

提高水泥的强度等级可有效增长混凝土的强度，但由于水泥强度等级的增加受到原料、生产工艺的制约，故单纯靠提高水泥强度来达到提高混凝土强度的目的，往往是不现实的，也是不经济的。

(2) 降低水胶比

这是提高混凝土强度的有效措施。混凝土拌合物的水胶比降低，可降低硬化混凝土的孔隙率，明显增加胶凝材料与骨料间的粘结力，使强度提高。但降低水胶比，会使混凝土拌合物的工作性下降。因此，必须有相应的技术措施配合，如采用机械强力振捣、掺加提高工作性的外加剂等。

(3) 湿热养护

除采用蒸气养护、蒸压养护、冬季骨料预热等技术措施外，还可利用蓄存水泥本身的水化热来提高强度的增长速度。

(4) 龄期调整

如前所述，混凝土随着龄期的延续，强度会持续上升。实践证明，混凝土的龄期在 3~6 个月时，强度较 28d 会提高 25%~50%。工程某些部位的混凝土如在 6 个月后才能满载使用，则该部位的强度等级可适当降低，以节约水泥。但具体应用时，应得到设计、管理单位的批准。

(5) 改进施工工艺

如采用机械搅拌和强力振捣，都可使混凝土拌合物在低水灰比的情况下更加均匀、密实地浇筑，从而获得更高的强度。近年来，国外研制的高速搅拌法、二次投料搅拌法及高频振捣法等新的施工工艺在国内的工程中应用，都取得了较好的效果。

(6) 掺加外加剂

掺加外加剂是提高混凝土强度的有效方法之一，减水剂和早强剂都对混凝土的强度发展起到明显的作用。尤其是在高强混凝土（强度等级大于C60）的设计中，采用高效减水剂已成为关键的技术措施。但需指出的是，早强剂只可提高混凝土的早期($\leqslant 10d$)强度，而对 28d 的强度影响不大。

二、混凝土的耐久性

混凝土是当代建筑工程及市政、水利工程最主要的结构材料，不但要有设计的强度，以满足建筑物能安全承受荷载，还应有在所处环境及使用条件下经久耐用的性能，所谓经久耐用的概念也已从几十年扩展到了上百年，甚至数百年（如大型水库、海底隧道）。这就把混凝土的耐久性提到了更重要的地位，国内外的专家一致的看法是高耐久性的混凝土是现代高性能混凝土发展的主要方向，它不但可保证建筑物、构筑物的安全、长期的使用，同时对资源的保护和环境污染的治理都有重要意义。

混凝土的耐久性主要由抗渗性、抗冻性、抗腐蚀性、抗碳化性及抗碱骨料反应等性能综合评定。每一项性能又都可从内部和外部影响因素两方面去分析。

1. 抗渗性

抗渗性是指混凝土抵抗压力水渗透的性能。它不但关系到混凝土本身的防渗性能（如地下工程、海洋工程等），还直接影响到混凝土的抗冻性、抗腐蚀性等其他耐久性指标。

混凝土渗透的主要原因是其本身内部的连接孔隙形成的渗水通道，这些通道是由于拌合水的占据作用和养护过程中的泌水造成的，同时外界环境的温度和湿度不宜也会造成水泥石的干缩裂缝，加剧混凝土的抗渗能力下降。改善混凝土抗渗性的主要技术措施是采用低水灰比的干硬性混凝土，同时加强振捣和养护，以提高密实度，减少渗水通道的形成。

混凝土的抗渗性能试验是采用圆台体或圆柱体试件（视抗渗试验设备要求而定），6个为一组，养护至28d，套装于抗渗试验仪上，从下部通压力水，以6个试件中三个试件的端面出现渗水而第四个试件未出现渗水时的最大水压力（MPa）计，称为抗渗等级。

混凝土的抗渗性除与水胶比关系密切外，还与水泥品种、骨料的级配、养护条件、采用外加剂的种类等因素有关。

2. 抗冻性

混凝土在低温受潮状态下，经长期冻融循环作用，容易受到破坏，以至影响使用功能，因此要具备一定的抗冻性。即使是温暖地区的混凝土，虽没有冰冻的影响，但长期处于干湿循环作用，一定的抗冻能力也可提高其耐久性。

影响混凝土抗冻性的因素很多。从混凝土内部来说主要因素是孔隙的多少、连通情况、孔径大小和孔隙的充水饱满程度。孔隙率越低、连通孔隙越少、毛细孔越少、孔隙的充水饱满程度越差，抗冻性越好。

从外部环境看，所经受的冻融、干湿变化越剧烈，冻害越严重。在养护阶段，水泥的水化热高，会有效提高混凝土的抗冻性。提高混凝土的抗冻性的主要措施是降低水灰比，提高密实度，同时采用合适品种的外加剂也可改善混凝土的抗冻能力。

混凝土的抗冻性可由抗冻试验得出的抗冻等级来评定。它是将养护28d的混凝土试件浸水饱和后置于冻融箱内，在标准条件下测其重量损失率不超过5%，强度损失率不超过25%时所能经受的冻融循环的最多次数。如抗冻等级为F8的混凝土，代表其所能经受的冻融循环次数为8次。不同使用环境和工程特点的混凝土，应根据要求选择相应的抗冻等级。

3. 抗腐蚀性

当混凝土所处的环境水有侵蚀性时，会对混凝土提出抗腐蚀性的要求，混凝土的抗腐蚀性取决于水泥及矿物掺合料的品种及混凝土的密实性。密实度越高、连通孔隙越少，外界的侵蚀性介质越不易侵入，故混凝土的抗腐蚀性好。水泥品种的选择可参照第四章，提高密实度主要从提高混凝土的抗渗性的措施着手。

4. 碳化

混凝土的碳化是指空气中的二氧化碳及水通过混凝土的裂隙与水泥石中的氢氧化钙反应生成碳酸钙，从而使混凝土的碱度降低的过程。

混凝土的碳化可使混凝土表面的强度适度提高，但对混凝土的有害作用却更为重要，碳化造成的碱度降低可使钢筋混凝土中的钢筋丧失碱性保护作用而发生锈蚀，锈蚀的生成物体积膨胀进一步造成混凝土的微裂。碳化还能引起混凝土的收缩，使碳化层处于受拉压力状态而开裂，降低混凝土的受拉强度。采用水化后氢氧化钙含量高的硅酸盐水泥比采用掺混合材料的硅酸盐水泥的混凝土碱度要高，碳化速度慢，抗碳化能力强。低水灰比的混凝土孔隙率低，二氧化碳不易侵入，故抗碳化能力强。此外，环境的相对湿度在50%~75%时碳化最快，相对湿度小于25%或达到饱和时，碳化会因为水分过少或水分过多堵塞了二氧化碳的通道而停止。此外，二氧化碳浓度以及养护条件也是影响混凝土碳化速度及抗碳化能力的原因。研究表明，钢筋混凝土当碳化达到钢筋位置时，钢筋发生锈蚀，其寿命终结。故对于钢筋混凝土来说，提高其抗碳化能力的措施之一就是提高保护层的厚度。

混凝土的碳化试验是将经烘烤处理后的28d龄期的混凝土试件置于碳化箱内，在标准条件下（温度20±5℃，湿度70±5℃）通入二氧化碳气，在3、4、14及28d时，取出试件，用酚酞酒精溶液作用于碳化层，测出碳化深度，然后以各龄期的平均碳化深度来评定混凝土的抗碳化能力及对钢筋的保护作用。

5. 碱骨料反应

碱骨料反应生成的碱-硅酸凝胶吸水膨胀会对混凝土造成胀裂破坏，使混凝土的耐久性严重下降。

产生碱骨料反应的原因：一是水泥中碱（Na_2O 或 K_2O）的含量较高；二是骨料中含有活性氧化硅成分；三是存在水分的作用。解决碱骨料反应的技术措施主要是选用低碱度水泥（含碱量<0.6%）；在水泥中掺活性混合材料以吸取水泥中钠、钾离子；掺加引气剂，释放碱-硅酸凝胶的膨胀压力。对于有预防混凝土碱骨料反应设计要求的工程，宜掺用适量粉煤灰或其他矿物掺合料，混凝土中最大碱含量不应大于 $3.0kg/m^3$；对于矿物掺合料的碱含量，粉煤灰碱含量可取实测值的1/6，粒化高炉矿渣粉可取实测值的1/2。

6. 混凝土耐久性的分类及基本要求

混凝土结构应根据设计使用年限和环境类别进行耐久性设计，耐久性设计包括下列内容：

（1）确定结构所处的环境类别；

（2）提出对混凝土材料的耐久性基本要求；

（3）确定构件中钢筋的混凝土保护层厚度；

（4）不同环境条件下的耐久性技术措施；

（5）提出结构使用阶段的检测与维护要求。

对于临时性的混凝土结构，可不考虑混凝土的耐久性要求。混凝土结构暴露的环境

第五章 混凝土

类别应按表 5-17 的要求划分。

混凝土结构的环境类别（GB 50010—2010）　　表 5-17

环境类别	条　件
一	室内干燥环境；无侵蚀性静水浸没环境
二 a	室内潮湿环境；非严寒和非寒冷地区的露天环境；非严寒和非寒冷地区与无侵蚀性的水或土壤直接接触的环境；严寒和寒冷地区的冰冻线以下与无侵蚀性的水或土壤直接接触的环境
二 b	干湿交替环境；水位频繁变动环境；严寒和寒冷地区的露天环境；严寒和寒冷地区冰冻线以上与无侵蚀性的水或土壤直接接触的环境
三 a	严寒和寒冷地区冬季水位变动区环境；受除冰盐影响环境；海风环境
三 b	盐渍土环境；受除冰盐作用环境；海岸环境
四	海水环境
五	受人为或自然的侵蚀性物质影响的环境

注：1. 室内潮湿环境是指构件表面经常处于结露或湿润状态的环境；
　　2. 严寒和寒冷地区的划分应符合现行国家标准《民用建筑热工设计规范》(GB 50176) 的有关规定；
　　3. 海岸环境和海风环境宜根据当地情况，考虑主导风向及结构所处迎风、背风部位等因素的影响，由调查研究和工程经验确定；
　　4. 受除冰盐影响环境是指受到除冰盐盐雾影响的环境；受除冰盐作用环境是指被除冰盐溶液溅射的环境以及使用除冰盐地区的洗车房、停车楼等建筑；
　　5. 暴露的环境是指混凝土结构表面所处的环境。

设计使用年限为 50 年的混凝土结构，其混凝土材料宜符合表 5-18 的规定。

结构混凝土材料的耐久性基本要求（GB 50010—2010）　　表 5-18

环境等级	最大水胶比	最低强度等级	最大氯离子含量(%)	最大碱含量(kg/m^3)
一	0.60	C20	0.30	不限制
二 a	0.55	C25	0.20	3.0
二 b	0.50(0.55)	C30(C25)	0.50	3.0
三 a	0.45(0.50)	C35(C30)	0.15	3.0
三 b	0.40	C40	0.10	3.0

注：1. 氯离子含量系指其占胶凝材料总量的百分比；
　　2. 预应力构件混凝土中的最大氯离子含量为 0.06%；其最低混凝土强度等级宜按表中的规定提高两个等级；
　　3. 素混凝土构件的水胶比以及最低强度等级的要求可适当放松；
　　4. 有可靠工程经验时，二类环境中的最低混凝土强度等级可降低一个等级；
　　5. 处于严寒和寒冷地区二 b、三 a 类环境中的混凝土应使用引气剂，并可采用括号中的有关参数；
　　6. 当使用非碱活性骨料时，混凝土中的碱含量可不作限制。

7. 提高混凝土耐久性的措施

混凝土的耐久性要求主要应根据工程特点、环境条件而定。工程上主要应从材料的质量、配合比设计、施工质量控制等多方面采取措施给以保证。具体的有以下几点：

（1）选择合适品种的水泥。

（2）控制混凝土的最大水胶比和最小胶凝材料用量。水灰比的大小直接影响到混凝土的密实性，而保证水泥的用量，也是提高混凝土密实性的前提条件，大量实践证明，耐久性控制的两个有效指标是最大水胶比和最小胶凝材料用量，这两项指标在国家相关规范中都有规定（详见配合比设计一节相关内容）。

（3）选用质量良好的骨料，并注意颗粒级配的改善。

近年来的国内外研究成果表明，在骨料中掺加粒径在砂和水泥之间的超细矿物粉料，可有效改善混凝土的颗粒级配，提高混凝土的耐久性。

（4）掺加外加剂。改善混凝土耐久性的外加剂有减水剂和引气剂。

（5）严格控制混凝土施工质量，保证混凝土的均匀、密实。

第五节　混凝土外加剂

在混凝土搅拌之前或拌制过程中加入的，用以改善新拌混凝土或硬化混凝土性能的材料，称为混凝土外加剂，简称外加剂。

混凝土外加剂的使用是近代混凝土技术发展的重要成果，种类繁多，虽掺量很少，但对混凝土工作性、强度、耐久性、水泥的节约都有明显的改善，常称为混凝土的第五组分。特别是高效能外加剂的使用成为现代高性能混凝土的关键技术，发展和推广使用外加剂具有重要的技术和经济意义。

一、外加剂的分类

根据国家标准《混凝土外加剂的分类、命名与术语》（GB/T 8075—2005）的规定，混凝土外加剂按其主要使用功能分为四类。

（1）改善混凝土拌合物流变性能的外加剂，包括各种减水剂和泵送剂等。

（2）调节混凝土凝结时间、硬化性能的外加剂，包括缓凝剂、促凝剂、速凝剂等。

（3）改善混凝土耐久性的外加剂，包括引气剂、阻锈剂、防水剂和矿物外加剂等。

（4）改善混凝土其他性能的外加剂，包括膨胀剂、防冻剂、着色剂等。

混凝土外加剂大部分为化工制品，还有部分为工业副产品和矿物类产品。因其掺量小、作用大，故对掺量（占水泥质量的百分比）、掺配方法和适用范围要严格按产品说明和操作规程执行。以下重点介绍几种工程中常用的外加剂。

二、减水剂

减水剂是指在保持混凝土拌合物流动性的条件下，能减少拌合水量的外加剂。按其减水作用的大小，可分为普通减水剂和高效减水剂两类。

1. 减水剂的作用效果

根据使用目的的不同，减水剂有以下几方面的作用效果：

（1）增大流动性。在原配合比不变，即水、水胶比、强度均不变的条件下，增加混凝土拌合物的流动性。

（2）提高强度。在保持流动性及胶凝材料用量不变的条件下，可减少拌合用水，使水胶比下降，从而提高混凝土的强度。

（3）节约胶凝材料。在保持强度不变，即水胶比不变以及流动性不变的条件下，可减少拌合用水，从而使胶凝材料用量减少，达到保证强度而节约水泥的目的。

（4）改善其他性质。掺加减水剂还可改善混凝土拌合物的黏聚性、保水性；提高硬化混凝土的密实度，改善耐久性；降低、延缓混凝土的水化热等。

2. 减水剂的作用机理

减水剂属于表面活性物质（日常生活中使用的洗衣粉、肥皂都是表面活性物质）。这类物质的分子分为亲水端和疏水端两部分。亲水端在水中可指向水，而疏水端则指向气体、非极性液体（油）或固态物质，可降低水-气、水-固相间的界面能，具有湿润、发泡、分散、乳化的作用，如图 5-16（a）所示。根据表面活性物质亲水端的电离特性，它可分为离子型和非离子型，又根据亲水端电离后所带的电性，分为阳离子型、阴离子型和两性型。

水泥加水拌合后，由于水泥矿物颗粒带有不同电荷，产生异性吸引或由于水泥颗粒在水中的热运动而产生吸附力，使其形成絮凝状结构（图 5-16b），把拌合用水包裹在其中，对拌合物的流动性不起作用，降低了工作性。因此在施工中就必须增加拌合水量，而水泥水化的用水量很少（水灰比仅 0.23 左右即可完成水化），多余的水分在混凝土硬化后，挥发形成较多的孔隙，从而降低了混凝土的强度和耐久性。

加入减水剂后，减水剂的疏水端定向吸附于水泥矿物颗粒的表面，亲水端朝向水溶液，形成吸附水膜。由于减水剂分子的定向排列，使水泥颗粒表面带有相同电荷，在电斥力的作用下，使水泥颗粒分散开来，由絮凝状结构变成分散状结构（图 5-16c 和 d），从而把包裹的水分释放出来，达到减水、提高流动性的目的。

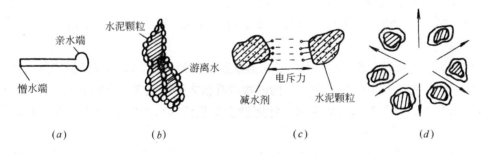

图 5-16 减水剂作用机理

(a) 减水剂分子模型；(b) 水泥浆的絮凝状结构；(c) 减水剂分子的作用；(d) 水泥浆絮凝状结构的解体

学习活动 5-3

减水剂作用的直观认知

在此活动中你将直接观察感知减水剂对混凝土拌合物工作性的影响，了解外加剂可使混凝土性能发生明显变化。通过此学习活动，可提高你对外加剂在近代混凝土应用技术发展中关键作用的认知。

步骤 1：在试验室内按一般配合比拌合够充满坍落度筒 2 次的混凝土试样，试样黏稠一些，坍落度控制在 10～20mm 左右为宜。然后准备分置的适量高效减水剂溶液和等量的净水。先按标准程序将 2 只坍落度筒同时充满混凝土拌合物，桶提起后，将高效减水剂溶液和净水分别撒浇在两个混凝土试样上。观察其发生的变化。

步骤 2：测定两个试样的坍落度，以认知减水剂增加流动性的作用效果。

反馈：

(1) 在其他条件不变的前提下，掺加该高效减水剂，可明显提高拌合混凝土的流动性。

(2) 复述并解释在流动性、水泥用量不变和保持强度不变、流动性不变的前提下，掺加减水剂可达到的技术经济效果。

3. 常用的减水剂。

常用的减水剂，按其化学成分，可分为以下几类：

(1) 木质素系减水剂 该类减水剂又称木质素磺酸盐减水剂（M 型减水剂），是提取酒精后的木浆废液，经蒸发、磺化浓缩、喷雾、干燥所制成的棕黄色粉状物。木钙是一种传统的阳离子型减水剂。常用的掺量为 0.2%～0.3%。由于其采用工业废料，成本低廉，生产工艺简单，曾在我国广泛应用。

M 型减水剂的技术经济效果为：在保持工作性不变的前提下，可减水 10%左右；在保持水灰比不变的条件下，使坍落度增大 100mm 左右；在保持水泥用量不变的情况下，提高 28d 抗压强度 10%～20%；在保持坍落度及强度不变的条件下，可节约水泥用量 10%。

M 型减水型是缓凝型减水剂，在 0.25%的掺量下可缓凝 1～3h，故可延缓水化热，但掺量过多，会造成严重缓凝，以致强度下降的后果。M 型减水剂不适宜蒸养也不利于冬期施工。

(2) 萘系减水剂 萘系减水剂属芳香族磺酸盐类缩合物，是以煤焦油中提炼的萘或萘的同系物磺酸盐与甲醛的缩合物。国内常用的该类品种很多，常用的有 UNF、FDN、NNU、MF 等，是一种高效减水剂。常用的适宜掺量为 0.2%～1.0%，是目前广泛应用的减水剂品种。

萘系减水剂的经济技术效果为：减水率 15%～20%；混凝土 28d 抗压强度可提高 20%以上；在坍落度及 28d 抗压强度不变的前提下可节约水泥用量 20%左右。

萘系减水剂大部分品种为非引气型，可用于要求早强或高强的混凝土，少数品种（MF、NNO 等型号）属引气型，适用于抗渗性、抗冻性等要求较高的混凝土。该类减水剂具有耐热性，适于蒸养。

(3) 树脂系减水剂 树脂系减水剂（亦称水溶性密胺树脂），是一种水溶性高分子树脂非引气型高效减水剂。国产的品种有 SM 减水剂等，其合适的掺量为 0.5%～2%。因其价格较高，故应用受到限制。

SM 减水剂经济技术效果极优：减水率可达 20%～27%；混凝土 1d 抗压强度可提

高30%～100%，28d抗压强度可提高30%～60%；强度不变，可节约水泥25%左右；混凝土的抗渗、抗冻等性能也明显改善。

该类减水型特别适宜配置早强、高强混凝土，泵送混凝土和蒸养预制混凝土。

按减水剂的性能特点，可分为高性能减水剂、高效减水剂和普通减水剂三类，每类中又可分为早强型、标准型和缓凝型（GB 8076—2008），各类型的代号分别为：

早强型高性能减水剂：HPWR-A；　　早强型普通减水剂：WR-A；
标准型高性能减水剂：HPWR-S；　　标准型普通减水剂：WR-S；
缓凝型高性能减水剂：HPWR-R；　　缓凝型普通减水剂：WR-R；
标准型高效减水剂：HWR-S；　　　　引气减水剂：AEWR。
缓凝型高效减水剂：HWR-R；

三、早强剂（代号Ac）

早强剂是能加速混凝土早期强度发展，但对后期强度无显著影响的外加剂。早强剂按其化学组成分为无机早强剂和有机早强剂两类。无机早强剂常用的有氯盐、碳酸盐、亚硝酸盐等，有机早强剂有尿素、乙醇、三乙醇胺等。为更好地发挥各种早强剂的技术特性，实践中常采用复合早强剂。早强剂或对水泥的水化产生催化作用，或与水泥成分发生反应生成固相产物从而有效提高混凝土的早期（<7d）强度。

1. 氯盐早强剂

氯盐早强剂包括钙、钠、钾的氯化物，其中应用最广泛的为氯化钙。

氯化钙的早强机理是可与水泥中的C_3A作用生成水化氯铝酸钙（$3CaO \cdot Al_2O_3 \cdot 3CaCl_2 \cdot 32H_2O$），同时还与水泥的水化产物$Ca(OH)_2$反应生成氧氯化钙[$CaCl_2 \cdot 3Ca(OH)_2 \cdot 12H_2O$和$CaCl_2 \cdot Ca(OH)_2 \cdot H_2O$]，以上产物都是不溶性复盐，可从水泥浆中析出，增加水泥浆中固相的比例，形成骨架，从而提高混凝土的早期强度。同时，氯化钙与$Ca(OH)_2$的反应降低了水泥的碱度，从而使C_3S水化反应更易于进行，相应地也提高了水泥的早期强度。

氯化钙的掺量为1%～2%，它可使混凝土1d的强度增长70%～100%，3d的强度提高40%～70%，7d的强度提高25%，28d的强度便无差别。氯盐早强剂还可同时降低水的冰点，因此适用于混凝土的冬期施工，可作为早强促凝抗冻剂。

在混凝土中掺加氯化钙后，可增加水泥浆中的Cl^-离子浓度，从而对钢筋造成锈蚀，进而使混凝土发生开裂，严重影响混凝土的强度及耐久性。国家标准《混凝土质量控制标准》（GB 50164—2011）中对混凝土拌合物中的水溶性氯离子含量作出了以下规定：

(1) 对素混凝土，不得超过水泥质量的1%。

(2) 对处于干燥环境的钢筋混凝土，不得超过水泥质量的3%。

(3) 对处于潮湿而不含氯离子环境或潮湿且含氯离子环境中的钢筋混凝土，应分别不超过水泥质量的0.2%或1%。

(4) 对预应力混凝土及处于除冰盐等侵蚀性物质环境中的钢筋混凝土，不得超过水泥质量的0.06%。

2. 硫酸盐早强剂

硫酸盐早强剂包括硫酸钠、硫代硫酸钠、硫酸钙等。应用最多的硫酸钠（Na_2SO_4）是缓凝型的早强剂。

硫酸钠掺入混凝土中后，会迅速与水泥水化产生的氢氧化钙反应生成高分散性的二水石膏（$CaSO_4 \cdot 2H_2O$），它比直掺的二水石膏更易与 C_3A 迅速反应生成水化硫铝酸钙的晶体，有效提高了混凝土的早期强度。

硫酸钠的掺量为 0.5%～2%，可使混凝土 3d 强度提高 20%～40%。硫酸钠常与氯化钠、亚硝酸钠、三乙醇胺、重铬酸盐等制成复合早强剂，可取得更好的早强效果。

硫酸钠对钢筋无锈蚀作用，可用于不允许使用氯盐早强剂的混凝土中。但硫酸钠与水泥水化产物 $Ca(OH)_2$ 反应后可生成 $NaOH$，与碱骨料可发生反应，故其严禁用于含有活性骨料的混凝土中。

3. 三乙醇胺复合早强剂

三乙醇胺 $[N(C_2H_4OH)_3]$ 是一种非离子型的表面活性物质，为淡黄色的油状液体。

三乙醇胺可对水泥水化起到"催化作用"，本身不参与反应，但可促进 C_3A 与石膏间生成水化硫铝酸钙的反应。三乙醇胺属碱性，对钢筋无锈蚀作用。

三乙醇胺掺量为 0.02%～0.05%，由于掺量极微，单独使用早强效果不明显，故常采用与其他外加剂组成三乙醇胺复合早强剂。国内工程实践表明，以 0.05% 三乙醇胺、1% 亚硝酸钠（$NaNO_2$）、2% 二水石膏掺配而成的复合早强剂是一种效果较好的早强剂，三乙醇胺不但直接催化水泥的水化，而且还能在其他盐类与水泥反应中起到催化作用，它可使混凝土 3d 的强度提高 50%，对后期强度也有一定提高，使混凝土的养护时间缩短近一半，常用于混凝土的快速低温施工。

四、引气剂（代号 AE）

引气剂是在混凝土搅拌过程中能引入大量均匀分布、稳定而封闭的微小气泡，且能保留在硬化混凝土中的外加剂。引气剂可减少混凝土拌合物泌水离析、改善工作性，并能显著提高硬化混凝土抗冻耐久性。引气剂自 20 世纪 30 年代在美国问世，我国在 20 世纪 50 年代后，在海港、水坝、桥梁等长期处于潮湿及严寒环境中的抗海水腐蚀要求较高的混凝土工程中应用引气剂，取得了很好的效果。引气剂是外加剂中重要的一类。引气剂的种类按化学组成可分为松香树脂类、烷基苯磺酸类、脂肪酸磺酸类等。其中，应用较为普遍的是松香树脂类中的松香热聚物和松香皂，其掺量极微，均为 0.005%～0.015%。

引气剂也是一种憎水型表面活性剂，它与减水剂类表面活性剂的最大区别在于其活性作用不是发生在液-固界面上，而是发生在液-气界面上，掺入混凝土中后，在搅拌作用下能引入大量直径在 $200\mu m$ 以下的微小气泡，吸附在骨料表面或填充于水泥硬化过程中形成的泌水通道中，这些微小气泡从混凝土搅拌一直到硬化都会稳定存在于混凝土中。在混凝土拌合物中，骨料表面的这些气泡会起到滚珠轴承的作用，减小摩擦，增大混凝土拌合物的流动性，同时气泡对水的吸附作用也使黏聚性、保水性得到改善。在硬化混凝土中，气泡填充于泌水开口孔隙中，会阻隔外界水的渗入。而气泡的弹性，则有利于释放孔隙中水结冰引起的体积膨胀，因而大大提高混凝土的抗冻性、抗渗性等耐久性指标。

掺入引气剂形成的气泡，使混凝土的有效承载面积减少，故引气剂可使混凝土的强度受到损失。同时气泡的弹性模量较小，会使混凝土的弹性变形加大。

长期处于潮湿严寒环境中的混凝土，应掺用引气剂或引气减水剂。引气剂的掺量根据混凝土的含气量要求并经试验确定。最小含气量与骨料的最大粒径有关，见表5-19，最大含气量不宜超过7%。

长期处于潮湿及严寒环境中混凝土的最小含气量（JGJ 55—2011）　　表5-19

粗骨料最大粒径(mm)	最小含气量(%)	
	潮湿或水位变动的寒冷和严寒环境	盐冻环境
40	4.5	5.0
25	5.0	5.5
20	5.5	6.0

注：含气量的百分比为体积比。

由于外加剂技术的不断发展，近年来引气剂已逐渐被引气型减水剂所代替，引气型减水剂不仅能起到引气作用，而且对强度有提高作用，还可节约水泥，因此应用范围逐渐扩大。

五、缓凝剂（代号Rc）

缓凝剂是能延长混凝土的凝结时间的外加剂。缓凝剂常用的品种有多羟基碳水化合物、木质素磺酸盐类、羟基羧酸及盐类、无机盐等4类。其中，我国常用的为木钙（木质素磺酸盐类）和糖蜜（多羟基碳水化合物类）。

缓凝剂因其在水泥及其水化物表面的吸附或与水泥矿物反应生成不溶层而延缓水泥的水化达到缓凝的效果。糖蜜的掺量为0.1%~0.3%，可缓凝2~4h。木钙既是减水剂又是缓凝剂，其掺量0.1%~0.3%，当掺量为0.25%时，可缓凝2~4h。羟基羧酸及其盐类，如柠檬酸或酒石酸钾钠等，当掺量为0.03%~0.1%时，凝结时间可达8~19h。

缓凝剂有延缓混凝土的凝结、保持工作性、延长放热时间、消除或减少裂缝以及减水增强等多种功能，对钢筋也无锈蚀作用，适于高温季节施工和泵送混凝土、滑模混凝土以及大体积混凝土的施工或远距离运输的商品混凝土。但缓凝剂不宜用于日最低气温在5℃以下施工的混凝土，也不宜单独用于有早强要求的混凝土或蒸养混凝土。

六、矿物掺合料

矿物掺合料亦称矿物外加剂，是在混凝土搅拌过程中加入具有一定细度和活性的用于改善新拌和硬化混凝土性能（特别是混凝土耐久性）的某些矿物类的产品。矿物外加剂与水泥混合材料的最大不同点是具有更高的细度（比表面积为350~15000m^2/kg）。

矿物掺合料分为磨细矿渣、磨细粉煤灰、磨细天然沸石、硅灰四类。

磨细矿渣是粒状高炉渣经干燥、粉磨等工艺达到规定细度的产品。粉磨时可添加适量的石膏和水泥粉磨用工艺外加剂。

磨细粉煤灰是干燥的粉煤灰经粉磨达到规定细度的产品。粉磨时可添加适量的水泥粉磨用工艺外加剂。

磨细天然沸石是以一定品位纯度的天然沸石为原料，经粉磨至规定细度的产品。粉磨时可添加适量的水泥粉磨用工艺外加剂。

硅灰是在冶炼硅铁合金或工业硅时，通过烟道排出的硅蒸气氧化后，经收尘器收集得到的以无定形二氧化硅为主要成分的产品。

矿物掺合料是一种辅助胶凝材料，特别在近代高强、高性能混凝土中是一种有效的、不可或缺的主要组分材料。其主要用途是：掺入水泥作为特殊混合材料；作为建筑砂浆的辅助胶凝材料；作为混凝土的辅助胶凝材料；用作建筑功能性（保温、调湿、电磁屏蔽等）外加剂。

1. 矿物掺合料特性与作用机理

(1) 改善硬化混凝土力学性能

矿物掺合料对硬化混凝土力学性能的改善作用主要表现为复合胶凝效应（化学作用）和微集料效应（物理作用）。

复合胶凝效应主要是由于水泥的二次水化作用促进矿物掺合料通过诱导激活、表面微晶化和界面耦合等效应，形成水化、胶凝、硬化的作用。微集料效应则体现为其一，磨细矿物粒径微小（10μm左右），可有效填充水泥颗粒间隙，对混凝土粗集料、细集料和水泥颗粒间形成的逐级填充起到了明显的补充和加强；其二，矿物掺合料颗粒的形状和表面粗糙度对紧密填充及界面粘结强度也起到加强效应。

上述化学和二方面物理的综合作用，使掺矿物掺合料的混凝土具有致密的结构和优良的界面粘结性能，表现出良好的物理力学性能。在改善混凝土性能的前提下，矿物掺合料可等量替代水泥30%～50%配制混凝土，大幅度降低了水泥用量。

(2) 改善拌合混凝土和易性

矿物掺合料可显著降低水泥浆屈服应力，因此可改善拌合混凝土的和易性。矿物掺合料是经超细粉磨工艺制成的，颗粒形貌比较接近鹅卵石。它在新拌水泥浆中具有轴承效果，可增大水泥浆的流动性，还可有效地控制混凝土的坍落度损失。

矿物掺合料剂的比表面积为 $350\sim1500m^2/kg$，由于大比表面积颗粒对水的吸附，起到了保水作用，不但进一步抑制了混凝土坍落度损失，且减弱了泌水性，从而使黏聚性明显改善。

(3) 改善混凝土耐久性

由于掺矿物掺合料的混凝土可形成比较致密的结构，且显著改善了新拌混凝土的泌水性，避免形成连通的毛细孔，因此可改善混凝土的抗渗性。同理，由于水泥石结构致密，二氧化碳难以侵入混凝土内部，所以，矿物掺合料混凝土也具有优良的抗碳化性能。

第五章 混凝土

2. 矿物掺合料的技术要求

矿物掺合料的技术要求应符合表 5-20 的规定。

矿物掺合料的技术要求（GB/T 18736—2002）　　表 5-20

试验项目			指　标						
			磨细矿渣			磨细粉煤灰Ⅰ		磨细天然沸石	硅灰
			Ⅰ	Ⅱ	Ⅲ	Ⅰ	Ⅱ	Ⅰ	Ⅱ	
化学性能	MgO/%	≤	14			—	—	—	—	—
	SO_3/%	≤	4			3		—	—	—
	烧失量/%	≤	6			5	8	—	—	6
	Cl/%	≤	0.02			0.02		0.02		0.02
	SiO_2/%	≥	—			—		—		85
	收吸值/mmol/100g	≥	—			—		130	100	—
物理性能	比表面积/m^2/kg	≥	750	550	350	600	400	700	500	15000
	含水量/%	≤	1.0			1.0		—		3.0
胶砂性能	需水量比/%	≤	100			95	105	110	115	125
	活性指数	3d/%	≥	85	70	55	—	—	—	—	—
		7d/%	≥	100	85	75	80	75	—	—	—
		28d/%	≥	115	105	100	90	85	90	85	85

各种矿物掺合料均应测定其总碱量，根据工程要求，由供需双方商定供货指标。

矿物掺合料在混凝土中的掺量应通过试验确定。钢筋混凝土中矿物掺合料最大掺量宜符合表 5-21 的规定；预应力钢筋混凝土中矿物掺合料最大掺量宜符合表 5-22 的规定。

钢筋混凝土中矿物掺合料最大掺量（JGJ 55—2011）　　表 5-21

矿物掺合料种类	水胶比	最大掺量(%)	
		硅酸盐水泥	普通盐水泥
粉煤灰	≤0.40	45	35
	>0.40	40	30
粒化高炉矿渣粉	≤0.40	65	55
	>0.40	55	45
钢渣粉	—	30	20
磷渣粉	—	30	20
硅灰	—	10	10
复合掺合料	≤0.40	65	55
	≤0.40	55	45

注：1. 采用硅酸盐水泥和普通硅酸盐水泥之外的通用硅酸盐水泥时，混凝土中水泥混合材和矿物掺合料用量之和应不大于按普通硅酸盐水泥用量 20% 计算混合材和矿物掺合料用量之和；
2. 对基础大体积混凝土，粉煤灰、粒化高炉矿渣粉和复合掺合料的最大掺量可增加 5%；
3. 复合掺合料中各组分的掺量不宜超过任一组分单掺时的最大掺量。

预应力钢筋混凝土中矿物掺合料最大掺量（JGJ 55—2011）　　　表 5-22

矿物掺合料种类	水胶比	最大掺量(%)	
		硅酸盐水泥	普通硅酸盐水泥
粉煤灰	≤0.40	35	30
	>0.40	25	20
粒化高炉矿渣粉	≤0.40	55	45
	>4.0	45	35
钢渣粉	—	20	10
磷渣粉	—	20	10
硅灰	—	10	10
复合掺合料	≤0.40	55	45
	>0.40	45	35

3. 矿物掺合料的等级、代号和标记

依据性能指标将磨细矿渣分为三级，磨细粉煤灰和磨细天然沸石分为两级。

矿物掺合料用代号 MA 表示。各类矿物外加剂用不同代号表示：磨细矿渣 S，磨细粉煤灰 F，磨细天然沸石 Z，硅灰 SF。

矿物掺合料的标记依次为：矿物掺合料—分类—等级—标准号。

如：Ⅱ级磨细矿渣，标记为"MASII GB/T 18736—2002"。

4. 矿物掺合料的包装、标志、运输及贮存

矿物掺合料可以袋装或散装。袋装每袋净质量不得少于标志质量的98%，随机抽取20袋，其总质量不得少于标志质量的20倍。包装应符合国标 GB 9774 的规定，散装由供需双方商量确定，但有关散装质量的要求必须符合上述原则规定。

所有包装容器均应在明显位置注明以下内容：执行的国家标准号、产品名称、等级、净质量或体积、生产厂名、生产日期及出厂编号应于产品合格证上予以注明。

运输过程中应防止淋湿及包装破损，或混入其他产品。

在正常的运输、贮存条件下，矿物掺合料的储存期从产品生产之日起计算为半年。矿物掺合料应分类、分等级贮存在仓库或储仓中，不得露天堆放，以易于识别，便于检查和提货为原则。储存时间超过储存期的产品，应予复验，检验合格后才能出库使用。

七、其他品种的外加剂

1. 膨胀剂

膨胀剂是能使混凝土在硬化过程中产生一定的体积膨胀的外加剂。膨胀剂可补偿混凝土的收缩，使抗裂性、抗渗性提高，掺量较大时可在钢筋混凝土中产生自应力。膨胀剂常用的品种有硫铝酸钙类（如明矾石膨胀剂）、氧化镁类（如氧化镁膨胀剂）、复合类（如氧化钙—硫铝酸钙膨胀剂）等。膨胀剂主要应用于屋面刚性防水、地下防水、基础

后浇缝、堵漏、底座灌浆、梁柱接头及自应力混凝土。

2. 速凝剂

速凝剂是使混凝土能迅速凝结硬化的外加剂。速凝剂与水泥和水拌合后立即反应，使水泥中的石膏失去缓凝作用，促成 C_3A 迅速水化，并在溶液中析出其化合物，导致水泥迅速凝结。国产速凝剂"711"和"782"型，当其掺量为 2.5%～4.0% 时，可使水泥在 5min 内初凝，10min 内终凝，并能提高早期强度，虽然 28d 强度比不掺速凝剂时有所降低，但可长期保持稳定值不再下降。速凝剂主要用于道路、隧道、机场的修补、抢修工程以及喷锚支护时的喷射混凝土施工。

3. 防冻剂

防冻剂是指能使混凝土在负温下硬化，并在规定养护条件下达到预期性能的外加剂。防冻剂常由防冻组分、早强组分、减水组分和引气组分组成，形成复合防冻剂。其中防冻组分有以下几种：亚硝酸钠和亚硝酸钙（兼有早强，阻锈功能），掺量 1%～8%；氯化钙和氯化钠，掺量为 0.5%～1.0%；尿素，掺量不大于 4%；碳酸钾，掺量不大于 10%。某些防冻剂（如尿素）掺量过多时，混凝土会缓慢向外释放对人产生刺激的气体，如氨气等，使竣工后的建筑室内有害气体含量超标。对于此类防冻剂要严格控制其掺量，并要依有关规定进行检测。

4. 加气剂

加气剂是指在混凝土制备过程中，因发生化学反应，放出气体，使硬化混凝土中形成大量均匀分布气孔的外加剂。加气剂有铝粉、双氧水、碳化钙、漂白粉等。铝粉可与水泥水化产物 $Ca(OH)_2$ 发生反应，产生氢气，使混凝土体积剧烈膨胀，形成大量气孔，虽使混凝土强度明显降低，但可显著提高混凝土的保温隔热性能。加气剂（铝粉）的掺量为 0.005%～0.02%，在工程上主要用于生产加气混凝土和堵塞建筑物的缝隙。加气剂与水泥作用强烈，一般应随拌随用，以免降低使用效果。

八、外加剂使用的注意事项

外加剂掺量虽小，但可对混凝土的性质和功能产生显著影响，在具体应用时要严格按产品说明操作，稍有不慎，便会造成事故，故在使用时应注意以下事项：

1. 对产品质量严格检验

外加剂常为化工产品，应采用正式厂家的产品。粉状外加剂应用有塑料衬里的编织袋包装，每袋 20～25kg，液体外加剂应采用塑料桶或有塑料袋内衬的金属桶。包装容器上应注明有：产品名称、型号、净重或体积（包括含量或浓度）、推荐掺量范围、毒性、腐蚀性、易燃性状况、生产厂家、生产日期、有效期及出厂编号等。

2. 对外加剂品种的选择

外加剂品种繁多，性能各异，有的能混用，有的严禁互相混用，如不注意可能会发生严重事故。选择外加剂应依据现场材料条件、工程特点、环境情况，根据产品说明及有关规定［如《混凝土外加剂应用技术规范》（GB 50119）及国家有关环境保护的规定］进行品种的选择。有条件的应在正式使用前进行试验检验。

3. 外加剂掺量的选择

大多数化学外加剂用量微小，有的掺量才几万分之一，而且推荐的掺量往往是在某一范围内。外加剂的掺量和水泥品种、环境温湿度、搅拌条件等都有关。掺量的微小变化对混凝土的性质会产生明显影响，掺量过小，作用不显著；掺量过大，有时会物极必反起反作用，酿成事故。故在大批量使用前要通过基准混凝土（不掺加外加剂的混凝土）与试验混凝土的试验对比，取得实际性能指标的对比后，再确定应采用的掺量。

4. 外加剂的掺入方法

外加剂不论是粉状还是液态状，为保持作用的均匀性，一般不能采用直接倒入搅拌机的方法。合适的掺入方法应该是：可溶解的粉状外加剂或液态状外加剂，应预先配成适宜浓度的溶液，再按所需掺量加入拌合水中，与拌合水一起加入搅拌机内；不可溶解的粉状外加剂，应预先称量好，再与适量的水泥、砂拌合均匀，然后倒入搅拌机中。外加剂倒入搅拌机内，要控制好搅拌时间，以满足混合均匀、时间又在允许范围内的要求。

第六节 普通混凝土的配合比设计

普通混凝土的配合比是指混凝土的各组成材料之间的比例关系，可采用质量比亦可采用体积比，我国目前采用的是质量比。普通混凝土的基本组成材料主要包括水泥、粗骨料、细骨料和水，随着混凝土技术的发展，外加剂和矿物掺合料的应用日益普遍，因此，其掺量也是混凝土配合比设计时需选定的。水泥和矿物掺合料合称为胶凝材料，因此普通混凝土也可表述为由胶凝材料、粗骨料、细骨料、外加剂和水组成。

混凝土的配合比一般有两种表示方法，一是用 $1m^3$ 混凝土中水泥、矿物掺合料、水、粗骨料、粗骨料的实际用量（kg），按顺序表达，如水泥 200kg、矿物掺合料 100kg、水 182kg、砂 680kg、石子 1310kg；另一种是以水泥的质量为 1，矿物掺合料、砂、石依次以相对质量比及水胶比表达，如前例可表示为 1：0.5：2.26：4.37，$\frac{W}{B}=0.6$。

一、混凝土配合比设计的步骤

混凝土的配合比设计是一个计算、试配、调整的复杂过程，大致可分为计算配合比、基准配合比（亦称试拌配合比）、实验室配合比、施工配合比四个设计阶段。如图

5-17 所示。计算配合比主要是依据设计的基本条件，参照理论和大量试验提供的参数进行计算，得到基本满足强度和耐久性要求的配合比；基准配合比是在初步计算配合比的基础上，通过试配、检测，进行工作性的调整，对配合比进行修正；实验室配合比是通过对水胶比的微量调整，在满足设计强度的前提下，确定一水泥用量最节约的方案，从而进一步调整配合比；而施工配合比是考虑实际砂、石的含水对配合比的影响，对配合比最后的修正，是实际应用的配合比。总之，配合比设计的过程是一个逐步满足混凝土的强度、工作性、耐久性、节约水泥等设计目标的过程。

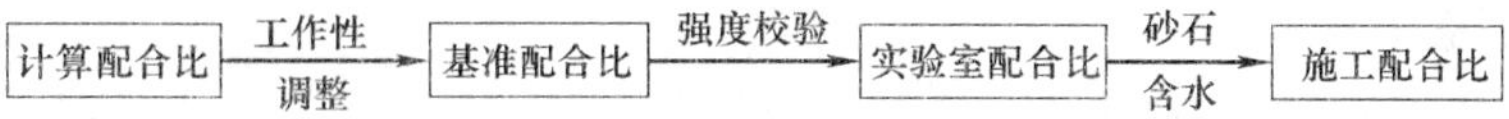

计算配合比 —工作性调整→ 基准配合比 —强度校验→ 实验室配合比 —砂石含水→ 施工配合比

图 5-17　混凝土配合比设计的过程

二、混凝土配合比设计的基本资料

在进行混凝土的配合比设计前，需确定和了解的基本资料，即设计的前提条件，主要有以下几个方面。

（1）混凝土设计强度等级和强度的标准差。

（2）材料的基本情况：包括水泥品种、强度等级、实际强度、密度；矿物掺合料的品种、密度；砂的种类、表观密度、细度模数、含水率；石子种类、表观密度、含水率；是否掺外加剂，外加剂种类。

（3）混凝土的工作性要求，如坍落度指标。

（4）与耐久性有关的环境条件：如冻融状况、地下水情况等。

（5）工程特点及施工工艺：如构件几何尺寸、钢筋的疏密、浇筑振捣的方法等。

三、混凝土配合比设计基本参数的确定

混凝土的配合比设计，实际上就是单位体积混凝土拌合物中水、胶凝材料，粗骨料（石子）、细骨料（砂）和外加剂等各种材料用量的确定。简洁、明确地反映与混凝土性质间关系的是各种组成材料间关系的三个基本参数，即水和胶凝材料之间的比例：水胶比；砂和石子间的比例：砂率；以及骨料与胶凝材料浆之间的比例：用水量。这三个基本参数一旦确定，混凝土的配合比也就基本确定了。

水胶比的确定主要取决于混凝土的强度和耐久性。从强度角度看，水胶比应小些，水胶比可根据混凝土的强度公式（5-6）来确定。从耐久性角度看，水胶比小些，胶凝材料用量多些，混凝土的密度就高，耐久性则优良，这可通过控制水胶比和最小胶凝材料用量的来满足（表 5-23）。由强度和耐久性分别决定的水胶比往往是不同的，此时应取较小值。但当强度和耐久性都已满足的前提下，水胶比应取较大值，以获得较高的流动性。

混凝土的最小胶凝材料用量（JGJ 55—2011）   表 5-23

最大水胶比	最小胶凝材料用量(kg/m³)		
	素混凝土	钢筋混凝土	预应力混凝土
0.60	250	280	300
0.55	280	300	300
0.50	320		
≤0.45	330		

注：配制 C15 及其以下强度等级的混凝土，可不受表 5-23 的限制。

砂率主要应从满足工作性和节约水泥两个方面考虑。在水胶比和水泥用量（即水泥浆量）不变的前提下，砂率应取坍落度最大，而粘聚性和保水性又好的砂率即合理砂率，这可由表 5-24 初步决定，经试拌调整而定。在工作性满足的情况下，砂率尽可能取小值以达到节约水泥的目的。

用水量在水胶比和胶凝材料用量（及比例）不变的情况下，实际反映的是胶凝材料浆量与骨料用量之间的比例关系。胶凝材料浆量要满足包裹粗、细骨料表面并保持足够流动性的要求，但用水量过大，会降低混凝土的耐久性。根据拌合物的稠度、粗骨料的品种、最大粒径，用水量可通过表 5-14 确定。

混凝土的砂率（%）（JGJ 55—2011）   表 5-24

水胶比 (W/B)	卵石最大公称粒径(mm)			碎石最大公称粒径(mm)		
	10	20	40	16	20	40
0.40	26-32	25-31	24-30	30-35	29-34	27-32
0.50	30-35	29-34	28-33	33-38	32-37	30-35
0.60	33-38	32-37	31-36	36-41	35-40	33-38
0.70	36-41	35-40	34-39	39-44	38-43	36-41

注：1. 本表数值系中砂的选用砂率，对细砂或粗砂，可相应地减少或增大砂率；
2. 采用人工砂配制混凝土时，砂率可适当增大；
3. 只用一个单粒级粗骨料配制混凝土时，砂率应适当增大。

混凝土配合比的三个基本参数的确定原则可由图 5-18 表达。

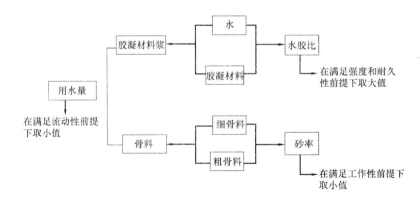

图 5-18　混凝土配合比设计的三个基本参数及确定原则

第五章 混凝土

四、混凝土配合比设计的步骤

（一）初步计算配合比

1. 混凝土配制强度的确定

当混凝土的设计强度等级小于 C60 时，配制强度应按式（5-8）确定：

$$f_{cu,0} = f_{cu,k} + 1.645\sigma \tag{5-8}$$

当设计强度等级不小于 C60 时，配制强度应按式（5-9）确定：

$$f_{cu,0} = 1.15 f_{cu,k} \tag{5-9}$$

式中 $f_{cu,0}$——混凝土配制强度（MPa）；

$f_{cu,k}$——混凝土立方体抗压强度标准值（MPa）。即混凝土的设计强度等级；

σ——混凝土强度标准差（MPa）。按以下规定确定：

可根据同类混凝土的强度资料确定（详见第七节，混凝土强度的检验评定）。

对于强度等级不大于 C30 的混凝土，当混凝土强度标准差计算值不小于 3.0MPa 时，应按式（5-26）计算结果取值，当混凝土强度标准差计算值小于 3.0MPa 时，应取 3.0MPa。

对于强度等级大于 C30 且小于 C60 的混凝土，当混凝土强度标准差计算值不小于 4.0MPa 时，应按式（5-26）计算结果取值；当混凝土强度标准差计算值小于 4.0MPa 时，应取 4.0MPa。

当没有近期的同一品种、同一强度等级混凝土强度资料时，其强度标准差 σ 可按表 5-25 取值。

标准差 σ 值（MPa）（JGJ 55—2011）　　表 5-25

混凝土标准差	≤C20	C25～C45	C50～C55
Σ	4.0	5.0	6.0

2. 确定水胶比 W/B

当混凝土强度等级小于 C60 时，混凝土水胶比宜按式（5-10）计算：

$$\frac{W}{B} = \frac{\alpha_a f_b}{f_{cu,0} + \alpha_a \alpha_b f_b} \tag{5-10}$$

式中 α_a、α_b——回归系数，根据工程所使用的原材料，通过试验建立的水胶比与混凝土强度关系式来确定；当不具备试验统计资料时，回归系数可取：碎石：$\alpha_a = 0.53$，$\alpha_b = 0.20$；卵石：$\alpha_a = 0.49$，$\alpha_b = 0.13$。

$f_{cu,0}$——混凝土的试配强度（MPa）。

f_b——胶凝材料 28d 胶砂抗压强度（MPa），可实测，且试验方法应按现行国家标准《水泥胶砂强度检验方法（ISO 法）》GB/T 17671 执行，当无实测值时，可按式（5-11）确定：

$$f_b = r_f r_s f_{ce} \tag{5-11}$$

式中 r_f、r_s——粉煤灰影响系数和粒化高炉矿渣粉影响系数。可按表 5-26 确定；

f_{ce}——水泥 28d 胶砂抗压强度（MPa），可实测；当水泥 28d 胶砂抗压强度无实测值时，可按式（5-12）计算：

$$f_{ce} = r_c \cdot f_{ce,g} \tag{5-12}$$

式中 r_c——水泥强度等级值的富余系数，可按实际统计资料确定；缺乏实际统计资料时，可按水泥强度等级值为 32.5、42.5、52.5 时分别取值 1.12、1.16、1.10。

$f_{ce,g}$——水泥强度等级值（MPa）。

由上式计算出的水胶比应符合表 5-18 中规定的最大水胶比。若计算而得的水胶比大于最大水胶比，则取最大水胶比，以保证混凝土的耐久性。

3. 确定用水量 m_{wo} 和外加剂用量

混凝土水胶比在 0.40～0.80 范围时，每立方米干硬性或塑性混凝土的用水量（m_{wo}）应按施工要求的混凝土拌合物的坍落度及所用骨料的种类和最大粒径由表 5-14 查得；混凝土水胶比小于 0.40 时，可通过试验确定。

掺外加剂时，每立方米流动性或大流动性混凝土的用水量（m_{wo}）可按式（5-13）计算：

$$m_{wo} = m'_{wo}(1-\beta) \tag{5-13}$$

式中 m_{wo}——掺外加剂时每立方米混凝土的用水量（kg/m³）；

m'_{wo}——未掺外加剂时推定的满足实际坍落度要求的每立方米混凝土用水量（kg/m³），以表 5-14 中 90mm 坍落度的用水量为基础，按每增失 20mm 坍落度相应增加 5kg/m³ 用水量来计算，当坍落度增大到 180mm 以上时，随坍落度相应增加的用水量可减少；

β——外加剂的减水率（%），应经混凝土试验确定。

粉煤灰影响系数（r_f）和粒化高炉矿渣粉影响系数（r_s）（JGJ 55—2011） 表 5-26

掺量(%) \ 种类	粉煤灰影响系数(r_f)	粒化高炉矿渣粉影响系数(r_s)
0	1.00	1.00
10	0.85～0.95	1.00
20	0.75～0.85	0.95～1.00
30	0.65～0.75	0.90～1.00
40	0.55～0.65	0.80～0.90
50	—	0.70～0.85

注：1. 采用Ⅰ级、Ⅱ级粉煤灰宜取上限值；
2. 采用 S75 级粒化高炉矿渣粉宜取下限值。采用 S95 级粒化高炉矿渣粉宜取上限值。采用 S105 级粒化高炉矿渣粉可取上限值加 0.05。
3. 当超出表中的掺量时，粉煤灰影响系数和粒化高炉矿渣粉影响系数应经试验确定。

每立方米混凝土中外加剂用量（m_{a0}）应按式（5-14）计算：

$$m_{a0} = m_{b0}\beta_a \tag{5-14}$$

式中 m_{a0}——计算配合比每立方米混凝土中外加剂用量（kg/m³）；

m_{b0}——计算配合比每立方米混凝土中胶凝材料用量（kg/m³），计算应符合胶凝材料用量的规定；

β_a——外加剂掺量（%），应经混凝土试验确定。

4. 胶凝材料、矿物掺合料和水泥用量

由已求得的水胶比 W/B 和用水量 m_{w0} 可计算出胶凝材料用量 m_{b0}（式 5-15），并应进行试拌调整，在拌合物性能满足的情况下，取经济合理的胶凝材料用量。

$$m_{b0}=\frac{m_{w0}}{W/B} \tag{5-15}$$

式中 m_{b0}——计算配合比每立方米混凝土中胶凝材料用量（kg/m³）；

m_{w0}——计算配合比每立方米混凝土的用水量（kg/m³）；

W/B——混凝土水胶比。

由上式计算出的胶凝材料用量应大于表 5-23 中规定的最小胶凝材料用量。若计算而得的水泥用量小于最小胶凝材料用量时，应选取最小水泥用量。以保证混凝土的耐久性。

每立方米混凝土的矿物掺合料用量（m_{f0}）应按式（5-16）计算：

$$m_{f0}=m_{b0}\beta_f \tag{5-16}$$

式中 m_{b0}——计算配合比每立方米混凝土中矿物掺合料用量（kg/m³）；

β_f——矿物掺合料掺量（%），矿物掺合料掺量应通过试验确定。采用硅酸盐水泥或普通硅酸盐水泥时，钢筋混凝土、预应力钢筋混凝土中最大矿物掺合料掺量应符合表 5-21、表 5-22 的规定。对基础大体积混凝土、粉煤灰、粒化高炉矿渣粉和复合掺合料的最大掺量可增加 5%。采用掺量大于 30% 的 C 类粉煤灰的混凝土应以实际使用的水泥和粉煤灰掺量进行安定性检验。

每立方米混凝土的水泥用量（m_{c0}）应按式（5-17）计算：

$$m_{c0}=m_{b0}-m_{f0} \tag{5-17}$$

式中

m_{c0}——计算配合比每立方米混凝土中水泥用量（kg/m³）。

5. 确定砂率 β_s

砂率应根据骨料的技术指标、混凝土拌合物性能和施工要求，参考既有历史资料确定。

如缺乏历史资料，则坍落度小于 10mm 的混凝土，其砂率应经试验确定；坍落度为 10～60mm 的混凝土的砂率可根据粗骨料品种、最大公称粒径及水胶比按表 5-24 选取；坍落度大于 60mm 的混凝土的砂率，可经试验确定，也可在表 5-24 的基础上，按坍落度每增大 20mm，砂率增大 1% 的幅度予以调整。

6. 计算砂、石用量 m_{s0}、m_{g0}

为求出砂和石子用量 m_{s0}、m_{g0}，可建立关于 m_{s0} 和 m_{g0} 的二元方程组。其中一个根

据砂率 β_s 的表达式建立，另一个根据以下两种假定建立：

(1) 体积法

该种方法假定混凝土拌合物的体积等于各组成材料的体积与拌合物中所含空气的体积之和。如取混凝土拌合物的体积为 $1m^3$，则可得以下关于 m_{so}，m_{go} 的二元方程组（式 5-18）。

$$\frac{m_{c0}}{\rho_c}+\frac{m_{f0}}{\rho_f}+\frac{m_{g0}}{\rho'_g}+\frac{m_{s0}}{\rho'_s}+\frac{m_{w0}}{\rho_w}+0.01\alpha=1$$

$$\beta_S=\frac{m_{so}}{m_{so}+m_{go}}\times 100\% \tag{5-18}$$

式中　ρ_c——水泥的密度（kg/m^3），可取 $2900\sim 3100kg/m^3$；

ρ_f——矿物掺合料的密度（kg/m^3）；

ρ'_g——粗骨料（石子）的表观密度（kg/m^3）；

ρ'_s——细骨料（砂）的表观密度（kg/m^3）；

ρ_w——水的密度（kg/m^3），可取 $1000kg/m^3$；

α——混凝土的含气量百分数，在不使用引气剂或引气型外加剂时，α 可取 1。

(2) 质量法

该种方法假定 $1m^3$ 混凝土拌合物质量，等于其各种组成材料质量之和，据此可得以下方程（式 5-19）。

$$m_{co}+m_{fo}+m_{go}+m_{so}+m_{wo}=m_{cp}$$

$$\beta_s=\frac{m_{so}}{m_{so}+m_{go}}\times 100\% \tag{5-19}$$

式中　m_{co}、m_{fo}、m_{so}、m_{go}、m_{wo}——每立方米混凝土中的水泥、矿物掺合料、细骨料（砂）、粗骨料（石子）、水的质量（kg）。

m_{cp}——每立方米混凝土拌合物的假定质量，可根据实际经验在 $2350\sim 2450kg$ 间选取。

解由以上关于 m_{go} 和 m_{so} 的二元方程组，可解出 m_{go} 和 m_{so}。

则混凝土的计算配合比（初步满足强度和耐久性要求）为 $m_{co}:m_{fo}:m_{wo}:m_{so}:m_{go}$。

(二) 基准配合比

按计算配合比进行混凝土配合比的试配和调整。试拌时，混凝土的搅拌量可按表 5-27 选取。当采用机械搅拌时，其搅拌量不应小于搅拌机公称容量的 1/4。

混凝土试配的最小搅拌量（JGJ 55—2011） 表 5-27

粗骨料最大公称粒径(mm)	拌合物数量(L)
≤31.5	20
40	25

试拌后立即测定混凝土的工作性。当试拌得出的拌合物坍落度比要求值小时，应在水胶比不变前提下，增加用水量（同时增加水泥和矿物掺合料的用量）；当比要求值大

时，应在砂率不变的前提下，增加砂、石用量；当粘聚性、保水性差时，可适当加大砂率。调整时，应即时记录调整后的各材料用量（m_{cb}，m_{fb}，m_{wb}，m_{sb}，m_{gb}），并实测调整后混凝土拌合物的表观密度为 ρ_{oh}（kg/m^3）。令工作性调整后的混凝土试样总质量为（式 5-20）：

$$m_{Qb} = m_{cb} + m_{fb} + m_{wb} + m_{sb} + m_{gb} （体积 \geqslant 初始试拌量） \tag{5-20}$$

由此得出基准配合比（调整后的 $1m^3$ 混凝土中各材料用量）（式 5-21）：

$$m_{cj} = \frac{m_{cb}}{m_{Qb}} \rho_{oh} \quad (kg/m^3)$$

$$m_{fj} = \frac{m_{fb}}{m_{Qb}} \rho_{oh} \quad (kg/m^3)$$

$$m_{wj} = \frac{m_{wb}}{m_{Qb}} \rho_{oh} \quad (kg/m^3) \tag{5-21}$$

$$m_{sj} = \frac{m_{sb}}{m_{Qb}} \rho_{oh} \quad (kg/m^3)$$

$$m_{gj} = \frac{m_{gb}}{m_{Qb}} \rho_{oh} \quad (kg/m^3)$$

（三）实验室配合比

经调整后的基准配合比虽工作性已满足要求，但经计算而得出的水胶比是否真正满足强度的要求还需加以强度试验检验。在基准配合比的基础上作强度试验时，应采用三个不同的配合比，其中一个为基准配合比，另外两个配合比的水胶比宜较基准配合比的水胶比分别增加和减少 0.05。其用水量应与基准配合比的用水量相同，砂率可分别增加和减少 1%。

制作混凝土强度试验试件时，应检验混凝土拌合物的坍落度或维勃稠度粘聚性、保水性及拌合物的体积密度。并以此结果作为代表相应配合比的混凝土拌合物的性能。进行混凝土强度试验时，每种配合比至少应制作一组（三块）试件，并应标准养护到 28d 或设计龄期时试压。需要时可同时制作几组试件，供快速检验或早龄试压，以便提前定出混凝土配合比供施工使用，但应以标准养护 28d 的强度的检验结果为依据调整配合比。

根据试验结果绘出混凝土强度与其相对应的胶水比（B/W）的线性关系图，用作图法或计算法求出略大于混凝土配制强度（$f_{cu,0}$）相对应的胶水比，并应按下列原则确定每立方米混凝土的材料用量：

（1）用水量（m_w）应在基准配合比用水量的基础上，根据制作强度试件时测得的坍落度或维勃稠度进行调整确定；

（2）胶凝材料用量（m_b）应以用水量乘以选定出来的胶水比计算确定；

（3）粗骨料和细骨料用量（m_g 和 m_s）应在基准配合比的粗骨料和细骨料用量的基础上，按选定的胶水比进行调整后确定。

经试配确定配合比后，尚应按下列步骤进行校正：

据前述已确定的材料用量按式（5-22）计算混凝土的表观密度计算值 $\rho_{c,c}$：

$$\rho_{c,c} = m_c + m_f + m_g + m_s + m_w \tag{5-22}$$

再按式（5-23）计算混凝土配合比校正系数 δ：

$$\delta = \frac{\rho_{c,t}}{\rho_{c,c}} \tag{5-23}$$

式中　$\rho_{c,t}$——混凝土表观密度实测值（kg/m^3）；

　　　$\rho_{c,c}$——混凝土表观密度计算值（kg/m^3）。

当混凝土体积密度实测值与计算值之差的绝对值不超过计算值的 2% 时，按以前的配合比即为确定的实验室配合比；当二者之差超过 2% 时，应将配合比中每项材料用量均乘以校正系数 δ，即为最终确定的实验室配合比。

配合比调整后，应测定拌合物水溶性氯离子含量，试验结果应符合表 5-28 的规定。对耐久性有设计要求的混凝土应进行相关耐久性试验验证。

混凝土拌合物中水溶性氯离子最大含量（JGJ 55—2011）　　表 5-28

环境条件	水溶性氯离子最大含量（%，水泥用量的质量百分比）		
	钢筋混凝土	预应力混凝土	素混凝土
干燥环境	0.30	0.06	1.00
潮湿但不含氯离子的环境	0.20		
潮湿但含氯离子的环境、盐渍土环境	0.10		
除冰盐等侵蚀性物质的腐蚀环境	0.06		

生产单位可根据常用的材料设计出常用的混凝土配合比备用，并应在启用过程中予以验证和调整。遇有下列情况之一时，应重新进行配合比设计：

（1）对混凝土性能有特殊要求时；

（2）水泥、外加剂或矿物掺合料品种、质量有显著变化时。

（四）施工配合比

经测定施工现场砂含水率为 W_S，石子的含水率为 W_g，则施工配合比（式 5-24）为：

水泥用量　m'_c　　　　　　　　$m'_c = m_c$

矿物掺合料用量　m'_b　　　　　$m'_b = m_b$

砂用量　m'_s　　　　　　　　　$m'_s = m_s(1+w_s)$

石子用量　m'_g　　　　　　　　$m'_g = m_g(1+w_g)$　　　　　　（5-24）

用水量　m'_w　　　　　　　　　$m'_w = m_w - m_s w_s - m_g w_g$

式中 m_c、m_b、m_w、m_s、m_g 为调整后的试验室配合比中每立方米混凝土中的水泥、矿物掺合料、水、砂和石子的用量（kg）。应注意，进行混凝土配合比计算时，其计算公式和有关参数表格中的数值均系以干燥状态骨料（含水率小于 0.05% 的细骨料或含水率小于 0.2% 的粗骨料）为基准。当以饱和面干骨料为基准进行计算时，则应做相应的调整，即施工配合比公式（式 5-21）中的 w_s 和 w_g 分别表示现场砂石含水率与其饱和面干含水率之差。

五、混凝土配合比设计例题

某现场浇筑普通混凝土工程，试根据以下基本资料和条件设计混凝土的施工配合比。混凝土的设计强度等级为C40，该施工单位收集到本单位曾进行过的同类工程混凝土的抗压强度的试验历史资料（30组），见表5-29所示。决定采用硅酸盐水泥，有条件测定水泥的实际强度，水泥的密度$\rho_c=3.1g/cm^3$。矿物掺合料采用S95级粒化高炉矿渣粉，其密度$\rho_f=3.05g/cm^3$。砂为中砂，表观密度$\rho'_s=2.65g/cm^3$，现场用砂含水率为3%。石子为碎石，表观密度$\rho'_g=2.70g/cm^3$，现场用石子含水率为1%。拌合用水为自来水。混凝土不掺用外加剂。构件截面的最小尺寸为400mm，钢筋净距为60mm。该工程为潮湿环境下无冻害构件。混凝土施工采用振捣，坍落度选择35～50mm。

1. 计算配合比

(1) 混凝土配制强度的确定

根据表5-29提供的混凝土抗压强度试验历史资料，可计算出均方差$\sigma=3.4$MPa，小于规定的C40混凝土强度标准差的下限值4.0MPa。

混凝土抗压强度试验历史资料 表5-29

$f_{c,c}$= 36.0, 37.0, 37.8, 39.5, 38.3, 39.0, 39.9, 40.1, 40.2, 41.0, 41.8, 41.8, 43.0, 43.3, 43.2, 43.5, 43.8, 43.8, 44.0, 44.1, 44.7, 45.4, 45.5, 45.8, 46.0, 46.8, 47.0, 46.2, 48.2, 49.1 MPa
$\sum f_{c,c}$=1286MPa　　　　　$m_{f_{cu}}$=429MPa　　　　　σ_0=3.4MPa

则混凝土的配制强度$f_{cu,0}$

$$f_{cu,0}=f_{cu,k}+1.645\sigma_0$$
$$=40+1.645\times 4.0$$
$$=46.6(\text{MPa})$$

(2) 确定水胶比W/B

由混凝土的设计强度等级，根据关系式$f_{ce}=(1.5\sim 2.0)f_{cu,k}$选择强度等级为62.5的硅酸盐水泥和S95级粒化高炉矿渣粉，掺量为20%，现场实测胶凝材料28d胶砂抗压强度为$f_b=70.6$MPa，选采用碎石的水胶比计算的回归系数 $a_a=0.53$，$a_b=0.20$，则水胶比W/B为

$$W/B=\frac{a_a \cdot f_b}{f_{cu,0}+a_a \cdot a_b \cdot f_b}$$
$$=\frac{0.53\times 70.6}{46.6+0.53\times 0.20\times 70.6}$$
$$=0.69$$

根据本工程的环境条件，查表5-18，确定为二a环境等级，可得满足耐久性要求的最大水胶比$(W/B)_{max}=0.55$，小于满足强度要求的计算W/B，故取$W/B=(W/B)_{max}=0.55$。

(3) 确定粗骨料的最大粒径D_{max}和单位用水量m_{wo}

根据构件截面最小尺寸和钢筋净距，选用粗骨料的最大粒径

$$D_{max} \not> \frac{1}{4}\times 400=100(\text{mm}); \quad D_{max} \not> \frac{3}{4}\times 60=45(\text{mm})$$

故同时满足以上两条件的 D_{max} 应为 45mm。同时应考虑粒级的范围，故决定选用 5～40mm 碎石骨料。

根据骨料种类为碎石、D_{max} 为 40mm、坍落度为 35～50mm 查表 5-14 可得用水量 $m_{w0}=175(kg/m^3)$。

（4）确定胶凝材料用量 m_{b0}

$$m_{b0}=\frac{m_{w0}}{W/B}$$
$$=\frac{175}{0.55}$$
$$=318(kg/m^3)$$

对照表 5-23，本工程要求的最小胶凝材料用量 $(m_b)_{min}=300kg$，小于 m_{b0} 故取 $m_{c0}=318(kg/m^3)$。

（5）确定砂率 β_s

根据水灰比和骨料情况，查表 5-24 可得 $\beta_s=33\%～38\%$，初步选 $\beta_s=35\%$。

（6）确定砂、石用量 m_{s0} 和 m_{g0}

采用绝对体积法（取 $\alpha=1$）

将有关数值代入方程组

$$\frac{m_{c0}}{\rho_c}+\frac{m_{f0}}{\rho_f}+\frac{m_{g0}}{\rho_g}+\frac{m_{s0}}{\rho_s}+\frac{m_{w0}}{\rho_w}+0.01=1$$

$$\beta_s=\frac{m_{s0}}{m_{s0}+m_{g0}}\times 100\%$$

得：

$$\frac{200}{3100}+\frac{100}{3050}+\frac{m_{g0}}{2700}+\frac{m_{s0}}{2650}+\frac{175}{1000}+0.01=1$$

$$\frac{m_{s0}}{m_{s0}+m_{g0}}\times 100\%=35\%$$

解得

$$m_{s0}=733(kg/m^3)$$
$$m_{g0}=1215(kg/m^3)$$

以上计算结果为初步计算配合比，即每立方米混凝土的材料用量为：

水泥 200kg；矿渣粉 100kg；水 175kg；砂 733kg；石子 1215kg。以配合比例表示为：

水泥：矿渣粉：：砂：石子，水胶比=1：0.5：3.65：6.08，$W/B=0.58$。

2. 基准配合比

检验、调整工作性

按计算配合比，配制 25L 混凝土（根据表 5-26）。试样的各组成材料用量为：水泥 5kg；矿渣粉 2.5kg；水 4.38kg；砂 18.88kg；石子 30.38kg。按规定方法拌和后，测定坍落度为 15mm，达不到要求的坍落度 35～50mm，故需在水胶比不变的前提下，增加胶凝材料浆用量。现增加水和胶凝材料各 5%，而用水量为 $4.35\times 1.05=4.60kg$；水泥用量为 5.0×1.05＝5.25kg，矿渣粉用量为 2.5×1.05＝2.63kg，重新拌和后，测得坍落度为 40mm，且粘聚性、保水性良好。

试拌材料总量

$$m_{Qb}=m_{cb}+m_{fb}+m_{wb}+m_{sb}+m_{gb}$$
$$=5.25+2.63+4.60+18.88+30.38$$
$$=61.74(\text{kg})$$

实测试拌混凝土的体积密度 $\rho_{oh}=2415\text{kg/m}^3$

则混凝土经调整工作性后的每立方米的材料用量，即基准配合比为

$$m_{cj}=\frac{m_{cb}}{m_{Qb}}\times\rho_{oh}$$
$$=\frac{5.25}{61.74}\times 2415$$
$$=205(\text{kg/m}^3)$$

$$m_{cj}=\frac{m_{cb}}{m_{Qb}}\times\rho_{oh}$$
$$=\frac{2.63}{61.74}\times 2415$$
$$=102(\text{kg/m}^3)$$

$$m_{wj}=\frac{m_{wb}}{m_{Qb}}\times\rho_{oh}$$
$$=\frac{4.60}{61.74}\times 2415$$
$$=180(\text{kg/m}^3)$$

$$m_{sj}=\frac{m_{sb}}{m_{Qb}}\times\rho_{oh}$$
$$=\frac{18.88}{61.74}\times 2415$$
$$=739(\text{kg/m}^3)$$

$$m_{gj}=\frac{m_{gb}}{m_{Qb}}\times\rho_{oh}$$
$$=\frac{30.38}{61.74}\times 2415$$
$$=1188(\text{kg/m}^3)$$

3. 实验室配合比

分别以三种不同的水胶比即 0.55 和比其分别加大和减小 0.05 的 0.60 及 0.50 制作三组试件。试件经护养 28d，进行强度试验（也可用短期强度推算），得出与各水灰比（灰水比）对应的各组试件的强度代表值，见表 5-30。利用表 5-30 中的三组数据，在坐标纸上以灰胶比为横坐标，以强度为纵坐标，找出对应的三个点，作出与各点距离最小的拟和直线。由此直线可确定与配制强度 46.6MPa 对应的胶水比（B/W）＝1.92（如图 5-19）。符合强度要求的各材料用量（非 1m³）为：

表 5-30

W/B	B/W	f_{cu}(MPa)
0.50	2.00	49.1
0.55	1.82	43.6
0.60	1.67	40.2

$$用水量 = m_{wj} = 180 (kg)$$
$$胶凝材料量 = m_w(B/W)$$
$$= 180 \times 1.92 = 346 (kg)$$
（其中：水泥 231kg，矿渣粉 115kg）
$$砂用量 = m_{sj} = 739 (kg)$$
$$石子用量 = m_{gj} = 1188 (kg)$$

按以上材料的比例试拌，再一次测定工作性，坍落度为 38mm，满足 35～50mm 的要求，且粘聚性和保水性也合格。并测定试拌混凝土的表观密度的实测值 $\rho_{c,t} = 2515$（kg/m³），而混凝土的表观密度的计算值 $\rho_{c,c} = 180 + 346 + 739 + 1188 = 2453$（kg/m³）因

$$\frac{(\rho_{c,t} - \rho_{c,c})}{\rho_{c,c}} = \frac{2505 - 2453}{2453} = 2.1\%$$

则混凝土配合比校正系数为

$$\delta = \frac{\rho_{c,t}}{\rho_{c,c}} = \frac{2505}{2453} = 1.02$$

经检验强度后并经检正的实验室配合比为

$$m_w = 180 \times 1.02 = 184 (kg/m^3)$$
$$m_c = 231 \times 1.02 = 236 (kg/m^3)$$
$$m_f = 115 \times 1.02 = 117 (kg/m^3)$$
$$m_s = 739 \times 1.02 = 754 (kg/m^3)$$
$$m_g = 1188 \times 1.02 = 1212 (kg/m^3)$$

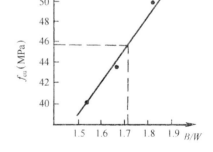

图 5-19 （B/W）的确定

4. 施工配合比

考虑现场砂、石的含水对配合比的影响，可得施工配合比

$$m'_c = m_c$$
$$= 236 (kg/m^3)$$
$$m'_f = m_f$$
$$= 117 (kg/m^3)$$
$$m'_s = m_s(1 + w_s)$$
$$= 754 \times (1 + 3\%)$$
$$= 777 (kg/m^3)$$
$$m'_g = m_g(1 + w_g)$$
$$= 1212 \times (1 + 1\%)$$

$$=1224(\text{kg/m}^3)$$
$$m'_w = m_w - m_s \cdot w_g - m_g w_g$$
$$=184-754\times3\%-1212\times1\%$$
$$=149(\text{kg/m}^3)$$

第七节 混凝土质量的控制

混凝土的质量是影响钢筋混凝土结构可靠性的一个重要因素,为保证结构安全可靠地使用,必须对混凝土的生产和合格性进行控制。生产控制是对混凝土生产过程的各个环节进行有效质量控制,以保证产品质量的可靠。合格性控制是对混凝土质量进行准确判断,目前采用的方法是用数理统计的方法,通过混凝土强度的检验评定来完成。

一、混凝土生产的质量控制

混凝土的生产是配合比设计、配料搅拌、运输浇筑、振捣养护等一系列过程的综合。要保证生产出的混凝土的质量,必须要在各个方面给予严格的质量控制。

1. 原材料的质量控制

混凝土是由多种材料混合制作而成的,任何一种组成材料的质量偏差或不稳定都会造成混凝土整体质量的波动。水泥要严格按其技术质量标准进行检验,并按有关条件进行品种的合理选用,特别要注意水泥的有效期;粗、细骨料应控制其杂质和有害物质含量,若不符合应经处理并检验合格后方能使用;采用天然水现场进行搅拌的混凝土,拌合用水的质量应按标准进行检验。水泥、砂、石、外加剂等主要材料应检查产品合格证、出厂检验报告或进场复验报告。

2. 配合比设计的质量控制

混凝土应按行业标准《普通混凝土配合比设计规程》(JGJ 55—2011)的有关规定,根据混凝土的强度等级、耐久性和工作性等要求进行配合比设计。首次使用的混凝土配合比应进行开盘鉴定,其工作性应满足设计配合比的要求。开始生产时应至少留置一组标准养护试件,作为检验配合比的依据。混凝土拌制前,应测定砂、石含水率,根据测试结果及时调整材料用量,提出施工配合比。生产时应检验配合比设计资料、试件强度试验报告、骨料含水率测试结果和施工配合比通知单。

3. 混凝土生产施工工艺的质量控制

混凝土的原材料必须称量准确,每盘称量的允许偏差应控制在水泥、掺合料±2%;粗、细骨料±3%;水、外加剂±2%,每工作班抽查不少于一次,各种衡器应定期检验。

混凝土的运输、浇筑及间歇的全部时间不应超过混凝土的初凝时间。要及时观察、检查施工纪录。在运输，浇筑过程中要防止离析、泌水、流浆等不良现象，并分层按顺序振捣，严防漏振。

混凝土浇筑完毕后，应按施工技术方案及时采取有效的养护措施，并应随时观察并检查施工记录。

二、混凝土合格性的评定

1. 合格性评定的数理统计方法

混凝土质量的合格性一般以抗压强度进行评定。混凝土的生产通常是连续而大量的，为提高质量检验的效率和降低检验的成本，通常采用在浇筑地点（浇筑现场）或混凝土出厂前（预拌混凝土厂），随机抽样进行强度试验，用抽样的样本值进行数理统计计算，得出反映质量水平的统计指标来评定混凝土的质量及合格性。大量的统计分析和试验的研究表明：同一等级的混凝土，在龄期、生产工艺和配合比基本一致的条件下，其强度分布可用正态分布来描述。图 5-20（a）所示正态分布曲线是一中心对称曲线，对称轴的横坐标值即平均值，曲线左右半部的凹凸交界点（拐点）与对称轴间的偏离强度值即标准差 σ，曲线与横轴间所围面积代表概率的总和，即 100%。

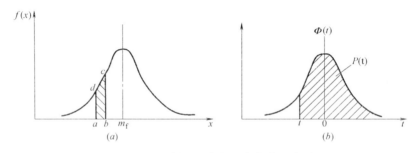

图 5-20 混凝土强度的正态分布示意图

用数理统计方法研究混凝土的强度分布及评定其质量的合格性时，常用到以下几个正态分布的统计量。

（1）强度的平均值 m_{fcu}

代表某批混凝土的立方体抗压强度的平均值，即混凝土的配制强度值（式 5-25）。

$$m_{fcu} = \frac{1}{n}\sum_{i=1}^{n} f_{cu,i} \tag{5-25}$$

（2）标准差 σ

说明混凝土强度的离散程度，为消除强度与强度平均值间偏差值正负的影响，采取了平方后再开方的方法，所以又称均方差。其值越大，正态分布曲线越扁平，说明混凝土的强度分布集中程度差，质量不均匀，越不稳定。

$$\sigma = \sqrt{\frac{\sum_{i=1}^{n} f_{cu,i}^2 - nm_{fcu}^2}{n-1}} \tag{5-26}$$

式中 σ——混凝土强度标准差；

$f_{cu,i}$——第 i 组的试件强度（MPa）；

m_{fcu}——n 组试件的强度平均值（MPa）；

n——试件组数。

（3）变异系数 δ

说明混凝土强度的相对离散程度。例如混凝土 A 和混凝土 B 的强度标准差均为 4MPa。但 A、B 的平均强度分别为 20MPa 和 60MPa。显然混凝土 B 比混凝土 A 的强度相对离散性小，质量的均匀性也较好。变异系数 δ 以标准差和强度平均值之商表示，又称离差系数（式 5-27）。

$$\delta = \frac{\sigma}{m_{fcu}} \quad (5-27)$$

（4）强度保证率 P

强度保证率是指在混凝土强度总体分布中，大于设计强度等级的概率，以正态分布曲线上大于某设计强度值的曲线下面积值表示（如图 5-20b 所示），强度保证率 P 可用式（5-28）表达：

$$p = \frac{1}{\sqrt{2\pi}} \int_{t}^{+\infty} e^{\frac{t^2}{2}} dt \quad (5-28)$$

（5）概率度 t

式 5-28 中广义积分变量下限 t，称为概率度，其值可以式（5-29）表达：

$$t = \frac{f_{cu,k} - m_{fcu}}{\sigma} = \frac{f_{cu,k} - m_{fcu}}{\delta m_{fcu}} \quad (5-29)$$

对于选定的强度保证率，由式 5-28 可求出概率度 t，代入式 5-29 即可求出已知混凝土的设计强度等级 $f_{cu,k}$、标准差 σ 或变异系数 δ 的前提下满足某一强度保证率的混凝土的配制强度 $f_{cu,o}$（即平均强度 μ_{fcu}）为：

$$f_{cu,o} = f_{cu,k} - t\sigma \quad (5-30)$$

概率度与强度保证率间关系可由积分法求得，常用的对应值见表 5-31。

概率度与保证率间的关系表　　　　　表 5-31

t	0	−0.524	−0.70	−0.842	−1.00	−1.04	−1.282	−1.645	−2.00	−2.05	−2.33	−3.00
P(%)	50	70	75.8	80	84.1	85	90	95	97.7	98	99	99.87

将保证率为 95% 时的 $t = -1.645$ 值代入式 5-30 即可得出行业标准 JGJ55 规定的普通混凝土配制强度表达式式（5-8）。

在已选定设计强度等级 $f_{cu,k}$ 的情况下，欲提高混凝土的强度保证率，可提高配制强度（图 5-21a）或减少标准差（或变异系数）（图 5-21b）。但提高混凝土的配制强度，对节约水泥不利，故控制混凝土的质量提高合格性主要应从减少标准差，提高生产施工质量控制水平入手。

2. 混凝土强度的检验评定

混凝土强度的检验评定应符合《普通混凝土力学性能试验方法标准》(GB/T 50081—2002)、《混凝土结构工程施工质量验收规范》(GB 50204—2002) 和《混凝土强度检验

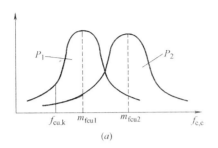 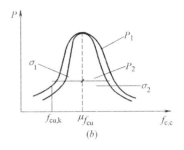

图 5-21 提高混凝土强度保证率的措施

(a) $P_2>P_1$ ($m_{f_{cu2}}>m_{f_{cu1}}$); (b) $P_2>P_1$ ($\sigma_2<\sigma_1$)

评定标准》(GB/T 50107—2010) 的规定。

(1) 混凝土的取样、试拌，养护和试验：

混凝土的取样频率和数量，每 100 盘，但不超过 100m³ 的同配合比的混凝土，取样次数不得少于一次；每一工作班拌制的同配合比的混凝土不足 100 盘和 100m³ 时，其取样次数不得少于一次；当一次连续浇注的同配合比混凝土超过 1000m³ 时，每 200m³ 取样不应少于一次；对于房屋建筑、每一楼层、同一配合比的混凝土，取样不应少于一次。预拌混凝土应在预制混凝土厂内按以上规定取样，混凝土运到施工现场后，还应按以上规定批样检验。每批（验收批）混凝土取样应制作的试样总组数应符合不同情况下强度评定所必需的组数，每组的三个试件应在同一盘混凝土内取样制作。若检验结构或构件施工阶段混凝土强度，应根据实际情况决定必需的试件组数。

(2) 混凝土强度的检验评定

混凝土强度的评定可分为统计方法评定和非统计方法评定。

1) 统计方法评定。根据混凝土强度质量控制的稳定性，《混凝土强度检验评定标准》(GB/T 50107—2010) 将评定混凝土强度的统计法分为两种：标准差已知方案和标准差未知方案。

① 标准差已知方案：指同一品种的混凝土生产，有可能在较长的时期内，通过质量管理。维持基本相同的生产条件，即维持原材料、设备、工艺以及人员配备的稳定性，即使有所变化，也能很快予以调整而恢复正常。能使同一品种、同一强度等级混凝土的强度变异性保持稳定。对于这类状况，每检验批混凝土的强度标准差 σ_0 可根据前一时期生产累计的强度数据确定。符合以上情况时，采用标准差已知方案。一般来说，预制构件生产可以采用标准差已知方案。

采用该种方案，按 GB/T 50107—2010 要求，一检验批的样本容量应为连续的 3 组试件，其强度应符合式 (5-31) 和式 (5-32) 所示条件：

$$m_{f_{cu}} \geqslant f_{cu,k} + 0.7\sigma_0 \tag{5-31}$$

$$f_{cu,min} \geqslant f_{cu,k} - 0.7\sigma_0 \tag{5-32}$$

当混凝土强度等级不高于 C20 时，其强度的最小值尚应满足式 (5-32) 的要求：

$$f_{cu,min} \geqslant 0.85 f_{cu,k} \tag{5-33}$$

当混凝土强度等级高于 C20 时，其强度的最小值尚应满足式 (5-34) 和式 (5-35)

的要求：

$$f_{cu,min} \geq 0.90 f_{cu,k} \tag{5-34}$$

$$\sigma_0 = \sqrt{\frac{\sum_{i=1}^{n} f_{cu,i}^2 - n m_{fcu}^2}{n-1}} \tag{5-35}$$

式中 m_{fcu}——同一检验批混凝土立方体抗压强度的平均值（N/mm²），精确至 0.1 (N/mm²)；

$f_{cu,k}$——混凝土立方体抗压强度标准值（N/mm²），精确至 0.1(N/mm²)；

σ_0——检验批混凝土立方体抗压强度的标准差（N/mm²），精确至 0.01(N/mm²)，当计算值小于 2.5N/mm² 时，应取 2.5N/mm²。由前一时期（生产周期不少于 60d 且不宜超过 90d）的同类混凝土，样本容量不少于 45 的强度数据计算确定。假定其值延续在一个检验期内保持不变。3 个月后，重新按上一个检验期的强度数据计算 σ_0 值；

$f_{cu,i}$——前一检验期内同一品种、同一强度等级的第 i 组混凝土试件的立方体抗压强度的代表值（N/mm²），精确到 0.1N/mm²，该检验期不应少于 60d，也不得大于 90d；

$f_{cu,min}$——同一检验批混凝土立方体抗压强度的最小值（N/mm²），精确到 0.1N/mm²；

n——前一检验期内的样本容量，在该期间内样本容量不应少于 45。

② 标准差未知方案：指生产连续性较差，即在生产中无法维持基本相同的生产条件，或生产周期较短，无法积累强度数据以资计算町靠的标准差参数，此时检验评定只能直接根据每一检验批抽样的样本强度数据确定。为了提高检验的可靠性，GB/T 50107—2010 要求每批样本组数不少于 10 组，其强度应符合式（5-36）、式（5-37）和式（5-38）所示要求；

$$m_{fcu} \geq f_{cu,k} + \lambda_1 \cdot S_{f_{cu}} \tag{5-36}$$

$$f_{cu,min} \geq \lambda_2 \cdot f_{cu,k} \tag{5-37}$$

$$S_{fcu} = \sqrt{\frac{\sum_{i=1}^{n} f_{cu,i}^2 - n m_{fcu}^2}{n-1}} \tag{5-38}$$

式中 $S_{f_{cu}}$——同一检验批混凝土立方体抗压强度的标准差（N/mm²），精确至 0.01 (N/mm²)。当检验批混凝土强度标准差 $S_{f_{cu}}$ 的计算值小于 2.5N/mm² 时，取 2.5N/mm²；

λ_1, λ_2——合格评定系数，按表 5-32 取用；

n——本检验期（为确定检验批强度标准差而规定的统计时段）内的样本容量。

2）非统计方法评定。对用于评定的样本容量小于 10 组时，应采用非统计方法评定混凝土强度，其强度按 GB/T 50107—2010 规定，应同时符合式（5-39）和式（5-40）所示要求：

$$m_{f_{cu}} \geqslant \lambda_3 \cdot f_{cu,k} \tag{5-39}$$

$$f_{cu,min} \geqslant \lambda_4 \cdot f_{cu,k} \tag{5-40}$$

式中 λ_3，λ_4——合格评定系数，按表 5-33 取用。

混凝土强度的合格评定系数（GB/T 50107—2010） 表 5-32

试件组数	10～14	15～19	≥20
λ_1	1.15	1.05	0.95
λ_2	0.90	0.85	

混凝土强度的非统计方法合格判定系数（GB/T 50107—2010） 表 5-33

试件组数	C60	≥C60
λ_3	1.15	1.10
λ_4	0.95	

(3) 混凝土强度的合格性判断

混凝土强度应分批进行检验评定，当检验结果能满足以上评定强度的公式的规定时，则该批混凝土判为合格；当不能满足上述规定时，该批混凝土强度判为不合格。对不合格批混凝土可按国家现行有关标准进行处理。

当对混凝土试件强度的代表性有怀疑时，可采用从结构或构件中钻取试件的方法或采用非破损检验方法，按有关标准对结构或构件中混凝土的强度进行推定。

结构或构件拆模、出池、出厂、吊装、预应力筋张拉或放张，以及施工期间需短暂负荷时的混凝土强度，应满足设计要求或现行国家标准的有关规定。

3. 混凝土强度检验评定的例题

某施工单位现场集中搅拌 C40 的混凝土，在标准条件下养护 28d 的同批 15 组试件的立方体抗压强度的代表值见表 5-34，试评定其质量。

各组试件的立方体抗压强度的代表值 表 5-34

组别(i)	1	2	3	4	5	6	7	8	9	10	11	12	13	14	15
f_{cui}(MPa)	39.8	42.4	43.8	47.8	44.8	38.0	41.4	46.8	43.6	46.2	40.3	43.6	44.5	46.8	43.8

解：(1) 计算其立方体抗压强度的平均值 $m_{f_{cu}}$

$$m_{f_{cu}} = \frac{1}{15} \sum_{i=1}^{15} f_{cu,i} = 43.57 \text{(MPa)}$$

(2) 计算其立方体抗压强度的标准差 $S_{f_{cu}}$

$$S_{f_{cu}} = \sqrt{\frac{\sum_{i=1}^{n} f_{cu,i}^2 - n m_{f_{cu}}^2}{n-1}}$$

$$= \sqrt{\frac{\sum_{i=1}^{n} f_{cu,i}^2 - 15 \times 43.57^2}{15-1}}$$

$$= 2.86 \text{(MPa)}$$

(3) 确定合格判定系数

由表 5-32 可得：$\lambda_1 = 1.05$；$\lambda_2 = 0.85$

(4) 评定质量

$$m_{f_{cu}} - \lambda_1 S_{f_{cu}} = 43.57 - 1.05 \times 2.86 = 40.6 \text{(MPa)} > f_{cu,k} = 40.0 \text{(MPa)}$$

$$f_{cu,min} = 38.0 \text{(MPa)} > \lambda_2 f_{cu,k} = 0.85 \times 40.0 = 34.0 \text{(MPa)}$$

根据 GB/T 50107—2010 规定，该混凝土的质量符合强度要求。

学习活动 5-4

混凝土的质量控制

在此活动中你将通过学习混凝土质量控制的规定，针对不同施工现场混凝土的应用情况，归纳正确质量控制的方法。通过此学习活动，可以提高你在施工现场中进行混凝土质量控制的实操能力。

步骤1：针对以下3种现场混凝土的应用实景，确定进行混凝土现场质量检测每一检验批应留取的试件组数。

① 生产条件稳定的商品混凝土，同品种、同强度混凝土强度变异性（σ_0）保持稳定；

② 中学教学楼工程，现场集中搅拌 C40 混凝土，使用和生产周期较短，无法积累足够数据以确定变异性参数；

③ 现场混凝土搅拌，使用量较小，经监理批准，采用非统计方法评定混凝土的质量。

步骤2：讨论和思考步骤1提出的试块组数留取的依据。同时回答问题：对于不同的试件组数留取方法，是否影响所对应的混凝土强度分布规律？

反馈：

（1）学习者之间或与教师间沟通，以确定此学习活动结论的正确性。（可参阅或网上查询《混凝土强度检验评定标准》（GB/T 50107—2010）中的条文说明）

（2）混凝土强度的分布规律是客观存在的，不依留取试件组数的多少而变化。

第八节 轻混凝土

普通混凝土的体积密度大（2000～2800kg/m³）是其一大弊病，自混凝土广泛用于建筑的近 200 多年来，人们一直不懈地探求降低混凝土自重的途径。随着混凝土技术的发展，强度高、密度小的轻混凝土已成为现代混凝土技术一大亮点。轻混凝土是指干体积密度不大于 1950kg/m³ 的混凝土。根据原料和制造工艺的不同特点,可分为轻骨料❶混凝土、加气混凝土和大孔混凝土,其中轻骨料混凝土是应用范围大、技术较为成熟的一种新型混凝土。

一、轻骨料混凝土

轻骨料混凝土是指用轻粗骨料、轻砂(或普通砂)、水泥和水配制而成的干体积密度不大于 1950kg/m³ 的混凝土。为进一步改善轻骨料混凝土的各项技术性能,轻骨料混凝土中还常掺入各种化学外加剂和掺合料(如粉煤灰等)。

轻骨料混凝土按细骨料的种类可分为由轻砂做细骨料配制而成的全轻混凝土和由普通砂或部分轻砂做细骨料配制而成的砂轻混凝土。按用途的不同可分为保温、结构保温和结构轻骨料混凝土。若不掺加细骨料则称为无砂大孔轻骨料混凝土。

轻骨料混凝土的强度等级可达 60 级,但其体积密度却较小。轻骨料混凝土与普通混凝土的最大不同在于骨料中存在大量孔隙,因此其自重轻、弹性模量小,有很好防震性能,同时导热系数大大降低,有良好的保温隔热性及抗冻性,是一种典型的轻质、高强、多功能的新型建筑材料。适用于各种工业与民用建筑的结构承重和围护保温,特别适于建造高层及大跨度建筑。

(一)轻骨料的种类及技术要求

1. 轻骨料的种类

堆积密度不大于 1100kg/m³ 的轻粗骨料和堆积密度不大于 1200kg/m³ 的轻细骨料总称为轻骨料。

轻粗骨料按其性能分为三类:堆积密度不大于 500kg/m³ 的保温用或结构保温用超轻骨料;堆积密度大于 510kg/m³ 的轻骨料;强度等级不小于 25MPa 的结构用高强轻骨料。

轻骨料按来源不同可分为三类:

(1)天然轻骨料 天然形成的(如火山爆发)多孔岩石,经破碎、筛分而成的轻骨料。如浮石、火山渣等。

(2)人造轻骨料 以天然矿物为主要原料经加工制粒、烧胀而成的轻骨料。如黏土陶粒、页岩陶粒等。

(3)工业废料轻骨料 以粉煤灰、煤渣、煤矸石、高炉熔融矿渣等工业废料为原料,经专门加工工艺而制成的轻骨料。如粉煤灰陶粒、煤渣、自燃煤矸石、膨胀矿渣珠等。

按颗粒形状不同,轻骨料可分为圆球型(粉煤灰陶粒、黏土陶粒)、普通型(页岩陶粒和膨胀珍珠岩等)及碎石型(浮石、火山渣、煤渣等)。轻骨料的生产方法有烧结法和烧胀法。烧结法是将原料加工成球,通过高强烧结而获得多孔骨料,如粉煤灰陶

---

❶ 轻骨料亦称轻集料,在 GB/T 17431 中称为轻集料,而在 JGJ 51 中称为轻骨料,为使上下文叙述统一,本节中将其统称为轻骨料。

粒。烧胀法是将原料加工制粒，经高温熔烧使原料膨胀形成多孔结构，如黏土陶粒和页岩陶粒等。

轻骨料按其技术指标分为优等品（A）、一等品（B）和合格品（C）三类。

2. 轻骨料的技术要求

轻骨料的技术要求主要有颗粒级配（细度模数）、堆积密度、粒型系数、筒压强度（高强轻粗骨料尚应检测强度等级）和吸水率等，此外软化系数、烧失量、有毒物质含量等也应符合有关规定。

(1) 颗粒级配和细度模数

轻骨料与普通骨料同样也是通过筛分试验而得的累计筛余率来评定和计算颗粒级配及细轻骨料的细度模数。筛分粗骨料的筛子规格为：圆孔筛，筛孔直径为 40.0、31.5、20.0、16.0、10.0、5mm 共 6 种。筛分细骨料的筛子规格为：10.0、5.00、2.50、1.25、0.630、0.315、0.160mm 共 7 种，其中 1.25、0.63、0.315、0.160mm 为方孔形，其他为圆孔形。以上筛形随着新国标的颁布将逐渐过渡到新筛形。

各种轻骨料的颗粒级配应符合表 5-35 的要求，但人造轻粗骨料的最大粒径不宜大于 20.0mm。

轻骨料颗粒级配（GB/T 17431.1—2010） 表 5-35

轻骨料种类	级配类别	公称粒级(mm)	各号筛的累计筛余（按质量计）(%)									
			筛孔尺寸(mm)									
			40.0	31.5	20.0	16.0	10.0	5.00	2.50	1.25	0.630	0.315	0.160
细骨料		0~5						0	0~10	0~35	20~60	30~80	65~90	75~100
粗骨料	连续颗粒	5~40	0~10	—	40~60	—	50~85	90~100	95~100				
		5~31.5	0~5	0~10	—	40~75		90~100	95~100				
		5~20	—	0~5	0~10		40~80	90~100	95~100				
		5~16			0~5	0~10	20~60	85~100	95~100				
		5~10				0	0~15	80~100	95~100				
	单粒级	10~16				0	0~15	85~100	90~100				

轻细骨料的细度模数宜在 2.3~4.0 范围内。

(2) 堆积密度

轻骨料的堆积密度变化范围较普通混凝土要大。直接影响到配制而成的轻骨料混凝土的强度、导热系数等主要技术性能。轻骨料按堆积密度划分为密度等级，见表 5-36。轻细骨料以由堆积密度计算而得的变异系数作为其均匀性指标，不应大于 0.10。

(3) 强度

轻粗骨料的强度可由筒压强度和强度等级两种指标表示。

筒压强度是间接评定骨料颗粒本身强度的。它是将轻粗骨料按标准方法置于承压筒

(ϕ115mm×100mm) 内，在压力机上将置于承压筒上的冲压模以每秒 300～500N 的速度匀速加荷压入，当压入深度为 20mm 时，测其压力值（MPa）即为该轻粗骨料的筒压强度。不同品种、密度级别和质量等级的轻粗骨料筒压强度要求，见表 5-37。

轻骨料密度等级（GB/T 17431.1—2010） 表 5-36

密度等级		堆积密度范围
轻粗骨料	轻细骨料	（kg/m³）
200	—	110～200
300	—	210～300
400	—	310～400
500	500	410～500
600	600	510～600
700	700	610～700
800	800	710～800
900	900	810～900
1000	1000	910～1000
1100	1100	1010～1100
—	1200	1100～1200

轻粗骨料筒压强度（GB/T 17431.1—2010）（MPa） 表 5-37

轻骨料品种		密度等级	筒压强度		
			优等品	一等品	合格品
超轻骨料	黏土陶粒 页岩陶粒 粉煤灰陶粒	200	0.3	0.2	
		300	0.7	0.5	
		400	1.3	1.0	
		500	2.0	1.5	
	其他超轻粗集料	≤500	—	—	
普通轻骨料	黏土陶粒 页岩陶粒 粉煤灰陶粒	600	3.0	2.0	
		700	4.0	3.0	
		800	5.0	4.0	
		900	6.0	5.0	
	浮石 火山渣 煤渣	600	—	1.0	0.8
		700	—	1.2	1.0
		800	—	1.5	1.2
		900	—	1.8	1.5
	自燃煤矸石 膨胀矿渣珠	900	—	3.5	3.0
		1000	—	4.0	3.5
		1100	—	4.5	4.0

筒压强度只能间接表示轻骨料的强度，因轻骨料颗粒在承压筒内为点接触，受应力集中的影响，其强度远小于它在混凝土中的真实强度。故国家标准规定，高强轻粗骨料还应检验强度等级指标。

强度等级是指不同轻粗骨料所配制的混凝土的合理强度值，它是由不同轻骨料按标准试验方法配制而成的混凝土的强度试验而得。通过强度等级，就可根据欲配制的高强轻骨料混凝土的强度来选择合适的轻粗骨料，有很强的实用意义。不同密度级别的高强轻粗骨料的筒压强度及强度等级应不低于表 5-38 的规定。

高强轻粗骨料的筒压强度及强度等级（GB/T 17431.1—2010） 表 5-38

密度等级	筒压强度（MPa）	强度等级（MPa）
600	4.0	25
700	5.0	30
800	6.0	35
900	6.5	40

（4）粒型系数

颗粒形状对轻粗骨料在混凝土中的强度起着重要作用，轻粗骨料理想的外形应是球状。颗粒的形状越呈细长，其在混凝土中的强度越低，故要控制轻粗骨料的颗粒外形的偏差。粒型系数是用以反映轻粗骨料中的软弱颗粒情况的一个指标，它是随机选用 50 粒轻粗骨料颗粒，用游标卡尺测量每个颗粒的长向最大值 D_{max} 和中间截面处的最小尺寸 D_{min}，然后计算每颗的粒型系数 K'_e，再计算该种轻粗骨料的平均粒型系数 K_e，见式（5-41），以两次试验的平均值作为测定值。

$$K'_e = \frac{D_{max}}{D_{min}} \quad K_e = \frac{\sum_{i=1}^{n} K'_e}{n} \tag{5-41}$$

不同粒型轻粗骨料的粒型系数应符合表 5-39 的规定。

轻粗骨料粒型系数（GB/T 17431.1—2010） 表 5-39

轻骨料粒型	平均粒型系数		
	优 等 品	一 等 品	合 格 品
圆球型≤	1.2	1.4	1.6
普通型≤	1.4	1.6	2.0
碎石型≤	—	2.0	2.5

3. 轻骨料的验收、存储和运输

轻骨料的性能变化范围较大，对所拌混凝土的质量影响也较大，故应重视其验收、存储和运输。

（1）轻骨料应按品种、种类、密度等级和质量等级分批检验与验收，每 200m³ 为一批，不足 200m³ 以一批论，样品的抽样应严格按有关规定进行。

（2）轻骨料出厂时，生产厂应提供质量合格证书，其内容包括品种名称及生产名称；合格证编号及发放日期；批量编号及供货数量；检验部门及检验人员签字盖章。

（3）轻骨料应按品种、密度级别、质量等级和颗粒级配类别分别堆放。必要时，应有防雨淋措施。

(4) 可采用车、船封装或袋装运输。运输过程中应避免污染、压碎，并应采取措施以防飞尘飞扬。

(二) 轻骨料混凝土的分级分类及技术性能

1. 轻骨料混凝土的分级分类

轻骨料混凝土的强度等级按立方体抗压强度标准值划分为 LC5.0；LC7.5；LC10；LC15；LC20；LC25；LC40；LC45；LC50；LC55；LC60。

轻骨料混凝土因其表观密度变化范围大，对其技术性能有较大影响，故又按其干表观密度划分为 14 个密度等级（表 5-40），某一密度等级的密度标准值可取该密度等级干表观密度变化范围的上限值。

轻骨料混凝土根据其用途可分为三大类。其各类对应的强度等级、密度等级的合理范围及用途见表 5-41。

轻骨料混凝土的密度等级（JGJ 51—2002） 表 5-40

密度等级	干表观密度的变化范围 (kg/m³)	密度等级	干表观密度的变化范围 (kg/m³)
600	560~650	1300	1260~1350
700	660~750	1400	1360~1450
800	760~850	1500	1460~1550
900	860~950	1600	1560~1650
1000	960~1050	1700	1660~1750
1100	1060~1150	1800	1760~1850
1200	1160~1250	1900	1860~1950

轻骨料混凝土按用途分类（JGJ 51—2002） 表 5-41

类别名称	混凝土强度等级的合理范围	混凝土密度等级的合理范围	用途
保温轻骨料混凝土	LC5.0	≤800	主要用于保温的围护结构或热工构筑物
结构保温轻骨料混凝土	LC5.0 LC7.5 LC10 LC15	800~1400	主要用于既承重又保温的围护结构
结构轻骨料混凝土	LC15 LC20 LC25 LC30 LC35 LC40 LC45 LC50 LC55 LC60	1400~1900	主要用于承重构件或构筑物

2. 轻骨料混凝土的技术性能

轻骨料混凝土的技术性能主要有拌合物的工作性和硬化轻骨料混凝土的体积密度、强度、保温性能、变形性能和耐久性。

第五章 混凝土

(1) 拌合物的工作性

由于轻骨料表面粗糙,吸水率较大,故对拌合物的流动性影响较大。为准确控制流动性,常将轻骨料混凝土的拌合水量(总用水量)分成附加水量和净用水量两部分。附加水量是轻骨料吸收的,其数量相当于 1h 的吸水量,这部分水量对拌合物的工作性作用不大。净用水量是指不包括轻骨料 1h 吸水量的拌合用水量,该部分水量是拌合物流动性的主要影响因素。附加水量及净水量之和为总用水量。国家标准对轻骨料 1h 的吸水率的规定是粉煤灰陶粒不大于 22%;黏土陶粒和页岩陶粒不大于 10%。同普通混凝土一样,拌合水量过大,流动性可加大,但会降低其强度,对于轻骨料混凝土,拌合水量过大还会造成轻骨料上浮,造成离析,故要控制用水量。选择坍落度指标时,考虑到振捣成型时轻骨料吸入的水可能释出,加大流动性,故应比普通混凝土拌合物的坍落度值低 10~20mm。轻骨料混凝土与普通混凝土一样,砂率是影响拌合物的工作性的另一主要因素。尤其是采用轻砂时,随着砂率的提高,拌合物的工作性有所改善。在轻骨料混凝土的配合比设计中,砂率计算采用的是体积比,即细骨料与粗、细骨料总体积之比。

(2) 体积密度

与普通混凝土不同,轻骨料混凝土的体积密度范围变化较大,而且直接与硬化轻骨料混凝土的抗压强度、导热性、抗渗性、抗冻性有关系,故以体积密度为其主要的技术指标。一般来说,轻骨料混凝土的密度等级越小,其强度越低,导热系数越小,抗渗性越差。因轻骨料的体积占轻骨料混凝土总体积的 70% 以上,故轻骨料混凝土的体积密度主要决定于其粗细轻骨料的体积密度。

(3) 强度

由于轻骨料表面粗糙,且内部孔隙率高,故吸水率较高。当与水泥、水拌合时,骨料表面吸附水泥浆的能力较强,若骨料拌合前没有吸水饱和,还可吸收连结面水泥浆中的水分,降低水灰比,从而提高连结面的强度;另一方面在水泥浆硬化过程中,轻骨料吸附的水分又可缓慢释出,养护连结面水泥硬化层,进一步加快水泥石与骨料的连结面向强度发展,因此轻骨料(尤其是轻粗骨料)与水泥石间有较高的粘结强度。但与普通混凝土不同,由于轻粗骨料本身的强度较普通石子为低,故轻骨料混凝土在外力作用下的破坏不是沿连结面,而是轻骨料本身先破坏。对低强度的轻骨料混凝土,破坏也可能使水泥石先开裂。故轻骨料的强度除与普通混凝土相同的水泥强度、水灰比、龄期、养护条件等因素有关外,还直接与轻粗骨料的强度有关。轻骨料混凝土的强度和体积密度是说明其性能的主要指标。强度愈高,体积密度愈小的轻骨料混凝土性能愈好。性能优良的轻骨料混凝土,干表观密度在 1500~1800kg/m³ 间,而其 28d 抗压强度可达 40~70MPa。

(4) 变形性能

轻骨料混凝土较普通混凝土的弹性模量小 25%~65%。而且不同强度等级的轻骨料混凝土弹性模量可相差 3 倍之多。

由于轻骨料的弹性模量较普通骨料为小,所以不能有效抵抗水泥石干缩变形。故轻骨料混凝土的干缩和徐变较大。同强度的结构轻骨料混凝土构件的轴向收缩值约为普通混凝土的 1~1.5 倍。轻骨料混凝土这种变形的特点,在设计和施工中都应给予足够的重视,在《轻骨料混凝土技术规程》(JGJ 51—2002)中,对弹性模量、收缩变形和徐变值的计算都给予了明确规定。

(5) 导热性

由于轻骨料具有较多孔隙,在硬化混凝土中多以封闭孔隙的形态存在,故其导热系数较小,可有效提高混凝土的保温隔热性,对建筑物的节能有重要意义。表5-42引出了不同密度等级的轻骨料混凝土的导热系数。可见其导热系数直接与密度等级有关,密度等级越小,其导热系数越小,保温隔热性越好。

轻骨料混凝土的导热系数　　　　表 5-42

密度等级	600	700	800	900	1000	1100	1200	1300	1400	1500	1600	1700	1800	1900
导热系数 W/(m·K)	0.18	0.20	0.23	0.26	0.28	0.31	0.36	0.42	0.49	0.57	0.66	0.76	0.87	1.01

(6) 抗冻性

大量试验表明,轻骨料混凝土具有较好的抗冻性的主要原因是其在正常使用条件下,当受冻时很少达到孔隙吸水饱和。故孔隙内有较大的未被水充满的空间,当外界温度下降,孔隙内水结冰体积发生膨胀时可有效释放膨胀压力。故有较高的抗冻能力。另一方面,轻骨料混凝土较小的导热系数,也降低了冬季室内外温差在墙体上引起水分的负向迁移。故进一步降低了冻害作用。

3. 轻骨料混凝土配合比设计

轻骨料混凝土配合比设计的基本要求除与普通混凝土配合比设计相同的强度、工作性、耐久性和节约水泥要求外,还应满足对表观密度的要求。普通混凝土的配合比设计的原则和方法,同样运用于轻骨料混凝土,但由于轻骨料种类繁多、性能各异,给配合比设计增加了复杂性,故其更多的依据于经验。

轻骨料混凝土配合比的设计方法有绝对体积法和松散体积法两种。砂轻混凝土可采用绝对体积法进行设计,其基本假定是混凝土的全部组成材料的绝对体积之和为1m³混凝土的总体积。全轻混凝土(砂轻混凝土也可采用)宜采用松散体积法进行设计,其基本假定是轻粗、细骨料的松散状态的体积之和为计算基础。然后,按设计要求的干表观密度之和为依据进行校核,最后经过调整得出配合比。配合比计算中的粗、细骨料用量均以干燥状态为基准。

(1) 绝对体积法主要设计步骤

1) 设计要求及材料情况的确定

首先根据设计要求的轻骨料混凝土的强度等级、密度等级和混凝土的用途,确定粗细骨料的种类及粗骨料的最大粒径。

测定粗骨料的堆积密度,颗粒的表观密度、筒压强度、1h吸水率及细骨料的堆积密度和相对密度。

2) 混凝土试配强度的确定

轻骨料混凝土的试配强度按式(5-42)确定:

$$f_{cu,o} \geqslant f_{cu,k} + 1.645\sigma \tag{5-42}$$

式中各项的含义同式 5-9。轻骨料混凝土强度标准应根据同品种、同强度等级轻骨料混凝土的统计资料计算确定。计算时，强度试件组数不应少于 25 组。当无统计资料时，强度标准差可按表 5-43 取值。

轻骨料混凝土强度标准差（JGJ 51—2002）　　表 5-43

混凝土强度等级	<LC20	LC20~LC35	>LC35
σ(MPa)	4.0	5.0	6.0

3）确定水泥用量 m_p

不同试配强度的轻骨料混凝土的水泥用量可按表 5-44 选用。同时应满足最小水泥用量的限制（表 5-45）。

轻骨料混凝土的水泥用量（kg/m³）　　表 5-44

混凝土试配强度(MPa)	轻骨料密度等级						
	400	500	600	700	800	900	1000
<5.0	260~320	250~300	230~280				
5.0~7.5	280~360	260~340	240~320	220~300			
7.5~10		280~370	260~350	240~320			
10~15			280~350	260~340	240~330		
15~20			300~400	280~380	270~370	260~360	250~350
20~25				330~400	320~390	310~380	300~370
25~30				380~450	370~440	360~430	350~420
30~40				420~500	390~490	380~480	370~470
40~50					430~530	420~520	410~510
50~60					450~550	440~540	430~430

注：1. 表中横线以上为采用 32.5 级水泥用量值；横线以下为采用 42.5 级水泥时的水泥用量值；
　　2. 表中下限值适用于圆球型和普通型轻粗骨料，上限值适用于碎石型轻粗骨料和全轻混凝土；
　　3. 最高水泥用量不宜超过 500kg/m³。

轻骨料混凝土的最大水灰比和最小水泥用量　　表 5-45

混凝土所处的环境条件	最大水灰比	最小水泥用量(kg/m³)	
		配筋混凝土	素混凝土
不受风雪影响混凝土	不作规定	270	250
受风雪影响的露天混凝土；位于水中及水位升降范围内的混凝土和潮湿环境中的混凝土	0.50	325	300
寒冷地区位于水位升降范围内的混凝土和受水压或除冰盐作用的混凝土	0.45	375	350
严寒和寒冷地区位于水位升降范围内和受硫酸盐、除冰盐等腐蚀的混凝土	0.40	400	375

注：1. 严寒地区指寒冷月份的月平均温度低于 −15℃ 者，寒冷地区指最寒冷月份的月平均温度处于 −5~−15℃ 者；
　　2. 水泥用量不包括掺和料；
　　3. 寒冷和严寒地区用的轻骨料混凝土应掺入引气剂，其含气量宜为 5%~8%。

4）确定净用水量

根据混凝土制品的生产工艺和施工条件要求的稠度指标，按表5-46确定净用水量。配合比中的水灰比应以净水灰比表示，配制全轻混凝土时可采用总水灰比表示，但先加以说明。为保持轻骨料混凝土的耐久性，水灰比先满足表5-38所示最大水灰比的要求。

5) 确定砂率 S_p

根据轻骨料混凝土的用途，按表5-47选用砂率。

轻骨料混凝土的净用水量（JGJ 51—2002） 表 5-46

轻骨料混凝土用途	稠度		净用水量(kg/m³)
	维勃稠度(s)	坍落度(mm)	
预制构件及制品： (1) 振动加压成型 (2) 振动台成型 (3) 振捣棒或平板振动器振实	10～20 5～10 —	— 0～10 30～80	45～140 140～180 165～215
现浇混凝土： (1) 机械振捣 (2) 人工振捣或钢筋密集	— —	50～100 ≥80	180～225 200～230

注：1. 表中值适用于圆球型和普通型轻粗骨料，对碎石型轻骨料，宜增加10kg左右的用水量。
2. 掺加外加剂时，宜按其减水率适当减少用水量，并按施工稠度要求进行调整；
3. 表中值适用于轻砂混凝土；若采用轻砂时，宜取轻砂 1h 吸水率为附加水量；若无轻砂吸水率数据时，可适当增加用水量，并按施工稠度要求进行调整。

轻骨料混凝土的砂率（JGJ 51—2002） 表 5-47

轻骨料混凝土用途	细骨料品种	砂率(%)
预制构件	轻砂	35～50
	普通砂	30～40
现浇混凝土	轻砂	—
	普通砂	35～45

注：1. 当混合使用普通砂和轻砂作细骨料时，砂率宜取中间值，宜按普通砂和轻砂的混合比例进行插入计算；
2. 当采用圆球型轻粗骨料时，砂率宜取表中值下限；采用碎石型时，则宜取上限。

6) 确定粗、细骨料用量 m_a 和 m_s

按下列公式计算粗、细骨料的用量：

$$V_s = \left[1 - \left(\frac{m_c}{\rho_c} + \frac{m_{wn}}{\rho_w}\right) \div 1000\right] \times S_p \tag{5-43}$$

$$m_s = V_s \times \rho_s \tag{5-44}$$

$$V_a = 1 - \left(\frac{m_c}{\rho_c} + \frac{m_{wn}}{\rho_w} + \frac{m_s}{\rho_s}\right) \div 1000 \tag{5-45}$$

$$m_a = V_a \times \rho_{ap} \tag{5-46}$$

式中 V_s——每立方米混凝土的细骨料绝对体积（m³）；

m_c——每立方米混凝土的水泥用量（kg）；

m_{wn}——每立方米混凝土的净用水量（kg）；

ρ_c——水泥的相对密度，可取 ρ_c=2.9～3.1；

ρ_w——水的密度，可取 ρ_w=1.0；

第五章 混凝土

V_a——每立方米混凝土的轻粗骨料绝对体积（m^3）；

ρ_s——细骨料密度，采用普通砂时，为轻砂的颗粒表观密度（g/cm^3）；

ρ_{ap}——轻粗骨料的颗粒表观密度（g/cm^3）。

7）确定总用水量 m_{wt}

根据净用水量和附加水量的关系，按（式5-46）计算总用水量：

$$m_{wt}=m_{wn}+m_{wa} \tag{5-47}$$

式中 m_{wt}——每立方米混凝土的总用水量（kg）；

m_{wn}——每立方米混凝土的净用水量（kg）；

m_{wa}——每立方米混凝土的附加水量（kg）。

附加水量的计算应根据粗骨料的预湿处理方法和骨料的品种按表5-48所列公式计算。

附加水量的计算（JGJ 51—2002）　　　　表5-48

项　目	附加水量（m_{wa}）
粗骨料预湿，细骨料为普砂	$m_{wa}=0$
粗骨料不预湿，细骨料为普砂	$m_{wa}=m_a \cdot w_a$
粗骨料预湿，细骨料为轻砂	$m_{wa}=m_s \cdot w_s$
粗骨料不预湿，细骨料为轻砂	$m_{wa}=m_a \cdot w_a + m_s \cdot w_s$

注：1. w_a、w_s 分别为粗、细骨料的1h吸水率；

　　2. 当轻骨料含水时，必须在附加水量中扣除自然含水量。

8）确定混凝土的干表观密度

按下式计算混凝土的干表观密度，并与设计要求的干表观密度进行对比，当其误差大于2%，则应调整和计算配合比（式5-48）。

$$\rho_{cd}=1.15m_c+m_a+m_s \tag{5-48}$$

式中 ρ_{cd}——轻骨料混凝土的干表观密度（kg/m^3）。

（2）松散体积法主要设计步骤

其设计步骤1）、2）、3）、4）、7）、8）条与绝对体积法设计步骤的对应条目相同；5）确定松散体积砂率 S_P，根据混凝土用途要求按表5-46选取松散体积砂率；6）确定粗细骨料用量 m_s 和 m_a，根据粗、细骨料的类型，按表5-49选用粗、细骨料总体积，并按式（5-52）、式（5-50）计算每立方米混凝土的粗细骨料用量 m_a 和 m_s。

粗、细骨料总体积（JGJ 51—2002）　　　　表5-49

轻粗骨料粒型	细骨料品种	粗、细骨料总体积（m^3）
圆球型	轻砂	1.25～1.50
	普通砂	1.10～1.40
普通型	轻砂	1.30～1.60
	普通砂	1.10～1.50
碎石型	轻砂	1.35～1.65
	普通砂	1.10～1.60

$$V_s = V_t \times S_P \tag{5-49}$$
$$m_s = V_s \times \rho_{1s} \tag{5-50}$$
$$V_a = V_t - V_s \tag{5-51}$$
$$m_a = V_a \times \rho_{1a} \tag{5-52}$$

式中 V_s，V_a，V_t——分别为每立方米细骨料、粗骨料和粗、细骨料的松散体积（m^3）；

m_s，m_a——分别为每立方米细骨料和粗骨料的用量（kg）；

S_P——砂率（%）；

ρ_{1s}，ρ_{1a}——分别为细骨料和粗骨料的堆积密度（kg/m^3）。

计算出的轻骨料混凝土配合比必须通过试配予以调整。

配合比的调整应按下列步骤进行：

1）以计算的混凝土配合比为基础，再选取与之相差±10%的相邻两个水泥用量，用水量不变，砂率相应适当增减，分别按三个配合比拌制混凝土拌合物。测定拌合物的稠度，调整用水量，以达到要求的稠度为止；

2）按校正后的三个混凝土配合比进行试配，检验混凝土拌合物的稠度和振实湿表观密度，制作确定混凝土抗压强度标准值的试块，每种配合比至少制作一组；

3）标准养护28d后，测定混凝土抗压强度和干表观密度。最后，以既能达到设计要求的混凝土配制强度和干表观密度又具有小水泥用量的配合比作为选定的配合比；

4）对选定配合比进行质量校正。其方法是先按式（5-53）计算出粗骨料混凝土的计算湿表观密度，然后再与拌合物的实测振实湿表观密度相比，按式（5-54）计算校正系数：

$$\rho_{cc} = m_a + m_s + m_c + m_f + m_{wt} \tag{5-53}$$
$$\eta = \frac{\rho_{co}}{\rho_{cc}} \tag{5-54}$$

式中 η——校正系数；

ρ_{cc}——按配合比各组成材料计算的湿表观密度（kg/m^3）；

ρ_{co}——混凝土拌合物的实测振实湿表观密度（kg/m^3）；

m_a、m_s、m_c、m_f、m_{wt}——分别为配合比计算所得的粗骨料、细骨料、水泥、粉煤灰用量和总用水量（kg/m^3）。

5）选定配合比中的各项材料用量均乘以校正系数即为最终的配合比设计值。

4. 轻骨料混凝土的生产注意事项

（1）由于轻骨料的吸水率较大，故轻骨料混凝土的拌合水量中，应考虑轻骨料吸收的"附加水量"。若采用将轻骨料预湿饱和后再进行搅拌的方法，则其总用水量等于净用水量。

（2）轻骨料混凝土拌合物中的轻骨料容易上浮，不易搅拌均匀，应选用强制式搅拌机搅拌，采用堆积密度在500kg/m^3以上的轻骨料配制的塑性砂轻混凝土可采用自落式搅拌机。

(3) 为防止拌合物离析，混凝土拌合物的运输距离应尽量缩短，在停放或运输过程中若产生拌合物稠度损失或离析较严重，浇筑前宜采用人工二次拌合。

(4) 振捣延续时间以拌合物捣实为准，振捣时间不宜过长，以防轻骨料上浮，为防止轻骨料上浮最好采用加压振捣，采用插入式振捣器，先缩小振捣间距。

二、加气混凝土

加气混凝土是含硅材料（如石英砂、粉煤灰、尾矿粉、粒化高炉矿渣等）和钙质材料（如水泥、生石灰等）加水并加入适量的发气剂和其他附加剂，经混合搅拌、浇筑发泡、坯体静停与切割，再经蒸压或常压蒸汽养护而制成的一种不含粗骨料的轻混凝土。

蒸压加气混凝土的结构形成包括两个过程：第一是由于发气剂与碱性水溶液之间反应产生气体使料浆膨胀及水泥和石灰的水化凝结而形成多孔结构的过程。第二是蒸压条件下钙质材料与含硅材料发生水热反应使强度增长的过程。

常用的发气剂有铝粉和双氧水等。掺铝粉作为发气剂是目前国内外广泛应用的一种方法。铝粉同碱性物质 $Ca(OH)_2$ 的饱和溶液可反应产生氢气：

$$2Al + 3Ca(OH)_2 + 6H_2O = 3CaO \cdot Al_2O_3 \cdot 6H_2O + 3H_2 \uparrow$$

水中氢气溶解度很小（20℃时，每升水仅溶解0.01L），由于气相的增加及氢气受热体积膨胀，而使混合料浆膨胀，内部产生大量封闭或连通的气孔。

加气混凝土属于一种高分散多孔结构的制品。根据孔径的不同，可将气孔分为毫米级（0.1～5mm）的宏观气孔和大小在 0.0075～0.1μm 之间的细微孔。孔径在很大程度上取决于成型方法、原材料性质、发气剂用量、水料间的比例及发气凝结过程。孔径的大小和孔的均匀性、孔壁厚度与孔壁的性质对加气混凝土的性能有很大关系。一般来说，孔径在0.2～0.5mm范围内，且主要为球型闭孔结构的加气混凝土技术性能最佳。

加气混凝土的技术指标是表观密度及强度。一般表观密度越大，孔隙率越小，强度越高，但保温隔热性越差。加气混凝土按干表观密度（kg/m^3）分为500级和700级两种，对应的强度（含水率10%气干工作状态下的立方体抗压强度）分别为3MPa 和5MPa，其导热系数约为 $0.13～0.20W/(m \cdot K)$，具有较高的保温隔热性能。加气混凝土宜作屋面板、砌块、配筋墙板和绝热材料。500级，强度为3MPa的砌块用于横墙承重的房屋时，其层数不得超过三层，总高度不超过10m。700级，强度为5MPa的砌块，一般不宜超过五层，总高度不超过16m。由于加气混凝土孔隙率高，强度较低，抗渗性较差，故在建筑物基础、处于浸水、高湿和有化学侵蚀的环境中不得采用。加气混凝土外墙面应采用饰面防护措施。当加气混凝土中配有钢筋或钢筋网片时，由于加气混凝土碱度低，且结构多孔，钢筋锈蚀严重，故应在加气混凝土中掺加钢筋防腐剂，如有机溶剂型的苯乙烯、沥青类防腐剂、水泥-沥青-酚醛树脂防腐剂和以苯乙烯-丙烯酸丁酯-丙烯酸三元共聚乳液为主的乳胶漆防腐剂等。

由于加气混凝土能利用工业废料（粉煤灰等），产品成本较低，能大幅度降低建筑物的自重，保温隔热性能优良，因此具有较好的经济技术效果，得到广泛应用。

三、大孔混凝土

大孔混凝土是以粒径相近的粗骨料、水泥、水，有时掺入外加剂，一般不含或仅掺少量细骨料配制而成的混凝土。该种混凝土由于特殊的骨料级配，造成较严重的粒径干扰，同时控制水泥浆用量，使其只起粘结骨料的作用，而不是起到填充空隙的作用，因而在内部形成大量空隙而得名。

大孔混凝土按掺砂与否分为无砂大孔混凝土和少砂大孔混凝土。按粗骨料的种类可分为采用普通碎石、卵石的普通大孔混凝土和采用轻粗骨料（黏土陶粒、粉煤灰陶粒等）的轻骨料大孔混凝土。

大孔混凝土的主要技术指标有表观密度、强度、导热系数、抗冻性等。普通大孔混凝土的表观密度为 $1500 \sim 1950 kg/m^3$，抗压强度为 $3.5 \sim 10MPa$；粗骨料大孔混凝土的表观密度约为 $800 \sim 1500 kg/m^3$，抗压强度为 $2.5 \sim 10MPa$；可按表观密度划分为 LC2.5、LC3.5、LC5.0、LC7.5、和 LC10.0 5 个强度等级。大孔混凝土的导热系数小，保温性能良好；收缩比普通混凝土小 30%~50%；抗冻等级可达 F15~F25。

由于大孔混凝土无砂或少砂且含有大量空隙，故配制无砂大孔混凝土时，水泥用量一般为 $150 \sim 250 kg/m^3$，配制时应严格控制用水量。如用水量过多将使水泥浆沿骨料向下流淌，使混凝土强度不均，容易在强度弱的地方发生断裂。

大孔混凝土可用来制作墙体、砌筑用的小型空心砌块，混凝土复合墙板等，成为我国墙体材料改革中很有发展前途的一种新型墙体材料。还可根据其具有透气、透水性大的特点，在土木工程中用作滤水管、滤水板及排水暗管等。

第九节　特殊性能混凝土

混凝土广泛用于建筑工程的近 200 年来，随着工程建设不断发展所提出的对功能的特殊要求，各种具有特殊性能的混凝土不断出现。这些有独特性能的混凝土不断满足了建筑工程发展的需要，反过来也极大地促进了建筑科学技术的日新月异。大多数新品种的混凝土是基于传统普通混凝土的基础上发展起来的，但性能又各具特色，不同于普通混凝土，它们共同组成的混凝土大家族，扩大了混凝土的应用范围，从长远看是很有发展潜力的。本节简要的介绍几种典型的特殊性能混凝土。

一、抗渗混凝土

抗渗混凝土是指抗渗等级不低于 P6 的混凝土。普通混凝土由于主要是根据强度和工作性要求配制的，因此水灰比较高，硬化后的混凝土中含有较多的泌水通道。造成了抗渗透性较低的缺点（一般不超过 P4）。如果能够采取技术措施，将硬化混凝土中的孔隙，尤其是将连通孔减少或堵塞，就能明显提高其抗渗性，这就是抗渗混凝土的设计出发点。在混凝土中形成泌水连通孔隙的主要原因：一是为考虑一定的施工流动性，水灰比较高，故水泥水化后剩余的水分挥发形成孔隙。二是水泥浆较少，仅够满足骨料粘结和填充骨料间空隙的要求而不足以进一步提高混凝土的密实性。三是骨料中所含泥和泥块使抗渗性大打折扣。四是粗骨料的最大粒径，颗粒级配的情况及砂率的选择也都会影响混凝土的密实性。故在抗渗混凝土的设计中部颁标准 JGJ 55—2011 提出了以下规定：

(1) 粗骨料宜采用连续级配，其最大粒径不宜大于 40mm，含泥量不得大于 1.0%，泥块含量不得大于 0.5%。细骨料的含泥量不得大于 3.0%，泥块含量不得大于 1.0%，砂率适度加大，宜为 35%～45%。

(2) 外加剂宜采用防水剂、膨胀剂、引气剂、减水剂或引气减水剂。需要说明的是外加剂的掺入已成为抗渗混凝土设计不可缺少的技术措施。其中，防水剂（氢氧化铁或氢氧化镁溶液）通过生成不溶于水的胶体可有效堵塞泌水孔隙，引气剂通过稳定存在的气泡截断了水渗入的通道，掺用引气剂的抗渗混凝土含气量宜控制在 3%～5%。而膨胀剂和减水剂分别通过水泥硬化过程中生成膨胀性物质和有效减少拌合水量来增加混凝土的密实性，成为提高混凝土抗渗性的主要技术措施。

(3) 宜掺用矿物掺合料。矿物掺合料由颗粒大小介于水泥和砂之间的矿物颗粒组成。如粉煤灰、天然石粉等，可改善骨料和水泥颗粒间的逐级填充，同时产生水化反应进一步加大混凝土的密实度。每立方米混凝土中水泥和矿物掺合料的总量不宜小于 320kg。

(4) 抗渗混凝土配合比设计时，除去按常规计算满足强度要求的水灰比外，还应按表 5-50 检验是否满足抗渗要求。

抗渗混凝土最大水灰比（JGJ 55—2011）　　　　　表 5-50

抗 渗 等 级	最 大 水 灰 比	
	C20～C30 混凝土	C30 以上混凝土
P6	0.60	0.55
P8～P12	0.55	0.50
P12 以上	0.50	0.45

(5) 抗渗混凝土配合比设计中，应增加抗渗透性能试验。试配要求的抗渗水压值应比设计值高 0.2MPa，试配时宜采用水灰比最大的配合比做抗渗试验，其试验结果应符合式（5-55）要求：

$$P_t \geq \frac{P}{10} + 0.2 \qquad (5-55)$$

式中　P_t——6 个试件中 4 个未出现渗水时的最大水压值（MPa）。

　　　　P——设计要求的抗渗等级值。

抗渗混凝土适用于地下防水工程，抗渗漏的容器如高水压容器或储油罐等工程和部位。

二、抗冻混凝土

抗冻混凝土是指抗冻等级不低于 F50 的混凝土。

混凝土的冻害主要是孔隙内水结冰体积膨胀对混凝土孔壁形成的冰胀应力以及构件受冻后不同部位间存在温差而引起的温度压力。而从材料本身可克服的技术措施看，主要应从提高混凝土的密实度、减少水的渗入或在孔隙中留有释放冰胀体积的空间等方面给予解决。

行业标准 JGJ 55—2011 中对抗冻混凝土提出了以下技术措施和规定。

(1) 因水泥的活性混合材料需水量大，对提高混凝土的抗冻性不利。故配制抗冻混凝土应选用硅酸盐水泥或普通硅酸盐水泥，不宜使用火山灰质硅酸盐水泥。

(2) 宜选用连续级配的粗骨料，其含泥量不得大于 1.0%，泥块含量不得大于 0.5%；细骨料含泥量不得大于 3.0%，泥块含量不得大于 1.0%。

(3) 由于骨料的坚固性，尤其是一些风化较严重的骨料会影响混凝土的抗冻性，故对于抗冻混凝土的粗、细骨料应进行坚固性试验。

(4) 抗冻混凝土配合比应符合下列规定：

1) 最大水胶比和最小胶凝材料用量应符合表 5-51 的规定；

2) 复合矿物掺合料掺量应符合表 5-52 的规定；其他矿物掺合料掺量参见表 5-51 和表 5-52 的规定；

3) 抗冻混凝土宜掺用引气剂，掺用引气剂的混凝土最小含气量参见表 5-19 的规定。

抗凝混凝土主要应用于处于受潮的冻融环境中的混凝土工程，如道如、桥梁、飞机场跑道及地下水升降活动的冻土层范围内的基础工程等。

抗冻混凝土的最大水胶比和最小胶凝材料用量（JGJ 55—2011）　　表 5-51

设计抗冻等级	最大水胶比		最小胶凝材料用量 (kg/m³)
	无引气剂时	掺引气剂时	
F50	0.55	0.60	300
F100	0.50	0.55	320
不低于 F150	—	0.50	350

抗冻混凝土复合矿物最大掺量（JGJ 55—2011）　　表 5-52

水胶比	最大掺量(%)	
	采用硅酸盐水泥时	采用普通硅酸盐水泥时
≤0.4	60	50
>0.4	50	40

注：1. 采用其他通用硅酸盐水泥时，可将水泥混合材掺 20% 以上的混合材量计入矿物掺合料；
2. 复合矿物掺合料中各矿物掺合料组分的掺量不宜超过表 5-21 中单掺时的限量。

三、大体积混凝土

大体积混凝土是体积较大的、可能由胶凝材料水化热引起的温度应力导致有害裂缝的结构混凝土。通常认为，大体积混凝土是指混凝土结构物中实体最小尺寸大于或等于1m，或预计会因水泥水化热引起混凝土内外温差过大而导致裂缝的混凝土。大体积混凝土有如下特点：

（1）混凝土结构物体积较大，在一个块体中需要浇筑大量的混凝土。

（2）大体积混凝土常处于潮湿或与水接触的环境条件下。因此要求除一定的强度外，还必须具有良好的耐久性，有的要求具有抗冲击或震动作用等性能。

（3）大体积混凝土由于水泥水化热不容易很快散失，内部温升较高，与外部环境温差较大时容易产生温度裂缝。降低混凝土硬化过程中胶凝材料的水化热以及养护过程中对混凝土进行温度控制是大体积混凝土应用最突出的特点。

大型土木工程，如大坝、大型基础、大型桥墩以及海洋平台等体积较大的混凝土均属大体积混凝土。为了最大限度地降低温升，控制温度裂缝，在工程中常用的防止混凝土裂缝的措施主要有：采用中、低热的水泥品种；对混凝土结构合理进行分缝分块；在满足强度和其他性能要求的前提下，尽量降低水泥用量；掺加适宜的化学和矿物外加剂；选择适宜的骨料；控制混凝土的出机温度和浇筑温度；预埋水管、通水冷却，降低混凝土的内部温升；采取表面保护、保温隔热措施，降低内外温差等措施来降低或推迟热峰，从而控制混凝土的温升。

行业标准JGJ55—2011对大体积混凝土提出以下技术规定：

（1）大体积混凝土宜采用中、低热硅酸盐水泥或低热矿渣硅酸盐水泥，水泥的3d和7d水化热应符合相关标准规定；当采用硅酸盐水泥或普通硅酸盐水泥时应掺加矿物掺合料，胶凝材料的3d和7d水化热分别不宜大于240kJ/kg和270kJ/kg。

（2）粗骨料宜为连续级配，最大公称粒径不宜小于31.5mm，含泥量不应大于1.0%；细骨料宜采用中砂，含泥量不应大于3.0%。

（3）宜掺用矿物掺合料和缓凝型减水剂。

（4）当设计采用混凝土60d或90d龄期强度时，宜采用标准试件进行抗压强度试验。

（5）大体积混凝土配合比应符合下列规定：

1）水胶比不宜大于0.55，用水量不宜大于175kg/m³；

2）在保证混凝土性能要求的前提下，宜提高每立方米混凝土中的粗骨料用量，砂率宜为38%~42%；

3）在保证混凝土性能要求的前提下，应减少胶凝材料中的水泥用量，提高矿物掺合料掺量，矿物掺合料掺量应符合表5-21的规定。

（6）在配合比试配和调整时，控制混凝土绝热温升不宜大于50℃。

（7）大体积混凝土配合比应满足施工对混凝土凝结时间的要求。

四、高强混凝土

高强混凝土是指强度等级不低于C60的混凝土。

传统混凝土一般只以水泥、砂、石和水作为四大组分，而现代高强混凝土则以高效减水剂等化学外加剂和优质矿物掺合料作为其第五和第六组分。现代高强混凝土技术是在高效减水剂发明之后，从20世纪70年代开始发展起来的，开始是以高纯度和高工作性为目标。而其致密的结构通常又使这一种混凝土兼具其他优良性能，其应用已遍及桥梁、建筑、港口、道路、海工、地下等各个土建工程领域，现在发达国家已普遍能提供C80～C100的高强混凝土。

与传统的混凝土相比，高强混凝土在原材料和配合比上主要有两点不同，即低水灰比和多组分，其目的都是为了增加混凝土的密实程度，改善骨料和硬化水泥之间的界面性能，从而达到高强和耐久。高效减水剂的引入解决了低水灰比与混凝土拌合物高工作性间的矛盾，具有高度分散水泥颗粒和清除絮凝的作用，从而减少混凝土的毛细孔，提高了密实度。矿物掺合料细粉都具有一定化学活性，如粉煤灰，磨细高炉炉渣、硅灰、天然沸石粉，在混凝土的碱性环境中能与水泥水化产物$Ca(OH)_2$及水发生水化反应生成有利于强度的水化产物，极细的矿粉颗粒还能使水泥水化生成的$Ca(OH)_2$结晶变得细小，减少有害的片状$Ca(OH)_2$含量，提高界面过渡层的密实程度，改善混凝土的微观结构；矿物掺合料的另一个作用是改善填充作用，比如硅灰的颗粒平均直径要比水泥小两个数量级，能很好地填充水泥颗粒间的空隙，从而使混凝土更加密实，提高强度。为使混凝土具有高强度，水与胶凝材料（包括水泥和矿物掺合料）之比即水胶比（W/B）正常在0.3～0.4之间，如为达到更高强度，甚至可达到0.25或以下，但混凝土的水泥全部水化所需水灰比不能低于0.4，所以高强混凝土中有相当一部分水泥颗粒并不能完全水化，仅起到细微骨架作用，因此可减少水泥用量，用矿物掺合料替代。加入矿物掺合料还可同时防止水化热引起的开裂，对提高混凝土的耐腐蚀和防止碱骨料反应也有明显的作用。

用于高强混凝土的粗骨料的性能对混凝土的抗压强度和弹性模量起着主要制约作用。当混凝土的强度等级在C50～C60时，对粗骨料并无过分的要求。但对于强度等级在C70～C80及以上的高强混凝土，则应仔细检验粗骨料的性能。对于>C60的高强混凝土宜选用坚硬密实的石灰岩或辉绿岩、花岗岩、正长岩、辉长岩等深成岩碎石或卵石骨料。配制高强混凝土应符合JGJ 55—2011中提出的有关原则和规定：

（1）应选用质量稳定、强度等级不低于42.5级的硅酸盐水泥或普通硅酸盐水泥。

（2）粗骨料的最大公称粒径不宜大于25mm。同时粗骨料的针片状颗粒含量不应大于5.0%，含泥量和泥块含量不应大于0.5%和0.2%。

（3）细骨料的细度模数宜为2.6～3.0，含泥量和泥块含量不应大于2.0%和0.5%。

（4）配制高强混凝土宜采用减水率不小于25%的高性能减水剂。

（5）配制高强混凝土应掺用活性较好的矿物掺合料，且宜复合掺用粒化高炉矿渣粉、粉煤灰和硅灰等矿物掺合料；粉煤灰等级不应低于Ⅱ级；对于强度等级不低于C80的高强度混凝土宜掺用硅灰。

（6）高强混凝土配合比应经试验确定。在缺乏试验依据的情况下，高强混凝土配合比设计宜符合下列要求：

1) 水胶比、胶凝材料用量和砂率可按表5-53选取，并应经试配确定；

第五章 混凝土

高强混凝土水胶比、胶凝材料用量和砂率（JGJ 55—2011）　　表 5-53

强度等级	水胶比	胶凝材料用量(kg/m³)	砂率(%)
≥C50,＜C80	0.28～0.34	480～560	35～42
≥C80,＜C100	0.26～0.28	520～580	
C100	0.24～0.26	550～600	

2）外加剂和矿物掺合料的品种、掺量，应通过试配确定；矿物掺合料掺量宜为 25%～40%；硅灰掺量不宜大于 10%；

3）水泥用量不宜大于 500kg/m³。

（7）在试配过程中，应采用三个不同的配合比进行混凝土强度试验，其中一个可为依据表 5-53 计算后调整拌合物的试拌配合比，另外两个配合比的水胶比，宜较试拌配合比分别增加和减少 0.02。

（8）高强混凝土设计配合比确定后，尚应采用该配合比进行不少于两盘混凝土的重复试验，每盘混凝土应至少成型一组试件，每组混凝土的抗压强度不应低于配制强度。

（9）高强混凝土抗压强度测定宜采用标准试件通过试验测定；使用非标准尺寸试件时，尺寸折算系数应由试验确定。

五、流态混凝土和泵送混凝土

流态混凝土（亦称大流动性混凝土）是指混凝土拌合物坍落度大于或等于 160mm 呈高度流动状态的混凝土。主要应用于不便振捣施工、用普通塑性混凝土难于浇筑密实的部位，可自动流满模板并呈密实状态，因此也称为自流密实混凝土。流态混凝土适用于浇筑钢筋特别密、形状复杂、截面窄小的料仓壁，高层建筑的剪力墙，安装机械设备的预留孔，隧洞衬砌的封顶部位或水下混凝土等。

流态混凝土是在拌合物中加入流化剂（即高效减水剂）而成。由于加入流化剂后，混凝土的水灰比不变或改变很小，故能在保证强度和耐久性的前提下，大大提高拌合物的流动性，使其达到设计要求的坍落度。为避免流态混凝土施工过程中产生离析及分层现象，除合理选择减水剂品种外，在配合比设计中应适当加大砂率 5%～10%，且砂中应含有一定量的细颗粒，必要时可掺用一定数量的粉煤灰，以提高混凝土拌合物的黏聚性。一般粗骨料最大粒径不宜大于 40mm，水泥与小于 0.315mm 的细骨料颗粒的总和不宜小于 400～450kg/m³。

配制流态混凝土的流化剂应选用非加气型的、不缓凝的高效减水剂，常用的有萘系或树脂系高效减水剂，掺量一般为水泥用量的 0.5%～0.7%。为避免在运输过程中混凝土坍落度的损失，可采取后加法（即在预拌混凝土浇灌前加入，随即使用）。增加 0.5% 的萘系 UNF 高效减水剂，可使拌合物的坍落度为 80～120mm 的普通混凝土坍落度提高至 180～210mm，抗压强度、弹性模量等力学性能并不降低，含气量、干缩、泌水亦无改变，并有一定的早强效果。

泵送混凝土是指可在施工现场通过压力泵及输送管道进行浇筑的混凝土。近年来为提高施工效率和减少施工现场组织的复杂性，商品预拌混凝土和混凝土泵送机械的应用逐渐推广，对泵送混凝土的需求也迅速增加。泵送混凝土是在混凝土泵的推动下沿管道进行传输和浇筑的，因此它不但要满足强度和耐久性的要求，更要满足管道输送对混凝土拌合物提出的可泵性要求。所谓可泵性是指混凝土拌合物应具有顺利通过管道、与管道间的摩擦阻力小、不离析、不泌水、不阻塞的性能。

泵送混凝土应选用硅酸盐水泥、普通硅酸盐水泥、矿渣硅酸盐水泥和粉煤灰硅酸盐水泥，不宜采用火山灰质硅酸盐水泥。为保持良好的可泵性，泵送混凝土应在混凝土拌合物中掺加泵送剂或减水剂。掺用引气型外加剂时，其混凝土含气量不宜超过4%，以防在泵送过程中众多的气泡降低泵送效率，以致引起堵泵。配制泵送混凝土的粗骨料应采用连续级配，最大粒径应满足表5-54的要求。细骨料应采用中砂，小于0.315mm的颗粒含量不应小于15%，砂率宜为35%～45%。泵送混凝土宜掺用粉煤灰或其他矿物掺合料，为防止水泥用量（含矿物掺量）过小，造成含浆量过小使拌合物干涩（同样坍落度情况下）不利于泵送，水泥和矿物掺合料总量不宜小于300kg/m³且水灰比不能太大，应控制用水量与水泥和矿物掺合料总量之比不大于0.6，以免浆体黏度小造成离析。

应指出，泵送混凝土的坍落度能满足施工及管道运输的要求即可，不一定达到流态混凝土的水平，但流态混凝土一般都需采用泵送的方式进行浇筑施工。

粗骨料的最大公称粒径与泵送混凝土输送管径之比（JGJ 55—2011） 表 5-54

粗骨料品种	泵送高度(m)	粗骨料最大公称粒径与输送管径比
碎石	<50	≤1∶3.0
	50～100	≤1∶4.0
	>100	≤1∶5.0
卵石	<50	≤1∶2.5
	50～100	≤1∶3.0
	>100	≤1∶4.0

六、高性能混凝土

高性能混凝土的"性能"应该区别于传统混凝土的性能。但是，高性能混凝土不像高强混凝土那样，可以用单一的强度指标予以明确定义，不同的工程对象在不同场合对混凝土的各种性能有着不同的要求，并可随不同的使用对象与地区而变。

高性能混凝土是一种新型高技术混凝土，是以耐久性作为设计的主要指标，针对不同用途的要求，对耐久性、施工性、适用性、强度、体积稳定性和经济性等性能有重点的加以保证，在大幅度提高普通混凝土性能的基础上采用现代混凝土技术制作的混凝土。与传统的混凝土相比，高性能混凝土在配制上采用低用水量（水与胶结材料总量之比低于0.4，或至多不超过0.45），较低的水泥用量，并以化学外加剂和矿物掺合料作为水泥、水、砂、石之外的必需组分。虽然高性能混凝土的内涵不单单反映在高耐久性上，但是目前国内外学术界和工程界普遍认为耐久性仍应是高性能混凝土的基础性指标。

高性能混凝土的技术途径主要应从材料选择、配合比设计及拌制工艺等方面着手。

1. 材料选择

(1) 水泥

配制高性能混凝土宜选用强度等级不低于42.5的硅酸盐水泥、普通硅酸盐水泥、中低热水泥，对水泥的主要要求：C_3A含量不宜超过8%，含碱量不宜超过0.7%；需水量小；细度不宜过高，颗粒形状和级配合理。

(2) 矿物掺合料

大掺量矿物掺合料混凝土可以制成耐久性很好的高性能混凝土。使用的矿物掺合料主要以粉煤灰和磨细矿渣粉为代表，国外也有少数掺加较多石灰石粉的实例。必要时，也可以掺用磨细天然沸石粉和硅灰。

(3) 高性能混凝土外加剂

对高性能混凝土用化学外加剂的要求是：减水率高（20%～35%）；保塑性好，能延缓坍落度损失；对水泥适应性好；能改善混凝土的孔结构，提高抗渗性、耐久性等；能调节混凝土的凝结和硬化速度；氯离子含量和含碱量低。

(4) 粗细骨料

配制高性能混凝土的粗骨料颗粒尺寸必须大小搭配、有良好的级配，这样才能减少用于填充骨料间空隙的浆体量，减少混凝土收缩而有利于防裂。高性能混凝土应选用粒径较小（最大粒径不宜大于25mm）的石子。且应选用粒形接近于等径状的石子，以获得混凝土拌合物良好的施工性能，并对硬化后的强度有利。为此，要控制针、片状颗粒含量不大于5%。

2. 配合比设计

为能得到很低的渗透性并使活性矿物掺合料充分发挥强度效应，高性能混凝土水胶比一般低于0.40，但必须通过加强早期养护加以控制。

高性能混凝土在配合比上的特点是低用水量，较低的水泥用量，并以大量掺用的优质矿物掺合料和配用的高性能混凝土外加剂作为水泥、水、砂、石之外的混凝土必需组分。

3. 拌制工艺

高性能混凝土水泥等胶结料总量较大，用水量小，混凝土拌合物组分多、粘性较大，不易拌合均匀，需要采用拌合性能好的强制搅拌设备，适当延长搅拌时间。

在世界范围内，高性能混凝土已成为土木工程技术中的研究和开发热点，各个发达国家投入了大量资金，由政府机构来组织配套研究并通过示范工程加以推广。在全面实现现代化，大规模进行基础设施建设的今天，结合我国国情发展高性能混凝土，为高质量的工程设施建设提供性能可靠、经济耐久且符合持续发展要求的结构材料，比起其他发达国家来更具紧迫性。

应用案例与发展动态

提高东海大桥混凝土结构耐久性的措施(摘选)❶

东海大桥是连接位于浙江杭州湾嵊泗县小洋山岛的上海航运中心洋山深水港和上海南汇芦潮港的集装箱物流输送动脉,延亘在东海海区32.5km,是中国第一座外海跨海大桥,对上海洋山深水港的正常运转起到不可或缺的支撑保障作用,因此在国内首次采用100a设计基准期,可谓世纪工程。为保证东海大桥混凝土结构的耐久性,工程采取了以高性能混凝土技术为核心的综合耐久性技术方案。

1. 东海大桥混凝土结构布置和耐久性设计背景

东海大桥跨海段通航孔部分预应力连续梁、桥塔、墩柱和承台均采用现浇混凝土;非通航孔部分以预制混凝土构件为主,非通航孔承台采用现浇混凝土。混凝土的设计强度C40。

东海大桥地处北亚热带南缘、东北季风盛行区,受季风影响冬冷夏热,四季分明,降水充沛,气候变化复杂,多年平均气温为15.8℃,海区全年盐度一般在1‰~3.2‰之间变化,海洋环境特征明显。

在工程所处海洋环境下,结构混凝土的腐蚀主要由气候和环境介质侵蚀引起。表现形式有钢筋锈蚀、冻融循环、盐类侵蚀、溶蚀、碱-集料反应和冲击磨损等。东海大桥的区位所在使严重的冻融破坏和浮冰的冲击磨损可不予考虑,镁盐、硫酸盐等盐类侵蚀和碱骨料反应破坏则可以通过控制混凝土组分来避免。这样,钢筋锈蚀破坏就成为最主要的腐蚀诱因。混凝土中钢筋锈蚀可由两种因素诱发,一是海水中Cl^-侵蚀,二是大气中的CO_2使混凝土中性化。在东海大桥周边沿海码头调查中亦证实,海洋环境中混凝土的碳化速度远远低于Cl^-渗透速度(中等质量的混凝土自然碳化速度平均为3mm/10a),因此,影响东海大桥结构混凝土耐久性的首要因素是混凝土Cl^-的渗透速度。

2. 东海大桥结构混凝土耐久性方案

东海大桥混凝土结构的耐久性方案的设计遵循的基本方案是:首先,保证混凝土结构耐久性的基本措施是采用高性能混凝土。同时,依据混凝土构件所处结构部位及使用环境条件,采用必要的补充防腐措施,如内掺钢筋阻锈剂、混凝土外保护涂层等。这样,在保证施工质量和原材料品质的前提下,混凝土结构的耐久性将可以达到设计要求。根据东海大桥主要部位构件的强度等级要求、构件的施工工艺和环境条件,对各部位混凝土结构提出具体的耐久性方案,见案例表1。

3. 东海大桥高性能混凝土性能

高性能混凝土试验所采用的原材料为:水泥采用P.I52.5水泥;矿物掺合料采用磨细矿渣(矿渣微粉)、粉煤灰和硅粉;粗骨料为5~25mm连续级配碎石;细骨料;减水剂采用LEX-9H聚羧酸盐类高性能混凝土减水剂;拌合用水采用可饮用水。

---

❶ 摘自:高雷,姜雪峰. 中国海湾建设. 2007 (6):65~68.

第五章 混凝土

东海大桥海上段混凝土结构耐久性方案　　　　　　　　案例表 1

结构部位	海洋环境分类	保护层厚度(mm)	混凝土强度等级	混凝土品种	辅助措施
钻孔灌注桩	水下区、桩头水位变动区	75	C35	大掺量掺合料混凝土	上部为不拆除的钢套筒
承台	水位变动区、浪溅区	100	C45	高性能混凝土	水位变动区、浪溅区部位涂防腐蚀涂层
墩柱	水位变动区、浪溅区	90	C45	高性能混凝土	水位变动区、浪溅区部位涂防腐蚀涂层
箱梁	大气区	70	C50	高性能混凝土	—
PHC桩	水下区	75	C80	高性能混凝土	—

从高性能海工混凝土的基本要求出发,在原材料的优选试验中,以坍落度评价混凝土的工作性,以抗压强度等评价混凝土的物理力学性能,以混凝土的电通量和氯离子扩散系数(自然扩散法)试验结果评价混凝土的抗氯离子渗透性能,并以耐久性能为首要要求。

根据不同的施工时间段对不同的减水剂和胶凝材料进行了试配,混凝土的物理力学性能试验结果见案例表2。

高性能混凝土的物理力学性能试验结果　　　　　　　　案例表 2

配合比编号	强度等级	水胶比	配合比($kg \cdot m^{-3}$)							强度(28d)(MPa)	氯离子含量(%)	电通量(C)	扩散系数(10^{-12} $m^2 \cdot s^{-1}$)	坍落度(mm)
			水	水泥	掺合料		砂	石	外加剂					
					矿渣	硅粉	粉煤灰								
1号	C40	0.35	154	125	293	22	—	762	1052	7.04(S20C)	56.2	0.0068	823(28d)	1.4	150±30
2号	C40	0.35	154	125	293	22	—	725	1088	4.40(S20C)	46.8	0.051	815(29d)	1.4	60～80
3号	C40	0.35	153	131	306	—	—	764	1055	4.37(S20C)	53.5	0.0081	1114(32d)	1.3	100～120
4号	C40	0.35	140	119	199	—	106	802	1063	4.24(LEX-9HR)	54.4	0.00694	489(29d)	1.45	150±30

与普通混凝土相比较,高性能海工混凝土具有优良的工作性能、相近的物理力学性能和优异的耐久性能,尤其是其耐海水腐蚀性能,混凝土氯离子扩散系数可小于$2.0 \times 10^{-12} m^2/s$(基准混凝土为$4.85 \times 10^{-12} m^2/s$)。

4. 东海大桥高性能混凝土质量保证措施

高性能混凝土施工质量控制主要涉及原材料质量、配合比、拌合、施工、保护层厚度、养护等方面,其重点和难点在于保护层厚度和养护等方面。

该工程高性能混凝土保护层垫块采用变形多面体形式,高性能细石混凝土预制,垫块材料的强度及抗渗透性均不低于本体高性能混凝土的技术标准。

在现场试验过程中发现，顶面混凝土由于阳光直射温度较高而产生温差过大的现象，同时由于风速较大也容易造成混凝土表面失水过快、混凝土表面收缩较大而导致混凝土开裂。因此，该工程在实际施工的混凝土养护过程中，承台混凝土成型抹面结硬后立即覆盖土工布，混凝土初凝后立即在顶面蓄水进行养护，养护用水为外运淡水。

东海大桥结构高性能混凝土的设计和施工针对影响其耐久性的首要因素是混凝土的Cl^-渗透速度的具体情况，并考虑当地原材料、工艺设备的可行性以及经济上的合理性，采取以高性能混凝土技术为核心的综合耐久性策略和方案及满足现阶段工程实际情况和技术水平的施工措施和质量保证措施，确保了高性能混凝土的质量符合耐久性设计的要求。

本 章 小 结

本章以普通混凝土为主，同时介绍了混凝土的最新发展，是全书的核心章节。重点为普通混凝土的组成、性质、质量检验和应用。

掌握 混凝土的四项基本要求；骨料的颗粒级配的评定、细骨料的细度模数和粗骨料最大粒径的确定；混凝土拌合物工作性的涵义、影响混凝土拌合物的工作性的因素、调整工作性的原则、水灰比和砂率对配制混凝土的重要意义；混凝土的立方体抗压强度、立方体抗压强度的标准值及强度等级的确定；影响混凝土强度的因素；混凝土强度公式的运用；提高混凝土强度的措施；普通混凝土的耐久性；混凝土配制强度的确定；混凝土配合比设计的过程；混凝土外加剂的种类、主要性质、选用和应用要点。

理解 混凝土对粗、细骨料的质量要求及这些质量要求对混凝土的经济、技术影响；混凝土的轴心抗压强度的确定及其与立方体抗压强度之间的关系；混凝土质量的评定原则及常用统计量（平均值、标准差、变异系数）的意义；混凝土强度保证率的意义；减水剂、早强剂、引气剂的作用机理及常用品种；轻骨料的种类及主要技术性能（堆积密度、强度及强度等级、吸水率）；轻骨料混凝土的主要技术性能（工作性、强度与强度等级的确定）。

了解 混凝土的组成及特点；普通混凝土的结构及破坏类型；轻骨料混凝土的配合比设计要点；其他外加剂；其他混凝土的特点及应用要点。

复 习 思 考 题

1. 普通混凝土是哪些材料组成的，它们各起什么作用？
2. 建筑工程对混凝土提出的基本技术要求是什么？
3. 在配制混凝土时为什么要考虑骨料的粗细及颗粒级配？评定指标是什么？
4. 混凝土拌合物的工作性涵义是什么？影响因素有哪些？
5. 何所谓"恒定用水量法则"和"合理砂率"，它们对混凝土的设计和使用有什么重要意义？
6. 决定混凝土强度的主要因素是什么？如何有效地提高混凝土的强度？
7. 描述混凝土耐久性的主要性质指标有哪些？如何提高混凝土的耐久性？
8. 混凝土的立方体抗压强度与立方体抗压强度标准值间有何关系？混凝土的强度等级的涵义是什么？
9. 混凝土的配制强度如何确定？
10. 混凝土配合比的三个基本参数是什么？与混凝土的性能有何关系？如何确定这三个基本

第五章 混凝土

参数？

11. 从混凝土的强度分布特点（正态分布），说明提高混凝土强度的主要措施有哪几种？
12. 混凝土配合比设计中的基准配合比公式的本质是什么？
13. 根据普通混凝土的优缺点，你认为今后混凝土的发展趋势是什么？

习 题

1. 浇筑钢筋混凝土梁，要求配制强度为 C20 的混凝土，用强度等级为 42.5 的普通硅酸盐水泥（不掺矿物掺合料）和碎石，如水胶比为 0.60，问是否能满足强度要求？（标准差为 4.0MPa，水泥强度值的富裕系数取 1.13）

2. 某混凝土的实验室配合比为 1∶2∶1∶4，$W/B=0.60$，混凝土实配表观密度为 2400kg/m³，求 1m³ 混凝土各种材料的用量（不掺矿物掺合料）。

3. 按初步配合比试拌 30L 混凝土拌合物，各种材料用量为：水泥 9.63kg，水 5.4kg，砂 18.99kg，经试拌增加 5％的用水量，（W/B 保持不变）满足和易性要求并测得混凝土拌合物的表观密度为 2380kg/m³，试计算该混凝土的基准配合比。

4. 已知混凝土的水胶比为 0.5，设每 m³ 混凝土的用水量为 180kg，砂率为 33％，假定混凝土的表观密度为 2400kg/m³，试计算 1m³ 混凝土各项材料用量（不掺矿物掺合料和化学外加剂）。

5. 在测定混凝土拌合物工作性时，遇到如下四种情况应采取什么有效和合理的措施进行调整？①坍落度比要求的大；②坍落度比要求的小；③坍落度比要求的小且黏聚性较差；④坍落度比要求的大，且黏聚性、保水性都较差。

第六章

建筑砂浆

[学习重点和建议]

1. 砂浆混合物的和易性。
2. 砌筑砂浆的强度及配合比确定。

建议学习砂浆时,要在混凝土知识的基础上,对比、总结出砂浆的特点和规律,并且密切联系实际,区别不同情况和条件对砂浆性质的要求和影响,归纳出不同品种砂浆的组成和性质的特点。

第六章 建筑砂浆

建筑砂浆是由无机胶凝材料、细骨料和水，有时也掺入某些掺合料组成。建筑砂浆是建筑工程中用量最大、用途最广的建筑材料之一，它常用于砌筑砌体（如砖、石、砌块）结构，建筑物内外表面（如墙面、地面、顶棚）的抹面，大型墙板、砖石墙的勾缝，以及装饰材料的粘结等。

砂浆的种类很多，根据用途不同可分为砌筑砂浆、抹面砂浆。抹面砂浆包括普通抹面砂浆、装饰抹面砂浆、特种砂浆（如防水砂浆、耐酸砂浆、吸声砂浆等）。根据胶凝材料的不同可分为水泥砂浆、石灰砂浆、混合砂浆（包括水泥石灰砂浆、水泥黏土砂浆、石灰黏土砂浆、石灰粉煤灰砂浆等）。

第一节 砌筑砂浆

将砖、石、砌块等粘结成为砌体的砂浆称为砌筑砂浆。它起着粘结和传递荷载的作用，是砌体的重要组成部分。主要品种有水泥砂浆和水泥混合砂浆。水泥砂浆是由水泥、细骨料和水配制成的砂浆。水泥混合砂浆是由水泥、细骨料、掺加料及水配制成的砂浆。

一、砌筑砂浆的组成材料

1. 水泥

水泥是砂浆的主要胶凝材料，常用的水泥品种有通用硅酸盐水泥或砌筑水泥，具体可根据设计要求、砌筑部位及所处环境条件选择适宜的水泥品种。水泥强度等级应根据砂浆品种及强度等级的要求进行选择。M15 及以下强度等级的砌筑砂浆宜选用 32.5 级的通用硅酸盐水泥或砌筑水泥；M15 以上强度等级的砌筑砂浆宜选用 42.5 级通用硅酸盐水泥。

2. 其他胶凝材料及掺加料

为改善砂浆的和易性，减少水泥用量，通常掺入一些廉价的其他胶凝材料（如石灰膏、黏土膏等）制成混合砂浆。生石灰熟化成石灰膏时，应用孔径不大于 3mm×3mm 的网过滤，熟化时间不得少于 7d；磨细生石灰粉的熟化时间不得少于 2d。沉淀池中贮存的石灰膏，应采取措施防止干燥、冻结和污染。严禁使用脱水硬化的石灰膏。所用的石灰膏的稠度应控制在 120mm 左右。

采用黏土制备黏土膏时，以选颗粒细、黏性好、含砂量及有机物含量少的为宜。所用的黏土膏的稠度应控制在 120mm 左右。

为节省水泥、石灰用量，充分利用工业废料，也可将粉煤灰掺入砂浆中。

3. 细骨料

砂浆常用的细骨料为普通砂，对特种砂浆也可选用白色或彩色砂、轻砂等。

砌筑砂浆用砂宜选用中砂，其中毛石砌体宜选用粗砂，其含泥量不应超过5%；强度等级为M2.5的水泥混合砂浆，砂的含泥量不应超过10%。

4. 水

拌合砂浆用水与混凝土拌合水的要求相同，应选用无有害杂质的洁净水拌制砂浆。

二、砌筑砂浆的性质

经拌成后的砂浆应具有以下性质：①满足和易性要求；②满足设计种类和强度等级要求；③具有足够的粘结力。

1. 和易性

新拌砂浆应具有良好的和易性。和易性良好的砂浆容易在粗糙的砖石底面上铺设成均匀的薄层，而且能够和底面紧密粘结。使用和易性良好的砂浆，既便于施工操作，提高劳动生产率，又能保证工程质量。砂浆和易性包括流动性、稳定性和保水性。

（1）流动性

砂浆的流动性也叫做稠度，是指在自重或外力作用下流动的性能，用"沉入度"表示。

用砂浆稠度仪通过试验测定沉入度值，以标准圆锥体在砂浆内自由沉入10s，沉入深度用毫米（mm）表示。沉入度大，砂浆流动性大，但流动性过大，硬化后强度将会降低；若流动性过小，则不便于施工操作。

砂浆流动性的大小与砌体材料种类、施工条件及气候条件等因素有关。对于多孔吸水的砌体材料和干热的天气，则要求砂浆的流动性大些；相反对于密实不吸水的材料和湿冷的天气，则要求流动性小些。

根据《砌筑砂浆配合比设计规程》（JGJ/T 98—2010）的规定，砌筑砂浆施工时的稠度宜按表6-1选用。

砌筑砂浆的施工稠度（JGJ/T 98—2010）　　表6-1

砌体种类	施工稠度(mm)
烧结普通砖砌体、粉煤灰砖砌体	70~90
烧结多孔砖砌体、烧结空心砖砌体、轻集料混凝土小型空心砌块砌体、蒸压加气混凝土砌块砌体	60~80
混凝土砖砌体、普通混凝土小型空心砌块砌体、灰砂砖砌体	50~70
石砌体	30~50

（2）稳定性

砂浆的稳定性是指砂浆拌合物在运输及停放时内部各组分保持均匀、不离析的性质。

砂浆的稳定性用"分层度"表示，可用砂浆分层度测定仪测定。将搅拌均匀的砂浆，先测其沉入度，然后将其装入分层度测定仪，静置30min后，去掉上部200mm厚的砂浆，再测其剩余部分砂浆的沉入度，两次沉入度的差值称为分层度，以毫米（mm）表示。砂浆的分层度在10~20mm之间为宜，不得大于30mm。分层度大于

30mm 的砂浆，容易产生离析，不便于施工；分层度接近于零的砂浆，容易发生干缩裂缝。

(3) 保水性

新拌砂浆能够保持水分的能力称为保水性，保水性也指砂浆中各项组成材料不易分离的性质。新拌砂浆在存放、运输和使用的过程中，必须保持其中的水分不致很快流失，才能形成均匀密实的砂浆缝，保证砌体的质量。

砂浆的保水性用"保水率"表示，可用保水性试验测定，将砂浆拌合物装入圆环试模（底部有不透水片或自身密封性良好），称量试模与砂浆总质量，在砂浆表面覆盖棉纱及滤纸，并在上面加盖不透水片，以 2kg 的重物把上部不透水片压住；静止 2min 后移走重物及上部不透水片，取出滤纸（不包括棉纱），迅速称量滤纸质量，则砂浆保水率按下式计算：

$$W = \left[1 - \frac{m_4 - m_2}{\alpha(m_3 - m_1)}\right] \times 100\% \tag{6-1}$$

式中　W——保水率（%）；

　　　m_1——底部不透水片与干燥试模的质量（g），精确至 1g；

　　　m_2——15 片滤纸吸水前的质量（g），精确至 0.1g；

　　　m_3——试模、底部不透水片与砂浆总质量（g），精确至 1g；

　　　m_4——15 片滤纸吸水后的质量（g），精确至 0.1g；

　　　α——砂浆含水率（%）。

砌筑砂浆保水率应符合表 6-2 的规定。

砌筑砂浆的保水率（JGJ/T 98—2010）　　　表 6-2

砂浆种类	保水率(%)	砂浆种类	保水率(%)
水泥砂浆	≥80	预拌砂浆	≥88
水泥混合砂浆	≥84		

2. 砂浆的强度

砂浆在砌体中主要起传递荷载的作用，并经受周围环境介质作用，因此砂浆应具有一定的粘结强度、抗压强度和耐久性。试验证明：砂浆的粘结强度、耐久性均随抗压强度的增大而提高，即它们之间有一定的相关性，而且抗压强度的试验方法较为成熟，测试较为简单准确，所以工程上常以抗压强度作为砂浆的主要技术指标。

砂浆的强度等级是以边长为 70.7mm 的立方体试块，在标准养护条件（温度为 20±2℃，相对湿度为 90% 以上）下，用标准试验方法测得 28d 龄期的抗压强度来确定的。水泥混合砂浆的强度等级可分为 M5、M7.5、M10、M15；水泥砂浆及预拌砂浆的强度等级可分为 M5、M7.5、M10、M15、M20、M25、M30。

影响砂浆强度的因素较多。实验证明，当原材料质量一定时，砂浆的强度主要取决于水泥强度等级与水泥用量。用水量对砂浆强度及其他性能的影响不大。砂浆的强度可用下式表示：

$$f_m = \frac{\alpha f_{ce} Q_c}{1000} + \beta = \frac{\alpha K_c f_{ce,k} Q_c}{1000} + \beta \tag{6-2}$$

式中 f_m——砂浆的抗压强度（MPa）；

f_{ce}——水泥的实际强度（MPa）；

Q_c——1m³砂浆中的水泥用量（kg）；

K_c——水泥强度等级的富余系数，按统计资料确定，天；

$f_{ce,k}$——水泥强度等级的标准值（MPa）；

α、β——砂浆的特征系数，$\alpha=3.03$，$\beta=-15.09$。

学习活动 6-1

水灰比对砂浆强度和混凝土强度影响的不同

在此活动中你将根据水灰比对砂浆强度和对混凝土强度影响不同点的对比，了解工程使用条件（外因）对材料组成性质（内因）的重要作用，而且会影响对于同一目标（如强度）其设计思路（如砂浆和混凝土配合比设计）的差异，从而认识材料的性质与外界条件的重要依存关系。

步骤1：对比砌筑砂浆强度公式（6-2）和混凝土强度公式（5-6），找出影响两者因素的相同与不同点。

步骤2：思考、讨论为什么混凝土强度重要影响因素中的"水胶比"，在砌筑砂浆强度中对应的却为"水泥用量"？

反馈：

（1）对于砂浆，因其在砌筑中与墙体材料（砖、砌块等）紧密接触，拌合水会被迅速吸收，不论砂浆的稀稠，最终参与凝结硬化的仅是砂浆由保水能力所保留的水份，故决定强度的因素是水泥用量而不再表现为水胶比。

（2）你思考、讨论的结果与反馈（1）相符吗？如相符，可进一步在老师的辅导下思考：对用于吸水性极小墙体材料（如花岗石）砌筑的砂浆水胶比对砂浆强度的影响又如何？

3. 砂浆粘结力

砖石砌体是靠砂浆把许多块状的砖石材料粘结成为坚固整体的，因此要求砂浆对于砖石必须有一定的粘结力。砌筑砂浆的粘结力随其强度的增大而提高，砂浆强度等级越高，粘结力越大。此外，砂浆的粘结力与砖石的表面状态、洁净程度、湿润情况及施工养护条件等有关。所以，砌筑前砖要浇水湿润，其含水率控制在10%～15%左右，表面不沾泥土，以提高砂浆与砖之间的粘结力，保证砌筑质量。

4. 砂浆的抗冻性

有抗冻性要求的砌体工程，砌筑砂浆应进行冻融试验。砌筑砂浆的抗冻性应符合表6-3的规定，且当设计对抗冻性有明确要求时，尚应符合设计规定。

砌筑砂浆的抗冻性（JGJ/T 98—2010）　　　　表 6-3

使用条件	抗冻指标	质量损失率(%)	强度损失率(%)
夏热冬暖地区	F15	≤5	≤25
夏热冬冷地区	F25		
寒冷地区	F35		
严寒地区	F50		

三、砌筑砂浆配合比设计

砂浆配合比设计可通过查找有关资料或手册来选取或通过计算来进行，然后再进行试拌调整。《砌筑砂浆配合比设计规程》（JGJ/T 98—2010）规定，砂浆的配合比以质量比表示。本书以计算法为例介绍砂浆的配合比设计。

1. 砌筑砂浆配合比设计的基本要求与一般规定

砌筑砂浆配合比设计应满足以下基本要求：

（1）砂浆拌合物的和易性应满足施工要求，且拌合物的体积密度：水泥砂浆≥1900kg/m³，水泥混合砂浆≥1800kg/m³，预拌砂浆≥1800kg/m³。

（2）砌筑砂浆的强度、体积密度、耐久性应满足设计要求。

（3）经济上应合理，水泥及掺合料的用量应较少。

2. 砌筑砂浆配合比设计

（1）水泥混合砂浆配合比计算

1）确定砂浆的试配强度 $f_{m,0}$

$$f_{m,0}=kf_2 \tag{6-3}$$

式中　$f_{m,0}$——砂浆的试配强度（MPa），应精确至 0.1MPa；

　　　f_2——砂浆强度等级值（MPa），应精确至 0.1MPa；

　　　k——系数，按表 6-4 取值。

砂浆强度标准差 σ 及 k 值（JGJ/T 98—2010）　　　　表 6-4

施工水平 \ 强度等级	强度标准差 σ(MPa)							k
	M5	M7.5	M10	M15	M20	M25	M30	
优良	1.00	1.50	2.00	3.00	4.00	5.00	6.00	1.15
一般	1.25	1.88	2.50	3.75	5.00	6.25	7.50	1.20
较差	1.50	2.25	3.00	4.50	6.00	7.50	9.00	1.25

砂浆强度标准差的确定应符合下列规定：

① 当有统计资料时，砂浆强度标准差应按下式计算：

$$\sigma=\sqrt{\frac{\sum_{i=1}^{n} f_{m,i}^2 - n\mu_{fm}^2}{n-1}} \tag{6-4}$$

式中　$f_{m,i}$——统计周期内同一品种砂浆第 i 组试件的强度（MPa）；

μ_{f_m}——统计周期内同一品种砂浆 n 组试件强度的平均值（MPa）；

n——统计周期内同一品种砂浆试件的总组数，$n \geq 25$。

② 当无统计资料时，砂浆强度标准差可按表 6-4 取值。

2）计算水泥用量 Q_C

$$Q_C = \frac{1000(f_{m,0} - \beta)}{\alpha f_{ce}} \tag{6-5}$$

式中 Q_C——每立方米砂浆的水泥用量（kg），应精确至 1kg；

f_{ce}——水泥的实测强度（MPa），应精确至 0.1MPa；

α、β——砂浆的特征系数，其中 $\alpha = 3.03$，$\beta = -15.09$。

在无法取得水泥的实测强度值时，可按下式计算：

$$f_{ce} = \gamma_c f_{ce,k} \tag{6-6}$$

式中 $f_{ce,k}$——水泥强度等级值（MPa）；

γ_c——水泥强度等级值的富余系数，宜按实际统计资料确定；无统计资料时可取 1.0。

3）计算石灰膏用量 Q_D

$$Q_D = Q_A - Q_C \tag{6-7}$$

式中 Q_D——每立方米砂浆的石灰膏用量（kg），应精确至 1kg；石灰膏使用时的稠度宜为 120mm±5mm；

Q_C——每立方米砂浆的水泥用量（kg），应精确至 1kg；

Q_A——每立方米砂浆中水泥和石灰膏总量，应精确至 1kg，可为 350kg。

砌筑砂浆中的水泥和石灰膏、电石膏等材料的用量可按表 6-5 选用。

砌筑砂浆的材料用量（JGJ/T 98—2010） 表 6-5

砂浆种类	材料用量(kg/m³)	砂浆种类	材料用量(kg/m³)
水泥砂浆	≥200	预拌砂浆	≥200
水泥混合砂浆	≥350		

注：1. 水泥砂浆中的材料用量是指水泥用量；
2. 水泥混合砂浆中的材料用量是指水泥和石灰膏、电石膏的材料总量；
3. 预拌砂浆中的材料用量是指胶凝材料用量，包括水泥和替代水泥的粉煤灰等。

砂浆中可掺入保水增稠材料、外加剂等，掺量应经试配后确定。

4）确定砂用量

每立方米砂浆中的砂用量，应按干燥状态（含水率＜0.5%）的堆积密度值作为计算值（kg）。当含水率＞0.5%时，应考虑砂的含水率。

5）确定用水量 Q_D

每立方米砂浆中的用水量，可根据砂浆稠度等要求选用 210～310kg。注意，混合砂浆中的用水量，不包括石灰膏中的水；当采用细砂或粗砂时，用水量分别取上限或下限；稠度小于 70mm 时，用水量可小于下限；施工现场气候炎热或干燥季节，可酌量增加用水量。

砂浆中可掺入保水增稠材料、外加剂等，掺量应经试配后确定。

(2) 水泥砂浆配合比选用

1) 水泥砂浆的材料用量可按表 6-6 选用。

每立方米水泥砂浆材料用量（JGJ/T 98—2010）　　　　表 6-6

强度等级	每立方米砂浆水泥用量(kg)	每立方米砂浆砂用量(kg)	每立方米砂浆用水量(kg)
M5	200～230	砂的堆积密度值	270～330
M7.5	230～260		
M10	260～290		
M15	290～330		
M20	340～400		
M25	360～410		
M30	430～480		

注：1. M15 及 M15 以下强度等级水泥砂浆，水泥强度等级为 32.5 级；M15 以上强度等级水泥砂浆，水泥强度等级为 42.5 级；
　　2. 当采用细砂或粗砂时，用水量分别取上限或下限；
　　3. 稠度小于 70mm 时，用水量可小于下限；
　　4. 施工现场气候炎热或干燥季节，可酌量增加用水量。

2) 水泥粉煤灰砂浆材料用量可按表 6-7 选用。

每立方米水泥粉煤灰砂浆材料用量（JGJ/T 98—2010）　　　　表 6-7

强度等级	每立方米砂浆水泥和粉煤灰总量(kg)	每立方米砂浆粉煤灰(kg)	每立方米砂浆砂(kg)	每立方米砂浆用水量(kg)
M5	210～240	粉煤灰掺量可占胶凝材料总量的 15%～25%	砂的堆积密度值	270～330
M7.5	240～270			
M10	270～300			
M15	300～330			

注：1. 表中水泥强度等级为 32.5 级；
　　2. 当采用细砂或粗砂时，用水量分别取上限或下限；
　　3. 稠度小于 70mm 时，用水量可小于下限；
　　4. 施工现场气候炎热或干燥季节，可酌量增加用水量。

(3) 预拌砌筑砂浆配合比应满足下列规定：

1) 在确定湿拌砂浆稠度时应考虑砂浆在运输和储存过程中的稠度损失；

2) 干混砂浆应明确拌制时的加水量范围；

3) 预拌砂浆的搅拌、运输、储存等应符合现行行业标准《预拌砂浆》(JG/T 230—2007) 的规定；

4) 预拌砂浆生产前应进行试配，试配强度应按式 (6-3) 计算确定，试配时稠度取 70～80mm；

5) 预拌砂浆中可掺入保水增稠材料、外加剂等，掺量应经试配后确定。

(4) 配合比试配、调整与确定

试配时应采用工程中实际使用的材料。砂浆试配时应采用机械搅拌。水泥砂浆、混合砂浆搅拌时间≮120s；预拌砂浆和掺有粉煤灰、外加剂、保水增稠等材料的砂浆，搅拌时间≤180s。

按计算或查表所得配合比进行试拌，测定砌筑砂浆拌合物的稠度和保水率。当稠度和保水率不能满足要求时，应调整材料用量，直到符合要求为止；由此得到的即为基准配合比。

检验砂浆强度时至少应采用三个不同的配合比，其中一个应为基准配合比，其余两个配合比的水泥用量应按基准配合比分别增加及减少10%。在保证稠度、保水率合格的条件下，可将用水量、石灰膏、保水增稠材料或粉煤灰等活性掺合料用量作相应调整。三组配合比分别成型、养护、测定28d砂浆强度，由此确定符合试配强度及和易性要求的且水泥用量最低的配合比作为砂浆的试配配合比。

砂浆试配配合比尚应按下列步骤进行校正：

1) 根据砂浆试配配合比材料用量，计算砂浆的理论体积密度值：

$$\rho_c = Q_C + Q_D + Q_S + Q_W \tag{6-8}$$

式中 ρ_c——砂浆的理论体积密度值（kg/m³），应精确至10kg/m³。

2) 计算砂浆配合比校正系数 δ：

$$\delta = \frac{\rho_t}{\rho_c} \tag{6-9}$$

式中 ρ_t——砂浆的实测体积密度值（kg/m³），应精确至10kg/m³。

3) 当砂浆的实测体积密度值与理论体积密度值之差的绝对值不超过理论值的2%时，试配配合比即为砂浆的设计配合比；当超过2%时，应将试配配合比中每项材料用量均乘以校正系数（δ）后，确定为砂浆设计配合比。

砂浆配合比确定后，当原材料有变更时，其配合比必须重新通过试验确定。

3. 砌筑砂浆配合比实例

【例6-1】 某砌筑工程用水泥石灰混合砂浆，要求砂浆的强度等级为M7.5，稠度为70~90mm。原材料为：水泥用矿渣水泥32.5级，实测强度36.0MPa；中砂，堆积密度为1450kg/m³，含水率为2%；石灰膏的稠度为120mm。施工水平一般。试计算砂浆的配合比。

【解】 （1）确定试配强度 $f_{m,0}$：

查表6-4得 $k=1.20$，则

$$f_{m,0} = k f_2 = 1.20 \times 7.5 = 9 \text{MPa}$$

（2）计算水泥用量 Q_C

由 $\alpha=3.03$，$\beta=-15.09$ 得：

$$Q_C = \frac{1000(f_{m,0} - \beta)}{\alpha f_{ce}} = \frac{1000 \times (9 + 15.09)}{3.03 \times 36.0} = 221 \text{ (kg)}$$

（3）计算石灰膏用量 Q_D

取 $Q_A = 350$kg，则

$$Q_D = Q_A - Q_C = 350 - 221 = 129 \text{ (kg)}$$

（4）确定砂子用量 Q_S

$$Q_S = 1450 \times (1+2\%) = 1479 \text{ (kg)}$$

(5) 确定用水量 Q_W

可选取 300kg，扣除砂中所含的水量，拌合用水量为

$$Q_W = 300 - 1450 \times 2\% = 271 \text{ (kg)}$$

(6) 和易性测定

按照上述计算所得材料拌制砂浆，进行和易性测定。测定结果为：稠度 70～90mm，保水率＞80%；符合要求。

得基准配合比为：

$$Q_C : Q_D : Q_S : Q_W = 221 : 129 : 1479 : 271$$

(7) 强度测定

取三个不同的配合比分别制作砂浆，其中一个配合比为基准配合比，另外两个配合比的水泥用量分别为 $221 \times (1+10\%) = 243$kg 和 $221 \times (1-10\%) = 199$kg。测得第三个配合比（水泥用量=199kg）的砂浆保水性不符合要求，直接取消该配合比。另外基准配合比的强度值达不到试配强度的要求，取消该配合比。得试配配合比为：

$$Q_C : Q_D : Q_S : Q_W = 243 : 129 : 1479 : 271$$

(8) 体积密度测定

符合试配强度及和易性要求的砂浆的理论体积密度为：

$$\rho_c = Q_C + Q_D + Q_S + Q_W = 243 + 129 + 1479 + 271 = 2122 \text{ (kg/m}^3\text{)}$$

实测体积密度为：$\rho_t = 2250 \text{kg/m}^3$

比较：$\dfrac{2250-2122}{2122} = 6\% > 2\%$

计算砂浆配合比校正系数 δ：

$$\delta = \frac{\rho_t}{\rho_c} = \frac{2250}{2122} = 1.06$$

经强度检验后并经校正的砂浆设计配合比为：

$$Q_C = 243 \times 1.06 = 258 \text{ (kg)}$$
$$Q_D = 129 \times 1.06 = 137 \text{ (kg)}$$
$$Q_S = 1479 \times 1.06 = 1568 \text{ (kg)}$$
$$Q_W = 271 \times 1.06 = 287 \text{ (kg)}$$

四、砂浆的验收与复验

施工现场要根据砂浆的配合比，对所搅拌的砌筑砂浆用砂的粒径、水泥用量、搅拌时间、砂浆和易性等进行检查验收。

每一楼层或每 250m³ 砌体中各种强度等级的砂浆，每台搅拌机至少应检查一次，每次至少应制作砂浆立方体（70.7mm 立方体）抗压强度试块一组三块。当砂浆强度等级或配合比有变更时，还应另作试块。

砌筑砂浆的验收批，同一类型、强度等级的砂浆试块不应少于3组；同一验收批砂浆只有1组或2组试块时，每组试块抗压强度平均值应大于或等于设计强度等级值的1.10倍；对于建筑结构的安全等级为一级或设计使用所限为50年及以上的房屋，同一验收批砂浆试块的数量不得少于3组；

每一检验批且不超过250m³砌体的各种类、各强度等级的普通砌筑砂浆，每台搅拌机应至少抽检一次。验收批的预拌砂浆、蒸压加气混凝土砌块专用砂浆，抽检可为3组。

做好的砂浆试块应在标准养护条件下进行"标养"。当工地现场无"标准养护"时，可采用自然养护，或及早地将试模送往实验室进行"标养"（试块不得受振动）。

制作和送检试块时，均须持有见证员参加见证，试块送到实验室时，应认真填写好委托单，写明使用部位、砂浆种类、强度等级、工程名称、制作日期、配合比、稠度、养护条件等，检验报告出示后，不得要求更改有关内容。

五、砌筑砂浆的应用

水泥砂浆宜用于砌筑潮湿环境以及强度要求较高的砌体；水泥石灰砂浆宜用于砌筑干燥环境中的砌体；多层房屋的墙一般采用强度等级为M5的水泥石灰砂浆；砖柱、砖拱、钢筋砖过梁等一般采用强度等级为M5～M10的水泥砂浆；砖基础一般采用不低于M5的水泥砂浆；低层房屋或平房可采用石灰砂浆；简易房屋可采用石灰黏土砂浆。

第二节 抹面砂浆

凡涂抹在建筑物或建筑构件表面的砂浆，统称为抹面砂浆。根据抹面砂浆功能的不同，可将抹面砂浆分为普通抹面砂浆、装饰砂浆和具有某些特殊功能的抹面砂浆（如防水砂浆、吸声砂浆、耐酸砂浆等）。

对抹面砂浆要求具有良好的和易性，容易抹成均匀平整的薄层，便于施工。还应有较高的粘结力，砂浆层应能与底面粘结牢固，长期使用不致开裂或脱落。处于潮湿环境或易受外力作用部位（如地面、墙裙等），还应具有较高的耐水性和强度。

一、普通抹面砂浆

普通抹面砂浆是建筑工程中用量最大的抹面砂浆。其功能主要是保护墙体、地面不受风雨及有害杂质的侵蚀，提高防潮、防腐蚀、抗风化性能，增加耐久性；同时可使建筑物达到表面平整、清洁和美观的效果。

抹面砂浆通常分为两层或三层进行施工。各层砂浆要求不同，因此每层所选用的砂浆也不一样。一般底层砂浆起粘结基层的作用，要求砂浆应具有良好的和易性和较高的粘结力，因此底层砂浆的保水性要好，否则水分易被基层材料吸收而影响砂浆的粘结力。基层表面粗糙些有利于与砂浆的粘结。中层抹灰主要是为了找平，有时可省去不用。面层抹灰主要为了平整美观，因此应选细砂。

用于砖墙的底层抹灰，多用石灰砂浆；用于板条墙或板条顶棚的底层抹灰多用混合砂浆或石灰砂浆；混凝土墙、梁、柱、顶板等底层抹灰多用混合砂浆、麻刀石灰浆或纸筋石灰浆。

在容易碰撞或潮湿的地方，应采用水泥砂浆。如墙裙、踢脚板、地面、雨篷、窗台以及水池、水井等处一般多用1∶2.5的水泥砂浆。

各种抹面砂浆的配合比，可参考表6-8。

各种抹面砂浆配合比参考表　　　　表6-8

材　料	配合比(体积比)	应用范围
石灰∶砂	1∶2～1∶4	用于砖石墙表面(檐口、勒脚、女儿墙以及潮湿房间的墙除外)
石灰∶黏土∶砂	1∶1∶4～1∶1∶8	干燥环境的墙表面
石灰∶石膏∶砂	1∶0.4∶2～1∶1∶3	用于不潮湿房间木质表面
石灰∶石膏∶砂	1∶0.6∶2～1∶1∶3	用于不潮湿房间的墙及顶棚
石灰∶石膏∶砂	1∶2∶2～1∶2∶4	用于不潮湿房间的线脚及其他修饰工程
石灰∶水泥∶砂	1∶0.5∶4.5～1∶1∶5	用于檐口、勒脚、女儿墙外脚以及比较潮湿的部位
水泥∶砂	1∶3～1∶2.5	用于浴室、潮湿车间等墙裙、勒脚等或地面基层
水泥∶砂	1∶2～1∶1.5	用于地面、顶棚或墙面面层
水泥∶砂	1∶0.5～1∶1	用于混凝土地面随时压光
水泥∶石膏∶砂∶锯末	1∶1∶3∶5	用于吸声粉刷
水泥∶白石子	1∶2～1∶1	用于水磨石(打底用1∶2.5水泥砂浆)

二、装饰砂浆

装饰砂浆指直接用于建筑物内外表面，以提高建筑物装饰艺术性为主要目的的抹面砂浆。它是常用的建筑装饰手段之一。

1. 新型装饰砂浆

新型装饰砂浆由胶凝材料、精细分级的石英砂、颜料、可再分散乳胶粉及各种聚合物添加剂配制而成。根据砂粒粗细、施工手法的变化可塑造出各种质感效果。装饰砂浆在性能上具有很多特点，在国外，装饰砂浆已被证明是外墙外保温系统的最佳饰面材料。

新型彩色装饰砂浆是一种粉末状装饰材料，在发达国家已广泛代替涂料和瓷砖应用于建筑物的内、外墙装饰。彩色装饰砂浆是以聚合物材料作为主要添加剂，配以优质矿物骨料、填料和天然矿物颜料精制而成。涂层厚度一般在1.5～2.5mm之间，而普通乳胶漆漆面厚度仅为0.1mm，因此可获得极好的质感及立体装饰效果。

新型彩色饰面砂浆材质轻,解决了建筑物增重的问题;柔性好,适用于圆、柱体及弧形的造型;形状、大小、颜色可按用户要求定制;色彩古朴装饰性强;施工简单,耐久性好,与基底有很强的粘结力;防水、抗渗、透气、抗收缩;无毒无味、绿色环保无污染。施工时,通过选择不同图形的模板、工具,施以拖、滚、刮、扭压、揉等不同手法,使墙面变化出压花、波纹、木纹等各式图案,艺术表现力强,可与自然环境、建筑风格和历史风貌更完美地融合。

彩色饰面砂浆用于外保温体系,即有有机涂料色彩丰富、材质轻的特点,同时又有无机材料耐久性能好的优点,同时还可有效提高建筑使用寿命,社会效益显著。

以瓷砖装饰效果为例:该做法施工速度快,比贴瓷砖做法施工效率提高100%,比传统的瓷砖做法价格低50%,与优质涂料施工相当。此外由于该种装饰砂浆材质轻,可以减少建筑结构的负重,同时不会产生脱落,避免出现瓷砖坠落砸伤事故。装饰砂浆具有整体性,不会产生缝隙,可以避免水渗入墙体结构,可以提高建筑结构的耐久性。

2. 传统装饰砂浆

传统的外墙面装饰砂浆有如下的工艺做法:

拉毛　先用水泥砂浆做底层,再用水泥石灰砂浆做面层,在砂浆尚未凝结之前,用抹刀将表面拍拉成凹凸不平的形状。

水磨石　是一种人造石,用普通水泥、白色水泥或彩色水泥拌合各种色彩的大理石渣做面层,硬化后用机械磨平抛光表面。水磨石多用于地面装饰,可事先设计图案和色彩,抛光后更具其艺术效果,除可用做地面之外,还可预制做成楼梯踏步、窗台板、柱面、台度、踢脚板和地面板等多种建筑构件。水磨石一般都用于室内。

水刷石　是一种假石饰面。原料与水磨石同,用颗粒细小(约5mm)的石渣所拌成的砂浆做面层,在水泥初始凝固时,即喷水冲刷表面,使其石渣半露而不脱落。水刷石多用于建筑物的外墙装饰,具有一定的质感,经久耐用。

干粘石　原料同水刷石,也是一种假石饰面层。在水泥浆面层的整个表面上,粘结粒径为5mm以下的彩色石渣小石子、彩色玻璃碎粒。要求石渣粘结牢固、不脱落。干粘石的装饰效果与水刷石相同,而且避免了湿作业,施工效率高,也节约材料。

斩假石　又称为剁假石,是一种假石饰面。制作情况与水刷石基本相同。在水泥硬化后,用斧刃将表面剁毛并露出石渣。斩假石表面具有粗面花岗岩的效果。

第三节　预拌砂浆

预拌砂浆是指专业生产厂家生产的湿拌或干混砂浆。湿拌砂浆是指水泥、细骨料、矿物掺合料、外加剂、添加剂和水,按一定比例,在搅拌站经计量、拌制后,运至使用地点,并在规定时间内使用的拌合物。干混砂浆是指水泥、干燥骨料或粉料、添加剂以及根据性能确定的其他组分,按一定比例,在专业生产厂经计量、混合而成的混合物,在使用地点按规定比例加水或配套组分拌和使用。

一、预拌砂浆的分类和标记

1. 预拌砂浆的分类

(1) 湿拌砂浆按用途分为湿拌砌筑砂浆、湿拌抹灰砂浆、湿拌地面砂浆和湿拌防水砂浆,并采用表 6-9 的代号。

湿拌砂浆代号（GB 25181—2010） 表 6-9

品种	湿拌砌筑砂浆	湿拌抹灰砂浆	湿拌地面砂浆	湿拌防水砂浆
代号	WM	WP	WS	WW

(2) 湿拌砂浆按强度等级、抗渗等级、稠度和凝结时间的分类应符合表 6-10 的规定。

湿拌砂浆分类（GB 25181—2010） 表 6-10

项目	湿拌砌筑砂浆	湿拌抹灰砂浆	湿拌地面砂浆	湿拌防水砂浆
强度等级	M5、M7.5、M10、M15、M20、M25、M30	M5、M10、M15、M20	M15、M20、M25	M10、M15、M20
抗渗等级	—	—	—	P6、P8、P10
稠度(mm)	50、70、90	70、90、110	50	50、70、90
凝结时间(h)	≥8、≥12、≥24	≥8、≥12、≥24	≥4、≥8	≥8、≥12、≥24

(3) 干混砂浆的分类也称干拌砂浆或干粉砂浆,是主要的供应形式,按用途可以分为两大类:一是普通干混砂浆,包括干混砌筑砂浆、干混抹灰砂浆、干混地面砂浆和干混普通防水砂浆;二是特种干混砂浆,包括干混陶瓷砖粘结砂浆、干混界面砂浆、干混保温板粘结砂浆、干混保温板抹面砂浆、干混聚合物水泥防水砂浆、干混自流平砂浆、干混耐磨地坪砂浆和干混饰面砂浆,并采用表 6-11 的代号。

干混砂浆代号（GB 25181—2010） 表 6-11

品种	干混砌筑砂浆	干混抹灰砂浆	干混地面砂浆	干混普通防水砂浆	干混陶瓷砖粘结砂浆	干混界面砂浆
代号	DM	DP	DS	DW	DTA	DIT
品种	干混保温板粘结砂浆	干混保温板抹面砂浆	干混聚合物水泥防水砂浆	干混自流平砂浆	干混耐磨地坪砂浆	干混饰面砂浆
代号	DEA	DBI	DWS	DSL	DFH	DDR

(4) 干混砌筑砂浆、干混抹灰砂浆、干混地面砂浆和干混普通防水砂浆按强度等级、抗渗等级的分类应符合表 6-12 的规定。

干混砂浆分类（GB 25181—2010）　　　　　表 6-12

项目	干混砌筑砂浆		干混抹灰砂浆		干混地面砂浆	干混普通防水砂浆
	普通砌筑砂浆	薄层砌筑砂浆	普通抹灰砂浆	薄层(GB 25181—2010) 表 6-15 抹灰砂浆		
强度等级	M5、M7.5、M10、M15、M20、M25、M30	M5、M10	M5、M10、M15、M20	M5、M10	M15、M20、M25	M10、M15、M20
抗渗等级	—	—	—	—	—	P6、P8、P10

注：1. 普通砌筑砂浆：灰缝厚度>5mm 的砌筑砂浆；
　　2. 薄层砌筑砂浆：灰缝厚度≤5mm 的砌筑砂浆；
　　3. 普通抹灰砂浆：砂浆层厚度>5mm 的抹灰砂浆；
　　4. 薄层抹灰砂浆：砂浆层厚度≤5mm 的抹灰砂浆；
　　5. 地面砂浆：用于建筑地面及屋面找平层的预拌砂浆；
　　6. 防水砂浆：用于有抗渗要求部位的预拌砂浆。

2. 预拌砂浆的标记

（1）湿拌砂浆的标记

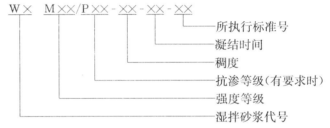

标记示例：① 湿拌砌筑砂浆的强度等级为 M10，稠度为 70mm，凝结时间为 12h，其标记为：WM M10-70-12-GB/T 25181—2010；

② 湿拌防水砂浆的强度等级为 M15，抗渗等级为 P8，稠度为 70mm，凝结时间为 12h，其标记为：WW M15/P8-70-12-GB/T 25181—2010。

（2）干混砂浆的标记

标记示例：① 干混砌筑砂浆的强度等级为 M10 其标记为：DM-M10-GB/T 25181—2010；

② 用于混凝土界面处理的干混界面砂浆的标记为：DIT-C-GB/T 25181—2010。

二、预拌砂浆所用材料

预拌砂浆所用原材料不应对人体、生物及环境造成有害的影响，并应符合国家有关安全和环保相关标准的规定。

（1）水泥：预拌砂浆宜采用散装的通用硅酸盐水泥，且应符合 GB 175 的规定。采用其他水泥时，应符合相应标准的规定。

(2) 骨料：预拌砂浆采用的细骨料应符合 GB/T 14684 的规定，且不应含有粒径>4.75mm 的颗粒。天然砂的含泥量应<5.0%，泥块含量应<2.0%。细骨料最大粒径应符合相应砂浆品种的要求。

(3) 矿物掺合料：粉煤灰、粒化高炉矿渣粉、天然沸石粉、硅灰应分别符合相关的规定。采用其他品种矿物掺合料时，应经过试验验证。矿物掺合料的掺量应符合相关标准的规定，并应通过试验确定。

(4) 外加剂、添加剂、填料、拌合水等应符合相关标准的规定或经过试验验证。

三、预拌砂浆的性能

1. 湿拌砂浆

(1) 湿拌砌筑砂浆拌合物的体积密度≤1800kg/m³。

(2) 湿拌砂浆的性能应符合表 6-13 的规定。

湿拌砂浆的性能指标（GB 25181—2010） 表 6-13

项　目		湿拌砌筑砂浆	湿拌抹灰砂浆	湿拌地面砂浆	湿拌防水砂浆
保水率(%)		≥88	≥88	≥88	≥88
14d 拉伸粘结强度(MPa)		—	M5≥0.15 >M5≥0.20	—	≥0.20
28d 收缩率(%)		—	≤0.20	—	≤0.15
抗冻性*	强度损失率(%)	≤25			
	质量损失率(%)	≤5			

* 有抗冻要求时，应进行抗冻性试验。

(3) 湿拌砂浆的抗压强度应符合表 6-14 的规定。

湿拌砂浆抗压强度（GB 25181—2010） 表 6-14

强度等级	M5	M7.5	M10	M15	M20	M25	M30
28d 抗压强度(MPa)	≥5.0	≥7.5	≥10.0	≥15.0	≥20.0	≥25.0	≥30.0

(4) 湿拌防水砂浆抗渗压力应符合表 6-15 的规定。

湿拌防水砂浆抗渗压力（GB 25181—2010） 表 6-15

抗渗等级	P6	P8	P10
28d 抗渗压力(MPa)	≥0.6	≥0.8	≥1.0

2. 干混砂浆

(1) 外观：粉状产品应均匀、无结块。双组分产品液料组分经搅拌后应呈均匀状态、无沉淀；粉料组分应均匀、无结块。

(2) 干混普通砌筑砂浆拌合物的体积密度≤1800kg/m³。

(3) 干混砌筑砂浆、干混抹灰砂浆、干混地面砂浆、干混普通防水砂浆的性能应符合表 6-16 的规定。

干混砂浆性能指标（GB 25181—2010）　　表 6-16

项目	干混砌筑砂浆		干混抹灰砂浆		干混地面砂浆	干混普通防水砂浆
	普通砌筑砂浆	薄层砌筑砂浆[a]	普通抹灰砂浆	薄层抹灰砂浆[a]		
保水率(%)	≥88	≥99	≥88	≥99	≥88	≥88
凝结时间(h)	3~9	—	3~9	—	3~9	3~9
2h稠度损失率(%)	≤30	—	≤30	—	≤30	≤30
14d拉伸粘结强度(MPa)	—	—	M5≥0.15 >M5≥0.20	≥0.30	—	≥0.20
28d收缩率(%)	—	—	≤0.20	≤0.20	—	≤0.15
抗冻性[b] 强度损失率(%)	≤25					
抗冻性[b] 质量损失率(%)	≤5					

注：a 干混薄层砌筑砂浆宜用于灰缝厚度≯5mm的砌筑；干混薄层抹灰砂浆宜用于灰缝厚度≯5mm的抹灰。
　　b 有抗冻要求时，应进行抗冻性试验。

（4）干混砌筑砂浆、干混抹灰砂浆、干混地面砂浆、干混普通防水砂浆的抗压强度应符合表 6-14 的规定；干混普通防水砂浆的抗渗压力应符合表 6-15 的规定。

四、预拌砂浆的贮存

1. 干混砂浆在贮存过程中不应受潮及混入杂物。不同品种、不同规格型号的干混砂浆应分别贮存，不应混杂。

2. 散装干混砂浆应贮存在散装移动筒仓中，筒仓应密闭且防雨、防潮。砂浆保质期自生产日起为三个月。

3. 袋装干混砂浆应贮存在干燥环境中，应有防雨、防潮、防扬尘措施。贮存过程中，包装袋不应破损。

4. 袋装干混砌筑砂浆、干混抹灰砂浆、干混地面砂浆、干混普通防水砂浆、干混自流平砂浆的保质期自生产日起为三个月，其他袋装干混砂浆的保质期自生产日起为六个月。

预拌砂浆是目前建材领域发展最快、发展潜力很大的新产品。预拌砂浆有效克服了传统砂浆在施工和质量上的不足，具有产品质量高、生产效率高、对环境污染小、便于文明施工等优点。发展预拌砂浆符合建设节约型、环境友好型社会，大力发展循环经济，实现可持续发展的要求，也是建筑施工现代化发展的必然趋势。

第四节　其他品种的砂浆

一、防水砂浆

防水砂浆是一种抗渗性高的砂浆。防水砂浆层又称刚性防水层，适用于不受振动和具有一定刚度的混凝土或砖石砌体的表面,对于变形较大或可能发生不均匀沉陷的建筑物,都不宜采用刚性防水层。

防水砂浆按其组成成分可分为:多层抹面水泥砂浆(也称五层抹面法或四层抹面法)、掺防水剂防水砂浆、膨胀水泥防水砂浆及掺聚合物防水砂浆等4类。

常用的防水剂有氯化物金属盐类防水剂、水玻璃类防水剂和金属皂类防水剂等。

氯化物金属盐类防水剂是主要由氯化钙、氯化铝等金属盐和水按一定比例配成的有色液体。其配合比为氯化铝:氯化钙:水=1:10:11,掺量一般为水泥质量的3%～5%。这种防水剂在水泥凝结硬化过程中生成不透水的复盐,起促进结构密实作用,从而提高砂浆的抗渗性能。

水玻璃类防水剂是以水玻璃为基料,加入2种或4种矾的水溶液,又称二矾或四矾防水剂,其中四矾防水剂凝结速度快,一般不超过1min。适用于防水堵漏,不能用于大面积施工。

金属皂类防水剂是由硬脂酸、氨水、氢氧化钾(或碳酸钾)和水按一定比例混合加热皂化而成的有色浆状物。这种防水剂掺入混凝土或水泥砂浆中,起堵塞毛细通道和填充微小孔隙的作用,增加砂浆的密实性,使砂浆具有防水性。但由于憎水物质属非胶凝性的,会使砂浆强度降低,因而其掺量不宜过多,一般为水泥质量的3%左右。

防水砂浆的防渗效果在很大程度上取决于施工质量,因此施工时要严格控制原材料质量和配合比。防水砂浆层一般分4层或5层施工,每层约5mm厚,每层在初凝前压实一遍,最后一层要进行压光。抹完后要加强养护,防止脱水过快造成干裂。总之,刚性防水层必须保证砂浆的密实性,对施工操作要求高,否则难以获得理想的防水效果。

二、保温砂浆

保温砂浆又称绝热砂浆,是采用水泥、石灰、石膏等胶凝材料与膨胀珍珠岩或膨胀蛭石、陶砂等轻质多孔骨料按一定比例配合制成的砂浆。保温砂浆具有轻质、保温隔热、吸声等性能,其导热系数为$0.07\sim0.10W/(m\cdot K)$,可用于屋面保温层、保温墙壁以及供热管道保温层等处。

常用的保温砂浆有水泥膨胀珍珠岩砂浆、水泥膨胀蛭石砂浆、水泥石灰膨胀蛭石砂浆等。

三、吸声砂浆

一般绝热砂浆是由轻质多孔骨料制成的,都具有吸声性能。另外,也可以用水泥、石膏、砂、锯末按体积比为1:1:3:5配制成吸声砂浆,或在石灰、石膏砂浆中掺入玻璃纤维、矿棉等松软纤维材料制成。吸声砂浆主要用于室内墙壁和平顶的吸声。

四、耐酸砂浆

用水玻璃(硅酸钠)与氟硅酸钠拌制成耐酸砂浆,有时也可掺入石英岩、花岗岩、铸石等粉状细骨料。水玻璃硬化后具有很好的耐酸性能。耐酸砂浆多用作衬砌材料、耐酸地面和耐酸容器的内壁防护层。

应用案例与发展动态

预拌砂浆行业发展展望❶

改革开放 30 年，中国的经济发生了翻天覆地的变化，已经具备全面推广预拌砂浆的技术和物质条件。2009 年中国国民经济生产总值预计仍保持 8% 的增长速度，中国仍是世界上经济发展速度最快的国家之一，因此，预拌砂浆总体向上发展态势不会发生根本变化，特别是今年，普通砂浆在全国范围内将会有较大幅度增长。但是，必须注意到引发全球的金融危机对中国经济的影响，预拌砂浆行业也不能独善其身。影响较大的将是大中城市房地产业，由于商品房市场疲软，带来了房地产投资下降，必然影响到相关产业，对保温类产品影响较大，特别是诸如北京等一类大城市。此外，添加剂产品大量投产，远远超过市场需求总量，也会引发激烈的市场竞争。但是，国家 4 万亿元投入以及大量基础设施建设，又会给砂浆行业带来新的机遇。可以说 2009 年是危机与机遇并存的一年。

2007 年 6 月 6 日商务部等国家 6 部局联合下发《关于在部分城市限期禁止现场搅拌砂浆工作的通知》规定，从 2009 年 7 月 1 日起，全国 127 个城市禁止现场搅拌砂浆，使用预拌砂浆。为配合这项政策贯彻执行，一批"禁现"城市纷纷出台一些强制性措施。如北京市建委等部门规定，自 2009 年 3 月 1 日起，"施工现场采用预拌砂浆"作为强制性条款。违反此项规定的设计院将处以 10～30 万元罚款，施工单位按照工程总价的 2%～4% 处罚。西安市以人大立法形式发布了《西安市散装水泥管理条例》，规定 9 个城市建成区的建设工程应当全部使用预拌混凝土和预拌砂浆。浙江省政府发布《资源节约与环境保护行动计划》（浙政发［2008］52 号），该行动计划内《浙江省节能降耗实施方案》中明确提出"推广应用散装水泥"、"加快发展预拌混凝土"、"增加预拌干粉砂浆"的目标任务要求。上海市建设交通委等发出了关于本市限期禁止工程施工使用现场搅拌砂浆的通知，广州市建设委员会印发了《预拌砂浆管理办法》穗建质［2008］850 号，江苏省下发了《预拌砂浆生产和使用管理办法》，天津市建委发出通知决定对全市商品混凝土和砂浆企业实行市场准入制，保证砂浆市场规范化发展。成都市建委、市交委、市公安局、市环保局、市质监局联合发出《关于限期禁止施工现场搅拌砂浆的通知》已经成都市政府法制办审查并登记备案。此外其他"禁现"城市也相应出台了促进预拌砂浆发展的政策措施。

部分城市普通砂浆价格偏低，这也不利于产品技术改进和行业发展。应适当提高预拌砂浆产品价格，有利于行业快速发展。其实普通砂浆并不普通，过去所说普通砂浆是针对黏土砖砌体使用的砂浆，现在全国大中城市基本不再使用黏土砖，取而代之的是空心砌块、加气混凝土等墙体材料，因此，过去的普通砂浆是不适宜用在新型墙体材料上的，应该大力推广使用专用预拌干混砂浆。

---

❶ 摘自：中国建材报。

第六章 建筑砂浆

发展预拌砂浆有无限广阔的市场前景。据统计，现在预拌砂浆市场消费量仅占砂浆市场总量的 1%左右，2008 年北京市普通干拌砂浆仅使用了 13.09 万吨，占砂浆市场消费总量的 1.3%。

本 章 小 结

本章介绍了砂浆种类、用途，介绍了砂浆常用原材料的品种及质量要求。同时简要介绍了普通抹面砂浆及装饰砂浆的常用品种及特点。

掌握　砂浆和易性的概念及测定方法，砌筑砂浆的强度及配合比确定。

了解　普通抹面砂浆的品种及作用。

复习思考题

1. 何谓砂浆？何谓砌筑砂浆？
2. 新拌砂浆的和易性包括哪些含义？各用什么指标表示？砂浆的保水性不良对其质量有何影响？
3. 测定砌筑砂浆强度的标准试件尺寸是多少？如何确定砂浆的强度等级？
4. 掌握砌筑砂浆配合比的设计方法。
5. 对抹面砂浆有哪些要求？
6. 何谓防水砂浆？防水砂浆中常用哪些防水剂？
7. 如何理解"每 $1m^3$ 砂浆中的砂用量，应以干燥状态（含水率<0.5%）的堆积密度值作为计算值"这句话？
8. 砌筑砂浆与抹面砂浆在功能上有何不同？

习　题

某工程需配制 M7.5、稠度为 70～100mm 的砌筑砂浆，采用强度等级为 32.5 的普通水泥，石灰膏的稠度为 120mm，含水率为 2%的砂的堆积密度为 $1450kg/m^3$，施工水平优良。试确定该砂浆的配合比。

第七章

墙体材料

[学习重点和建议]

1. 烧结普通砖的技术性质。
2. 新型墙体材料的品种和发展。

建议以烧结普通砖为学习块体材料的基础,在了解其技术性质及合理应用的前提下,进一步掌握新型墙体材料的品种及发展。

第七章 墙体材料

墙体材料是指用来砌筑墙体结构的块状材料。在一般房屋建筑中，墙体材料起承重、围护、隔断、保温、隔热、隔声等作用。

目前我国大量生产和应用的墙体材料主要是烧结砖、蒸养砖、中小型砌块。由于传统的墙体材料体积小，采用手工操作，因此劳动强度大，施工效率低，建筑物自重大，使用功能差，工期长，严重阻碍建筑施工机械化、装配化。因此，墙体材料必须向轻质、高强、空心、大块方向发展，实现机械化、装配化施工。

第一节 砌 墙 砖

一、烧结普通砖

国家标准《烧结普通砖》（GB 5101—2003）规定，凡以黏土、页岩、煤矸石、粉煤灰等为主要原料，经成型、焙烧而成的实心或孔洞率不大于15%的砖，称为烧结普通砖。

需要指出的是，烧结普通砖中的黏土砖，因其毁田取土，能耗大，块体小，施工效率低，砌体自重大，抗震性差等缺点，国家已在主要大、中城市及地区禁止使用。重视烧结多孔砖、烧结空心砖的推广应用，因地制宜地发展新型墙体材料。利用工业废料生产的粉煤灰砖、煤矸石砖、页岩砖等以及各种砌块、板材正在逐步发展起来，并将逐渐取代普通黏土砖。

1. 烧结普通砖的品种

按使用的原料不同，烧结普通砖可分为：烧结普通黏土砖（N）、烧结粉煤灰砖（F）、烧结煤矸石砖（M）和烧结页岩砖（Y）。它们的原料来源及生产工艺略有不同，但各产品的性质和应用几乎完全相同。

为了节约燃料，常将炉渣等可燃物的工业废渣掺入黏土中，用以烧制而成的砖称为内燃砖。按砖坯在窑内焙烧气氛及黏土中铁的氧化物的变化情况，可将砖分为红砖和青砖。

2. 烧结普通砖的技术要求

(1) 规格

根据《烧结普通砖》（GB 5101—2003）规定，烧结普通砖的外形为直角六面体，公称尺寸为：240mm×115mm×53mm。按技术指标分为优等品（A）、一等品（B）及合格品（C）三个质量等级。

(2) 外观质量

烧结普通砖的外观质量应符合有关规定。

(3) 强度

烧结普通砖按抗压强度分为 MU30、MU25、MU20、MU15、MU10 五个强度等级。各强度等级砖的强度值应符合表 7-1 的要求。

烧结普通砖的强度等级（GB 5101—2003）（单位：MPa）　　　　表 7-1

强度等级	抗压强度平均值 f	变异系数 $\delta \leqslant 0.21$	$\delta > 0.21$
		强度标准值 $f_k \geqslant$	单块最小抗压强度值 $f_{min} \geqslant$
MU30	30.0	22.0	25.0
MU25	25.0	18.0	22.0
MU20	20.0	14.0	16.0
MU15	15.0	10.0	12.0
MU10	10.0	6.5	7.5

（4）泛霜

泛霜也称起霜，是砖在使用过程中的盐析现象。砖内过量的可溶盐受潮吸水而溶解，随水分蒸发而沉积于砖的表面，形成白色粉状附着物，影响建筑美观。如果溶盐为硫酸盐，当水分蒸发呈晶体析出时，产生膨胀，使砖面剥落。标准规定：优等品无泛霜，一等品不允许出现中等泛霜，合格品不允许出现严重泛霜。

（5）石灰爆裂

石灰爆裂是指砖坯中夹杂有石灰石，砖吸水后，由于石灰逐渐熟化而膨胀产生的爆裂现象。这种现象影响砖的质量，并降低砌体强度。

标准规定：优等品不允许出现最大破坏尺寸大于 2mm 的爆裂区域；一等品不允许出现最大破坏尺寸大于 10mm 的爆裂区域，在 2～10mm 间爆裂区域，每组砖样不得多于 15 处；合格品不允许出现最大破坏尺寸大于 15mm 的爆裂区域，在 2～15mm 间的爆裂区域，每组砖样不得多于 15 处，其中大于 10mm 的不得多于 7 处。

3. 烧结普通砖的应用

烧结普通砖是传统的墙体材料，具有较高的强度和耐久性，又因其多孔而具有保温绝热、隔声吸声等优点，因此适宜于做建筑围护结构，被大量应用于砌筑建筑物的内墙、外墙、柱、拱、烟囱、沟道及其他构筑物，也可在砌体中置适当的钢筋或钢丝以代替混凝土构造柱和过梁。

二、烧结多孔砖、空心砖

随着高层建筑的发展，对普通黏土砖提出了减轻自重，进一步改善绝热和隔声等要求。使用多孔砖及空心砖在一定程度上能达到此要求。生产黏土多孔砖、空心砖能减少能量消耗 20%～30%，并可节约黏土用量、降低生产成本。同时可减轻自重 30%～35%，降低造价近 20%，提高工效达 40%。

1. 烧结多孔砖

烧结多孔砖即竖孔空心砖，是以黏土、页岩、煤矸石为主要原料，经焙烧而成的主要用于承重部位的多孔砖，其孔洞率在 20%左右，如图 7-1 所示。根据国家标准《烧结多孔砖》(GB 13544—2000)，多孔砖的外型为直角六面体，其长度、宽度、高度尺寸应符合下列要求，单位为毫米（mm）：290，240，190，180；175，140，115，90。

其他规格尺寸由供需双方协商确定。

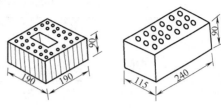

图 7-1 烧结多孔砖

烧结多孔砖根据抗压强度分为 MU30、MU25、MU20、MU15、MU10 五个强度等级。根据尺寸偏差、外观质量、强度等级和物理性能分为优等品（A）、一等品（B）和合格品（C）三个质量等级。各强度等级的强度应符合表7-2中的规定。

烧结多孔砖的强度等级（GB 13544—2000） 表 7-2

强度等级	抗压强度平均值 f	变异系数 $\delta \leqslant 0.21$	$\delta > 0.21$
		强度标准值 $f_k \geqslant$	单块最小抗压强度值 $f_{min} \geqslant$
MU30	30.0	22.0	25.0
MU25	25.0	18.0	22.0
MU20	20.0	14.0	16.0
MU15	15.0	10.0	12.0
MU10	10.0	6.5	7.5

2. 烧结空心砖和空心砌块

烧结空心砖即水平孔空心砖，是以黏土、页岩、煤矸石为主要原料，经焙烧而成的主要用于非承重部位的空心砖和空心砌块。

根据国家标准《烧结空心砖和空心砌块》(GB 13545—2003)，空心砖和砌块外形为直角六面体，如图7-2所示，其长度、宽度、高度尺寸应符合下列要求，单位为毫米（mm）：390，290，240，190，180（175），140，115，90。

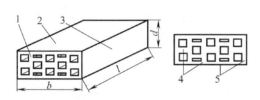

图 7-2 烧结空心砖和空心砌块

1—顶面；2—大面；3—条面；4—肋；5—壁；l—长度；b—宽度；d—高度

烧结空心砖和砌块根据其大面抗压强度分为 MU10.0、MU7.5、MU5.0、MU3.5、MU2.5 五个强度等级；按体积密度分为 800、900、1000、1100 四个密度级别；强度、密度、抗风化性能及放射性物质合格的砖和砌块，根据尺寸偏差、外观质量、孔洞排列及其结构、泛霜、石灰爆裂、吸水率分为优等品（A）、一等品（B）和合格品（C）三个质量等级。强度等级指标要求见表7-3，密度等级指标要求见表7-4。

3. 烧结多孔砖和空心砖的应用

烧结多孔砖因其强度较高，绝热性能优于普通砖，一般用于砌筑六层以下建筑物的承重墙；烧结空心砖主要用于非承重的填充墙和隔墙。

烧结空心砖和砌块的强度等级（GB 13545—2003）　　　　表 7-3

强度等级	抗压强度/(MPa)			密度等级范围 (kg/m³)
	抗压强度平均值≥	变异系数 δ≤0.21 强度标准值 f_k≥	δ>0.21 单块最小抗压强度值 f_{min}≥	
MU10.0	10.0	7.0	8.0	≤1100
MU7.5	7.5	5.0	5.8	
MU5.0	5.0	3.5	4.0	
MU3.5	3.5	2.5	2.8	
MU2.5	2.5	1.6	1.8	≤800

烧结空心砖和砌块的密度等级（GB 13545—2003）（单位：kg/m³）　　　　表 7-4

密度等级	5块砖密度平均值	密度等级	5块砖密度平均值
800	≤800	1000	901～1000
900	801～900	1100	1001～1100

烧结多孔砖和烧结空心砖在运输、装卸过程中，应避免碰撞，严禁倾卸和抛掷。堆放时应按品种、规格、强度等级分别堆放整齐，不得混杂；砖的堆置高度不宜超过 2m。

三、蒸压（养）砖

蒸压（养）砖又称免烧砖。这类砖的强度不是通过烧结获得，而是制砖时掺入一定量的胶凝材料或在生产过程中形成一定的胶凝物质使砖具有一定强度。根据所用原料不同有灰砂砖、粉煤灰砖等。

1. 蒸压灰砂砖（LSB）

蒸压灰砂砖（简称灰砂砖）是以石灰和砂为主要原料，经坯料制备、压制成型，再经高压饱和蒸汽养护而成的砖。砖的颜色分为本色（N）和彩色（CO）。

（1）规格

灰砂砖的外形为矩形体。规格尺寸为 240mm×115mm×53mm。

（2）强度等级

根据抗压强度、抗折强度及抗冻性分为 MU25、MU20、MU15、MU10 四个强度等级，见表 7-5。

灰砂砖的强度等级（GB 11945—1999）（单位：MPa）　　　　表 7-5

强度等级	抗压强度(MPa)		抗折强度(MPa)		抗冻性	
	平均值 不小于	单块值 不小于	平均值 不小于	单块值 不小于	五块抗冻抗压强度 (MPa)平均值不小于	单块干质量损失 (%)不大于
MU25	25.0	20.0	5.0	4.0	20.0	2.0
MU20	20.0	16.0	4.0	3.2	16.0	
MU15	15.0	12.0	3.3	2.6	12.0	
MU10	10.0	8.0	2.5	2.0	8.0	

(3) 产品等级

根据尺寸偏差和外观质量分为优等品（A）、一等品（B）和合格品（C）三个质量等级。

(4) 灰砂砖的应用

灰砂砖是在高压下成型，又经过蒸压养护，砖体组织致密，具有强度高、大气稳定性好、干缩率小、尺寸偏差小、外形光滑平整等特性。灰砂砖色泽淡灰，如配入矿物颜料，则可制得各种颜色的砖，有较好的装饰效果。主要用于工业与民用建筑的墙体和基础。其中 MU15、MU20、MU25 的灰砂砖可用于基础及其他部位，MU10 的砖可用于防潮层以上的建筑部位。

灰砂砖不得用于长期受热 200℃ 以上、受急冷、急热或有酸性介质侵蚀的环境。灰砂砖的耐水性良好，但抗流水冲刷能力较弱，可长期在潮湿、不受冲刷的环境中使用。灰砂砖表面光滑平整，使用时注意提高砖和砂浆间的粘结力。

2. 粉煤灰砖（FB）

粉煤灰砖是以粉煤灰、石灰或水泥为主要原料，掺以适量的石膏、外加剂、颜料和集料等，经坯料制备、成型、高压或常压蒸汽养护而制成的实心砖。砖的颜色分为本色（N）和彩色（CO）。

(1) 规格

粉煤灰砖的外形为矩形体，规格尺寸为 240mm×115mm×53mm。

(2) 强度等级

粉煤灰砖根据抗压强度及抗折强度分为 MU30、MU25、MU20、MU15、MU10 五个强度等级，见表 7-6。

粉煤灰砖强度指标（JC 239—2001） 表 7-6

强度等级	抗压强度 ≥		抗折强度 ≥	
	10 块平均值≥	单块值≥	10 块平均值≥	单块值≥
MU30	30.0	24.0	6.2	5.0
MU25	25.0	20.0	5.0	4.0
MU20	20.0	16.0	4.2	3.2
MU15	15.0	12.0	3.3	2.6
MU10	10.0	8.0	2.5	2.0

(3) 产品等级

粉煤灰砖根据外观质量、尺寸偏差、强度、抗冻性和干缩值分为优等品（A）、一等品（B）和合格品（C）三个质量等级。

(4) 粉煤灰砖的应用

粉煤灰砖可用于工业与民用建筑的基础、墙体，但应注意：

在易受冻融和干湿交替作用的建筑部位必须使用优等品或一等品砖。用于易受冻融作用的建筑部位时要进行抗冻性检验，并采取适当措施，以提高建筑的耐久性；

用粉煤灰砖砌筑的建筑物，应适当增设圈梁及伸缩缝或采取其他措施，以避免或减

少收缩裂缝的产生;

粉煤灰砖出釜后,应存放一段时间后再用,以减少相对伸缩值;

长期受高于200℃温度作用,或受冷热交替作用,或有酸性侵蚀的建筑部位不得使用粉煤灰砖。

第二节 砌 块

砌块是一种比砌墙砖大的新型墙体材料,具有适应性强、原料来源广、不毁耕地、制作方便、可充分利用地方资源和工业废料、砌筑方便灵活等特点,同时可提高施工效率及施工的机械化程度,减轻房屋自重,改善建筑物功能,降低工程造价。推广和使用砌块是墙体材料改革的一条有效途径。

砌块可分为实心和空心两种;按大小分为中型砌块(高度为400mm、800mm)和小型砌块(高度为200mm),前者用小型起重机械施工,后者可用手工直接砌筑;按原材料不同分为硅酸盐砌块(粉煤灰砌块、蒸压加气混凝土砌块)和混凝土砌块(混凝土小型空心砌块、轻骨料混凝土小型空心砌块),前者用炉渣、粉煤灰、煤矸石等材料加石灰、石膏配合而成,后者用混凝土制作。

一、粉煤灰砌块

粉煤灰砌块又称粉煤灰硅酸盐砌块,是以粉煤灰、石灰、石膏和骨料(煤渣、硬矿渣等)为原料,按照一定比例加水搅拌、振动成型,再经蒸汽养护而制成的密实块体。

根据《粉煤灰砌块》(JC 238—91)规定,其主要技术要求如下:

(1)规格

粉煤灰砌块的外形尺寸为880mm×380mm×240mm和880mm×430mm×240mm两种。砌块的端面应加灌浆槽,坐浆面(又叫铺浆面)宜设抗切槽,形状如图7-3所示。

(2)等级划分

强度等级:按立方体试件的抗压强度,砌块分为10级、13级两个强度等级。

质量等级:根据外观质量、尺寸偏差及干缩性分为一等品(B)、合格品(C)两个质量等级。

(3)粉煤灰砌块的应用

粉煤灰砌块适用于工业与民用建筑的墙体和基础,但不宜用于有酸性侵蚀介质侵蚀的、

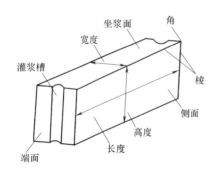

图7-3 粉煤灰砌块形状示意图

密封性要求高的及受较大振动影响的建筑物（如锻锤车间），也不宜用于经常处于高温的承重墙（如炼钢车间、锅炉间的承重墙）和经常受潮湿的承重墙（如公共浴室等）。

二、蒸压加气混凝土砌块（ACB）

蒸压加气混凝土砌块（简称加气混凝土砌块）是以钙质材料（水泥、石灰等）和硅质材料（砂、粉煤灰、矿渣等）为原料，经过磨细，并以铝粉为加气剂，按一定比例配合，经过料浆浇注，再经过发气成型、坯体切割、蒸压养护等工艺制成的一种轻质、多孔的硅酸盐建筑墙体材料。

根据《蒸压加气混凝土砌块》（GB 11968—2006）规定，其主要技术指标如下：

（1）规格

砌块的规格尺寸有以下两个系列（单位为 mm）：（见图 7-4）

① 长度：600；

高度：200、250、300；

宽度：75 为起点，100、125、150、175、200…（以 25 递增）。

② 长度：600；

高度：240、300；

宽度：60 为起点，120、180、240、300、360…（以 60 递增）。

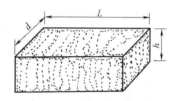

图 7-4 蒸压加气混凝土砌块示意图

（2）强度等级与密度等级

加气混凝土砌块按抗压强度分为 A1.0、A2.0、A2.5、A3.5、A5.0、A7.5、A10.0 七个强度等级，见表 7-7。按干体积密度分为 B03、B04、B05、B06、B07、B08 六个级别，见表 7-8。按外观质量、尺寸偏差、体积密度、抗压强度分为优等品（A）和合格品（C）。

蒸压加气混凝土砌块的强度等级（GB/T 11968—2006）（单位：MPa）　表 7-7

强度级别		A1.0	A2.0	A2.5	A3.5	A5.0	A7.5	A10.0
立方体抗压强度	平均值≥	1.0	2.0	2.5	3.5	5.0	7.5	10.0
	最小值≥	0.8	1.6	2.0	2.8	4.0	6.0	8.0

蒸压加气混凝土砌块的干体积密度（GB/T 11968—2006）（单位：kg/m³）　表 7-8

体积密度级别		B03	B04	B05	B06	B07	B08
干密度	优等品≤	300	400	500	600	700	800
	合格品≤	325	425	525	625	725	825

（3）加气混凝土砌块的应用

加气混凝土砌块具有体积密度小、保温及耐火性能好、抗震性能强、易于加工、施工方便等特点，适用于低层建筑的承重墙，多层建筑的隔墙和高层框架结构的填充墙，也可用于复合墙板和屋面结构中。在无可靠的防护措施时，不得用于风中或高湿度和有侵蚀介质的环境中，也不得用于建筑物的基础和温度长期高于80℃的建筑部位。

三、混凝土小型空心砌块

混凝土小型空心砌块（简称混凝土小砌块）是以水泥、砂、石等普通混凝土材料制成的。空心率为25%～50%，常用的混凝土砌块外形如图7-5所示。

根据《普通混凝土小型空心砌块》（GB 8239—1997）规定，其主要技术指标如下：

（1）规格

混凝土小型空心砌块主规格尺寸为390mm×190mm×190mm，其他规格尺寸可由供需双方协商。

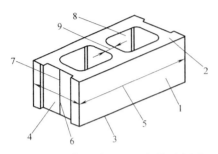

图7-5 混凝土小型空心砌块示意图
1—条面；2—坐浆面（肋厚较小的面）；3—铺浆面（肋厚较大的面）；4—顶面；5—长度；6—宽度；7—高度；8—壁；9—肋

（2）强度等级与质量等级

混凝土小型空心砌块强度等级：按抗压强度分为 MU3.5、MU5.0、MU7.5、MU10.0、MU15.0、MU20.0 六个强度等级，见表7-9。按其尺寸偏差和外观质量分为优等品（A）、一等品（B）和合格品（C）三个质量等级。

普通混凝土小型空心砌块强度等级（GB 8239—1997） 表7-9

强度等级	砌块抗压强度		强度等级	砌块抗压强度	
	平均值 ≥	单块最小值 ≥		平均值 ≥	单块最小值 ≥
MU3.5	3.5	2.8	MU10.0	10.0	8.0
MU5.0	5.0	4.0	MU15.0	15.0	12.0
MU7.5	7.5	6.0	MU20.0	20.0	16.0

（3）其他

混凝土小型空心砌块的抗冻性在采暖地区一般环境条件下应达到F15，干湿交替环境条件下应达到F25，非采暖地区不规定。其相对含水率应达到：潮湿地区≤45%；中等地区≤40%；干燥地区≤35%。其抗渗性也应满足有关规定。

（4）混凝土小型空心砌块的应用

混凝土小型空心砌块适用于建造地震设计烈度为8度及8度以下地区的各种建筑墙体，包括高层与大跨度的建筑，也可以用于围墙、挡土墙、桥梁、花坛等市政设施，应用范围十分广泛。

使用注意事项：小砌块采用自然养护时，必须养护28天后方可使用；出厂时小砌块的相对含水率必须严格控制在标准规定范围内；小砌块在施工现场堆放时，必须采取防雨措施；砌筑前，小砌块不允许浇水预湿。

四、轻骨料混凝土小型空心砌块

轻骨料混凝土小型空心砌块是以陶粒、膨胀珍珠岩、浮石、火山渣、煤渣、炉渣等各种轻粗细骨料和水泥按一定比例混合，经搅拌成型、养护而成的空心率大于25%、体积密度不大于1400kg/m³的轻质混凝土小砌块。

根据《轻集料混凝土小型空心砌块》(GB/T 15229—2002)规定，其技术要求如下：

(1) 规格

主规格尺寸为390mm×190mm×190mm。其他规格尺寸可由供需双方商定。

(2) 强度等级与密度等级

按干体积密度分为500、600、700、800、900、1000、1200、1400八个密度等级，见表7-10；按抗压强度分阶段为MU1.5、MU2.5、MU3.5、MU5.0、MU7.5、MU10.0六个强度等级，见表7-11；按尺寸允许偏差、外观质量分为优等品(A)、一等品(B)和合格品(C)三个等级。

轻骨料混凝土小型空心砌块密度等级 (GB/T 15229—2002) (单位：kg/m³)　　表7-10

密度等级	砌块干体积密度范围	密度等级	砌块干体积密度范围
500	≤500	900	810~900
600	510~600	1000	910~1000
700	610~700	1200	1010~1200
800	710~800	1400	1210~1400

轻骨料混凝土小型空心砌块强度等级 (GB/T 15229—2002)　　表7-11

强度等级	砌块抗压强度		密度等级范围
	平均值	最小值	
MU1.5	≥1.5	1.2	≤800
MU 2.5	≥2.5	2.0	
MU 3.5	≥3.5	2.8	≤1200
MU 5.0	≥5.0	4.0	
MU 7.5	≥7.5	6.0	≤1400
MU 10.0	≥10.0	8.0	

(3) 应用

轻骨料混凝土小型空心砌块是一种轻质高强、能取代普通黏土砖的最有发展前途的墙体材料之一，又因其绝热性能好、抗震性能好等特点，在各种建筑的墙体中得到广泛应用，特别是绝热要求较高的维护结构上使用广泛。

第三节　其他新型墙体材料

一、纤维增强低碱度水泥建筑平板

纤维增强低碱度水泥建筑平板是以温石棉、中碱玻璃纤维或抗碱玻璃纤维等为增强材料，以低碱度硫铝酸盐水泥为胶结材料制成的建筑平板。根据《纤维增强低碱度水泥建筑平板》(JC/T 626—2008)规定，该类板长度为1200、1800、2400、2800mm；宽度为800、900、1200mm；厚度为4、5、6mm。平板质量轻、强度高、防潮、防火、不易变形，可加工性好。该种水泥建筑平板与龙骨体系配合使用，适用于各类建筑物室内的非承重内隔墙和吊顶平板等。

二、玻璃纤维增强水泥（GRC）轻质多孔隔墙条板

GRC轻质多孔隔墙条板是以耐碱玻璃纤维为增强材料，以硫铝酸盐水泥为主要原料的预制非承重轻质多孔内隔墙条板。

根据《玻璃纤维增强水泥轻质多孔隔墙条板》（GB/T 19631—2005）规定，GRC轻质多孔隔墙条板按板的厚度分为90型、120型，按板型分为普通板、门框板、窗框板、过梁板。条板采用不同企口和开孔形式，规格尺寸应符合国家标准的规定。

三、石膏空心条板

石膏空心条板是以建筑石膏为胶凝材料，适量加入各种轻质骨料（如膨胀珍珠岩、膨胀蛭石等）和无机纤维增强材料，经搅拌、振动成型、抽芯模、干燥而成。

根据《石膏空心条板》（JC/T 829—1998）规定，石膏空心条板的长度为2400～3000mm，宽度为600mm，厚度为60mm。

石膏空心条板具有质轻、比强度高、隔热、隔声、防火、可加工性好等优点，且安装墙体时不用龙骨，简单方便。适用于各类建筑的非承重内墙，但若用于相对湿度大于75%的环境中，则板材表面应作防水等相应处理。

四、彩钢夹芯板

彩钢夹芯板是以隔热材料（岩棉、聚苯乙烯、聚氨酯）作芯材，以彩色涂层钢板为面材，用粘结剂复合而成的，一般厚度为50～250mm，宽度为1150mm或1200mm，长度≤12000mm，长度也可根据需要调整。

彩钢夹芯板具有隔热、保温、轻质、高强、吸声、防振、美观等特点，是一种集承重、防水、装饰于一体的新型建筑用材。夹芯板应用于建筑领域不仅有节能效果，还有施工速度快，节省钢材用量的优点，大大降低建筑成本和使用成本，显著提高经济效益。需引起注意的是，发泡塑料作芯材的彩钢夹芯板因其市场价格较以岩棉等无机隔热保温材料为芯材的低，故在工程上得到广泛应用，但其芯材的可燃性往往引起忽视，在国家相关规定出台前，应在设计、施工、应用各环节对其防火性能可能带来的影响进行充分的考虑。

应用案例与发展动态

新型建筑墙体材料的发展前景（摘选）[1]

在现代社会，人类不但讲究住的舒适，还要住的健康。墙体材料改革可以节约材

---

[1] 摘自：刘新强. 新型建筑墙体材料的发展前景. 现代经济信息。

料，节约资金，符合可持续发展的要求，还可以促进住宅建筑的节能。

所谓可持续发展，是指既要满足当代人的利益，又不能损害后代的利益。原国家建材局结合建材工业的发展实际，把搞好资源综合利用、搞好环保、实现可持续发展作为建材工业转变经济增长方式的必然要求和主要途径，制定了建材工业的发展规划，在该规划中对墙体材料的改革提出了以下途径和改革的意义。

一、墙体材料改革的途径

（一）墙体改革途径之一——烧制品

《烧结空心砖和空心砌块》GB 13545—2003 已颁布并于 2003 年 10 月 1 日起开始实施。空心砖与实心砖相比较，其优点是可减轻结构自重，砖厚较大，可节约砌筑砂浆和减少工时。此外，黏土用量和电力及燃料亦可相应减少。

（二）墙体改革途径之二——蒸压制品

蒸压制品是指不含水泥或含少量水泥而通过蒸压养护方式使砖或砌块结硬的制品。

泡沫混凝土砌块属于多孔混凝土砌块，有水泥泡沫混凝土砌块和硅酸盐泡沫混凝土砌块两种。在工厂主要用于框架结构，现浇混凝土结构建筑的外墙填充、内墙隔断，也可用于多层建筑的外墙或保温隔热复合墙体，还可根据设计在现场浇筑泡沫混凝土墙体。

下列情况不得使用泡沫混凝土砌块：建筑物基础；处于浸水、高温和受化学侵蚀的环境；承重制品表面温度高于 80℃ 的部位。

泡沫混凝土砌块的性能及优点：主规格尺寸为 880mm×380mm×240mm 和 880mm×430mm×240mm，一般密度在 300～1000kg/m^3。采用厚度为 200～250mm 的泡沫混凝土砌块外墙相当于 490mm 厚实心黏土砖外墙的保温效果，保温隔热性能好。吸声能力强，防火、防水性能好，完全抗冻，收缩裂缝较少。

（三）墙体改革途径之三——胶凝制品

混凝土小型空心砌块节土、节能，符合国家基本政策，承载力高，相同强度等级块材和砂浆的砌体抗压强度是砖墙的 1.5～1.8 倍。其孔洞率 50%，较砖墙轻，可减轻基础荷载，因而可减少基础材料用量。它有以下优点：施工快，墙厚较标准砖薄，可节省结构面积。商品砂浆：品质稳定、节约材料，有利于文明施工和环保，且可配制出适应新型墙体材料所需的性能。砌块墙体：多层砌块墙体住宅造价较相同层数砖混房高出 5%～10%，但保温性能好，在北方尤为突出。多功能砌块是为实现建筑节能而发展的，如抗震、承重、保温、装饰作用等。

此外还有混凝土多孔砖、粉煤灰空心砌块等。

二、墙体材料改革的意义

民用建筑和工业建筑都需节能。居民建筑的能耗以采暖占主要部分，热水供应 15%，电气照明 14%，炊事 6%，采暖 65%。随着建筑业的发展，其用能已占全社会终端能耗的 1/4 以上。墙体材料改革最显著的意义就是建筑节能以及环境保护。

保温隔热节能建议采取单一材料较理想，施工方便，效率高，如采用轻骨料混凝土砌块墙外贴苯板、轻骨料混凝土砌块苯板夹芯墙、轻骨料混凝土砌块孔内填苯板、轻骨料混凝土砌块空腔内插入苯板；外墙保温常用EPS板、复合混凝土小型空心砌块等。

三、国外墙体材料生产应用简介

常见的有混凝土砌块、纸面石膏板、加气混凝土、复合轻质板。混凝土砌块在美、日已成为墙体材料主要产品，约占总量的1/3。美国是纸面石膏板的最大生产国，目前年产量已超过20亿平方米，日本产量为6亿平方米。近年来还有许多生产建筑用砖的新动向，如不用砂浆的砖、高强度压力硬化砖、巨型陶瓷砖、可切割的混凝土砖、生态砖、环保地砖等。国外还生产应用玻璃纤维增强混凝土、织物增强混凝土，能承受较强预应力和拉力，从而使生产薄壁混凝土构件成为可能。

随着人类社会发展，生产技术进步，砖和砌块生产构造多样化、材料多样化已成为必然，承重水平孔洞空心砖、轻质高强材料的发展研制提上日程。通过改进生产工艺提升施工技术扩大砌块应用范围，发展轻质隔墙板，继续节约建筑能耗，减少环境污染，建筑业的可持续发展一定是现实的。

本 章 小 结

本章主要介绍了墙体材料，包括砌墙砖、墙用砌块与新型墙体材料。烧结普通砖为传统的墙体材料，为避免毁田取土，保护环境，黏土砖在中国主要大、中城市已禁止使用。现在国家重视使用新型墙体材料，例如多孔砖和空心砖、充分利用工业废料生产其他普通砖、免烧砖、砌块等。

掌握　在掌握烧结普通砖的技术性质及合理应用的基础上，进一步掌握新型墙体材料的品种及发展。

理解　大力推广使用新型墙体、材料的意义。

了解　墙体、材料改革的途径。

复 习 思 考 题

1. 评价普通黏土砖的使用特性及应用。墙体材料的发展趋势如何？
2. 为什么要用烧结多孔砖、烧结空心砖及新型轻质墙体材料替代普通黏土砖？
3. 烧结普通砖、烧结多孔砖和烧结空心砖各自的强度等级、质量等级是如何划分的？各自的规格尺寸是多少？主要适用范围如何？
4. 什么是蒸压灰砂砖、蒸压粉煤灰砖？它们的主要用途是什么？
5. 什么是粉煤灰砌块？其强度等级有哪些？用途有哪些？
6. 加气混凝土砌块的规格、等级各有哪些？用途有哪些？
7. 什么是普通混凝土小型空心砌块？什么是轻集料混凝土小型空心砌块？它们各有什么用途？

第八章 金属材料

[学习重点和建议]

1. 钢材的冶炼方法及对钢材的质量影响。

2. 钢材的分类及建筑钢材的类型。

3. 建筑钢材的技术性能以及化学成分对其性能的影响；钢材冷加工、热处理的原理和应用。

4. 建筑钢材的标识、选择和使用；建筑结构用型钢的类别、标识和使用。

5. 建筑钢材的防火、防腐原理及方法。

建议在熟练掌握钢材冶炼和技术性能的基础上，认识钢材的标识，并结合工程实际理解钢材的选择和使用。利用报刊网络等媒体了解建筑钢材应用、发展等案例，从而理解建筑钢材的特点及防腐、防火技术。

第八章 金属材料

金属材料具有强度高、密度大、易于加工、导热和导电性良好等特点，可制成各种铸件和型材、能焊接或铆接、便于装配和机械化施工。因此，金属材料广泛应用于铁路、桥梁、房屋建筑等各种工程中，是主要的建筑材料之一。尤其是近年来，高层和大跨度结构迅速发展，金属材料在建筑工程中的应用越来越多。

金属材料一般包括黑色金属和有色金属两大类。黑色金属是以铁元素为主要成分的金属及其合金，常用的黑色金属材料有钢和生铁，其中钢在建筑中应用最多。有色金属是除黑色金属以外的其他金属，如铝、铅、锌、铜、锡等金属及其合金，其中铝合金是一种重要的轻质材料和装饰材料。

第一节 建筑钢材

建筑钢材主要指用于钢结构中的各种型材（如角钢、槽钢、工字钢、圆钢等）、钢板、钢管和用于钢筋混凝土结构中的各种钢筋、钢丝等。

建筑钢材具有较高的强度，有良好的塑性和韧性，能承受冲击和振动荷载；可焊接或铆接，易于加工和装配，所以被广泛应用于建筑工程中。但钢材也存在易锈蚀及耐火性差等缺点。

一、钢材的冶炼和分类

1. 钢材的冶炼

把铁矿石、焦炭、石灰石（助熔剂）按一定比例装入高炉中，在炉内高温条件下，焦炭中的碳与矿石中的氧化铁发生化学反应，将矿石中的铁还原出来，生成一氧化碳和二氧化碳由炉顶排出，使矿石中的铁和氧分离，通过这种冶炼得到的铁中，仍含有较多的碳和其他杂质，故性能既硬又脆，影响使用，此过程称为炼铁。

将铁在炼钢炉中进一步熔炼，并供给足够的氧气，通过炉内的高温氧化作用，部分碳被氧化成一氧化碳气体而逸出，其他杂质则形成氧化物进入炉渣中除去，这样可使碳的含量降低，从而得到含碳量合乎要求的产品，即为钢，此过程称为炼钢。钢在强度、韧性等性质方面都较铁有了较大幅度提高，在建筑工程中，大量使用的都是钢材。

2. 钢材的分类

钢材的种类很多，性质各异，为了便于选用，钢有以下分类方式：

（1）钢按化学成分可分为碳素钢和合金钢两类。

1）碳素钢根据含碳量可分为：低碳钢（含碳量小于0.25%），中碳钢（含碳量0.25%～0.60%），高碳钢（含碳量大于0.60%）。

2）合金钢是在碳素钢中加入某些合金元素（锰、硅、钒、钛等），用于改善钢的性能或使其获得某些特殊性能。按合金元素含量分为：低合金钢（合金元素含量小于

5%）；中合金钢（合金元素含量 5%～10%）；高合金钢（合金元素含量大于 10%）。

(2) 按钢在熔炼过程中脱氧程度的不同分为：脱氧充分为镇静钢和特殊镇静钢（代号为 Z 和 TZ），脱氧不充分为沸腾钢（代号为 F），介于二者之间为半镇静钢（代号为 b）。

(3) 钢按用途可分为：结构用钢（钢结构用钢和混凝土结构用钢），工具钢（制作刀具、量具、模具等），特殊性能钢（不锈钢、耐酸钢、耐热钢、磁钢等）。

(4) 钢按主要质量等级分为：普通钢，优质钢，高级优质钢（主要对硫、磷等有害杂质的限制不同）。

目前，在建筑工程中常用的钢种是普通碳素结构钢和普通低合金结构钢。

二、钢材的技术性能

钢材的性能主要包括力学性能、工艺性能和化学性能等，其中力学性能是最主要的性能之一。

1. 力学性能

(1) 抗拉性能

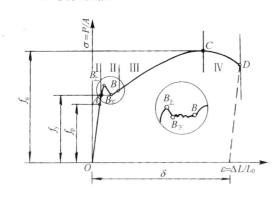

图 8-1 低碳钢（软钢）受拉的应力-应变图

抗拉性能是表示钢材性能的重要指标。钢材抗拉性能采用拉伸试验测定。建筑用钢的强度指标，通常用屈服点和抗拉强度表示。如图 8-1 所示用低碳钢拉伸时的应力与应变曲线图来阐明钢材的抗拉性能。

从图 8-1 中可以看出，低碳钢受拉经历了 4 个阶段：弹性阶段（$O \rightarrow A$）、屈服阶段（$A \rightarrow B$）、强化阶段（$B \rightarrow C$）和颈缩阶段（$C \rightarrow D$）。

1) 屈服点（屈服强度） OA 段为一直线，说明应力和应变成正比关系。如卸去拉力，试件能恢复原状，这种性质即为弹性，该阶段为弹性阶段。应力 σ 与应变 ε 的比值为常数，该常数为弹性模量 E（$E = \sigma/\varepsilon$），弹性模量反映钢材抵抗变形的能力，是计算结构受力变形的重要指标。

当对试件的拉伸应力超过 A 点后，应力应变不再成正比关系，开始出现塑性变形进入屈服阶段 AB，屈服下限 $B_下$ 点（此点较稳定，易测定）所对应的应力值为屈服强度或屈服点，用 f_y 表示。结构设计时一般以 f_y 作为强度取值的依据。

对屈服现象不明显的中碳和高碳钢（硬钢），规定以产生残余变形为原标距长度的 0.2% 所对应的应力值作为屈服强度，称为条件屈服点，用 $f_{0.2}$ 表示。

2) 抗拉强度 BC 曲线逐步上升可以看出：试件在屈服阶段以后，其抵抗塑性变形的能力又重新提高，这一阶段称为强化阶段。对应于最高点 C 的应力值称为极限抗拉强度，简称抗拉强度，用 f_u 表示。

设计中抗拉强度不能利用，但屈强比 f_y/f_u 即屈服强度和抗拉强度之比却能反映钢材的利用率和结构的安全可靠性，屈强比愈小，反映钢材受力超过屈服点工作时的可靠性愈大，因而结构的安全性愈高。但屈强比太小，则反映钢材不能有效地被利用，造成钢材浪费。建筑结构钢合理的屈强比一般为 0.60～0.75。

3) 伸长率 当曲线到达 C 点后，试件薄弱处急剧缩小，塑性变形迅速增加，产生"颈缩现象"直到断裂，如图 8-2 所示。试件拉断后测定出拉断后标距部分的长度 L_1，L_1 与试件原标距 L_0 比较，按下式可以计算出伸长率 δ。

$$\delta=[(L_1-L_0)/L_0]\times 100\%$$

伸长率表征了钢材的塑性变形能力。由于在塑性变形时颈缩处的变形最大，故若原标距与试件的直径之比愈大，则颈缩处伸长值在整个伸长值中的比重愈小，因而计算所得的伸长率会小些。通常以 δ_5 和 δ_{10} 分别表示 $L_0=5d_0$ 和 $L_0=10d_0$ 时的伸长率，d_0 为试件直径。对同一种钢材，δ_5 大于 δ_{10}。

图 8-2 钢材拉伸试件示意图

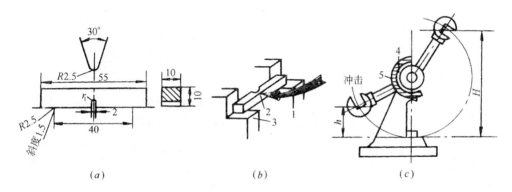

图 8-3 冲击韧性试验示意图
(a) 试件尺寸；(b) 试验装置；(c) 试验机
1—摆锤；2—试件；3—试验台；4—刻转盘；5—指针

（2）冲击韧性

冲击韧性是指钢材抵抗冲击荷载而不被破坏的能力。冲击韧性指标是通过标准试件的弯曲冲击韧性试验确定的，如图 8-3 所示，以摆锤冲击试件刻槽的背面，使试件承受冲击弯曲而断裂。将试件冲断的缺口处单位截面积上所消耗的功作为钢材的冲击韧性指标，用 a_k （J/cm^3）表示。a_k 值愈大，表示冲断试件时消耗的功越多，钢材的冲击韧性愈好。

钢材的化学成分、内在缺陷、加工工艺及环境温度都会影响钢材的冲击韧性。试验表明，冲击韧性随温度的降低而下降，其规律是开始时下降较平缓，当达到一定温度范围时，冲击韧性会突然下降很多而呈脆性，这种脆性称为钢材的冷脆性。此时的温度称为临界温度，其数值愈低，说明钢材的低温冲击性能愈好。所以在负温下使用的结构，应当选用脆性临界温度较工作温度低的钢材。

钢材随时间的延长,其强度提高,塑性和冲击韧性下降,这种现象称为时效。完成时效变化的过程可达数十年,但是钢材如经受冷加工变形,或使用中经受振动和反复荷载的作用,时效可迅速发展。因时效而导致性能改变的程度称为时效敏感性。对于承受动荷载的结构应该选用时效敏感性小的钢材。

因此,对于直接承受动荷载而且可能在负温下工作的重要结构必须进行钢材的冲击韧性检验。

(3) 硬度

钢材的硬度是指其表面抵抗重物压入产生塑性变形的能力。测定硬度的方法有布氏法和洛氏法,较常用的方法是布氏法,如图 8-4 所示,其硬度指标为布氏硬度值(HB)。

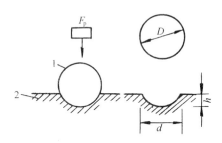

图 8-4 布氏硬度测定示意图
1—淬火钢球;2—试件

布氏法是利用直径为 D (mm) 的淬火钢球,以一定的荷载 F_p (N) 将其压入试件表面,得到直径为 d (mm) 的压痕,以压痕表面积 S 除荷载 F_p,所得的应力值即为试件的布氏硬度值(HB),以不带单位的数字表示。布氏法比较准确,但压痕较大,不适宜做成品检验。

洛氏法测定的原理与布氏法相似,但以压头压入试件深度来表示洛氏硬度值。洛氏法压痕很小,常用于判定工件的热处理效果。

(4) 耐疲劳性

钢材承受交变荷载反复作用时,可能在最大应力远低于屈服强度的情况下突然破坏,这种破坏称为疲劳破坏。钢材疲劳破坏指标用疲劳强度或疲劳极限来表示,它是指疲劳试验中试件在交变应力作用下,在规定的周期内不发生疲劳破坏所能承受的最大应力值。

2. 工艺性能

良好的工艺性能,可以保证钢材顺利进行各种加工,使钢材制品的质量不受影响。冷弯及焊接性能,均是钢材重要的工艺性能。

(1) 冷弯性能

冷弯性能是指钢材在常温下承受弯曲变形的能力,是钢材的重要工艺性能。

冷弯性能指标通过试件被弯曲的角度 α(90°/180°)及弯心直径 d 对试件厚度(或直径)a 的比值(d/a)来表示,如图 8-5 所示。

钢材试件按规定的弯曲角和弯心直径进行试验,若试件弯曲处的外表面无裂断、裂缝或起层,即认为冷弯性能合格。冷弯试验能反映试件弯曲处的塑性变形,能揭示钢材是否存在内部组织不均匀、内应力和夹杂物等缺陷。冷弯试验也能对钢材的焊接质量进行严格的检验,能揭示焊件受弯表面是否存在未熔合、裂缝及杂物等缺陷。

(2) 焊接性能

钢材主要以焊接的结构形式应用于建筑工程中。焊接的质量取决于钢材与焊接材料的焊接性能及其焊接工艺。

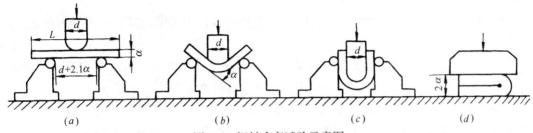

图 8-5 钢材冷弯试验示意图
(a) 安装试件；(b) 弯曲 90°；(c) 弯曲 180°；(d) 弯曲至两面重合

钢材的可焊性是指焊接后在焊缝处的性质与母材性质的一致程度。影响钢材可焊性的主要因素是化学成分及含碳量。一般焊接结构用钢应注意选用含碳量较低的氧气转炉或平炉镇静钢。对于高碳钢及合金钢，为了改善焊接性能，焊接时一般要采用焊前预热及焊后热处理等措施。

钢材焊接应注意的问题为：冷拉钢筋的焊接应在冷拉之前进行；钢筋焊接之前，焊接部位应清除铁锈、熔渣、油污等；应尽量避免不同国家的进口钢筋之间或进口钢筋与国产钢筋之间的焊接。

三、钢材的化学成分对其性能的影响

1. 钢材的化学成分

以生铁冶炼钢材，经过一定的工艺处理后，钢材中除主要含有铁和碳外，还有少量硅、锰、磷、硫、氧、氮等难以除净的化学元素。另外，在生产合金钢的工艺中，为了改善钢材的性能，还特意加入一些化学元素、如锰、硅、矾、钛等。

2. 化学元素对钢材性能的影响

（1）碳（C）　碳是决定钢材性质的主要元素。钢材随含碳量的增加，强度和硬度相应提高，而塑性和韧性相应降低。当含量超过 1% 时，钢材的极限强度开始下降。建筑工程用钢材含碳量不大于 0.8%。此外，含碳量过高还会增加钢的冷脆性和时效敏感性，降低抗腐蚀性和可焊性。

（2）硅（Si）　硅是钢的主要合金元素，是为脱氧去硫而加入的。当硅在钢材中的含量较低（小于 1%）时，可提高钢材的强度，而对塑性和韧性影响不明显。但若含硅量超过 1% 时，会增加钢材的冷脆性，降低可焊性。

（3）锰（Mn）　锰是我国低合金钢的重要合金元素，锰含量一般在 1%～2% 范围内，它的作用主要是使强度提高，锰还能消减硫和氧引起的热脆性，使钢材的热加工性质改善。

（4）硫（S）　硫是有害元素。作为非金属硫化物夹杂于钢中，具有强烈的偏析作用，会降低钢材的各种机械性能。硫化物造成的低熔点使钢在焊接时易产生热裂纹，显著降低可焊性。

（5）磷（P）　磷为有害元素。含量提高，钢材的强度提高，塑性和韧性显著下降，特别是温度愈低，对韧性和塑性的影响愈大。磷的偏析较严重，使钢材的冷脆性增大，

可焊性降低。

但磷可以提高钢的耐磨性和耐腐蚀性，在低合金钢中可配合其他元素作为合金元素使用。

（6）氧（O） 氧为有害元素。主要存在于非金属夹杂物内，可降低钢的机械性能，特别是韧性。氧有促进时效倾向的作用，使钢的可焊性变差。

（7）氮（N） 氮对钢材性质的影响与碳、磷相似，使钢材的强度提高，塑性、韧性及冷弯性能显著下降。氮可加剧钢材的时效敏感性和冷脆性，降低可焊性。

（8）铝、钛、钒、铌 均为炼钢时的强脱氧剂，能提高钢材强度，改善韧性和可焊性，是常用的合金元素。

四、钢材的冷加工及热处理

1. 冷加工

冷加工是指钢材在常温下进行的加工。常见的冷加工方式有：冷拉、冷拔、冷轧、冷扭、刻痕等。钢材经冷加工产生塑性变形，从而提高其屈服强度，这一过程称为冷加工强化处理。

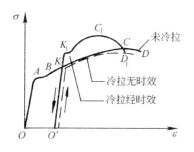

图 8-6　钢筋冷拉应力-应变曲线图

冷加工强化过程如图 8-6 所示。钢材的应力-应变曲线为 $OABCD$，若钢材被拉伸至超过屈服强度的任意一点 K 时，放松拉力，则钢材将恢复到 O' 点。如此时立即再拉伸，其应力-应变曲线将为 $O'KCD$，新的屈服点 K 比原屈服点 B 提高，但伸长率降低。在一定范围内，冷加工变形程度越大，屈服强度提高越多，塑性和韧性降低的越多。

工地或预制厂钢筋混凝土施工中常利用这一原理，对钢筋或低碳钢盘条按一定规程进行冷拉或冷拔加工，既进行了钢筋的调直除锈，又提高屈服强度而节约钢材。

2. 时效

将经过冷拉的钢筋于常温下存放 15～20d，或加热到 100～200℃ 并保持 2h 左右，这个过程称为时效处理。前者称为自然时效，后者称为人工时效。

钢筋冷拉以后再经过时效处理，其屈服点、抗拉强度及硬度进一步提高，塑性及韧性继续降低。如图 8-6 所示，经冷加工和时效后，其应力-应变曲线为 $O'K_1C_1D_1$，此时屈服强度点 K_1 和抗拉强度点 C_1 均较时效前有所提高。一般强度较低的钢材采用自然时效，而强度较高的钢材则采用人工时效。

因时效而导致钢材性能改变的程度称为时效敏感性。时效敏感性大的钢材，经时效后，其韧性、塑性改变较大。因此，对重要结构应选用时效敏感性小的钢材。

3. 热处理

热处理是将钢材按一定规则加热、保温和冷却，以获得需要性能的一种工艺过程。热处理的方法有：退火、正火、淬火和回火。建筑工程所用钢材一般只在生产厂进行热处理，并以热处理状态供应。在施工现场，有时需对焊接钢材进行热处理。

五、建筑钢材的标准与使用

建筑钢材可分为钢结构用型钢和钢筋混凝土结构用钢筋。各种型钢和钢筋的性能主要取决于所用钢种及其加工方式。在建筑工程中，钢结构所用各种型钢，钢筋混凝土结构所用的各种钢筋、钢丝、锚具等钢材，基本上都是碳素结构钢和低合金结构钢等钢种，经热轧或冷轧、冷拔、热处理等工艺加工而成。

1. 钢结构用钢材

（1）碳素结构钢（GB 700—2006）

碳素结构钢是碳素钢中的一类，可加工成各种型钢，钢筋和钢丝，适用于一般结构和工程。

1) 牌号表示方法　碳素结构钢按屈服强度的数值（MPa）分为 195、215、235、275 等四种；按硫、磷杂质的含量由多到少分为 A、B、C、D 四个质量等级；按照脱氧程度不同分为特殊镇静钢（TZ）、镇静钢（Z）、半镇静钢（b）和沸腾钢（F）。钢的牌号由代表屈服强度的字母 Q、屈服强度数值、质量等级和脱氧程度四个部分按顺序组成。对于镇静钢和特殊镇静钢，在钢的牌号中予以省略。如 Q235A.F，表示屈服强度为 235MPa 的 A 级沸腾碳素结构钢；Q235C 表示屈服强度为 235MPa 的 C 级镇静钢。

2) 技术要求　根据 GB 700—2006 中的规定，碳素结构钢的技术要求包括化学成分、力学性能、冶炼方法、交货状态及表面质量五个方面，碳素结构钢的化学成分、力学性能、冷弯试验指标应符合表 8-1、表 8-2、表 8-3 的要求。

碳素结构钢的牌号和化学成分（熔炼分析）（GB/T 700—2006）　　表 8-1

牌号	统一数字代号[a]	等级	厚度（或直径）(mm)	脱氧方法	化学成分(质量分数)%，不大于				
					C	Si	Mn	P	S
Q195	U11952	—	—	F、Z	0.12	0.30	0.50	0.035	0.040
Q215	U12152	A		F、Z	0.15	0.35	1.20	0.045	0.050
	U12155	B							0.045
Q235	U12352	A		F、Z	0.22	0.35	1.40	0.045	0.050
	U12355	B			0.20[b]				0.045
	U12358	C		Z	0.17			0.040	0.040
	U12359	D		TZ				0.035	0.035
Q275	U12752	A	—	F、Z	0.24	0.35	1.50	0.045	0.050
	U12755	B	≤40	Z	0.21			0.045	0.045
			>40		0.22				
	U12758	C		Z	0.20			0.040	0.040
	U12759	D		TZ				0.035	0.035

注：1. [a] 表中为镇静钢、特殊镇静钢牌号的统一数字，沸腾钢牌号的统一数字代号如下：
Q195F——U11950;
Q215AF——U12150,Q215BF——U12153;
Q235AF——U12350,Q235BF——U12353;
Q275AF——U12750。
2. [b] 经需方同意，Q235B 的碳含量可不大于 0.22%。

碳素结构钢的拉伸性能（GB/T 700—2006） 表 8-2

牌号	等级	屈服强度^a(N/mm^2)，不小于						抗拉强度^b (N/mm^2)	断后伸长率%，不小于					冲击试验（V形缺口）	
		厚度（或直径）(mm)							厚度（或直径）(mm)					温度(℃)	冲击吸收功（纵向）不小于
		≤40	>16~40	>40~60	>60~100	>100~150	>150~200		≤40	>40~60	>60~100	>100~150	>150~200		
Q195	—	195	185	—	—	—	—	315~430	33	—	—	—	—	—	—
Q215	A	215	205	195	185	175	165	335~450	31	30	29	27	26	—	—
	B													+20	27^c
Q235	A	235	225	215	215	195	185		26	25	24	22	21	—	—
	B													+20	27^c
	C													0	
	D													−20	
Q275	A	275	265	255	245	225	215		22	21	20	18	17	—	—
	B													+20	27^c
	C													0	
	D													−20	

注：1. ^{a} Q195 的屈服强度值仅供参考，不作交货条件；
2. ^{b} 厚度大于 100mm 的钢材抗拉强度下限允许降低 20N/mm^2。宽带钢（包括剪切钢板）抗拉强度上限不作交货条件；
3. ^{c} 厚度小于 25mm 的 Q235B 级钢材，如供方能保证冲击吸收功值合格，经需方同意，可不做检验。

碳素结构钢的冷弯性能（GB/T 700—2006） 表 8-3

牌号	试样方向	冷弯试验180° B=2a^a	
		钢材厚度（或直径）^{b}(mm)	
		≤60	>60~100
		弯心直径 d	
Q195	纵	0	—
	横	0.5a	
Q215	纵	0.5a	1.5a
	横	a	2a
Q235	纵	a	2a
	横	1.5a	2.5a
Q275	纵	1.5a	2.5a
	横	2a	3a

注：1. ^{a} B 为试样宽度，a 为试样厚度（或直径）；
2. ^{b} 钢材厚度（或厚度）大于 100mm 时，弯曲试验由双方协商确定。

碳素结构钢的冶炼方法采用氧气转炉。一般为热轧状态交货。表面质量也应符合有关规定。

3) 各类牌号钢材的性能和用途　钢材随钢号的增大，含碳量增加，强度和硬度相

第八章 金属材料

应提高，而塑性和韧性则降低。

建筑工程中应用最广泛的碳素结构钢是 Q235 号钢。其具有较高的强度、良好的塑性、韧性及可焊性，综合性能好，能满足一般钢结构和钢筋混凝土用钢要求，且成本较低。在钢结构中主要使用 Q235 钢轧制成的各种型钢、钢板。

Q195、Q215 号钢，强度低、塑性和韧性较好，易于冷加工，常用作钢钉、铆钉、螺栓及铁丝等。Q215 号钢经冷加工后可代替 Q235 号钢使用。

Q255、Q275 号钢，强度较高，但塑性、韧性较差，可焊性也差，不易焊接和冷弯加工，可用于轧制带肋钢筋或做螺栓配件等，但更多用于机械零件和工具等。

(2) 低合金高强度结构钢 (GB/T 1591—2008)

低合金高强度结构钢是在碳素结构钢的基础上，添加少量的一种或几种合金元素（总含量小于 5%）的一种结构钢。其目的是为了提高钢的屈服强度、抗拉强度、耐磨性、耐蚀性及耐低温性能等。因此，它是综合性较为理想的建筑钢材，尤其在大跨度、承受动荷载和冲击荷载的结构中更适用。另外，与使用碳素钢相比，可节约钢材 20%～30%，而成本并不很高。

1) 牌号表示方法　根据国家标准《低合金高强度结构钢》（GB 1591—2008）规定，共有 Q345、Q390、Q420、Q460、Q500、Q550、Q620、Q690 等 8 个牌号。所加元素主要有锰、硅、钒、铌、铬、镍及稀土元素。其牌号的表示方法由屈服强度字母 Q、屈服强度数值、质量等级（分 A、B、C、D、E 五级）三个部分组成。

2) 标准与选用　低合金高强度结构钢的化学成分、拉伸性能见表 8-4、表 8-5。

低合金高强度结构钢的牌号和化学成分 (GB/T 1591—2008)　　表 8-4

序号	质量等级	化学成分(质量分数)%													
		C ≤	Si ≤	Mn ≤	P	S	Nb	V	Ti	Cr	Ni	Cu	N	Mo	B	Al ≥
							≤									
Q345	A	0.20	0.50	1.70	0.035	0.035	0.07	0.15	0.20	0.30	0.50	0.30	0.012	0.10	—	—
	B				0.035	0.035										
	C				0.030	0.030										
	D	0.18			0.030	0.025										0.015
	E				0.025	0.020										
Q390	A	0.20	0.50	1.70	0.035	0.035	0.07	0.20	0.20	0.30	0.50	0.30	0.015	0.10	—	—
	B				0.035	0.035										
	C				0.030	0.030										
	D				0.030	0.025										0.015
	E				0.025	0.020										
Q420	A	0.20	0.50	1.70	0.035	0.035	0.07	0.20	0.20	0.30	0.08	0.30	0.015	0.20	—	—
	B				0.035	0.035										
	C				0.030	0.030										
	D				0.030	0.025										0.015
	E				0.025	0.020										

续表

序号	质量等级	C ≤	Si ≤	Mn ≤	化学成分(质量分数)%										Al ≥
					P ≤	S ≤	Nb ≤	V ≤	Ti ≤	Cr ≤	Ni ≤	Cu ≤	N ≤	Mo ≤	B ≤	
Q460	C	0.20	0.60	1.80	0.030	0.030	0.11	0.20	0.20	0.30	0.80	0.55	0.015	0.20	0.004	0.015
	D				0.030	0.025										
	E				0.025	0.020										
Q500	C	0.18	0.60	1.80	0.030	0.030	0.11	0.12	0.20	0.60	0.80	0.55	0.015	0.20	0.004	0.015
	D				0.030	0.025										
	E				0.025	0.020										
Q550	C	0.18	0.60	2.00	0.030	0.030	0.11	0.12	0.20	0.80	0.80	0.80	0.015	0.30	0.004	0.015
	D				0.030	0.025										
	E				0.025	0.020										
Q620	C	0.18	0.60	2.00	0.030	0.030	0.11	0.12	0.20	1.00	0.80	0.85	0.015	0.30	0.004	0.015
	D				0.030	0.025										
	E				0.025	0.020										
Q690	C	0.18	0.60	2.00	0.030	0.030	0.11	0.12	0.20	1.00	0.80	0.80	0.015	0.30	0.004	0.015
	D				0.030	0.025										
	E				0.025	0.020										

注：1. [a] 型材及棒材 P、S 含量可提高 0.005%，其中 A 级钢可为 0.045%；
   2. [b] 当细化晶粒元素组合加入时，20(Nb+V+Ti)≤0.22%，20(Mo+Cr)≤0.30%。

当需要做弯曲试验时，牌号 Q345、Q390、Q420、Q460 等钢材厚度≤16mm，弯曲直径（d）取试样厚度（直径）（a）的 2 倍，钢材厚度>16～100mm 时，d 取 a 的 3 倍。

在钢结构中常采用低合金高强度结构钢轧制的型钢、钢板来建造桥梁、高层及大跨度建筑。在重要的钢筋混凝土结构或预应力钢筋混凝土结构中，主要应用低合金钢加工成的热轧带肋钢筋。

2. 钢筋混凝土结构用钢材

钢筋混凝土结构用的钢筋和钢丝，主要由碳素结构钢或低合金结构钢轧制而成。主要品种有热轧钢筋、冷加工钢筋、热处理钢筋、预应力混凝土用钢丝和钢绞线。按直条或盘条（也称盘圆）供货。

（1）热轧钢筋

用加热钢坯轧成的条型成品钢筋，称为热轧钢筋，它是建筑工程中用量最大的钢材品种之一，主要用于钢筋混凝土和预应力混凝土结构的配筋。

热轧钢筋按其轧制外形分为：热轧光圆钢筋（HPB）和热轧带肋钢筋（HRB）。光圆钢筋指经热轧成型，横截面通常为圆形，表面光滑的成品钢筋。带肋钢筋通常为圆形横截面且表面通常带有两条纵肋和沿长度方向均匀分布的横肋。按钢筋金相组织中晶粒度的粗细程度分为普通热轧带肋钢筋（HRB）和细晶粒热轧带肋钢筋（HRBF）两种。

第八章 金属材料

表 8-5 低合金高强度结构钢钢材的拉伸性能（GB/T 1591—2008）

拉伸试验[a,b,c]

牌号	质量等级	以下公称厚度（直径、边长）下屈服强度（MPa）								以下公称厚度（直径、边长）下抗拉强度（MPa）						断后伸长率（%） 公称厚度（直径、边长）					
		≤16 mm	>16 mm ~40 mm	>40 mm ~63 mm	>63 mm ~80 mm	>80 mm ~100 mm	>100 mm ~150 mm	>150 mm ~200 mm	>200 mm ~250 mm	>250 mm ~400 mm	≤40 mm	>40 mm ~63 mm	>63 mm ~80 mm	>80 mm ~100 mm	>100 mm ~150 mm	>150 mm ~250 mm	>250 mm ~400 mm	≤40 mm	>40 mm ~63 mm	>63 mm ~100 mm	>100 mm ~150 mm	>150 mm ~250 mm
Q345	A	≥345	≥335	≥325	≥315	≥305	≥285	≥275	≥265	—	470~630	470~630	470~630	470~630	450~600	—	—	≥20	≥19	≥19	≥18	≥17
	B																					
	C															450~600	—					
	D									≥265							450~630					
	E																					
Q390	A	≥390	≥370	≥330	≥330	≥310	—	—	—	—	490~650	490~650	490~650	490~650	470~620	—	—	≥21	≥20	≥19	≥18	—
	B																					
	C																					
	D																					
	E																					
Q420	A	≥420	≥400	≥380	≥360	≥360	≥340	—	—	—	520~680	520~680	520~680	520~680	500~650	—	—	≥20	≥19	≥19	≥18	—
	B																					
	C																					
	D																					
Q460	C	≥460	≥440	≥420	≥400	≥400	≥380	—	—	—	550~720	550~720	550~720	550~720	530~700	—	—	≥17	≥16	≥16	≥16	—
	D																					
	E																					

续表

牌号	质量等级	拉伸试验[a,b,c]																	
		以下公称厚度（直径、边长）下屈服强度(MPa)								以下公称厚度（直径、边长）下抗拉强度(MPa)					断后伸长率(%) 公称厚度（直径、边长）			
		≤16mm	>16mm~40mm	>40mm~63mm	>63mm~80mm	>80mm~100mm	>100mm~150mm	>150mm~200mm	>200mm~250mm	>250mm~400mm	≤40mm	>40mm~63mm	>63mm~80mm	>80mm~100mm	>100mm~150mm	>150mm~250mm	>250mm~400mm	≤40mm	>40mm~63mm	>63mm~100mm	>100mm~150mm	>150mm~250mm	>250mm~400mm
Q500	C	≥500	≥480	≥470	≥450	≥440	—	—	—	—	610~770	600~760	590~750	540~730	—	—	—	≥17	≥17	≥17	—	—	—
	D																						
	E																						
Q550	C	≥550	≥530	≥520	≥500	≥490	—	—	—	—	670~830	620~810	600~790	590~780	—	—	—	≥16	≥16	≥16	—	—	—
	D																						
	E																						
Q620	C	≥620	≥600	≥590	≥570	—	—	—	—	—	710~880	690~880	670~860	—	—	—	—	≥15	≥15	≥15	—	—	—
	D																						
	E																						
Q690	C	≥690	≥670	≥660	≥640	—	—	—	—	—	770~940	750~920	730~900	—	—	—	—	≥14	≥14	≥14	—	—	—
	D																						
	E																						

注：1. [a] 当屈服不明显时，可测量 $R_{p0.2}$ 代替下屈服强度；
2. [b] 宽度不小于 600mm 扁平材，拉伸试验取横向试样；宽度小于 600mm 的扁平材、型材及棒材取纵向试样，断后伸长率最小值相应提高 1%（绝对值）；
3. [c] 厚度大于 250mm~400mm 的数值适用于扁平材。

按肋纹的形状分为月牙肋和等高肋（图 8-7）。月牙肋的纵横不相交，而等高肋则纵横相交。月牙肋钢筋有生产简便、强度高、应力集中敏感性小、疲劳性能好等优点，但其与混凝土的粘结锚固性能稍逊于等高肋钢筋。根据《钢筋混凝土用热轧光圆钢筋》（GB 1499.1—2008）和《钢筋混凝土用热轧带肋钢筋》（GB 1499.2—2008），热轧钢筋的力学性能及工艺性能应符合表 8-6 的规定。H、R、B 分别为热轧、带肋、钢筋三个词的英文首位字母。

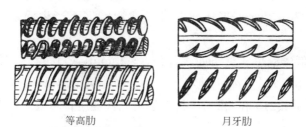

等高肋　　　　　　　月牙肋

图 8-7　带肋钢筋外形

热轧钢筋的性能（GB 1499.1—2008，GB 1499.2—2007）　　表 8-6

强度等级代号	外形	钢种	公称直径(mm)	屈服强度(N/mm²)	抗拉强度(N/mm²)	断后伸长率%	冷弯试验	
							角度	弯心直径
HPB235	光圆	低碳钢	6～22	235	370	25	180°	$d=a$
HPB300				300	420			$d=a$
HRB335	月牙肋	低碳钢合金钢	6～25	335	455	17	180°	$d=3a$
HRBF335			28～40					$d=4a$
			>40～50					$d=5a$
HRB400			6～25	400	540	16	180°	$d=4a$
HRBF400			28～40					$d=5a$
			>40～50					$d=6a$
HRB500	等高肋	中碳钢合金钢	6～25	500	630	15	180°	$d=5a$
HRBF500			28～40					$d=6a$
			>40～50					$d=7a$

HPB235 级钢筋：是用 Q235 碳素结构钢轧制而成的光圆钢筋，它的强度较低、但具有塑性好、伸长率高（$\delta_5>25\%$）、便于弯折成型、容易焊接等特点。它的使用范围很广，可用作中、小型钢筋混凝土结构的主要受力钢筋、构件的箍筋，钢、木结构的拉杆等；可作为冷轧带肋钢筋的原材料，盘条还可作为冷拔低碳钢丝原材料。

HRB335、HRB400 级钢筋：用低合金镇静钢和半镇静钢轧制，以硅、锰作为主要固溶强化元素。H、R、B 分别为热轧（Hotrolled）、带肋（Ribbed）、钢筋（Bars）三个英文单词的首位字母。其强度较高，塑性和可焊性较好。钢筋表面轧有通长的纵肋和均匀分布的横肋，从而加强了钢筋混凝土之间的粘结力。用 HRB335、HRB400 级钢筋作为钢筋混凝土结构的受力钢筋，比使用 HPB235 级钢筋可节省钢材 40%～50%，因此，广泛用于大、中型钢筋混凝土结构的主筋。冷拉后也可作预应力筋。

HRB500级钢筋：用中碳低合金镇静钢轧制而成，其中以硅、锰为主要合金元素，使之在提高强度的同时保证其塑性和韧性，它是房屋建筑的主要预应力钢筋。使用前可进行冷拉处理，以提高屈服点，达到节省钢材的目的。经冷拉的钢筋，其屈服点不明显，设计时以冷拉应力统计值为强度依据。钢筋冷拉时在保证规定冷拉应力的同时，应控制冷拉伸长率不要过大，以免钢筋变脆。焊接时应采用适当的焊接方法和焊后热处理工艺，以保证焊接接头及其热影响区不产生淬硬组织，防止发生脆性断裂。

热轧钢筋中的低碳钢热轧盘条筋，直径8～20mm，也广泛地应用在土木建筑及金属制品中。根据GB/T 701—2007规定，盘条分为建筑用盘条和拉丝用盘条两类，所用钢材的牌号有Q195、Q215和Q235，其力学工艺性能应符合表8-7的规定。

低碳钢热轧圆盘条力学性能和工艺性能（GB/T 701—2007）　　表8-7

牌号	力学性能		冷弯试验180° d：弯心直径 a：试样直径
	抗拉强度(MPa)，不大于	断后伸长率%，不小于	
Q195	410	30	$d=0$
Q215	435	28	$d=0$
Q235	500	23	$d=0.5a$
Q275	540	21	$d=1.5a$

（2）预应力混凝土热处理钢筋

预应力混凝土用热处理钢筋，是用热轧带肋钢筋经淬火和回火调质处理后的钢筋。通常，有直径为6、8、10（mm）三种规格，其条件屈服强度为不小于1325MPa，抗拉强度不小于1470MPa，伸长率（δ_{10}）不小于6%，1000h应力松弛不大于3.5%。按外形分为有纵肋和无纵肋两种，但都有横肋。钢筋热处理后卷成盘，使用时开盘钢筋自行伸直，按要求的长度切断。不能用电焊切断，也不能焊接，以免引起强度下降或脆断。热处理钢筋在预应力结构中使用，具有与混凝土粘结性能好、应力松弛率低、施工方便等优点。

（3）冷轧带肋钢筋

热轧盘条钢筋经冷轧后，在其表面带有沿长度方向均匀分布的三面或两面横肋，即成为冷轧带肋钢筋。钢筋冷轧后允许进行低温回火处理。根据GB 13788—2000规定，冷轧带肋钢筋按抗拉强度分为5个牌号，分别为CRB550、CRB650、CRB800、CRB970、CRB1170。C、R、B分别为冷轧、带肋、钢筋三个词的英文首位字母，数值为抗拉强度的最小值。冷轧带肋钢筋的力学性能及工艺性能见表8-8。与冷拔低碳钢丝相比较，冷轧带肋钢筋具有强度高、塑性好、与混凝土粘结牢固、节约钢材、质量稳定等优点。CRB550宜用作普通钢筋混凝土结构；其他牌号宜用在预应力混凝土结构中。

冷轧带肋钢筋力学性能和工艺性能（GB 13788—2000） 表 8-8

牌号	σ_b (MPa) ≥	伸长率(%) ≥		弯曲试验 (180°)	反复试验 次数	松弛率 (初始应力$\sigma_{con}=0.7\sigma_b$)	
		δ_{10}	δ_{100}			(1000h,%) ≤	(10h,%) ≤
CRB550	550	8.0	—	$d=3a$	—	—	—
CRB650	650	—	4.0		3	8	5
CRB800	800		4.0		3	8	5
CRB970	970		4.0		3	8	5
CRB1170	1170		4.0		3	8	5

（4）冷拔低碳钢丝是由直径为 6～8mm 的 Q195、Q215 或 Q235 热轧圆条经冷拔而成，低碳钢经冷拔后，屈服强度可提高 40%～60%，同时塑性大为降低。所以，冷拔低碳钢丝变得硬脆，属硬钢类钢丝。它的性能要求和应用可参阅有关标准或规范。目前，已逐渐限制该类钢丝的一些应用。

（5）预应力混凝土用钢丝和钢绞线

预应力混凝土用钢丝是用优质碳素结构钢制成，根据《预应力混凝土用钢丝》（GB/T 5223—2002），钢丝按加工状态分为冷拉钢丝和消除应力钢丝两类，消除应力钢丝按松弛性能又分为低松弛级钢丝（WLR）和普通松弛钢丝（WNR）。钢丝分为消除应力光圆钢丝（代号 SP）、消除应力刻痕钢丝（代号 SI）、消除应力螺旋肋钢丝（代号 SH）和冷拉钢丝（代号 WCD）4 种。抗拉强度高达 1470～1860MPa。预应力混凝土用冷拉钢丝力学性能应符合表 8-9 的规定，刻痕钢丝的螺旋肋钢丝与混凝土的粘结力好，消除应力钢丝的塑性比冷拉钢丝好。

预应力混凝土用冷拉钢丝的力学性能（GB/T 5223—2002） 表 8-9

公称直径 (mm)	抗拉强度σ_b (MPa) 不小于	规定非比例伸长应力(MPa) 不小于	最大力下总伸长率 (L_0=200mm) (%)，不小于	弯曲次数 (次/180°)，不小于	弯曲半径 (mm)	断面收缩率(%)，不小于	每 210mm 扭矩的扭转次数，不小于	初始应力相当于 70%公称抗拉强度时，1000h 后应力松弛率(%)，不大于
3.00	1470	1100	1.5	4	7.5	—	—	8
4.00	1570	1180		4	10	35	8	
	1670	1250						
5.00	1770	1330		4	15		8	
6.00	1470	1100		5	15	30	7	
7.00	1570	1180		5	20			
	1670	1250						
8.00	1770	1330		5	20		5	

预应力混凝土用钢绞线，是以数根优质碳素结构钢钢丝经绞捻和消除内应力的热处理后制成。根据《预应力混凝土用钢绞线》GB/T 5224—2003，钢绞线按所用钢丝的根

数分为三种结构类型：1×2、1×3 和 1×7。1×7 结构钢绞线以一根钢丝为中心，其余 6 根围绕在周围捻制而成。钢绞线按其应力松弛性能分为两级：Ⅰ级松弛、Ⅱ级松弛。1×2 结构钢绞线的力学性能应符合表 8-10 的规定。

1×2 结构钢绞线尺寸及力学性能（GB/T 5224—2003） 表 8-10

钢绞线结构	钢绞线公称直径(mm)	抗拉强度(MPa)	整根钢绞线的最大力(kN)，不小于	规定非比例延伸力 $F_{P0.2}$(kN)，不小于	最大力总伸长率($L_o \geq$400mm)(%)	应力松弛性能	
						初始负荷相当于公称最大力的百分数(%)	1000h 后应力松弛率(%)，不大于
1×2	5.00	1570	15.4	13.9	对所有规格	对所有规格	对所有规格
		1720	16.9	15.2			
		1860	18.3	16.5			
		1960	19.2	17.3			
	5.80	1570	20.7	18.6		60	1.0
		1720	22.7	20.4			
		1860	24.6	22.1			
		1960	25.9	23.3	3.5	70	2.5
	8.00	1470	36.9	33.2			
		1570	39.4	35.5			
		1720	43.2	38.9			
		1860	46.7	42.0		80	4.5
		1960	49.2	44.3			
	10.00	1470	57.8	52.0			
		1570	61.7	55.5			
		1720	67.6	60.8			
		1860	73.1	65.8			
		1960	77.0	69.3			
	12.00	1470	83.1	74.8			
		1570	88.7	79.8			
		1720	97.2	87.5			
		1860	105	94.5			

注：规定非比例延伸力 $F_{P0.2}$ 值不小于整根钢绞线公称最大力 F_m 的 90%。

预应力钢丝和钢绞线强度高，并具有较好的柔韧性，质量稳定，施工简便，使用时可根据要求的长度切断，它适用于大荷载、大跨度、曲线配筋的预应力钢筋混凝土结构。

（6）钢筋（钢丝、钢绞线）品种的选用原则

在 2011 年 7 月 1 日实施的《混凝土结构设计规范》（GB 50010—2010）中。根据"四节一环保"（节能、节地、节水、节材和环境保护）的要求，提倡应用高强、高性能

钢筋。根据钢筋混凝土构件对受力的性能要求,规定了以下混凝土结构用钢材品种的选用原则:

推广400MPa、500MPa级高强热轧带肋钢筋作为纵向受力的主导钢筋;限制并准备逐步淘汰335MPa级热轧带肋钢筋的应用;用300MPa级光圆钢筋取代235MPa级光圆钢筋。在规范的过渡期及对既有结构进行设计时,235MPa级光圆钢筋的强度设计值仍按已替代规范(GB 50010—2002)取值;

推广具有较好的延性、可焊性、机械连接性能及施工适应性的HRB系列普通热轧带肋钢筋。可采用控温轧制工艺生产的HRBF系列细晶粒带肋钢筋;

根据近年来,我国强度高,性能好的预应力钢筋(钢丝、钢绞线)已可充分供应的情况,故冷加工钢筋不再列入《混凝土结构设计规范》中;

应用预应力钢筋的新品种,包括高强、大直径的钢绞线、大直径预应力螺纹钢筋(精轧螺纹钢筋)和中等强度预应力钢丝(以补充中等强度预应力筋的空缺,用于中、小跨度的预应力构件),淘汰锚固性能很差的刻痕钢丝。

(7) 建筑结构用钢材的验收和复验

钢筋进场应有产品合格证,出厂检验报告,钢筋标牌等。

钢筋进场时需要进行外观质量检查,同时按照现行国家标准规定,抽取试件作力学性能检验,质量符合有关标准规定方可使用。

外观检查全数进行,要求钢筋应平直,无损伤,表面不得有裂纹,油污,锈迹等。力学性能复验主要作拉伸试验和冷弯性能试验,测定屈服强度、抗拉强度、伸长率、冷弯性能等性能指标,衡量钢筋强度、塑性、工艺等性能。指标中有一项不合格则重新加倍取样检测,合格后方确定该批钢筋合格。当发现钢筋脆断、焊接性能不良或力学性能显著不正常等现象时,应对该批钢筋进行化学成分检验或其他专项检验。

按照同一批量、同一规格、同一炉号、同一出厂日期、同一交货状态的钢筋,每批重量不大于60t为一检验批,总量不足60t也为一个检验批,进行现场见证取样。冷拉钢筋每批重量不大于20t的同等级、同直径的冷拉钢筋为一个检验批。

钢筋取样时试样分为抗拉试件两根,冷弯试件两根。实验室进行检验时,每一检验批至少应检验一个拉伸试件,一个弯曲试件。试件长度:冷拉试件长度一般≥500mm(500~650mm),冷弯试件长度一般≥250mm(250~350mm)。取样时,从任一钢筋端头,截取500~1000mm的钢筋,余下部分再进行取样。

六、钢材的锈蚀及防止

1. 钢材的锈蚀

钢材的锈蚀是指钢的表面与周围介质发生化学作用或电化学作用而遭到侵蚀面破坏的过程。

锈蚀不仅使钢结构有效断面减小,而且会形成程度不等的锈坑、锈斑,造成应力集中,加速结构破坏,若受到冲击荷载、循环交变荷载作用,将产生锈蚀疲劳现象,使钢材疲劳强度大为降低,甚至出现脆性断裂。

钢材锈蚀的主要影响因素有环境湿度、侵蚀性介质及数量、钢材材质及表面状况等。

根据锈蚀作用机理，可分为下述两类：

(1) 化学锈蚀

化学锈蚀指钢材直接与周围介质发生化学反应而产生的锈蚀，这种锈蚀多数是氧化作用，使钢材表面形成疏松的氧化铁。在常温下，钢材表面形成一薄层钝化能力很弱的氧化保护膜，它疏松，易破裂，有害介质可进一步渗入而发生反应，造成锈蚀。在干燥环境下，锈蚀进展缓慢。但在温度或湿度较高的环境条件下，这种锈蚀进展加快。

(2) 电化学锈蚀

电化学锈蚀是由于金属表面形成了原电池而产生的锈蚀。钢材本身含有铁、碳等多种成分，由于这些成分的电极电位不同，形成许多微电池。在潮湿空气中，钢材表面将覆盖一层薄的水膜，在阳极区，铁被氧化成 Fe^{2+} 离子进入水膜，因为水中溶有来自空气中的氧，故在阴极区氧将被还原为 OH^- 离子，两者结合成为不溶于水的 $Fe(OH)_2$，并进一步氧化成为疏松易剥落的红棕色铁锈 $Fe(OH)_3$。电化学锈蚀是最主要的钢材锈蚀形式。

钢材锈蚀时，伴随体积增大，最严重的可达原体积的6倍，在钢筋混凝土中会使周围的混凝土胀裂。

2. 锈蚀的防止

(1) 钢材在使用中锈蚀的防止

埋于混凝土中的钢筋，因处于碱性介质的条件而使钢筋表面形成氧化保护膜，故不致锈蚀。但应注意氯离子能破坏保护膜，使锈蚀迅速发展。

钢结构防止锈蚀的方法通常是采用表面刷漆，常用底漆有红丹、环氧富锌漆、铁红环氧底漆等，面漆有灰铅油、醇酸磁漆、酚醛磁漆等。薄壁钢材可采用热浸镀锌或镀锌后加涂塑料涂层，这种方法效果最好，但价格较高。

混凝土配筋的防锈措施，主要是根据结构的性质和所处环境条件等，考虑混凝土的质量要求，即限制水灰比和水泥用量，并加强施工管理，以保证混凝土的密实性，以及保证足够的保护层厚度和限制氯盐外加剂的掺用量。

对于预应力钢筋，一般含碳量较高，又多系经过变形加工或冷拉，因而对锈蚀破坏较敏感，特别是高强度热处理钢筋，容易产生应力锈蚀现象。故重要的预应力承重结构，除不能掺用氯盐外，还应对原材料进行严格检验。

对配筋的防锈措施，还有掺用防锈剂（如重铬酸盐等）的方法，国外也有采用钢筋镀锌、镀铬或镀镍等方法。

(2) 仓储中钢材锈蚀的防止

1) 保护金属材料的防护与包装，不得损坏。金属材料入库时，在装卸搬运、码垛以及保管过程中，对其防护层和外包装必须加以保护。包装已损坏者应予以修复或更换。

2) 创造有利的保管环境。选择适宜的保管场所；妥善的苫垫、码垛和密封；严格控制温湿度；保持金属材料表面和周围环境的清洁等。

3) 在金属表面涂敷一层防锈油（剂），就可以把金属表面与周围大气隔离，防止和降低了侵蚀性介质到达金属表面的能力，同时金属表面吸附了缓蚀剂分子团以后金属离子化倾向减少，降低了金属的活泼性，增加了电阻，从而起到防止金属锈蚀的作用。

4) 加强检查，经常维护保养。金属材料在保管期间，必须按照规定的检查制度，进行经常的和定期的、季节性的和重点的各种检查，以便及时掌握材料质量的变化情况，及时采取防锈措施，才能有效地防止金属材料的锈蚀。

第二节 钢结构专用型钢

钢结构构件一般应直接选用各种型钢。构件之间可直接或附连接钢板进行连接。连接方式有铆接、螺栓连接或焊接。所用母材主要是碳素结构钢及低合金高强度结构钢。

型钢有热轧和冷轧成型两种。钢板也有热轧（厚度为 0.35～200mm）和冷轧（厚度为 0.2～5mm）两种。

一、热轧普通型钢

普通型钢由碳素结构钢和低合金结构钢制成，是一种具有一定截面形状和尺寸的实心长条钢材。在我国，一般按截面尺寸大小分大、中和小型型钢。

大型型钢包括：直径或对边距离不小于 81mm 的圆钢、方钢、六角钢、八角钢；宽度不小于 101mm 的扁钢；高度不小于 180mm 的工字钢、槽钢；边宽不小于 150mm 的等边角钢；边宽不小于 100×150（mm）的不等边角钢。直径或对边距离为 38～80mm 的圆钢、方钢、六角钢。

中型型钢包括：宽度为 60～100mm 的扁钢；高度小于 180mm 的工字钢、槽钢；边宽为 50～149mm 的等边角钢；边宽为 40×60～99×149（mm）的不等边角钢。

小型型钢包括：直径或对边距离为 10～37mm 的圆钢、方钢、螺纹钢、六角钢、八角钢；宽度不大于 59mm 的扁钢；边宽为 20～49mm 的等边角钢；边宽为20×30～39×59（mm）的不等边角钢；钢窗用料的异型断面钢。

1. 工字钢

热轧普通工字钢是截面为工字形的长条钢材。工字钢规格型号用高度 h 的厘米数表示，如工 16 型号的工字钢，表示高度 h 为 160mm。当 200mm≤h<300mm 时，型号表示按照腰厚度不同分为 a 和 b 两种（b 较 a 的腰厚度增加 2mm）。当 300mm≤h 时，型号表示按照腰厚度不同分为 a、b 和 c 三种（腰厚度分别增加 2mm）。

热轧工字钢分普通工字钢和轻型工字钢两种，普通工字钢广泛用于各种建筑结构、桥梁、车辆、支架和机械等。热轧轻型工字钢与普通工字钢相比，当腰高相同时，腿较宽，腰和腿较薄，即宽腿薄壁。在保证承重能力的条件下，轻型工字钢较普通工字钢具有更好的稳定性，且节约金属，所以有较好的经济效果，主要用于厂房、桥梁等大型结构件及车船制造等。

2. 热轧 H 型钢

热轧 H 型钢是一种截面面积分配更加优化、强重比更加合理的经济断面高效型材，因其断面与英文字母"H"相同而得名。常用于要求承载能力大，截面稳定性好的大型建筑（如高层建筑、厂房等）、桥梁、船舶、起重运输机械、机械基础、支架和基础桩等。

根据 GB706—2008，热轧 H 型钢分为宽翼缘 H 型钢（HW）、中翼缘 H 型钢（HM）、窄翼缘 H 型钢（HN）和薄壁 H 型钢（HT）四类。

H 型钢型号采用翼缘代号（HW、HM、HN、HT）高度 H（mm）×宽度 B（mm）表示，如 HW150×150，表示宽翼缘 H 型钢，其高度 H 为 150mm，宽度 B 为 150mm。

轻型焊接 H 型钢一般采用高频电焊工艺或二氧化碳气体保护焊、手工焊等方法焊接而成。适用于轻型钢结构的柱、梁、檩条和支撑等。其型号以高度（H）×宽度（b）的毫米数表示，其规格范围为 100×50～454×300（mm）。

3. 槽钢

槽钢是截面形状为凹槽形的长条钢材。槽钢规格型号用高度 h 的厘米数表示，如 ⌷12 号的槽钢，表示高度 h 为 120mm，腿宽 53mm，腰厚 5.5mm。当 140mm≤h<240mm 时，型号表示按照腰厚度不同分为 a 和 b 两种（b 较 a 的腰厚度增加 2mm）。当 240mm≤h 时，型号表示按照腰厚度不同分为 a、b 和 c 三种（腰厚度分别增加 2mm）。

热轧普通槽钢主要用于建筑结构、车辆制造和其他工业结构，常与工字钢配合使用。热轧轻型槽钢是一种腿宽壁薄的钢材，比普通热轧槽钢有较好的经济效果。主要用于建筑和钢架结构等用。

4. 角钢

角钢俗称角铁，其截面是两边互相垂直成直角形的长条钢材。角钢有等边角钢和不等边角钢之分，两垂直边长度相同为等边角钢，一长一短的为不等边角钢。等边角钢型号用边宽度 b 的厘米数表示，如 11 号的等边角钢，表示高度边宽度为 110mm。不等边角钢用长边宽度 B/短边宽度 b 的厘米数表示，如 5/3.2，表示不等边角钢的长边宽度为 50mm，短边宽度为 32mm。

角钢可按结构的不同需要组成各种不同的受力构件，也可作构件之间的连接件。角钢广泛地用于各种建筑结构和工程结构，如用于厂房、桥梁、车辆等大型结构件；也用于建筑桁架、铁塔、井架等结构件。

5. L 型钢

热轧 L 型钢又称不等边不等厚角钢，是适应大型船舶建造的需要而生产的新型型材。其型号表示为长边宽 B（mm）×短边宽 b（mm）×长边厚度 D（mm）×短边厚度 d（mm），如：L250×90×9×13 表示 L 型钢长边宽 250mm，短边宽 90mm，长边厚

9mm，短边厚13mm。

L型钢除用于大型船舶外，也可用于海洋工程结构和要求较高的建筑工程结构。

6. 热轧扁钢

热轧扁钢系截面为矩形并稍带钝边的长条钢材，其规格以其厚度×宽度的毫米数表示。热轧扁钢的规格范围从3×10～60×150mm。

热轧扁钢在建筑上用作房架结构件、扶梯、桥梁及栅栏等。

二、冷弯薄壁型钢

冷弯薄壁型钢是制作轻型钢结构的主要材料，采用2～6mm厚钢板或钢带冷弯成型制成。它的壁厚不仅可以制得很薄，而且大大简化了生产工艺，提高生产效率。可以生产用一般热轧方法难以生产的壁厚均匀但截面形状复杂的各种型材和不同材质的冷弯型钢。冷弯型钢除用于各种建筑结构外，还广泛用于车辆制造、农业机械制造等方面。

冷弯型钢品种很多，按截面分开口、半闭口、闭口。按形状有冷弯槽钢、角钢、Z型钢、方管、矩形管、异型管，卷帘门等。

根据GB/T 6728—2002规定，冷弯型钢采用普通碳素结构钢、优质碳素结构钢、低合金结构钢钢板或钢带冷弯制成，其标识方法与热轧型钢相同。

三、钢板、压型钢板

用光面轧辊轧制而成的扁平钢材，以平板状态供货的称钢板，以卷状供货的称钢带。按轧制温度不同，分为热轧和冷轧两种；热轧钢板按厚度分为厚板（厚度大于4mm）和薄板（厚度为0.35～4mm）两种；冷轧钢板只有薄板（厚度0.2～4mm）一种。

建筑用钢板及钢带主要是碳素结构钢。一些重型结构、大跨度桥梁、高压容器等也采用低合金钢板。一般厚板可用于焊接结构；薄板可用作屋面或墙面等围护结构，或用作涂层钢板的原材料；钢板还可用来弯曲为型钢。

薄钢板冷压或冷轧成波形、双曲形、V形等形状，称为压型钢板。彩色钢板（又称有机涂层薄钢板）、镀锌薄钢板、防腐薄钢板等都可用来制作压型钢板。其特点为：单位质量轻、强度高、抗震性能好、施工快、外形美观等，主要用于围护结构、楼板、屋面等。

四、型钢的验收与复验

型钢应经确认各项技术指标及包装质量符合要求时方可出厂，每批交货的型钢应附有证明该批型钢符合标准要求和订货合同的质量证明书，质量证明书主要包括以下内容：供方名称或商标、需方名称、发货日期、标准号、牌号、炉（批）号、交货状态、品种名称、尺寸（型号）和级别，出场检验的试验结果等。

型钢应成批验收。每批钢筋应由同一牌号、同一质量等级、同一炉罐号的钢材组成，每批重量不大于60t。

型钢做拉伸、弯曲和冲击性能检测抽样时,要求同一批次产品抽样基数不少于50根。同一批号、同一规格的产品中随机抽取5根,每根截取2支1000mm试样,共计10支,并作出一一对应的标识,将试样分别包装。

型钢复验时,按照规定抽取试样试验的方法进行检验的项目包括化学成分(冶炼分析)、拉伸(拉伸试验)、弯曲(弯曲试验)、常温(低温)冲击(冲击试验)等;逐根目视或量测的项目包括表面质量和尺寸、外形。

第三节 铝 合 金

一、铝合金的组成及分类

铝为银白色轻金属,强度低,但塑性好,导热、电热性能强。铝的化学性质很活泼,在空气中易和空气反应,在金属表面生成一层氧化铝薄膜,可阻止其继续被腐蚀。

在纯铝中加入铜、镁、锰、锌、硅、铬等合金元素可制成为铝合金。铝合金有防锈铝合金(LF)、硬铝合金(LY)、超硬铝合金(LC)、锻铝合金(LD)、铸铝合金(LZ)。

按应用范围又可将铝合金分为三类:

一类结构:以强度为主要因素的受力构件,如屋架等。

二类结构:系指不承力构件或承力不大的构件,如建筑工程的门、窗、卫生设备、管系、通风管、挡风板、支架、流线型罩壳、扶手等。

三类结构:主要是各种装饰品和绝热材料。

铝合金由于延伸性好,硬度低,易加工。因此,目前较广泛地用于各类房屋建筑中。

二、铝合金制品

在现代建筑中,常用的铝合金制品有:铝合金门窗、铝合金装饰板及吊顶、铝及铝合金波纹板、压型板、冲孔平板、铝箔等,具有承重、耐用、装饰、保温、隔热等优良性能。

应用案例与发展动态

"鸟巢"钢结构[1]

钢结构工程是"鸟巢"工程中技术含量高、施工难度大、安全风险大的关键项目。

---

[1] 摘自:北京青年报,2007.1.27.

第八章 金属材料

其造型呈双曲面马鞍形，东西向结构高度为 68m，南北向结构高度为 41m，钢结构最大跨度长轴 333m、短轴 297m，由 24 榀门式桁架围绕体育场内部碗状看台旋转而成，结构组件相互支承，形成网格状构架，组成体育场整个的"鸟巢"造型。"鸟巢"钢结构重达 4 万多吨，共由 24 根钢柱子支撑，其受力最大部位使用了 Q460 的高强钢材，这是完全由中国工程技术人员自主研制的产品。这种 Q460 钢材平均 1mm^2 面积上可承受重量达 46kg。同时，Q460 又集刚强、柔韧特点于一体，即使北京遭遇特大地震，"鸟巢"依然能保持原状。

钢材在英国的房屋建筑中扮演着愈来愈重要的角色❶

现今英国几乎 80% 以上的建筑都采用钢结构和轻钢结构，特别是多层和低层的住宅、办公楼、购物中心、工业厂房设施、学校、医院、加油站以及其他公共建筑等。钢结构建筑在英国发展迅速主要是因为与现浇和预制混凝土相比，易于安装施工，加快了施工进度，进而缩短了工期，节省了造价。在施工过程中也具有更大的灵活性，便于更改设计。钢结构构件如柱、梁和楼板等也比钢筋混凝土构件易于度量，从而保证施工具有更高的精度。20 世纪 60～70 年代英国普遍应用混凝土，楼板层很厚。80 年代中期随着建筑技术的发展，出现了金属楼板层，这比现浇混凝土楼板既薄又轻。另一个大的发展是防火技术的改进，在 60 年代钢柱都用混凝土包起来以防火，现在钢柱可用多种符合"英国建筑标准"的专门的轻质防火板材包裹，或涂刷上一种膨胀漆，此种漆遇热时膨胀变厚，以阻止钢材变热而失去强度。还有一种方法是对钢结构构件进行防火工程预处理，即事先增加钢构件的强度以弥补钢构件遇火时所设想损失的那部分强度。此外，钢材也易于回炉重铸，从而节省了资源。

本 章 小 结

金属材料是主要的建筑材料之一。在建筑工程中主要使用碳素结构钢和低合金结构钢，用来制作钢结构构件及作混凝土结构中的增强材料。尤其是近年来，高层和大跨度结构迅速发展，金属材料在建筑工程中的应用将会越来越多。

钢材是工程中耗量较大而价格昂贵的建筑材料，所以如何经济合理地利用钢材，以及设法用其他较廉价的材料来代替钢材，以节约金属材料资源，降低成本，也是非常重要的课题。

掌握 建筑结构用钢材的主要力学性能和工艺性能；建筑钢材的分类、选择使用。

理解 施工中对钢材的加工及防腐处理。

了解 钢材的冶炼及化学成分对钢材性能的影响。

复习思考题

1. 建筑工程中主要使用哪些钢材？
2. 评价钢材技术性质的主要指标有哪些？
3. 施工现场如何验收和检测钢筋？如何贮存？
4. 试述碳素结构钢和低合金钢在工程中的应用。

---

❶ 摘自：李湘洲. 高层建筑钢的应用现状与展望. 建材发展导向. 2007 (1).

5. 化学成分对钢材的性能有何影响？
6. 钢材拉伸性能的表征指标有哪些？各指标的含义是什么？
7. 什么是钢材的屈强比？它在建筑设计中有何实际意义？
8. 什么是钢材的冷弯性能？应如何进行评价？
9. 何谓钢材的冷加工和时效？钢材经冷加工和时效处理后性能有何变化？
10. 钢筋混凝土用热轧钢筋有哪几个牌号？其表示的含义是什么？
11. 建筑钢材的锈蚀原因有哪些？如何防护钢材？

第九章

有机高分子材料

[学习重点和建议]
1. 塑料的主要性质；常用建筑塑料的性能及应用。
2. 各类建筑塑料制品的主要性能及应用。
3. 选择建筑胶粘剂的基本原则和使用建筑胶粘剂时的注意事项。

建议在学习中通过了解在建筑工程中建筑塑料及建筑胶粘剂的使用情况来掌握它们的应用特点。

第九章 有机高分子材料

有机高分子材料是指以有机高分子化合物为主要成分的材料。有机高分子材料分为天然高分子材料和合成高分子材料两大类。木材、天然橡胶、棉织品、沥青等都是天然高分子材料;而现代生活中广泛使用的塑料、橡胶、化学纤维以及某些涂料、胶粘剂等,都是以高分子化合物为基础材料制成的,这些高分子化合物大多数又是人工合成的,故称为合成高分子材料。

高分子材料是现代工程材料中不可缺少的一类材料。由于有机高分子合成材料的原料(石油、煤等)来源广泛,化学结合效率高,产品具有多种建筑功能且质轻、强韧、耐化学腐蚀、多功能、易加工成型等优点,因此在建筑工程中应用日益广泛,不仅可用作保温、装饰、吸声材料,还可用作结构材料代替钢材、木材。

第一节 高分子化合物的基本知识

一、高分子化合物的定义及反应类型

1. 定义

高分子化合物(也称聚合物)是由千万个原子彼此以共价键连接的大分子化合物,其分子量一般在 10^4 以上。虽然高分子化合物的分子量很大,但其化学组成都比较简单,一个大分子往往是由许多相同的、简单的结构单元通过共价键连接而成。

高分子化合物分为天然高分子化合物和合成高分子化合物两类。

2. 合成高分子化合物的反应类型

合成高分子化合物是由不饱和的低分子化合物(称为单体)聚合或含两个及两个以上官能团的分子间的缩合而成的。其反应类型有加聚反应和缩聚反应。

(1) 加聚反应

加聚反应是由许多相同或不同的低分子化合物,在加热或催化剂的作用下,相互加合成高聚物而不析出低分子副产物的反应。其生成物称为加聚物(也称加聚树脂),加聚物具有与单体类似的组成结构。例如:

$$n CH_2 = CH_2 \longrightarrow \text{\textlbrackdbl} CH_2 - CH_2 \text{\textrbrackdbl}_n$$

其中 n 代表单体的数目,称为聚合度。n 值越大,聚合物分子量愈大。

工程中常见的加聚物有:聚乙烯、聚氯乙烯、聚丙烯、聚苯乙烯、聚甲基丙烯酸甲酯、聚四氟乙烯等。

(2) 缩聚反应

缩聚反应是由许多相同或不同的低分子化合物,在加热或催化剂的作用下,相互结合成高聚物并析出水、氨、醇等低分子副产物的反应。其生成物称为缩聚物(也称缩合树脂)。缩聚物的组成与单体完全不同。例如:苯酚和甲醛两种单体经缩聚反应得到酚

醛树脂。

$$(n+1)C_6H_5OH + nCH_2O \longrightarrow H[C_6H_3CH_2OH]_n C_6H_4OH + nH_2O$$

工程中常用的缩聚物有：酚醛树脂、脲醛树脂、环氧树脂、聚酯树脂、三聚氰胺甲醛树脂及有机硅树脂等。

二、高分子化合物的分类及主要性质

1. 高分子化合物的分类

高分子化合物的分类方法很多，常见的有以下几种：

（1）按分子链的几何形状

高分子化合物按其链节（碳原子之间的结合形式）在空间排列的几何形状，可分为线型结构、支链型结构和体型结构（或称网状型结构）三种。

（2）按合成方法

按合成高分子化合物的制备方法分为加聚树脂和缩合树脂两类。

（3）按受热时的性质

高分子化合物按其在热作用下所表现出来的性质的不同，可分为热塑性聚合物和热固性聚合物两种。

1）热塑性聚合物　热塑性聚合物一般为线型或支链型结构，在加热时分子活动能力增加，可以软化到具有一定的流动性或可塑性，在压力作用下可加工成各种形状的制品。冷却后分子重新"冻结"，成为一定形状的制品。这一过程可以反复进行，即热塑性聚合物制成的制品可重复利用、反复加工。这类聚合物的密度、熔点都较低，耐热性较低，刚度较小，抗冲击韧性较好。

2）热固性聚合物　热固性聚合物在成型前分子量较低，且为线型或支链型结构，具有可溶、可熔性，在成型时因受热或在催化剂、固化剂作用下，分子发生交联成为体型结构而固化。这一过程是不可逆的，并成为不溶或不熔的物质，因而固化后的热固性聚合物是不能重新再加工。这类聚合物的密度、熔点都较高，耐热性较高，刚度较大，质地硬而脆。

2. 高分子化合物的主要性质

（1）物理力学性质

高分子化合物的密度小，一般为 $0.8\sim2.2g/cm^3$，只有钢材的 $1/8\sim1/4$，混凝土的 $1/3$，铝的 $1/2$。而它的比强度高，多大于钢材和混凝土制品，是极好的轻质高强材料，但力学性质受温度变化的影响很大；它的导热性很小，是一种很好的轻质保温隔热材料；它的电绝缘性好，是极好的绝缘材料。由于它的减振、消声性好，一般可制成隔热、隔声和抗震材料。

（2）化学及物理化学性质

1）老化　在光、热、大气作用下，高分子化合物的组成和结构发生变化，致使其性质变化如失去弹性、出现裂纹、变硬、脆或变软、发黏失去原有的使用功能，这种现象称为老化。

2）耐腐蚀性　一般的高分子化合物对侵蚀性化学物质（酸、碱、盐溶液）及蒸汽的作用具有较高的稳定性。但有些聚合物在有机溶液中会溶解或溶胀，使几何形状和尺寸改变，性能恶化，使用时应注意。

3）可燃性及毒性　聚合物一般属于可燃的材料，但可燃性受其组成和结构的影响有很大差别。如聚苯乙烯遇明火会很快燃烧起来，而聚氯乙烯则有自熄性，离开火焰会自动熄灭。一般液态的聚合物几乎都有不同程度的毒性，而固化后的聚合物多半是无毒的。

第二节　建筑塑料

塑料是以合成高分子化合物或天然高分子化合物为主要基料，与其他原料在一定条件下经混炼、塑化成型，在常温常压下能保持产品形状不变的材料。塑料在一定的温度和压力下具有较大的塑性，容易做成所需要的各种形状尺寸的制品，而成型以后，在常温下又能保持既得的形状和必需的强度。

一、塑料的基本组成

塑料大多数都是以合成树脂为基本材料，再按一定比例加入填充料、增塑剂、固化剂、着色剂及其他助剂等加工而成。

1. 合成树脂

合成树脂是塑料的主要组成材料，在塑料中起胶粘剂的作用，它不仅能自身胶结，还能将塑料中的其他组分牢固地胶结在一起成为一个整体，使其具有加工成型的性能。合成树脂在塑料中的含量约为30%～60%。塑料的主要性质取决于所用合成树脂的性质。

2. 填料

填料又称填充剂，是绝大多数塑料不可缺少的原料，通常占塑料组成材料的40%～70%。是为了改善塑料的某些性能而加入的，其作用可提高塑料的强度、硬度、韧性、耐热性、耐老化性、抗冲击性等，同时也可以降低塑料的成本。常用的填料有：滑石粉、硅藻土、石灰石粉、云母、木粉、各类纤维材料、纸屑等。

3. 增塑剂

掺入增塑剂的目的是为了提高塑料加工时的可塑性、流动性以及塑料制品在使用时的弹性和柔软性，改善塑料的低温脆性等，但会降低塑料的强度与耐热性。对增塑剂的要求是要与树脂的混溶性好，无色、无毒、挥发性小。增塑剂通常为一些不易挥发的高沸点的液体有机化合物，或为低熔点的固体。常用的增塑剂有邻苯二甲酸二甲酯、邻苯二甲酸二丁酯、邻苯二甲酸二辛酯、磷酸三苯酯等。

4. 固化剂

固化剂又称硬化剂，主要用于热固性树脂中，其作用是使线型高聚物交联成体型高聚物，从而制得坚硬的塑料制品。如环氧树脂常用的胺类（乙二胺、二乙烯三胺、间苯二胺），某些酚醛树脂常用的六亚甲基四胺（乌洛托品），酸酐类（邻苯二甲酸酐、顺丁烯二酸酐）及高分子类（聚酰胺树脂）。

5. 着色剂

又称色料，着色剂的作用是使塑料制品具有鲜艳的色彩和光泽。着色剂的种类按其在着色介质中或水中的溶解性分为染料和颜料两大类。

（1）染料

染料是溶解在溶液中，靠离子或化学反应作用产生着色的化学物质。按产源分为天然和人工合成两类，都是有机物，可溶于被着色树脂或水中，其着色力强，透明性好，色泽鲜艳，但耐碱、耐热性、光稳定性差。主要用于透明的塑料制品。

（2）颜料

颜料是基本不溶的微细粉末状物质。通过自身高分散性颗粒分散于被染介质中吸收一部分光谱并反射特定的光谱而显色。塑料中所用的颜料，除具有优良的着色作用外，还可作为稳定剂和填充料来提高塑料的性能，起到一剂多能的作用。在塑料制品中，常用的是无机颜料。

6. 其他助剂

为了改善和调节塑料的某些性能，以适应使用和加工的特殊要求，可在塑料中掺加各种不同的助剂，如稳定剂可提高塑料在热、氧、光等作用下的稳定性；阻燃剂可提高塑料的耐燃性和自熄性；润滑剂能改善塑料在加工成型时的流动性和脱模性等。此外，还有抗静电剂、发泡剂、防霉剂、偶联剂等。

在种类繁多的塑料助剂中，由于各种助剂的化学组成、物质结构的不同，对塑料的作用机理及作用效果各异，因而由同种型号树脂制成的塑料，其性能会因加入助剂的不同而不同。

二、塑料的主要性质

塑料是具有质轻、绝缘、耐腐、耐磨、绝热、隔声等优良性能的材料。在建筑上可作为装饰材料、绝热材料、吸声材料、防火材料、墙体材料、管道及卫生洁具等。它与传统材料相比，具有以下优异性能：

（1）质轻、比强度高

塑料的密度在 $0.9\sim2.2\text{g/cm}^3$ 之间，平均为 1.45g/cm^3，约为铝的 1/2，钢的 1/5，混凝土的 1/3。而其比强度却远远超过水泥、混凝土，接近或超过钢材，是一种优良的轻质高强材料。

（2）加工性能好

塑料可以采用各种方法制成具有各种断面形状的通用材或异型材。如塑料薄膜、薄板、管材、门窗型材等，且加工性能优良并可采用机械化大规模的生产，生产效率高。

第九章 有机高分子材料

(3) 导热系数小

塑料制品的传导能力比金属、岩石小，即热传导、电传导能力较小。其导热能力为金属的 1/500～1/600，混凝土的 1/40，砖的 1/20，是理想的绝热材料。

(4) 装饰性优异

塑料制品可完全透明，也可以着色，而且色彩绚丽耐久，表面光亮有光泽；可通过照相制版印刷，模仿天然材料的纹理，达到以假乱真的程度；还可电镀、热压、烫金制成各种图案和花型，使其表面具有立体感和金属的质感。通过电镀技术，还可使塑料具有导电、耐磨和对电磁波的屏蔽作用等功能。

(5) 具有多功能性

塑料的品种多、功能不一，且可通过改变配方和生产工艺，在相当大的范围内制成具有各种特殊性能的工程材料。如强度超过钢材的碳纤维复合材料；具有承重、质轻、隔声、保温的复合板材；柔软而富有弹性的密封、防水材料等。各种建筑塑料又具有各种特殊性能，如防水性、隔热性、隔声性、耐化学腐蚀性等，有些性能是传统材料难以具备的。

(6) 经济性

塑料建材无论是从生产时所消耗的能量或是在使用过程中的效果来看都有节能效果。塑料生产的能耗低于传统材料，其范围为 63～188 kJ/m^3，而钢材为 316 kJ/m^3，铝材为 617 kJ/m^3。在使用过程中某些塑料产品具有节能效果。例如，塑料窗隔热性好，代替钢铝窗可减少热量传递，节省空调费用；塑料管内壁光滑，输水能力比白铁管高 30%。因此广泛使用塑料建筑材料有明显的经济效益和社会效益。

但塑料自身也存在一些缺点：

(1) 耐热性差、易燃

塑料的耐热性差，受到较高温度的作用时会产生热变形，甚至产生分解。建筑中常用的热塑性塑料的热变形温度为 80～120℃，热固性塑料的热变形温度为 150℃左右。因此，在使用中要注意它的限制温度。

塑料一般可燃，且燃烧时会产生大量的烟雾，甚至有毒气体。所以在生产过程中一般掺入一定量的阻燃剂，以提高塑料的耐燃性。但在重要的建筑物场所或易产生火灾的部位，不宜采用塑料装饰制品。

(2) 易老化

塑料在热、空气、阳光及环境介质中的酸、碱、盐等作用下，分子结构会产生递变，增塑剂等组分挥发，使塑料性能变差，甚至产生硬脆、破坏等。塑料的耐老化性可通过添加外加剂的方法得到很大的提高。如某些塑料制品的使用年限可达 50 年左右，甚至更长。

(3) 热膨胀性大

塑料的热膨胀系数较大，因此在温差变化较大的场所使用塑料时，尤其是与其他材料结合时，应当考虑变形因素，以保证制品的正常使用。

(4) 刚度小

塑料与钢铁等金属材料相比，强度和弹性模量较小，即刚度差，且在荷载长期作用下会产生蠕变。所以给塑料的使用带来一定的局限性，尤其是用作承重结构时应慎重。

总之，塑料及其制品的优点大于缺点，且塑料的缺点可以通过采取措施加以改进。随着塑料资源的不断发展，建筑塑料的发展前景是非常广阔的。

三、常用的建筑塑料

1. 常用的建筑塑料

建筑上常用的塑料有聚氯乙烯（PVC）、聚乙烯（PE）、聚苯乙烯（PS）、聚丙烯（PP）、聚甲基丙烯酸甲酯（即有机玻璃）（PMMA）、聚偏二氯乙烯（PVDC）、聚酯酸乙烯（PVAC）、丙烯腈——丁二烯——苯乙烯共聚物（ABS）、聚碳酸酯（PC）等热塑性塑料和酚醛树脂（PF）、环氧树脂（EP）、不饱和酯（UP）、聚氨酯（PUP）、有机硅树脂（SI）、脲醛树脂（UF）、聚酰胺（即尼龙）（PA）、三聚氰胺甲醛树脂（MF）、聚酯（PBT）等热固性塑料。常用建筑塑料的性能及主要用途见表 9-1，常用建筑塑料的物理力学性能见表 9-2。

常用建筑塑料的性能与用途　　　　　　　　　　表 9-1

名　称	性　能	用　途
聚乙烯	柔软性好、耐低温性好、耐化学腐蚀和介电性能优良，成型工艺好，但刚性差，耐热性差（使用温度<50℃），耐老化差	主要用于防水材料、给排水管和绝缘材料等
聚氯乙烯	耐化学腐蚀性和电绝缘性优良，力学性能较好，具有难燃性，但耐热性较差，升高温度时易发生降解	有软质、硬质、轻质发泡制品。广泛用于建筑各部位（薄板、壁纸、地毯、地面卷材等），是应用最多的一种塑料
聚苯乙烯	树脂透明、有一定机械强度、电绝缘性能好、耐辐射，成型工艺好，但脆性大，耐冲击和耐热性差	主要以泡沫塑料形式作为隔热材料，也用来制造灯具、平顶板等
聚丙烯	耐腐蚀性能优良，力学性能和刚性超过聚乙烯，耐疲劳和耐应力开裂性好，但收缩率较大，低温脆性大	管材、卫生洁具、模板等
ABS塑料	具有韧、硬、刚均衡的优良力学特性，电绝缘性与耐化学腐蚀性好，尺寸稳定性好，表面光泽性好，易涂装和着色，但耐热性不太好，耐候性较差	用于生产建筑五金和各种管材、模板、异型板等
酚醛塑料	电绝缘性能和力学性能良好、耐水性、耐酸性和耐腐蚀性能优良。酚醛塑料坚固耐用、尺寸稳定，不易变形	生产各种层压板、玻璃钢制品、涂料和胶粘剂等
环氧树脂	粘结性和力学性能优良，耐化学药品性（尤其是耐碱性）良好，电绝缘性能好，固化收缩率低，可在室温、接触压力下固化成型	主要用于生产玻璃钢、胶粘剂和涂料等产品
不饱和聚酯树脂	可在低压下固化成型，用玻璃纤维增强后具有优良的力学性能，良好的耐化学腐蚀性和电绝缘性能，但固化收缩率较大	主要用于玻璃钢、涂料和聚酯装饰板等
聚氨酯	强度高，耐化学腐蚀性优良，耐热、耐油、耐溶剂性好，粘结性和弹性优良	主要以泡沫塑料形式作为隔热材料及优质涂料、胶粘剂、防水涂料和弹性嵌缝材料等
脲醛塑料	电绝缘性好，耐弱酸、碱，无色、无味、无毒，着色力好，不易燃烧，耐热性差，耐水性差，不利于复杂造型	胶合板和纤维板，泡沫塑料，绝缘材料，装饰品等
有机硅塑料	耐高温、耐腐蚀、电绝缘性好、耐水、耐光、耐热，固化后的强度不高	防水材料、胶粘剂、电工器材、涂料等

第九章 有机高分子材料

常用建筑塑料的物理力学性能　　　　　表 9-2

塑料名称 性能	聚乙烯		聚丙烯	聚氯乙烯		聚苯乙烯	聚碳酸酯	聚酯（填充玻纤）	ABS塑料（通用型）	酚醛树脂	环氧树脂	不饱和聚酯树脂
	低密度	高密度		软	硬							
密度 (g/cm³)	0.910~0.940	0.941~0.965	0.90~0.91	1.16~1.35	1.35~1.45	1.05~1.07	1.18~1.20			1.3	1.9	1.2
抗拉强度 (MPa)	10.0~16.0	20.0~30.0	30.0~39.0	10.0~25.0	35.0~56.0	≥30.0	66.0	49.2	35~48	45.0~52.0	30.0~40.0	30.0~60.0
抗弯强度 (MPa)		20.0~30.0	42.0~56.0		70.0~120.0	≥50.0	105	91.4	59~75	70.3	98.4	80~100
冲击强度(缺口)(J/cm²)		10~30	2.2~2.5	0.218~1.09	1.2~1.6	25 左右	6.4~7.5	60~310	19.6~58.8	>3	1~1.5	
热变形温度 (℃) 0.46MPa	49~65	60~82	99~116		57~82	65~96	115~135	204	62~70	177	149	
热膨胀系数 (×10⁻⁵/℃)	16~18	11~13	10.8~11.2	7~25	5~8.5						1.1~1.3	
介电性	优	优	优	良	良	优	良	优	良	良	良	良
抗溶剂性	良	良	良			较差		良		良	良	良
抗酸性	良	良	良	良	良	优	良	良	良	良	良	良
燃烧难易	少烟	少烟	滴落少烟	缓慢自熄	自熄	大量黑烟	自熄	易		难	缓慢	

学习活动 9-1

热塑性与热固性塑料的辨识

在此活动中你将在已了解热塑性和热固性塑料的概念以及常用建筑塑料性能的基础上，总结并进一步掌握两种塑料的辨识方法，进而不断提高通过表观现象揭示性能内在变化，以正确认知和指导高分子建筑材料选择应用的职业能力。

步骤 1：请你根据一般加聚物如聚乙烯、聚氯乙烯、聚丙烯、聚苯乙烯、聚甲基丙烯酸甲酯（俗称有机玻璃）都呈热塑性；而缩聚物如酚醛树脂、脲醛树脂、环氧树脂、聚酯树脂、三聚氰胺甲醛树脂及有机硅树脂等呈热固性的表观现象，总结两种塑料根据命名特点的辨识方法（仅考虑一般性）。

步骤 2：取你最方便得到的两类塑料试样各一份（可取自废旧塑料制品），观察其受热、冷却变化性态的不同。

反馈：

1. 对于步骤 1 报告所得结论。教师给予评价，并指出不符合的特例。
2. 根据步骤 2 的小实验，进一步推断两类塑料可燃性的规律，利用表 9-1 和表 9-2

验证结论的正确性。

2. 常用的建筑塑料制品

建筑工程中塑料制品主要用作装饰材料、水暖工程材料、防水工程材料、结构材料及其他用途材料等。常用建筑塑料制品见表 9-3。

建筑中常用的塑料制品　　　　　　　　　　　　　　表 9-3

分　类	主　要　塑　料　制　品	
装饰材料	塑料地面材料	塑料地砖和塑料卷材地板
		塑料涂布地板
		塑料地毯
	塑料内墙面材料	塑料壁纸
		三聚氰胺装饰层压板、塑铝板等
		塑料墙面砖
	建筑涂料	内外墙有机高分子溶剂型涂料
		内外墙有机高分子乳液型涂料
		内墙有机高分子水溶性涂料
		有机无机复合涂料
	塑料门窗	塑料门(框板门,镶板门)
		塑料窗、塑钢窗
		百叶窗、窗帘
	装修线材:踢脚线、挂镜线、扶手、踏步	
	塑料建筑小五金,灯具	
	塑料平顶(吊平顶,发光平顶)	
	塑料隔断板	
水暖工程材料	给排水管材、管件、水落管	
	煤气管	
	卫生洁具:玻璃钢浴缸、水箱、洗脚池等	
防水工程材料	防水卷材、防水涂料、密封、嵌缝材料、止水带	
隔热材料	现场发泡泡沫塑料、泡沫塑料	
混凝土工程材料	塑料模板	
墙面及屋面材料	护墙板	异型板材、扣板、折板
		复合护墙板
	屋面板(屋面天窗、透明压花塑料顶棚)	
	屋面有机复合材料(瓦、聚四氟乙烯涂覆玻璃布)	
塑料建筑	充气建筑、塑料建筑物、盒子卫生间、厨房	

(1) 塑料装饰板材

塑料装饰板材是指以树脂为浸渍材料或以树脂为基材,采用一定的生产工艺制成的具有装饰功能的普通或异型断面的板材。塑料装饰板材以其重量轻、装饰性强、生产工艺简单、施工简便、易于保养适于与其他材料复合等特点在装饰工程中得到愈来愈广泛的应用。

塑料装饰板材按原材料的不同可分为塑料金属复合板、硬质PVC板、三聚氰胺层压板、玻璃钢板、塑铝板、聚碳酸酯采光板、有机玻璃装饰板等类型。按结构和断面型式可分为平板、波形板、实体异型断面板、中空异型断面板、格子板、夹芯板等类型。

（2）塑料壁纸

塑料壁纸是以纸为基材，以聚氯乙烯塑料为面层，经压延或涂布以及印刷、轧花、发泡等工艺而制成的。因为塑料壁纸所用的树脂均为聚氯乙烯，所以也称聚氯乙烯壁纸。该壁纸的特点有：具有一定的伸缩性和耐裂强度；装饰效果好；性能优越；粘贴方便；使用寿命长，易维修保养等。塑料壁纸是目前国内外使用广泛的一种室内墙面装饰材料，也可用于顶棚、梁柱等处的贴面装饰。塑料壁纸的宽度为530mm和900～1000mm，前者每卷长度为10m，后者每卷长度为50m。

（3）塑料地板

塑料地板是以高分子合成树脂为主要材料，加入其他辅助材料，经一定的制作工艺制成的预制块状、卷材状或现场铺涂整体状的地面材料。塑料地板具有许多优良性能：种类花色繁多，具有良好的装饰性能；功能多变、适应面广；质轻、耐磨、脚感舒适；施工、维修、保养方便。塑料地板按其外形可分为块材地板和卷材地板。按其组成和结构特点可分为单色地板、透底花纹地板、印花压花地板。按其材质的软硬程度可分为硬质地板、半硬质地板和软质地板。按所采用的树脂类型可分为聚氯乙烯（PVC）地板、聚丙烯地板和聚乙烯—醋酸乙烯酯地板等，国内普遍采用的是硬质PVC塑料地板和半硬质PVC塑料地板。

（4）塑钢门窗

塑钢门窗是以聚氯乙烯（PVC）树脂为主要原料，加上一定比例的稳定剂、改性剂、填充剂、紫外线吸收剂等助剂，经挤出加工成型材，然后通过切割、焊接的方式制成门窗框、扇，配装上橡胶密封条、五金配件等附件而成。为增加型材的刚性，在型材空腔内添加钢衬，所以称之为塑钢门窗。塑钢门窗具有外形美观、尺寸稳定、抗老化、不褪色、耐腐蚀、耐冲击、气密、水密性能优良、使用寿命长等优点。

（5）玻璃钢

玻璃钢（简称GRP）是以合成树脂为基体，以玻璃纤维或其制品为增强材料，经成型、固化而成的固体材料。玻璃钢采用的合成树脂有不饱和聚酯、酚醛树脂或环氧树脂。不饱和聚酯工艺性能好，可制成透光制品，可在室温常压下固化。玻璃纤维是熔融的玻璃液拉制成的细丝，是一种光滑柔软的高强无机纤维，直径9～18μm，可与合成树脂良好结合而成为增强材料。在玻璃钢中常应用玻璃纤维制品，如玻璃纤维织物或玻璃纤维毡。玻璃钢制品具有良好的透光性和装饰性，可制成色彩绚丽的透光或不透光构件或饰件；强度高（可超过普通碳素钢）、重量轻（密度1.4～2.2g/cm^3，仅为钢的1/4～1/5，铝的1/3左右），是典型的轻质高强材料；其成型工艺简单灵活，可制成复杂的构件；具有良好的耐化学腐蚀性和电绝缘性；耐湿、防潮，可用于有耐湿要求的建筑物的某些部位。玻璃钢制品的最大缺点是表面不够光滑。

(6) 塑料管道

1) 硬聚氯乙烯 (PVC-U) 管

硬聚氯乙烯管通常直径为 40~100mm 内壁光滑阻力小、不结垢，无毒、无污染、耐腐蚀。使用温度不大于 40℃，故为冷水管。其抗老化性能好、难燃，可采用橡胶圈柔性接口安装，主要应用于给水管道（非饮用水）、排水管道、雨水管道。

2) 氯化聚氯乙烯 (PVC-C) 管

氯化聚氯乙烯管高温机械强度高，适于受压的场合。使用温度可高达 93℃，寿命可达 50 年。安装方便，连接方法为溶剂粘接、螺纹连接、法兰连接和焊条连接。阻燃、防火、导热性能低，管道热损少。管道内壁光滑，抗细菌的滋生性能优于铜、钢及其他塑料管道。热膨胀系数低。产品尺寸全（可做大口径管材）。安装附件少，安装费用低。主要应用于冷热水管、消防水管系统、工业管道系统。

3) 无规共聚聚丙烯 (PP-R) 管

无规共聚聚丙烯管无毒、无害、不生锈，不腐蚀，有高度的耐酸性和耐氯化物性。耐热性能好，在工作压力不超过 0.6MPa 时，其长期工作水温为 70℃，短期使用水温可达 95℃，软化温度为 140℃。使用寿命长，使用寿命长达 50 年以上。耐腐蚀性好，不生锈，不腐蚀，不会滋生细菌，无电化学腐蚀。保温性能好。膨胀力小。适合采用嵌墙和地坪面层内的直埋暗敷方式。水流阻力小。管材内壁光滑，不会结垢，采用热熔连接方式进行连接，牢固不漏，施工便捷。对环境无任何污染，绿色环保。配套齐全。价格适中。

该种缺点是管材规格少（外径 20~110mm）。抗紫外线能力差，在阳光的长期照射下易老化。属于可燃性材料，所以不得用于消防给水系统。刚性和抗冲击性能比金属管道差。线膨胀系数较大，明敷或架空敷设所需支吊架较多，影响美观。在建筑工程中主要用于饮用水管和冷热水管。

4) 丁烯 (PB) 管

丁烯管有较高的强度、韧性好、无毒。其长期工作水温为 90℃左右，最高使用温度可达 110℃。易燃、热胀系数大、价格高。主要应用于饮用水、冷热水管，特别适用于薄壁小口径压力管道，如地板辐射采暖系统的盘管。

5) 交联聚乙烯管 (PEX)

普通高、中密度聚乙烯 (HDPE 及 MDPE)，其大分子为线型结构，缺点是耐热性和抗蠕变能力差，因而普通 PE 管不适宜用作高于 45 度的水的管路。交联是 PE 改性的一种方法，PE 经交联后变成三维网状结构的交联聚乙烯 (PEX)，大大提高了其耐热性和抗蠕变能力，同时耐老化性能、力学性能和透明度等均有显著提高。

PEX 分为 A、B、C 三级，：PEX-A 的交联度＞70%，PEX-B 的交联度＞65%，PEX-C 的交联度＞60%。交联度低或无交联度的塑料管较软，韧性大；交联度过高的塑料管较硬；无韧性。因此交联度要适中，交联度在 80%~90%之间较为理想。

交联聚乙烯管无毒、卫生、透明。有折弯记忆性、不可热熔连接、热蠕动性较小、低温抗脆性较差、原料较便宜。使用寿命可达 50 年。可输送冷、热水、饮用水及其他液体。阳光照射下可使 PEX 管加速老化，缩短使用寿命，避光可使塑料制品减缓老化，使寿命延长，因此用于地热采暖系统的分水器前的地热管须加避光护套，同时也可避免夏季供暖停止时，光线照射产生水藻、绿苔、造成管路堵塞。PEX 管主要用于地板辐射采暖系统的盘管。

6) 铝塑复合管

铝塑复合管是以焊接铝管或铝箔为中层，内外层均覆裹聚乙烯材料（常温使用），或内外层均覆裹高密度交联聚乙烯材料（冷热水使用），通过专用机械加工方法复合成一体的管材。铝塑复合管长期最高使用温度（冷热水管）为 80℃，短时最高温度为 95℃。安全无毒、耐腐蚀、不结垢、流量大、阻力小、寿命长、柔性好、弯曲后不反弹、安装简单。铝塑复合管主要应用于饮用水和冷、热水管。

7) 塑覆铜管

塑覆铜管为双层结构，内层为纯铜管，外层覆裹高密度聚乙烯或发泡高密度聚乙烯保温层。塑覆铜管无毒、抗菌卫生。不腐蚀、不结垢、水质好、流量大。强度高、刚性大、耐热、抗冻、耐久、长期使用温度范围宽（-70～100℃）、比铜管保温性能好。可刚性连接亦可柔性连接，安全牢固，不漏。初装价格较高，但寿命长不需维修。主要用作工业及生活饮用水的冷、热水输送管道。

第三节　建筑胶粘剂

胶粘剂是指具有良好的粘结性能，能在两个物体表面间形成薄膜并把它们牢固地粘结在一起的材料。与焊接、铆接、螺纹连接等连接方式相比，胶接具有很多突出的优越性：如粘接为面际连接，应力分布均匀，耐疲劳性好；不受胶接物的形状、材质等限制；胶接后具有良好的密封性能；几乎不增加粘结物的重量；胶接方法简单等。因而在建筑工程中的应用越来越广泛，成为工程上不可缺少的重要的配套材料。

一、胶粘剂的组成与分类

1. 胶粘剂的组成

胶粘剂是一种多组分的材料，它一般由粘结物质、固化剂、增韧剂、填料、稀释剂和改性剂等组分配制而成。

（1）粘结物质

粘结物质也称为粘料，它是胶粘剂中的基本组分，起粘结作用，其性质决定了胶粘剂的性能、用途和使用条件。一般多用各种树脂、橡胶类及天然高分子化合物作为粘结物质。

（2）固化剂

固化剂是促使粘结物质通过化学反应加快固化的组分，它可以增加胶层的内聚强度。有的胶粘剂中的树脂（如环氧树脂）若不加固化剂，本身不能变成坚硬的固体。固化剂也是胶粘剂的主要成分，其性质和用量对胶粘剂的性能起着重要的作用。

（3）增韧剂

增韧剂用于提高胶粘剂硬化后粘结层的韧性，提高其抗冲击强度的组分。常用的有邻苯二甲酸二丁酯和邻苯二甲酸二辛酯等。

（4）稀释剂

稀释剂又称溶剂，主要是起降低胶粘剂黏度的作用，以便于操作，提高胶粘剂的湿润性和流动性。常用的有机溶剂有丙酮、苯、甲苯等。

（5）填料

填料一般在胶粘剂中不发生化学反应，它能使胶粘剂的稠度增加，降低热膨胀系数，减少收缩性，提高胶粘剂的抗冲击韧性和机械强度。常用的品种有滑石粉、石棉粉、铝粉等。

（6）改性剂

改性剂是为了改善胶粘剂的某一方面性能，以满足特殊要求而加入的一些组分。如为增加胶结强度，可加入偶联剂，还可以分别加入防老化剂、防腐剂、防霉剂、阻燃剂、稳定剂等。

2. 胶粘剂的分类

胶粘剂的品种繁多，组成各异，分类方法也各不相同，一般可按粘结物质的性质、胶粘剂的强度特性及固化条件来划分。

（1）按粘结物质的性质分类

胶粘剂按粘结物质的性质不同，分类见表 9-4。

胶粘剂按粘结物质的性质分类　　　　　表 9-4

胶粘剂	有机类	合成类	树脂型	热固性：酚醛树脂、环氧树脂、不饱和聚酯、聚氨酯、脲醛树脂等
				热塑性：聚醋酸乙烯酯、聚氯乙烯—醋酸乙烯酯、聚丙烯酸酯、聚苯乙烯、聚酰胺、醇酸树脂、纤维素、饱和聚酯等
			橡胶型：再生橡胶、丁苯橡胶、丁基橡胶、氯丁橡胶、聚硫橡胶等	
			混合型：酚醛—聚乙烯醇缩醛、酚醛—氯丁橡胶、环氧—酚醛、环氧—聚硫橡胶等	
		天然类	葡萄糖衍生物：淀粉、可溶性淀粉、糊精、阿拉伯树胶、海藻酸钠等	
			氨基酸衍生物：植物蛋白、酪元、血蛋白、骨胶、鱼胶	
			天然树脂：木质素、单宁、松香、虫胶、生漆	
			沥青：沥青胶	
	无机类	硅酸盐类		
		磷酸盐类		
		硼酸盐		
		硫磺胶		
		硅溶胶		

(2) 按强度特性分类

按强度特性不同，胶粘剂可分为：

1) 结构胶粘剂：结构胶粘剂的胶结强度较高，至少与被胶结物本身的材料强度相当。同时对耐油、耐热和耐水性等都有较高的要求。

2) 非结构胶粘剂：非结构胶粘剂要求有一定的强度，但不承受较大的力。只起定位作用。

3) 次结构胶粘剂：次结构胶粘剂又称准结构胶粘剂，其物理力学性能介于结构型与非结构型胶粘剂之间。

(3) 按固化条件分类

按固化条件的不同，胶粘剂可分为溶剂型、反应型和热熔型。

溶剂型胶粘剂中的溶剂从粘合端面挥发或者被吸收，形成粘合膜而发挥粘合力。这种类型的胶粘剂有聚苯乙烯、丁苯橡胶等。

反应型胶粘剂的固化是由不可逆的化学变化而引起的。按照配方及固化条件，可分为单组分、双组分甚至三组分的室温固化型、加热固化型等多种型式。这类胶粘剂有环氧树脂、酚醛、聚氨酯、硅橡胶等。

热熔型胶粘剂以热塑性的高聚物为主要成分，是不含水或溶剂的固体聚合物，通过加热熔融粘合，随后冷却、固化，发挥粘合力。这类胶粘剂有醋酸乙烯、丁基橡胶、松香、虫胶、石蜡等。

二、常用胶粘剂

建筑上常用胶粘剂的性能及应用见表9-5。

建筑上常用胶粘剂的性能及应用　　　　表9-5

种类		性能	主要用途
热塑性合成树脂胶粘剂	聚乙烯醇缩甲醛类胶粘剂	粘结强度较高，耐水性、耐油性、耐磨性及抗老化性较好	粘贴壁纸、墙布、瓷砖等，可用于涂料的主要成膜物质，或用于拌制水泥砂浆，能增强砂浆层的粘结力
	聚醋酸乙烯酯类胶粘剂	常温固化快，粘结强度高，粘结层的韧性和耐久性好，不易老化，无毒、无味、不易燃爆，价格低，但耐水性差	广泛用于粘贴壁纸、玻璃、陶瓷、塑料、纤维织物、石材、混凝土、石膏等各种非金属材料，也可作为水泥增强剂
	聚乙烯醇胶粘剂(胶水)	水溶性胶粘剂，无毒，使用方便，粘结强度不高	可用于胶合板、壁纸、纸张等的胶接
热固性合成树脂胶粘剂	环氧树脂类胶粘剂	粘结强度高，收缩率小，耐腐蚀，电绝缘性好，耐水、耐油	粘接金属制品、玻璃、陶瓷、木材、塑料、皮革、水泥制品、纤维制品等
	酚醛树脂类胶粘剂	粘结强度高，耐疲劳，耐热，耐气候老化	用于粘接金属、陶瓷、玻璃、塑料和其他非金属材料制品
	聚氨酯类胶粘剂	粘附性好，耐疲劳，耐油，耐水，耐酸，韧性好，耐低温性能优异，可室温固化，但耐热差	适于胶接塑料、木材、皮革等，特别适用于防水、耐酸、耐碱等工程中

续表

种类		性能	主要用途
合成橡胶胶粘剂	丁腈橡胶胶粘剂	弹性及耐候性良好,耐疲劳、耐油、耐溶剂性好,耐热,有良好的混溶性,但粘结性差,成膜缓慢	适用于耐油部件中橡胶与橡胶、橡胶与金属、织物等的胶接。尤其适用于粘接软质聚氯乙烯材料
	氯丁橡胶胶粘剂	粘附力、内聚强度高,耐燃、耐油、耐溶剂性好。储存稳定性差	用于结构粘接或不同材料的粘接。如橡胶、木材、陶瓷、石棉等不同材料的粘接
	聚硫橡胶胶粘剂	很好的弹性、粘附性。耐油、耐候性好,对气体和蒸汽不渗透,防老化性好	作密封胶及用于路面、地坪、混凝土的修补、表面密封和防滑。用于海港、码头及水下建筑物的密封
	硅橡胶胶粘剂	良好的耐紫外线、耐老化性、耐热、耐腐蚀性,粘附性好,防水防振	用于金属、陶瓷、混凝土、部分塑料的粘接。尤其适用于门窗玻璃的安装以及隧道、地铁等地下建筑中瓷砖、岩石接缝间的密封

选择胶粘剂的基本原则有以下几方面:

(1) 了解粘结材料的品种和特性。根据被粘材料的物理性质和化学性质选择合适的胶粘剂。

(2) 了解粘结材料的使用要求和应用环境。即粘结部位的受力情况、使用温度、耐介质及耐老化性、耐酸碱性等。

(3) 了解粘接工艺性。即根据粘结结构的类型采用适宜的粘接工艺。

(4) 了解胶粘剂组分的毒性。

(5) 了解胶粘剂的价格和来源难易。在满足使用性能要求的条件下,尽可能选用价廉的、来源容易的、通用性强的胶粘剂。

为了提高胶粘剂在工程中的粘结强度,满足工程需要,使用胶粘剂粘接时应注意:

(1) 粘接界面要清洗干净,彻底清除被粘接物表面上的水分、油污、锈蚀和漆皮等附着物。

(2) 胶层要匀薄。大多数胶粘剂的胶接强度随胶层厚度增加而降低。胶层薄,胶面上的粘附力起主要作用,而粘附力往往大于内聚力,同时胶层产生裂纹和缺陷的概率变小,胶接强度就高。但胶层过薄,易产生缺胶,更影响胶接强度。

(3) 晾置时间要充分。对含有稀释剂的胶粘剂,胶接前一定要晾置,使稀释剂充分挥发,否则在胶层内会产生气孔和疏松现象,影响胶接强度。

(4) 固化要完全。胶粘剂中的固化一般需要一定压力、温度和时间。加一定的压力有利于胶液的流动和湿润,保证胶层的均匀和致密,使气泡从胶层中挤出。温度是固化的主要条件,适当提高固化温度有利于分子间的渗透和扩散,有助于气泡的逸出和增加胶液的流动性,温度越高,固化越快。但温度过高会使胶粘剂发生分解,影响粘结强度。

本章小结

掌握 常用建筑塑料的物理力学性能和工程中常用建筑塑料的性能和应用以及建筑胶粘剂的选用和使用。

理解 建筑塑料组分及其作用。

第九章 有机高分子材料

了解 合成高分子化合物的性质；建筑塑料的组成；常用建筑塑料制品的特性及应用；建筑胶粘剂的性能、分类及应用。

复习思考题

1. 合成高分子化合物如何制备？
2. 热塑性树脂与热固性树脂的主要不同点是什么？
3. 塑料的组分有哪些？它们在塑料中所起的作用如何？
4. 建筑塑料有何优缺点？工程中常用的建筑塑料有哪些？
5. 胶接具有哪些突出的优越性？
6. 如何才能提高胶粘剂在工程中的粘结强度？
7. 高分子材料的组成特征和性能特征是什么？
8. 建筑塑料以多种制品形态十分广泛地应用在建筑中的各个部位。请列举建筑中常见建筑塑料制品的形态及产品。
9. 应如何选用建筑胶粘剂？

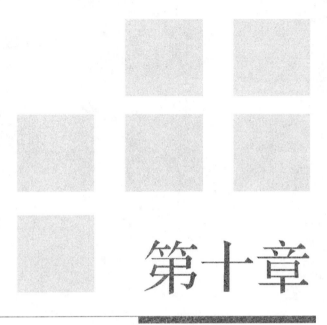

第十章

防水材料

[学习重点和建议]

1. 石油沥青的技术性质及石油沥青的选用。
2. 防水卷材的性能要求及各类防水卷材的性能及应用。
3. 防水涂料的必备性能要求及防水涂料的选用。
4. 石油沥青的掺配和改性。

建议学习中根据石油沥青组分的作用推导出石油沥青的性能及其影响因素；结合工程实例中建筑石油沥青的选用情况和防水卷材、防水涂料的使用来理解和掌握建筑石油沥青、防水卷材、防水涂料的性能、要求及应用。

第十章 防水材料

防水材料是保证房屋建筑中能够防止雨水、地下水与其他水分侵蚀渗透的重要组成部分，是建筑工程中不可缺少的建筑材料，在其他工程中，如公路桥梁、水利工程等也有广泛的应用。

建筑工程防水技术按其构造做法可分为构件自身防水和防水层防水两大类。防水层的做法又可分为刚性防水材料防水和柔性防水材料防水，刚性材料防水是采用涂抹防水砂浆、浇注掺入防水剂的混凝土或预应力混凝土等做法；柔性材料防水是采用铺设防水卷材、涂抹防水涂料等做法。多数建筑物采用柔性材料防水做法。防水材料质量的优劣与建筑物的使用寿命是紧密联系的。国内外使用沥青为防水材料已有很久历史，直至现在，沥青基防水材料也是应用最广的防水材料，但是其使用寿命较短。随着石油工业的发展，各种高分子材料的出现，为研制性能优良的新型防水材料提供了原料和技术，防水材料已向橡胶基和树脂基防水材料及高聚物改性沥青系列发展；防水层的构造已由多层防水向单层防水发展；施工方法已由热熔法向冷贴法发展。

第一节 沥青材料

沥青材料是由一些极其复杂的高分子碳氢化合物和这些碳氢化合物的非金属（氧、硫、氮）衍生物所组成的黑色或黑褐色的固体、半固体或液体的混合物。

沥青属于憎水性有机胶凝材料，其结构致密几乎完全不溶于水和不吸水，与混凝土、砂浆、木材、金属、砖、石料等材料有非常好的粘结能力；具有较好的抗腐蚀能力，能抵抗一般酸、碱、盐等的腐蚀；具有良好的电绝缘性。因而，广泛用于建筑工程的防水、防潮、防渗及防腐和道路工程。

一、沥青的分类

沥青按其在自然界中获得的方式，可分为地沥青和焦油沥青两大类。

1. 地沥青

地沥青是天然存在的或由石油精制加工得到的沥青材料，包括天然沥青和石油沥青。天然沥青是石油在自然条件下，长时间经受地球物理因素作用而形成的产物。石油沥青是指石油原油经蒸馏等工艺提炼出各种轻质油及润滑油后的残留物，再进一步加工得到的产物。

2. 焦油沥青

焦油沥青是利用各种有机物（烟煤、木材、页岩等）干馏加工得到的焦油，再经分馏加工提炼出各种轻质油后而得到的产品。

以上各类沥青，可归纳如下：

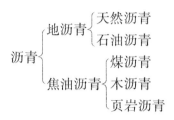

建筑工程中最常用的主要是石油沥青和煤沥青。

二、石油沥青的组分

石油沥青是由多种碳氢化合物及其非金属（氧、硫、氮）衍生物组成的混合物。其主要成分是碳（80%～87%）、氢（10%～15%），其余是非烃元素，如氧、硫、氮等（含量小于3%）和一些微量金属元素（含量很少）。由于沥青的化学组成结构的复杂性，对沥青组成进行元素分析也很困难，而且仍不能直接得到沥青元素含量与工程性能之间的关系。因此，只从使用角度将沥青中化学性质相近而且与其工程性能有一定联系的成分划分为几个化学成分组，这些成分组即称为组分。石油沥青各组分含量的变化直接影响着沥青的技术性质。石油沥青中各组分的主要特性如下：

1. 油分

油分是淡黄色透明液体，密度约 0.7～1.0g/cm^3，碳氢比为 0.5～0.7，几乎溶于大部分的有机溶剂，但不溶于酒精。具有光学活性，常发现有荧光。油分赋予沥青以流动性。油分含量的多少直接影响沥青的柔软性、抗裂性及施工难度。在石油沥青中油分的含量为45%～60%。在170℃较长时间加热，油分可以挥发，并在一定条件下可转化为树脂甚至沥青质。

2. 树脂

树脂为黄色至黑褐色黏稠半固体，密度为 1.0～1.1g/cm^3，碳氢比为 0.7～0.8。温度敏感性高，熔点低于100℃。树脂又可分为中性树脂和酸性树脂。中性树脂能溶于三氯甲烷、汽油和苯等有机溶剂，但在酒精和丙酮中难溶解或溶解度很低。中性树脂赋予沥青具有一定的塑性、可流动性和粘结性，其含量增加，沥青的粘结力和延伸性增加。除中性树脂外，沥青树脂中还含少量的酸性树脂（即沥青酸和沥青酸酐），是油分氧化后的产物，具有酸性，能为碱皂化；能溶于酒精、氯仿，而难溶于石油醚和苯。酸性树脂是沥青中活性最大的组分，它能改善沥青对矿物材料的浸润性，特别是提高了与碳酸盐类岩石的粘附性；增强了沥青的可乳化性。在石油沥青中树脂的含量为15%～30%。

3. 地沥青质

地沥青质为深褐色至黑色无定型物（固体粉末），密度大于 1.0g/cm^3，碳氢比 0.8～1.0。沥青质加热时不熔化而碳化，不溶于酒精、正戊烷，但溶于三氯甲烷和二硫化碳。它决定着沥青的粘结力、黏度、温度稳定性和硬度等。地沥青质含量增加时，沥青的黏度和粘结力增加，硬度和软化点提高。在石油沥青中，地沥青质的含量为10%～30%。

另外,石油沥青中还含 2%～3%的沥青碳和似碳物,为无定形的黑色固体粉末。它是石油沥青在高温裂化、过度加热或深度氧化过程中脱氧而生成的,是石油沥青中分子量最大的,它能降低石油沥青的粘结力。石油沥青还含有蜡,它会降低石油沥青的粘结性、塑性和提高温度敏感性。

三、石油沥青的技术性质

1. 黏滞性（黏性）

石油沥青的黏滞性是反映沥青材料内部阻碍其相对流动的一种特性,以绝对黏度表示,是沥青性质的重要指标之一。

石油沥青的黏滞性大小与组分及温度有关。地沥青质含量高,同时有适量的树脂,而油分含量较少时,则黏滞性较大。在一定温度范围内,当温度上升时,则黏滞性随之降低,反之,则随之增大。

绝对黏度的测定方法因材而异,并较为复杂,工程上常用相对黏度（条件黏度）表示。测定相对黏度的主要方法是用标准黏度计和针入度仪（详见试验部分）。黏稠石油沥青的相对黏度用针入度仪测定的针入度来表示。针入度值越小,表明石油沥青的黏度越大。黏稠石油沥青的针入度是在规定温度 25℃条件下,以规定重量 50g 的标准针,经历规定时间 5s 贯入试样中的深度,以 1/10mm 为单位表示。符号为 P（25℃、50g、5s）。

对于液体石油沥青或较稀的石油沥青,其相对黏度可用标准黏度计测定的标准黏度表示。标准黏度值越大,则表明石油沥青的黏度越大。标准黏度是在规定温度（20、25、30 或 60℃）、规定直径（3、5 或 10mm）的孔口流出 50ml 沥青所需的时间秒数。符号为 $C_d^t T$。d 为流口孔径,t 为试样温度,T 为流出 50ml 沥青所需的时间。

2. 塑性

塑性是指石油沥青在外力作用下产生变形而不破坏（产生裂缝或断开）,除去外力后仍保持变形后的形状不变的性质,又称延展性。塑性是沥青性质的重要指标之一。

石油沥青的塑性大小与组分有关。石油沥青中树脂含量较多,且其他组分含量适当时,则塑性较大。影响沥青塑性的因素有温度和沥青膜层厚度。温度升高,塑性增大,膜层愈厚,塑性愈高。反之,膜层越薄,则塑性越差。当膜层厚度薄至 1μm 时,塑性消失,即接近于弹性。在常温下,塑性较好的沥青在产生裂缝时,也可能由于特有的黏塑性而自行愈合,故塑性还反映了沥青开裂后的自愈能力。沥青之所以能用来制造性能良好的柔性防水材料,很大程度取决于沥青的塑性。沥青的塑性对冲击振动有一定的吸收能力,能减少摩擦时的噪声,故沥青也是一种优良的地面材料。

石油沥青的塑性用延度表示。延度越大,塑性越好。

沥青延度是将沥青制成"8"字形标准试件（中间最小截面积 1cm²）（详见试验部分）,在规定拉伸速度（5cm/min）和规定温度（25℃）下拉断时的长度（cm）。

3. 温度敏感性（温度稳定性）

温度敏感性是指石油沥青的黏滞性和塑性随温度升降而变化的性能。也称温度稳定性。温度敏感性也是沥青性质的重要指标之一。

石油沥青中地沥青质含量较多时，在一定程度上能够减少其温度敏感性（即提高温度稳定性），沥青中含蜡量较多时，则会增大温度敏感性。建筑工程上要求选用温度敏感性较小的沥青材料，因而在工程使用时往往加入滑石粉、石灰石粉或其他矿物填料来减小其温度敏感性。

沥青的温度敏感性用软化点表示。采用"环球法"测定（详见试验部分），它是将沥青试样装入规定尺寸（直径约16mm、高约6mm）的铜环内，试样上放置一标准钢球（直径9.53mm，重3.5g），浸入水中或甘油中，以规定的升温速度（5℃/min）加热，使沥青软化下垂，当下垂到规定距离（25.4mm）时的温度，单位为℃。软化点越高，则温度敏感性越小。

4. 大气稳定性

大气稳定性是指石油沥青在热、阳光、氧气和潮湿等因素的长期综合作用下抵抗老化的性能。

在阳光、空气和热等的综合作用下，沥青各组分会不断递变，低分子化合物将逐步转变成高分子物质，即油分和树脂逐渐减少，而地沥青质逐渐增多，从而使沥青流动性和塑性逐渐减小，硬脆性逐渐增大，直至脆裂，这个过程称为石油沥青的老化。

石油沥青的大气稳定性以沥青试样在160℃下加热蒸发5h后质量蒸发损失百分率和蒸发后的针入度比表示。蒸发损失百分率越小，蒸发后针入度比值愈大，则表示沥青的大气稳定性愈好，即老化愈慢。

5. 施工安全性

黏稠沥青在使用时必须加热，当加热至一定温度时，沥青材料中挥发的油分蒸汽与周围空气组成混合气体，此混合气体遇火焰则易发生闪火。若继续加热，油分蒸汽的饱和度增加。由于此种蒸汽与空气组成的混合气体遇火焰极易燃烧而引发火灾。为此，必须测定沥青加热闪火和燃烧的温度，即闪点和燃点。

闪点是指加热沥青至挥发出的可燃气体和空气的混合物，在规定条件下与火焰接触，初次闪火（有蓝色闪光）时的沥青温度（℃）。

燃点是指加热沥青产生的气体和空气的混合物，与火焰接触能持续燃烧5s以上时，此时沥青的温度（℃）。燃点温度比闪点温度约高10℃。沥青质含量越多，闪点和燃点相差越大。液体沥青由于油分较多，闪点和燃点相差很小。

闪点和燃点的高低表明沥青引起火灾或爆炸的可能性大小，它关系到运输、贮存和加热使用等方面的安全。

6. 防水性

石油沥青是憎水性材料，几乎完全不溶于水，且本身构造致密；它与矿物材料表面有很好的粘结力，能紧密粘附于矿物材料表面。同时，它又具有一定的塑性，能适应材料或构件的变形。所以沥青具有良好的防水性。故广泛用作建筑工程的防潮、防水、抗渗材料。

7. 溶解度

第十章 防水材料

溶解度是指石油沥青在三氯乙烯、四氯化碳或苯中溶解的百分率，以表示石油沥青中有效物质的含量，即纯净程度。那些不溶解的物质会降低沥青的性能（如黏性等），应把不溶物视为有害物质（如沥青碳或似碳物）而加以限制。

四、石油沥青的分类及选用

1. 石油沥青的分类

石油沥青按照其用途主要划分为三大类：道路石油沥青、建筑石油沥青和防水防潮石油沥青。其牌号基本都是按针入度指标来划分的，每个牌号还要保证相应的延度、软化点以及溶解度、蒸发损失、蒸发后针入度比、闪点等的要求。

在同一品种石油沥青材料中，牌号愈小，沥青愈硬；牌号愈大，沥青愈软，同时随着牌号增加，沥青的黏性减小（针入度增加），塑性增加（延度增大），而温度敏感性增大（软化点降低）。各牌号的质量指标要求列于表10-1中。

建筑石油沥青的技术要求（GB/T 494—2010）　　　　表 10-1-1

项　目	质量指标		
牌号	10	30	40
针入度(25℃,100g,5s)/(1/10mm)	10～25	26～35	36～50
针入度(46℃,100g,5s)/(1/10mm)	报告a	报告a	报告a
针入度(0℃,200g,5s)/(1/10mm)　不小于	3	6	6
延度(25℃,5cm/min)/cm　不小于	1.5	2.5	3.5
软化点(环球法)/℃　不低于	95	75	60
溶解度(三氯乙烯)/%　不小于	99.0		
蒸发后质量变化(163℃,5h)/%　不大于	1		
蒸发后25℃针入度比b/%　不小于	65		
闪点(开口杯法)/℃　不低于	260		

道路石油沥青的技术要求（NB/SH/T 0522—2010）　　　　表 10-1-2

项　目	质量指标				
牌号	200	180	140	100	60
针入度(25℃,100克,5s)/(1/10mm)	200～300	150～200	110～150	80～110	50～80
延度(注)(25℃/cm)不小于	20	100	100	90	70
软化点/℃	30～48	35～48	38～51	42～55	45～58
溶解度/%	99.0				
闪点(开口)/℃　不小于	180	200	230		
密度(25℃)/(g/cm³)	报告				
蜡含量/%　不大于	4.5				
薄膜烘箱试验(163℃,5h)					
质量变化/%　不大于	1.3	1.3	1.3	1.2	1.0
针入度比/%	报告				
延度(25℃/cm)	报告				

注：如25℃延度达不到，15℃延度达到时，也认为是合格的，指标要求与25℃延度一致。

2. 石油沥青的选用

选用沥青材料时，应根据工程性质（房屋、道路、防腐）及当地气候条件，所处工作环境（屋面、地下）来选择不同牌号的沥青。在满足使用要求的前提下，尽量选用较大牌号的石油沥青，以保证在正常使用条件下，石油沥青有较长的使用年限。

（1）道路石油沥青

道路石油沥青主要在道路工程中作胶凝材料，用来与碎石等矿质材料共同配制成沥青混凝土、沥青砂浆等，沥青拌合物用于道路路面或车间地面等工程。通常，道路石油沥青牌号越高，则黏性越小（即针入度越大），塑性越好（即延度越大），温度敏感性越大（即软化点越低）。

在道路工程中选用沥青时，要根据交通量和气候特点来选择。南方地区宜选用高黏度的石油沥青，以保证在夏季沥青路面具有足够的稳定性；而北方寒冷地区宜选用低黏度的石油沥青，以保证沥青路面在低温下仍具有一定的变形能力，减少低温开裂。

道路石油沥青还可用作密封材料和胶粘剂以及沥青涂料等。此时一般选用黏性较大和软化点较高的道路石油沥青。

（2）建筑石油沥青

建筑石油沥青针入度小（黏性较大），软化点较高（耐热性较好），但延伸度较小（塑性较小），主要用作制造油纸、油毡、防水涂料和沥青嵌缝膏。他们绝大部分用于屋面及地下防水、沟槽防水防腐及管道防腐等工程。使用时制成的沥青胶膜较厚，增大了对温度的敏感性。同时，黑色沥青表面又是好的吸热体，一般同一地区的沥青屋面的表面温度比其他材料的都高，据高温季节测试沥青屋面达到的表面温度比当地最高气温高25～30℃；为避免夏季流淌，一般屋面用沥青材料的软化点还应比本地区屋面最高温度高20℃以上，低了夏季易流淌，过高冬季低温易硬脆甚至开裂，所以选用石油沥青时要根据地区、工程环境及要求而定。

用于地下防潮、防水工程时，一般对软化点要求不高，但其塑性要好，黏性要大，使沥青层能与建筑物粘结牢固，并能适应建筑物的变形而保持防水层完整，不遭破坏。

（3）防水防潮石油沥青

防水防潮石油沥青的温度稳定性较好，特别适用做油毡的涂覆材料及建筑屋面和地下防水的粘结材料。其中3号沥青温度敏感性一般，质地较软，用于一般温度下的室内及地下结构部分的防水。4号沥青温度敏感性较小，用于一般地区可行走的缓坡屋面防水。5号沥青温度敏感性小，用于一般地区暴露屋顶或气温较高地区的屋面防水。6号沥青温度敏感性最小，并且质地较软，除一般地区外，主要用于寒冷地区的屋面及其他防水防潮工程。

市场所见除以上三类石油沥青产品外还有普通石油沥青，普通石油沥青含有害成分的蜡较多，一般含量大于5%，有的高达20%以上，石蜡熔点低（32～55℃），粘结力差，故在建筑工程中一般不宜直接使用。

3. 沥青的掺配

某一种牌号沥青的特性往往不能满足工程技术要求，因此需用不同牌号沥青进行掺配。

在进行掺配时，为了不使掺配后的沥青胶体结构破坏，应选用表面张力相近和化学性质相似的沥青。试验证明同产源的沥青容易保证掺配后的沥青胶体结构的均匀性。所谓同产源是指同属石油沥青，或同属煤沥青（或焦油沥青）。

两种沥青掺配的比例可用下式估算：

$$Q_1 = \frac{T_2 - T}{T_2 - T_1} \times 100 \tag{10-1}$$

$$Q_2 = 100 - Q_1 \tag{10-2}$$

式中　Q_1——较软沥青用量（%）；

　　　Q_2——较硬沥青用量（%）；

　　　T——掺配后的沥青软化点（℃）；

　　　T_1——较软沥青软化点（℃）；

　　　T_2——较硬沥青软化点（℃）。

例如：某工程需要用软化点为 80℃ 的石油沥青，现有 10 号和 60 号两种石油沥青，应如何掺配以满足工程需要？

由试验测得，10 号石油沥青的软化点为 95℃，60 号石油沥青的软化点为 45℃。估算掺配量：

60 号石油沥青的掺量（%）$= \dfrac{95-80}{95-45} \times 100 = 30$

10 号石油沥青的掺量（%）$= 100 - 30 = 70$

根据估算的掺配比例和其邻近的比例（±5%～10%）进行试配（混合熬制均匀），测定掺配后沥青的软化点，然后，绘制"掺配比——软化点"曲线，即可从曲线上确定所要求的掺配比例。同样地可采用针入度指标按上法进行估算及试配。

石油沥青过于黏稠需要进行稀释，通常可以采用石油产品系统的轻质油，如汽油、煤油和柴油等。

五、改性沥青

建筑上使用的沥青必需具有一定的物理性质和粘附性。即在低温条件下应有弹性和塑性；在高温条件下要有足够的强度和稳定性；在加工和使用条件下具有抗老化能力；还应与各种矿物料和结构表面有较强的粘附力；对构件变形的适应性和耐疲劳性等等。通常，石油加工厂制备的沥青不一定能全面满足这些要求，如只控制了耐热性（软化点），其他方面就很难达到要求，致使目前沥青防水屋面渗漏现象严重，使用寿命短。为此，常用橡胶、树脂和矿物填料等对沥青改性。橡胶、树脂和矿物填料等通称为石油沥青改性材料。

1. 橡胶改性沥青

橡胶是沥青的重要改性材料，它和沥青有较好的混溶性，并能使沥青具有橡胶的很多优点，如高温变形小，低温柔性好。由于橡胶的品种不同，掺入的方法也有所不同，因而各种橡胶沥青的性能也有差异。常用的品种有：

(1) 氯丁橡胶沥青

沥青中掺入氯丁橡胶后，可使其气密性、低温柔性、耐化学腐蚀性、耐光性、耐臭氧性、耐气候性和耐燃烧性得到大大的改善。

氯丁橡胶掺入沥青中的方法有溶剂法和水乳法。先将氯丁橡胶溶于一定的溶剂（如甲苯）中形成溶液，然后掺入沥青（液体状态）中，混合均匀即成为氯丁橡胶沥青。或者分别将橡胶和沥青制成乳液，再混合均匀即可使用。

(2) 丁基橡胶沥青

丁基橡胶沥青具有优异的耐分解性，并有较好的低温抗裂性能和耐热性能。配制的方法为：将丁基橡胶碾切成小片，于搅拌条件下把小片加热到100℃的溶剂中（不得超过100℃），制成浓溶液。同时，将沥青加热脱水熔化成液体状沥青。通常在100℃左右把两种液体按比例混合搅拌均匀进行浓缩15～20min，达到要求性能指标。同样也可以分别将丁基橡胶和沥青制备成乳液，然后按比例把两种乳液混合即可。丁基橡胶在混合物中的含量一般为2%～4%。

(3) 再生橡胶沥青

再生橡胶掺入沥青中后，可大大提高沥青的气密性、低温柔性、耐光性、耐热性、耐臭氧性、耐气候性。

再生橡胶沥青材料的制备方法为：先将废旧橡胶加工成1.5mm以下的颗粒，然后与沥青混合，经加热搅拌脱硫，就能得到具有一定弹性、塑性和粘结力良好的再生胶沥青材料。废旧橡胶的掺量视需要而定，一般为3%～15%。

2. 树脂改性沥青

用树脂改性石油沥青，可以改进沥青的耐寒性、粘结性和不透气性。由于石油沥青中含芳香性化合物很少，故树脂和石油沥青的相溶性较差，而且可用的树脂品种也较少。常用的品种有：古马隆树脂沥青（香豆桐树脂沥青）、聚乙烯树脂沥青、无规聚丙烯树脂沥青等。

3. 橡胶和树脂改性沥青

橡胶和树脂同时用于改善石油沥青的性质，使石油沥青同时具有橡胶和树脂的特性。且树脂比橡胶便宜，橡胶和树脂又有较好的混溶性，故效果较好。

橡胶、树脂和沥青在加热熔融状态下，沥青与高分子聚合物之间发生相互侵入和扩散，沥青分子填充在聚合物大分子的间隙内，同时聚合物分子的某些链节扩散进入沥青分子中，形成凝聚的网状混合结构，故可以得到较优良的性能。

配制时，采用的原材料品种、配比、制作工艺不同，可以得到很多性能各异的产品。主要有卷、片材，密封材料，防水材料等。

4. 矿物填充料改性沥青（沥青玛琋脂）

矿物填充料改性沥青是在沥青中掺入适量粉状或纤维状矿物填充料经均匀混合而成。矿物填充料掺入沥青中后，能被沥青包裹形成稳定的混合物，由于沥青对矿物填充料的湿润和吸附作用，沥青可能成单分子状排列在矿物颗粒（或纤维）表面，形成结合力牢固的沥青薄膜，具有较高的黏性和耐热性等。因而提高沥青的粘结能力、柔韧性和耐热性，减少了沥青的温度敏感性，并且可以节省沥青。常用的矿物填充料大多数是粉状的和纤维状材料，主要有滑石粉、石灰石粉、硅藻土和石棉等。掺入粉状填充料时，合适的掺量一般为沥青重量的10%～25%；采用纤维状填充料时，其合适掺量一般5%～10%。

矿物填充料改性沥青主要用于粘贴卷材、嵌缝、接头、补漏及做防水层的底层。既可热用也可冷用。热用时，是将石油沥青完全熔化脱水后，再慢慢加入填充料，同时不停地搅拌至均匀为止，要防止粉状填充料沉入锅底。填充料在掺入沥青前应干燥并宜加热。热沥青玛琋脂的加热温度不应超过240℃，使用温度不应低于190℃。冷用时，是将沥青熔化脱水后，缓慢加入稀释剂，再加入填充料搅拌而成，它可在常温下施工，改善劳动条件，同时减少沥青用量，但成本较高。

第二节 其他防水材料

一、橡胶型防水材料

橡胶是有机高分子化合物的一种，具有高聚物的特征与基本性质，是一种弹性体。橡胶最主要的特性是在常温下具有显著的高弹性能，即在外力作用下能很快发生变形，变形可达百分之数百，当外力除去后，又会恢复到原来的状态，而且保持这种性质的温度区间范围很大。

橡胶在阳光、热、空气（氧和臭氧）或机械力的反复作用下，表面会出现变色、变硬、龟裂、发黏，同时机械强度降低，这种现象叫老化。为了防止老化，一般加入防老化剂，如蜡类、二苯基对苯二胺等。

橡胶可分为天然橡胶和合成橡胶两类。

1. 天然橡胶（NR）

天然橡胶主要由橡胶树的浆汁中取得。在橡胶树的浆汁中加入少量的醋酸、氧化锌或氟硅酸钠即行凝固，凝固体经压制后成为生橡胶，再经硫化处理则得到软质橡胶（熟橡胶）。天然橡胶的主要成分是异戊二烯高聚体，其他还有少量水分、灰分、蛋白质及脂肪酸等。

天然橡胶的密度为0.91～0.93g/cm³，130～140℃软化，150～160℃变黏软，220℃熔化，270℃迅速分解，常温下弹性很大。天然橡胶易老化失去弹性，一般用作橡胶制品的原料。

2. 合成橡胶

合成橡胶又称人造橡胶。生产过程一般可以看做由两步组成：首先将基本原料制成单体，而后将单体经聚合、缩合作用合成为橡胶。建筑工程中常用的合成橡胶有以下几种：

(1) 氯丁橡胶（CR）

氯丁橡胶是由氯丁二烯聚合而成，为浅黄色及棕褐色弹性体。密度 $1.23g/cm^3$，溶于苯和氯仿，在矿物油中稍溶胀而不溶解，硫化后不易老化，耐油、耐热、耐臭氧、耐酸碱腐蚀性好，粘结力较高，脆化温度-35～-55℃，热分解温度230～260℃，最高使用温度120～150℃。与天然橡胶比较，绝缘性较差，但抗拉强度、透气性和耐磨性较好。

(2) 丁苯橡胶（SBR）

丁苯橡胶是由丁二烯和苯乙烯共聚而成，是应用最广、产量最多的合成橡胶。丁苯橡胶为浅黄褐色，其延性与天然橡胶相近，加入碳黑后，强度与天然橡胶相仿。密度随苯乙烯的含量不同，通常在 $0.91～0.97g/cm^3$，不溶于苯和氯仿。耐老化性、耐磨性、耐热性较好，但耐寒性、粘结性较差，脆化温度-52℃，最高使用温度80～100℃。能与天然橡胶混合使用。

(3) 丁基橡胶（BR）

丁基橡胶是由异丁烯与少量异戊二烯在低温下加聚而成，为无色弹性体。密度为 $0.92g/cm^3$，能溶于5个碳以上的直链烷烃或芳香烃的溶剂中。它是耐化学腐蚀、耐老化、不透气性和绝缘性最好的橡胶。具有抗断裂性能好、耐热性好、吸水率小等优点，具有较好的耐寒性，其脆化温度为-79℃，最高使用温度150℃，但弹性较差，加工温度高，粘结性差，难与其他橡胶混用。

(4) 乙丙橡胶（EPM）和三元乙丙橡胶（EPDM 或 EPT）

乙丙橡胶是乙烯与丙烯的共聚物。乙丙橡胶的密度仅为 $0.85g/cm^3$ 左右，是最轻的橡胶，且耐光、耐热、耐氧及臭氧、耐酸碱、耐磨性能等非常好，也是最廉价的合成橡胶。但乙丙橡胶硫化困难。为此，在乙丙橡胶共聚反应时，加入第三种非共轭双键的二烯烃单体，得到可用硫进行硫化的三元乙丙橡胶。目前，三元乙丙橡胶已普遍发展和利用。

(5) 丁腈橡胶（NBR）

丁腈橡胶是由丁二烯与丙烯腈的共聚体。它的特点是对油类及许多有机溶剂的抵抗力极强，它的耐热、耐磨和抗老化性能也胜于天然橡胶。但绝缘性较差，塑性较低，加工较难，成本较高。

(6) 再生橡胶（再生胶）

再生橡胶是由废旧轮胎和胶鞋等橡胶制品或生产中的下脚料经再生处理而得到的橡胶。这类橡胶原料来源广，价格低，建筑上使用较多。

再生处理主要是脱硫，即通过高温使橡胶产生氧化解聚，使大型网状橡胶分子结构被适度地氧化解聚，变成大量的小型网状结构和少量链状物。脱硫过程中破坏了原橡胶的部分弹性，而获得了部分塑性和黏性。

二、树脂型防水材料

以合成树脂为主要成分的防水材料，称为树脂型防水材料。如氯化聚乙烯防水卷材、聚氯乙烯防水卷材、氯化磺化聚乙烯防水卷材、聚氨酯密封膏、聚氯乙烯接缝膏等。合成树脂的有关知识已在第九章中介绍。

三、水泥基渗透结晶型防水材料

近年来，水泥基渗透结晶型防水材料（GB 18445—2001），得到越来越广泛的应用。水泥基渗透结晶型防水材料是由硅酸盐水泥、特殊的活性化学物质、石英砂和石灰等原材料配制而成，广泛应用于水工、桥梁、隧道、地下等工程。

水泥基渗透结晶型防水材料的特性主要表现在：

(1) 材料中的活性物质可从表面渗入到混凝土内部，发生化学反应后生成水化晶体，使混凝土结构致密，其渗透深度可达120mm以上。

(2) 该材料化学反应生成的晶体性能稳定、不易分解，即使涂层遭受磨损，也不影响其防水效果。

(3) 当遇到微细裂缝（不超过0.4mm）且有水渗入时，该材料具有自动修复裂缝和填充孔隙的功能。

(4) 具有耐化学侵蚀、保护钢筋的作用。

(5) 产品无毒、无害，可用于接触饮用水的混凝土结构等工程。

(6) 材料施工操作简单，对复杂混凝土基面的适应性好。

该系列水泥基渗透结晶型的防水材料可分为涂层防水材料、增强型涂层防水材料、快速封堵材料、带水封堵材料等。

施工完毕后的潮湿养护是保证水泥基渗透结晶型防水材料充分、有效发挥防水作用的重要环节。养护以喷洒为主，当涂层固化后，养护就可以开始，每天至少3次。当天气炎热干燥时，喷洒水的次数应相应增加，并采取遮荫或用潮湿麻布覆盖等保护措施，养护时间不少于72h。

第三节 防水卷材

防水卷材是建筑工程防水材料的重要品种之一。防水卷材的品种较多，性能各异。但无论何种防水卷材，要满足建筑防水工程的要求，均需具备以下性能：

(1) 耐水性

耐水性指在水的作用下和被水浸润后其性能基本不变，在压力水作用下具有不透水性，常用不透水性、吸水性等指标表示。

(2) 温度稳定性

温度稳定性指在高温下不流淌、不起泡、不滑动，低温下不脆裂的性能。即在一定温度变化下保持原有性能的能力。常用耐热度、耐热性等指标表示。

(3) 机械强度、延伸性和抗断裂性

机械强度、延伸性和抗断裂性指防水卷材承受一定荷载、应力或在一定变形的条件下不断裂的性能。常用拉力、拉伸强度和断裂伸长率等指标表示。

(4) 柔韧性

柔韧性指在低温条件下保持柔韧的性能。它对保证易于施工、不脆裂十分重要。常用柔度、低温弯折性等指标表示。

(5) 大气稳定性

大气稳定性指在阳光、热、臭氧及其他化学侵蚀介质等因素的长期综合作用下抵抗侵蚀的能力。常用耐老化性、热老化保持率等指标表示。

各类防水卷材的选用应充分考虑建筑的特点、地区环境条件、使用条件等多种因素，结合材料的特性和性能指标来选择。

一、石油沥青防水卷材

石油沥青防水卷材是用原纸、纤维织物、纤维毡等胎体浸涂石油沥青，表面撒布粉状、粒状或片状材料制成可卷曲的片状防水材料。常用的有石油沥青纸胎油毡、石油沥青玻璃布油毡、石油沥青玻纤胎油毡、石油沥青麻布胎油毡等。其特点、适用范围及施工工艺见表10-2。

石油沥青防水卷材的特点、适用范围及施工工艺　　　　表10-2

卷材名称	特　点	适用范围	施工工艺
石油沥青纸胎油毡	是我国传统的防水材料，目前在屋面工程中仍占主导地位。其低温柔性差，防水层耐用年限较短，但价格较低	三毡四油、二毡三油叠层铺设的屋面工程	热玛瑞脂、冷玛瑞脂粘贴施工
石油沥青玻璃布油毡	抗拉强度高，胎体不易腐烂，材料柔性好，耐久性比纸胎油毡提高一倍以上	多用作纸胎油毡的增强附加层和突出部位的防水层	热玛瑞脂、冷玛瑞脂粘贴施工
石油沥青玻纤胎油毡	有良好的耐水性、耐腐蚀性和耐久性，柔韧性也优于纸胎油毡	常用做屋面或地下防水工程	热玛瑞脂、冷玛瑞脂粘贴施工
石油沥青麻布胎油毡	抗拉强度高，耐水性好，但胎体材料易腐烂	常用作屋面增强附加层	热玛瑞脂、冷玛瑞脂粘贴施工
石油沥青铝箔胎油毡	有很高的阻隔蒸气的渗透能力，防水功能好，且具有一定的抗拉强度	与带孔玻纤毡配合或单独使用，宜用于隔汽层	热玛瑞脂粘贴

对于屋面防水工程，根据国家标准《屋面工程质量验收规范》（GB 50207—2002）的规定，石油沥青防水卷材仅适用于屋面防水等级为Ⅲ级（一般的建筑、防水层合理使用年限为10年）和Ⅳ级（非永久性的建筑、防水层合理使用年限5年）的屋面防水工

程。石油沥青防水卷材的外观质量和物理性能应符合表10-3、表10-4的要求。对于防水等级为Ⅲ级的屋面，应选用三毡四油沥青卷材防水；对于防水等级为Ⅳ级的屋面，可选用二毡三油沥青卷材防水。

石油沥青防水卷材外观质量（GB 50207—2002）　　表10-3

项　目	质　量　要　求
孔洞、硌伤	不允许
露胎、涂盖不匀	不允许
折纹、皱折	距卷芯1000mm以外，长度≥100mm
裂纹	距卷芯1000mm以外，长度≥10mm
裂口、缺边	边缘裂口<20mm；缺边长度<50mm，深度小于20mm
每卷卷材的接头	不超过1处，较短的一段不应<2 500mm，接头处应加长150mm

石油沥青防水卷材物理性能（GB 50207—2002）　　表10-4

项　目		性　能　要　求	
		350号	500号
纵向拉力(25±2℃)(N)		≥340	≥440
耐热度(85±2℃,2h)		不流淌，无集中性气泡	
柔性(18±2℃)		绕φ20mm圆棒无裂纹	绕φ25mm圆棒无裂纹
不透水性	压力(MPa)	≥0.10	≥0.15
	保持时间(min)	≥30	≥30

二、高聚物改性沥青防水卷材

高聚物改性沥青防水卷材是以合成高分子聚合物改性沥青为涂盖层，纤维织物或纤维毡为胎体，粉状、粒状、片状或薄膜材料为覆面材料制成的可卷曲片状防水材料。

高聚物改性沥青防水卷材克服了传统沥青防水卷材温度稳定性差、延伸率小的不足，具有高温不流淌、低温不脆裂、拉伸强度高、延伸率较大等优异性能，且价格适中，在我国属中高档防水卷材。常见的有SBS改性沥青防水卷材、APP改性沥青防水卷材、PVC改性焦油沥青防水卷材、再生胶改性沥青防水卷材等。此类防水卷材按厚度可分为2、3、4、5mm等规格，一般单层铺设，也可复合使用。根据不同卷材可采用热熔法、冷粘法、自粘法施工。常见的几种高聚物改性沥青防水卷材的特点、适用范围及施工工艺见表10-5。

对于屋面防水工程，根据国家标准《屋面工程质量验收规范》（GB 50207—2002）规定，高聚物改性沥青防水卷材适用于防水等级为Ⅰ级（特别重要或对防水有特殊要求的建筑，防水层合理使用年限为25年）、Ⅱ级（重要的建筑和高层建筑，防水层合理使用年限为15年）和Ⅲ级的屋面防水工程。高聚物改性沥青防水卷材的外观质量和物理性能应符合表10-6、表10-7的要求。卷材厚度选用应符合表10-8的规定。

常见高聚物改性沥青防水卷材的特点和适用范围及施工工艺 表 10-5

卷材名称	特 点	适 用 范 围	施工工艺
SBS改性沥青防水卷材	耐高、低温性能有明显提高,卷材的弹性和耐疲劳性明显改善	单层铺设的屋面防水工程或复合使用,适合于寒冷地区和结构变形频繁的建筑	冷施工铺贴或热熔铺贴
APP改性沥青防水卷材	具有良好的强度、延伸性、耐热性、耐紫外线照射及耐老化性能	单层铺设,适合于紫外线辐射强烈及炎热地区屋面使用	热熔法或冷粘法铺设
PVC改性焦油沥青防水卷材	有良好的耐热及耐低温性能,最低开卷温度为-18℃	有利于在冬季负温度下施工	可热作业亦可冷施工
再生胶改性沥青防水卷材	有一定的延伸性,且低温柔性较好,有一定的防腐蚀能力,价格低廉属低档防水卷材	变形较大或档次较低的防水工程	热沥青粘贴
废橡胶粉改性沥青防水卷材	比普通石油沥青纸胎油毡的抗拉强度、低温柔性均明显改善	叠层使用于一般屋面防水工程,宜在寒冷地区使用	热沥青粘贴

高聚物改性沥青防水卷材外观质量（GB 50207—2002） 表 10-6

项 目	质 量 要 求
孔洞、缺边、裂口	不允许
边缘不整齐	不超过10mm
胎体露白、未浸透	不允许
撒布材料粒度、颜色	均匀
每卷卷材的接头	不超过1处,较短的一段不应小于1000mm,接头处应加长150mm

高聚物改性沥青防水卷材物理性能（GB 50207—2002） 表 10-7

项 目	性 能 要 求		
	聚酯毡胎体	玻纤胎体	聚乙烯胎体
拉力(N/50mm)	≥450	纵向≥350,横向≥250	≥100
延伸率(%)	最大拉力时,≥30	—	断裂时,≥200
耐热度(℃,2h)	SBS卷材90,APP卷材110,无滑动、流淌、滴落		PEE卷材90,无流淌、起泡
低温柔度(℃)	SBS卷材-18,APP卷材-5,PEE卷材-10。3mm厚 r=15mm;4mm厚 r=25mm;3s 弯180°,无裂纹		

项 目	性 能 要 求		
	聚酯毡胎体	玻纤胎体	聚乙烯胎体
不透水性 压力(MPa)	≥0.3	≥0.2	≥0.3
不透水性 保持时间(min)	≥30		

注：SBS——弹性体改性沥青防水卷材；APP——塑性体改性沥青防水卷材；
PEE——改性沥青聚乙烯胎防水卷材。

第十章 防水材料

卷材厚度选用表（GB 50207—2002）　　　　表 10-8

屋面防水等级	设防道数	合成高分子防水卷材	高聚物改性沥青防水卷材	石油沥青防水卷材
Ⅰ级	三道或三道以上设防	不应小于 1.5mm	不应小于 3mm	—
Ⅱ级	二道设防	不应小于 1.2mm	不应小于 3mm	—
Ⅲ级	一道设防	不应小于 1.2mm	不应小于 4mm	三毡四油
Ⅳ级	一道设防	—	—	二毡三油

三、合成高分子防水卷材

随着合成高分子材料的发展，出现了以合成橡胶、合成树脂为主的新型防水卷材——合成高分子防水卷材。合成高分子防水卷材以合成橡胶、合成树脂或它们两者的共混体为基料，再加入硫化剂、软化剂、促进剂、补强剂和防老剂等助剂和填充料，经过密炼、拉片、过滤、挤出（或压延）成型、硫化、检验和分卷等工序而制成的可卷曲的片状防水卷材。其中又可分为加筋增强型和非加筋增强型两种。

合成高分子防水卷材具有高弹性、拉伸强度高、延伸率大、耐热性和低温柔性好、耐腐蚀、耐老化、冷施工、单层防水和使用寿命长等优点。其品种可分为橡胶基（如三元乙丙橡胶防水卷材、氯丁橡胶防水卷材、EPT/IIR 防水卷材、丁基橡胶防水卷材、再生橡胶防水卷材等）、树脂基（如聚氯乙烯防水卷材、氯化聚乙烯防水卷材、氯磺化聚乙烯防水卷材等）和橡塑共混基（如氯化聚乙烯——橡胶共混防水卷材、三元乙丙橡胶——聚乙烯共混防水卷材等）三大类。此类卷材按厚度分为：1、1.2、1.5、2.0mm 等规格，一般单层铺设，可采用冷粘法或自粘法施工。

合成高分子防水卷材因所用的基材不同而性能差异较大，使用时应根据其性能的特点合理选择，常见的合成高分子防水卷材的特点、适用范围及施工工艺见表10-9。

常见合成高分子防水卷材的特点、适用范围及施工工艺　　　　表 10-9

卷材名称	特　点	适用范围	施工工艺
三元乙丙橡胶防水卷材	防水性能优异，耐候性好，耐臭氧性、耐化学腐蚀性、弹性和抗拉强度大，对基层变形开裂的适应性强，重量轻，使用温度范围广，寿命长，但价格高，粘结材料尚需配套完善	防水要求较高、防水层耐用年限要求长的工业与民用建筑，单层或复合使用	冷粘法或自粘法
丁基橡胶防水卷材	有较好的耐候性、耐油性、抗拉强度和延伸率，耐低温性能稍低于三元乙丙橡胶防水卷材	单层或复合使用于要求较高的防水工程	冷粘法施工
氯化聚乙烯防水卷材	具有良好的耐候、耐臭氧、耐热老化、耐油、耐化学腐蚀及抗撕裂的性能	单层或复合作用宜用于紫外线强的炎热地区	冷粘法施工
氯磺化聚乙烯防水卷材	延伸率较大，弹性较好，对基层变形开裂的适应性较强，耐高、低温性能优良，耐腐蚀性能优良，有很好的难燃性	适合于有腐蚀介质影响及在寒冷地区的防水工程	冷粘法施工
聚氯乙烯防水卷材	具有较高的拉伸和撕裂强度，延伸率较大，耐老化性能好，原材料丰富，价格便宜，容易粘结	单层或复合使用于外露或有保护层的防水工程	冷粘法或热风焊接法施工

续表

卷材名称	特　点	适用范围	施工工艺
氯化聚乙烯——橡胶共混防水卷材	不但具有氯化聚乙烯特有的高强度和优异的耐臭氧、耐老化性能，而且具有橡胶所特有的高弹性、高延伸性以及良好的低温柔性	单层或复合使用，尤宜用于寒冷地区或变形较大的防水工程	冷粘法施工
三元乙丙橡胶——聚乙烯共混防水卷材	是热塑性弹性材料，有良好的耐臭氧和耐老化性能，使用寿命长，低温柔性好，可在负温条件下施工	单层或复合外露防水屋面，宜在寒冷地区使用	冷粘法施工

对于屋面防水工程，根据国家标准《屋面工程质量验收规范》（GB 50207—2002）的规定，合成高分子防水卷材适用于防水等级为Ⅰ级、Ⅱ级和Ⅲ级的屋面防水工程。合成高分子防水卷材的外观质量和物理性能应符合表 10-10、表 10-11 的要求。卷材厚度选用应符合表 10-8 的规定。

合成高分子防水卷材外观质量（GB 50207—2002）　　　表 10-10

项　目	质　量　要　求
折痕	每卷不超过 2 处，总长度不超过 20mm
杂质	>0.5mm 颗粒不允许，每 1m² 不超过 9mm²
胶块	每卷不超过 6 处，每处面积不大于 4mm²
凹痕	每卷不超过 6 处，深度不超过本身厚度的 30%；树脂类深度不超过 15%
每卷卷材的接头	橡胶类每 20m 不超过 1 处，较短的一段不应小于 3000mm，接头处应加长 150mm；树脂类 20m 长度内不允许有接头

合成高分子防水卷材物理性能（GB 50207—2002）　　　表 10-11

项　目		性　能　要　求			
		硫化橡胶类	非硫化橡胶类	树脂类	纤维增强类
断裂拉伸强度(MPa)		≥6	≥3	≥10	≥9
扯断伸长率(%)		≥400	≥200	≥200	≥10
低温弯折(℃)		−30	−20	−20	−20
不透水性	压力(MPa)	≥0.3	≥0.2	≥0.3	≥0.3
	保持时间(min)	≥30			
加热收缩率(%)		<1.2	<2.0	<2.0	<1.0
热老化保持率（80℃,168h）	断裂拉伸强度	≥80%			
	扯断伸长率	≥70%			

学习活动 10-1

网上搜索新型防水材料资料

在此活动中，你将亲自在网上搜索新型防水材料资料，以不断适应新材料的发展，了解相应的技术和市场信息，进而增强获取新信息、拓展知识面和应用技能的职业能力。

步骤1：观看资源包课程讲解部分新型防水卷材的介绍。

步骤2：上网查询"聚乙烯丙纶复合防水卷材"的相关资料。请思考：网上搜寻时，关键词如何选取才能使搜索的结果更为快捷而准确。

反馈：

1. 网上查询聚乙烯丙纶复合防水卷材是否有相关的国家产品标准？
2. 对于新型材料，若暂无相应的国家产品标准，如何保证产品质量。
3. 根据该新型防水材料的性价比资料，试判断一下其应用的市场前景。

第四节　防水涂料、防水油膏、防水粉

一、防水涂料

防水涂料是一种流态或半流态物质，涂布在基层表面，经溶剂或水分挥发或各组分间的化学反应，形成有一定弹性和一定厚度的连续薄膜，使基层表面与水隔绝，起到防水、防潮作用。

防水涂料固化成膜后的防水涂膜具有良好的防水性能，特别适合于各种复杂、不规则部位的防水，能形成无接缝的完整防水膜。它大多采用冷施工，不必加热熬制，既减少了环境污染，改善了劳动条件，又便于施工操作，加快了施工进度。此外，涂布的防水涂料既是防水层的主体，又是胶粘剂，因而施工质量容易保证，维修也较简单。但是，防水涂料须采用刷子或刮板等逐层涂刷（刮），故防水膜的厚度较难保持均匀一致。因此，防水涂料广泛适用于工业与民用建筑的屋面防水工程、地下室防水工程和地面防潮、防渗等。

防水涂料按液态类型可分为溶剂型、水乳型和反应型三种；按成膜物质的主要成分可分为沥青类、高聚物改性沥青类和合成高分子类。

1. 防水涂料的性能

防水涂料的品种很多，各品种之间的性能差异很大，但无论何种防水涂料，要满足防水工程的要求，必须具备以下性能：

（1）固体含量指防水涂料中所含固体比例。由于涂料涂刷后靠其中的固体成分形成涂膜，因此固体含量多少与成膜厚度及涂膜质量密切相关。

（2）耐热度指防水涂料成膜后的防水薄膜在高温下不发生软化变形、不流淌的性能。它反映防水涂膜的耐高温性能。

（3）柔性指防水涂料成膜后的膜层在低温下保持柔韧的性能。它反映防水涂料在低温下的施工和使用性能。

(4) 不透水性指防水涂料在一定水压（静水压或动水压）和一定时间内不出现渗漏的性能；是防水涂料满足防水功能要求的主要质量指标。

(5) 延伸性指防水涂膜适应基层变形的能力。防水涂料成膜后必须具有一定的延伸性，以适应由于温差、干湿等因素造成的基层变形，保证防水效果。

2. 防水涂料的选用

防水涂料的使用应考虑建筑的特点、环境条件和使用条件等因素，结合防水涂料的特点和性能指标选择。

(1) 沥青基防水涂料指以沥青为基料配制而成的水乳型或溶剂型防水涂料。这类涂料对沥青基本没有改性或改性作用不大，有石灰乳化沥青、膨润土沥青乳液和水性石棉沥青防水涂料等。主要适用于Ⅲ级和Ⅳ级防水等级的工业与民用建筑屋面、混凝土地下室和卫生间防水。

(2) 高聚物改性沥青防水涂料指以沥青为基料，用合成高分子聚合物进行改性，制成的水乳型或溶剂型防水涂料。这类涂料在柔韧性、抗裂性、拉伸强度、耐高低温性能、使用寿命等方面比沥青基涂料有很大的改善。品种有再生橡胶改性沥青防水涂料、水乳型氯丁橡胶沥青防水涂料、SBS橡胶改性沥青防水涂料等。适用于Ⅱ、Ⅲ、Ⅳ级防水等级的屋面、地面、混凝土地下室和卫生间等的防水工程。高聚物改性沥青防水涂料的物理性能应符合表10-12的要求。涂膜厚度选用应符合表10-13的规定。

高聚物改性沥青防水涂料物理性能（GB 50207—2002） 表10-12

项 目		性 能 要 求
固体含量（%）		≥43
耐热度（80℃，5h）		无流淌、起泡和滑动
柔性（-10℃）		3mm厚，绕φ20mm圆棒无裂纹、断裂
不透水性	压力（MPa）	≥0.1
	保持时间（min）	≥30
延伸（20±2℃拉伸，mm）		≥4.5

涂膜厚度选用表（GB 50207—2002） 表10-13

屋面防水等级	设防道数	高聚物改性沥青防水涂料	合成高分子防水涂料
Ⅰ级	三道或三道以上设防	—	不应<1.5mm
Ⅱ级	二道设防	不应<3mm	不应<1.5mm
Ⅲ级	一道设防	不应<3mm	不应<2mm
Ⅳ级	一道设防	不应<2mm	—

(3) 合成高分子防水涂料指以合成橡胶或合成树脂为主要成膜物质制成的单组分或多组分的防水涂料。这类涂料具有高弹性、高耐久性及优良的耐高低温性能，品种有聚氨酯防水涂料、丙烯酸酯防水涂料、聚合物水泥涂料和有机硅防水涂料等。适用于Ⅰ、Ⅱ、Ⅲ级防水等级的屋面、地下室、水池及卫生间等的防水工程。合成高分子防水涂料的物理性能应符合表10-14的要求。涂膜厚度选用应符合表10-13的规定。

第十章 防水材料

合成高分子防水涂料物理性能（GB 50207—2002） 表 10-14

项 目		性 能 要 求		
		反应固化型	挥发固化型	聚合物水泥涂料
固体含量(%)		≥94	≥65	≥65
拉伸强度(MPa)		≥1.65	≥1.5	≥1.2
断裂延伸率(%)		≥350	≥300	≥200
柔性(℃)		−30,弯折无裂纹	−20,弯折无裂纹	−10,绕φ10mm棒无裂纹
不透水性	压力(MPa)	≥0.3		
	保持时间(min)	≥30		

二、防水油膏

防水油膏是一种非定型的建筑密封材料，也称密封膏、密封胶、密封剂，是溶剂型、乳液型、化学反应型等黏稠状的材料。防水油膏与被粘基层应具有较高的粘结强度，具备良好的水密性和气密性，良好的耐高低温性和耐老化性能，一定的弹塑性和拉伸——压缩循环性能。以适应屋面板和墙板的热胀冷缩、结构变形、高温不流淌、低温不脆裂的要求，保证接缝不渗漏、不透气的密封作用。

防水油膏的选用，应考虑它的粘结性能和使用部位。密封材料与被粘基层的良好粘结，是保证密封的必要条件。因此，应根据被粘基层的材质、表面状态和性质来选择粘结性良好的防水油膏；建筑物中不同部位的接缝，对防水油膏的要求不同，如室外的接缝要求较高的耐候性，而伸缩缝则要求较好的弹塑性和拉伸——压缩循环性能。

目前，常用的防水油膏有：沥青嵌缝油膏、塑料油膏、丙烯酸类密封膏、聚氨酯密封膏、聚硫密封膏和硅酮密封膏等。

1. 沥青嵌缝油膏

沥青嵌缝油膏是以石油沥青为基料，加入改性材料、稀释剂及填充料混合制成的密封膏。改性材料有废橡胶粉和硫化鱼油；稀释剂有松焦油、松节重油和机油；填充料有石棉绒和滑石粉等。

沥青嵌缝油膏主要用作屋面、墙面、沟和槽的防水嵌缝材料。

使用沥青嵌缝油膏嵌缝时，缝内应洁净干燥，先刷涂冷底子油一道，待其干燥后即嵌填油膏。油膏表面可加石油沥青、油毡、砂浆、塑料为覆盖层。

2. 聚氯乙烯接缝膏和塑料油膏

聚氯乙烯接缝膏是以煤焦油和聚氯乙烯（PVC）树脂粉为基料，按一定比例加入增塑剂、稳定剂及填充料等，在140℃温度下塑化而成的膏状密封材料，简称PVC接缝膏。

塑料油膏是用废旧聚氯乙烯（PVC）塑料代替聚氯乙烯树脂粉，其他原料和生产方法同聚氯乙烯接缝膏。塑料油膏成本较低。

PVC接缝膏和塑料油膏有良好的粘结性、防水性、弹塑性，耐热、耐寒、耐腐蚀和抗老化性能也较好。可以热用，也可以冷用。热用时，将聚氯乙烯接缝膏或塑料油膏用文火加热，加热温度不得超过140℃，达到塑化状态后，应立即浇灌于清洁干燥的缝隙或接头等部位。冷用时，加溶剂稀释。

这种油膏适用于各种屋面嵌缝或表面涂布作为防水层，也可用于水渠、管道等接缝，用于工业厂房自防水屋面嵌缝、大型墙板嵌缝等的效果也好。

3. 丙烯酸类密封膏

丙烯酸类密封膏是丙烯酸树脂掺入增塑剂、分散剂、碳酸钙、增量剂等配制而成，有溶剂型和水乳型两种，通常为水乳型。

丙烯酸类密封膏在一般建筑基底上不产生污渍。它具有优良的抗紫外线性能，尤其是对于透过玻璃的紫外线。它的延伸率很好，初期固化阶段为200%～600%，经过热老化、气候老化试验后达到完全固化时为100%～350%。在-34～80℃温度范围内具有良好的性能。丙烯酸类密封膏比橡胶类便宜，属于中等价格及性能的产品。

丙烯酸类密封膏主要用于屋面、墙板、门、窗嵌缝，但它的耐水性能不算太好，所以不宜用于经常泡在水中的工程，如不宜用于广场、公路、桥面等有交通来往的接缝中，也不用于水池、污水厂、灌溉系统、堤坝等水下接缝中。丙烯酸类密封膏一般在常温下用挤枪嵌填于各种清洁、干燥的缝内，为节省材料，缝宽不宜太大，一般9～15mm。

4. 聚氨酯密封膏

聚氨酯密封膏一般用双组分配制，甲组分是含有异氰酸酯基的预聚体，乙组分含有多羟基的固化剂与增塑剂、填充料、稀释剂等。使用时，将甲乙两组分按比例混合，经固化反应成弹性体。

聚氨酯密封膏的弹性、粘结性及耐气候老化性能特别好，与混凝土的粘结性也很好，同时不需要打底。所以聚氨酯密封材料可以作屋面、墙面的水平或垂直接缝。尤其适用于游泳池工程。它还是公路及机场跑道的补缝、接缝的好材料，也可用于玻璃、金属材料的嵌缝。

5. 硅酮密封胶

硅酮密封胶是以聚硅氧烷为主要成分的单组分和双组分室温固化的建筑密封材料。目前大多数为单组分系统，它以硅氧烷聚合物为主体，加入硫化剂、硫化促进剂以及增强填料组成。硅酮密封胶具有优异的耐热、耐寒性和良好的耐候性；与各种材料都有较好的粘结性能；耐拉伸——压缩疲劳性强，耐水性好。

根据《硅酮建筑密封胶》(GB/T 14683—2003)的规定，硅酮建筑密封胶分为F类和G类两种类别。其中，F类为建筑接缝用密封胶，适用于预制混凝土墙板、水泥板、大理石板的外墙接缝，混凝土和金属框架的粘结，卫生间和公路接缝的防水密封等；G类为镶装玻璃用密封胶，主要用于镶嵌玻璃和建筑门、窗的密封。

单组分硅酮密封胶是在隔绝空气的条件下将各组分混合均匀后装于密闭包装筒中；施工后，密封胶借助空气中的水分进行交联作用，形成橡胶弹性体。

三、防水粉

防水粉是一种粉状的防水材料。它是利用矿物粉或其他粉料与有机憎水剂、抗老剂和其他助剂等采用机械力化学原理，使基料中的有效成分与添加剂经过表面化学反应和物理吸附作用，生成链状或网状结构的拒水膜，包裹在粉料的表面，使粉料由亲水材料变成憎水材料，达到防水效果。

防水粉主要有两种类型。一种以轻质碳酸钙为基料，通过与脂肪酸盐作用形成长链憎水膜包裹在粉料表面；另一种是以工业废渣（炉渣、矿渣、粉煤灰等）为基料，利用其中有效成分与添加剂发生反应，生成网状结构拒水膜，包裹其表面。这两种粉末即为防水粉。

防水粉施工时是将其以一定厚度铺于屋面，利用颗粒本身的憎水性和粉体的反毛细管压力，达到防水目的，再覆盖隔离层和保护层即可组成松散型防水体系。这种防水体系具有三维自由变形的特点，不会发生像其他防水材料由于变形引起本身开裂而丧失抗渗性能的现象。但必须精心施工，铺洒均匀以保证质量。

防水粉具有松散、应力分散、透气不透水、不燃、抗老化、性能稳定等特点，适用于屋面防水、地面防潮、地铁工程的防潮、抗渗等。它的缺点为：露天风力过大时施工困难，建筑节点处理稍难，立面防水不好解决。如果解决这几方面的不足，或配以复合防水，提高设防能力，防水粉还是很有发展前途的。

应用案例与发展动态

用单组分聚脲治理国家大剧院景观水池渗漏（摘选）[1]

1. 工程概况

国家大剧院景观水池的池面面积在 35000m^2 左右，采用喷涂聚脲防水工艺，池底采用花岗岩石板材架空做保护层（架空层高 143mm），内圈池口高出架空层 400mm，并用干硬水泥砂浆铺底，上面铺设弧形花岗岩板材。但池口有 120mm 厚水泥砂浆垫层未作任何防水设防，致使景观水池未形成完整的防水体系，当池内蓄满水时，池水从干硬水泥砂浆垫层及石材板缝内大量渗进地下室环形廊道，使廊道形成了一个渗水带。

由于渗漏现象被发现时整个国家大剧院工程即将竣工，大剧院已准备试演出，因此业主要求防水维修施工时，景观水池内圈池口弧形石材不允许被拆动和受到损坏。

2. 防水维修技术方案

根据渗漏整治的要求，设计院提出了以下补救办法：①防水未交圈的水池内圈增补防水设防。②施工范围为水池内圈饰面石板下的立面。③防水维修采用基面抹 30mm 厚聚合物水泥防水砂浆、上口石板下预留 10mm×10mm 凹槽、面层做聚氨酯防水层、凹槽内嵌填防水密封膏的基本做法。

国家大剧院景观水池内圈防水看似简单，实则技术上较为复杂，它既是迎水面防水

---

[1] 摘自：叶林标，曹征富. 中国建筑防水. 2009 (3).

又是背水面防水,加上雨期施工、工期紧、现场施工条件限制较多等因素,使得防水施工难度较大。专业技术人员对现场进行了认真勘察,对设计院提出的方案进行了反复研讨与认证,最后确定"以设计院提出的方案为基础,合理调整构造层次,在加固基层后进行多道防水设防"的技术方案。

3. 材料选用

(1) 堵漏材料:选用中核北研的 RG 无机堵漏材料,用于景观水池内圈立面渗漏处的堵漏。该材料主要特点是凝固速度快、防渗效果好、与水泥基面粘结力强、能在潮湿基面上施工,适用于本工程施工现场条件。

(2) 加固材料:选用广州科化研发的 KH-2 高渗透改性环氧防水液,用于对景观水池内圈干硬水泥砂浆的补强加固。该材料为双组分,经现场调配后涂刷在基层,渗透力强,渗透深度可达 2~20mm,可提高混凝土强度 30%以上。

(3) 防水材料:本工程所选防水材料上端应能与石材有良好的粘结,根部应能与原聚脲防水层相容并很好地粘结,中间能与潮湿的水泥砂浆基层粘结。经筛选与比较,选用了 SJK590T 单组分聚脲防水材料。该材料在包装物中为浓稠状液体,一旦遇到空气则发生化学交联反应而固化,固化后形成一种聚脲弹性橡胶膜,能对混凝土砂浆、大理石、陶瓷、铝合金、聚氨酯发泡剂、PVC 卷材等有较好的粘结力。SJK590T 单组分聚脲材料技术性能见案例表 1。

SJK590T 单组分聚脲性能指标 案例表 1

项 目	指 标	项 目	指 标
颜色	白、浅灰、灰、蓝等	断裂伸长率(%)	>400
密度(g/cm)	1.10±0.05	不透水性	不透水(0.3MPa,30min)
固体含量(%)	>90	抗紫外线	良好(2000h)
表干时间(h)	2~6	固化时间(h)	24(23℃,50%湿度)
固化机理	湿气固化	耐酸、碱、盐	良好
拉伸强度(MPa)	10~16	固化后使用温度(℃)	-30~100

(4) 密封材料:选用淮安利邦生产的聚氨酯密封膏。

(5) 聚合物水泥防水砂浆:选用中核北研生产的聚合物水泥防水砂浆。

本 章 小 结

掌握 建筑石油沥青的主要性能特点及选用;防水卷材的性能要求,各类防水卷材的特点、性能及应用;防水涂料的性能要求及选用。

理解 石油沥青组分对石油沥青技术性能的影响。

了解 石油沥青的组分及其作用;沥青的改性和沥青的掺配原理;各类防水卷材的外观质量和物理性能要求。

复习思考题

1. 石油沥青的组分有哪些?各组分的性能和作用如何?

第十章 防水材料

2. 说明石油沥青的技术性质及指标。
3. 什么是沥青的老化?
4. 要满足防水工程的要求,防水卷材应具备哪几方面的性能?
5. 与传统沥青防水卷材相比较,高聚物改性沥青防水卷材、合成高分子防水卷材各有什么突出的优点?
6. 防水涂料应具备哪几方面的性能?
7. 石油沥青的三大指标之间的相互关系如何?
8. 如何延缓沥青的老化?
9. 为什么要对石油沥青改性?有哪些改性措施?
10. 常用的防水涂料有哪些?如何选用?

习 题

某防水工程需用石油沥青 50t,要求软化点为 85℃。现有 100 甲和 10 号石油沥青,经试验测得它们的软化点分别是 46℃ 和 95℃。应如何掺配才能满足工程需要?

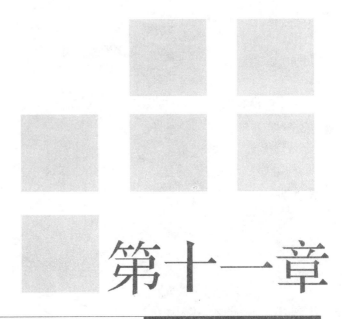

第十一章

木材及制品

[学习重点和建议]
1. 木材的构造及物理力学性质。
2. 木材的腐朽原理与防止措施。
3. 木材综合利用——人造板材。

建议在熟练掌握木材构造和性质的基础上,结合实际应用理解建筑结构和装饰工程中木材的合理使用,以及木材综合利用的环保问题。

木材具有很多优良的性能，如轻质高强，导电、导热性低，有较好的弹性和韧性，能承受冲击和振动，易于加工等。目前，木材较少用于外部结构材料，但由于它有美观的天然纹理，装饰效果较好，所以仍被广泛用作装饰与装修材料。由于木材构造不均匀、各向异性、易吸湿变形、易腐易燃等缺点，且树木生长周期缓慢、成材不易等原因，因此在应用上受到限制，所以对木材的节约使用和综合利用是十分重要的。

第一节　木材的基本知识

一、树木的分类

树木分为针叶树和阔叶树两类。

针叶树树干通直高大，纹理顺直，材质均匀，木质较软且易于加工，故又称为软木材。针叶树材强度较高，表观密度及胀缩变形较小，耐腐蚀性较强，为建筑工程中的主要用材，被广泛用作承重构件，常用树种有松、杉、柏等。

阔叶树多数树种树干通直部分较短，材质坚硬，较难加工，故又称硬木材。阔叶树材一般较重，强度高，胀缩和翘曲变形大，易开裂，在建筑中常用于尺寸较小的装饰构件。对于具有美丽天然纹理的树种，特别适合于做室内装修、家具及胶合板等。常用树种有水曲柳、榆木、柞木等。

二、木材的构造与组成

木材的构造是决定木材性能的重要因素。树种不同，其构造相差很大，通常可从宏观和微观两方面观察。

1. 木材的宏观构造

宏观构造是指肉眼或放大镜能观察到的木材组织。由于木材是各向异性的，可通过横切面（树纵轴相垂直的横向切面）、径切面（通过树轴的纵切面）和弦切面（与树轴平行的纵向切面）了解其构造，如图11-1所示。

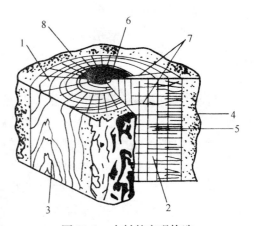

图11-1　木材的宏观构造

1—横切面；2—径切面；3—弦切面；4—树皮；5—木质部；6—髓心；7—髓线；8—年轮

（1）树木主要由树皮、髓心和木质部组成。建筑用木材主要是使用木质部，木质部是髓心和树皮之间的部分，是木材的主体。在木质部中，靠近髓心的部分颜色较深，称为心材；靠近树皮的部分颜色较浅，称为边材。心材含水量较小，不易翘曲变形，耐蚀性较强；边材含水量较大，易翘曲变形，耐蚀性也不如心材，所以心材利用价值更大。

（2）从横切面可以看到深浅相间的同心圆，称为年轮。每一年轮中，色浅而质软的部分是春季长成的，称为春材或早材；色深而质硬的部分是夏秋季长成的，称为夏材或晚材。相同的树种，夏材越多，木材强度越高；年轮越密且均匀，木材质量越好。木材横切面上，有许多径向的，从髓心向树皮呈辐射状的细线条，或断或续地穿过数个年轮，称为髓线，是木材中较脆弱的部位，干燥时常沿髓线发生裂纹。

2. 木材的微观构造

在显微镜下所见到的木材组织称为微观构造。针叶树和阔叶树的微观构造不同，如图11-2和图11-3所示。

从显微镜下可以看到，木材是由有无数细小空腔的圆柱形细胞紧密结合组成，每个细胞都有细胞壁和细胞腔，细胞壁是由若干层细胞纤维组成，其连接纵向较横

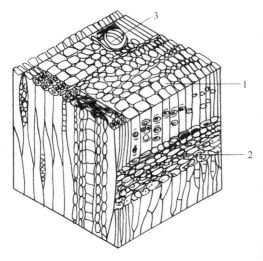

图11-2 针叶树马尾松微观构造
1—管胞；2—髓线；3—树脂道

向牢固，因而造成细胞壁纵向的强度高，而横向的强度低，在组成细胞壁的纤维之间存在有极小的空隙，能吸附和渗透水分。

细胞本身的组织构造在很大程度上决定了木材的性质，如细胞壁越厚、腔越小，木材组织越均匀，则木材越密实，表观密度与强度越大，同时胀缩变形也越大。

木材细胞因功能不同主要分为管胞、导管、木纤维、髓线等。针叶树显微结构较为简单而规则，由管胞、树脂道和髓线组成，管胞主要为纵向排列的厚壁细胞，约占木材总体积的90%。针叶树的髓线较细小而不明显。阔叶树的显微结构复杂，主要由导管、木纤维及髓线等组成，导管

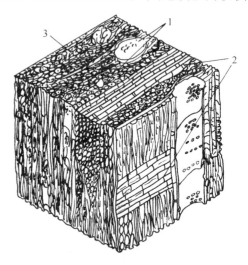

图11-3 阔叶树柞木微观构造
1—导管；2—髓线；3—木纤维

是壁薄而腔大的细胞，约占木材总体积的20%。木纤维是一种厚壁细长的细胞，它是阔叶树的主要成分之一，占木材总体积的50%以上。阔叶树的髓线发达而明显。导管和髓线是鉴别阔叶树的显著特征。

三、木材的物理力学性质

木材的物理力学性质主要有密度、含水量、湿胀干缩、强度等,其中含水量对木材的物理力学性质影响较大。

1. 木材的密度与表观密度

木材的密度平均约为 $1.55g/cm^3$,表观密度平均为 $0.50g/cm^3$,表观密度大小与木材种类及含水率有关,通常以含水率为 15%(标准含水率)时的表观密度为准。

2. 木材的含水量

木材的含水量用含水率表示,指木材所含水的质量占木材干燥质量的百分率。

(1)木材中的水分

木材吸水的能力很强,其含水量随所处环境的湿度变化而异,所含水分由自由水、吸附水、化合水三部分组成。自由水是存在于细胞腔和细胞间隙内的水分,木材干燥时自由水首先蒸发,自由水的存在将影响木材的表观密度、保水性、燃烧性、抗腐蚀性等;吸附水是存在于细胞壁中的水分,木材受潮时其细胞首先吸水,吸附水的变化对木材的强度和湿胀干缩性影响很大;化合水是木材的化学成分中的结合水,它是随树种的不同而异,对木材的性质没有影响。

(2)木材的纤维饱和点

当吸附水已达饱和状态而又无自由水存在时,木材的含水率称为该木材的纤维饱和点。其值随树种而异,一般为 25%~35%,平均值为 30%。它是木材物理力学性质是否随含水率而发生变化的转折点。

(3)木材的平衡含水率

木材的含水率与周围空气相对湿度达到平衡时,称为木材的平衡含水率。即当木材长时间处于一定温度和湿度的空气中,其水分的蒸发和吸收趋于平衡,含水率相对稳定,此时的含水率为平衡含水率。木材平衡含水率随大气的湿度变化而变化。图 11-4 所示为各种不同温度和湿度的环境条件下,木材相应的平衡含水率。

为了避免木材的使用过程中因含水率变化太大而引起变形或开裂,木材使用前,须干燥至使用环境长年平均的平衡含水率。我国平衡含水率平均为 15%(北方约为 12%,南方约为 18%)。

3. 木材的湿胀干缩

木材细胞壁内吸附水含量的变化会引起木材的变形,即湿胀干缩。

木材含水量大于纤维饱和点时,表示木材的含水率除吸附水达到饱和外,还有一定数量的自由水。此时,木材如受到干燥或受潮,只是自由水改变。但含水率小于纤维饱和点时,则表明水分都吸附在细胞壁的纤维上,它的增加或减少能引起体积的膨胀或收缩,即只有吸附水的改变才影响木材的变形,如图 11-5 所示。

由于木材构造的不均匀性,木材的变形在各个方向上也不同;顺纹方向最小,径向较大,弦向最大。因此,湿材干燥后,其截面尺寸和形状会发生明显的变化,如图 11-6 所示。

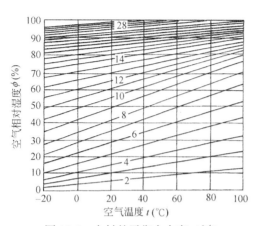
图 11-4 木材的平衡含水率（%）

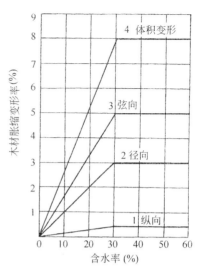
图 11-5 松木含水率对其膨胀的影响

湿胀干缩将影响木材的使用。干缩会使木材翘曲、开裂、接榫松动、拼缝不严。湿胀可造成表面鼓凸，所以木材在加工或使用前应预先进行干燥，使其接近于与环境湿度相适应的平衡含水率。

学习活动 11-1

弦切板与径切板的识别及变形特性认知

在此活动中你将通过识别木地板成品的弦切板与径切板，加深对木材变形性能与剖切方式密切关系的认识，增强选择、应用木材制品的能力。

完成此活动需要花费你 20 分钟

步骤 1：根据具体条件（学校材料样品室或建材市场），选择木纹较清晰的实木地板中的弦切板和径切板，观察两种板木纹走向特征（可参照图 12-6），对其进行识别。

步骤 2：上网查询或通过市场询价了解仅剖切方向不同的板材，价格有何区别。

反馈：

1. 根据以上活动结果，总结弦切板与径切板的变形特性。

2. 解释为什么其他条件完全相同的前提下，弦切板的价格要低于径切板。可从

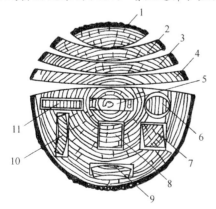

图 11-6 木材干燥后截面形状的改变

1—弓形成橄榄核状；2、3、4—成反翘；5—通过髓心径锯板两头缩小成纺锤形；6—圆形成椭圆形；7—与年轮成对角线的正方形变菱形；8—两边与年轮平行的正方形变长方形；9、10—长方形板的翘曲；11—边材径向锯板较均匀

变形特性和出材率两方面分析。

4. 木材的强度

(1) 木材的强度种类

木材按受力状态分为抗拉、抗压、抗弯和抗剪 4 种强度，而抗拉、抗压和抗剪强度又有顺纹和横纹之分。所谓顺纹是指作用力方向与纤维方向平行；横纹是指作用力方向与纤维方向垂直。木材的顺纹和横纹强度有很大差别。

木材各种强度之间的比例关系见表 11-1。

木材各强度之间关系　　　　　　　表 11-1

抗压强度		抗拉强度		抗弯强度	抗剪强度	
顺纹	横纹	顺纹	横纹		顺纹	横纹
1	$\frac{1}{10} \sim \frac{1}{3}$	2~3	$\frac{1}{20} \sim \frac{1}{3}$	$\frac{3}{2} \sim 2$	$\frac{1}{7} \sim \frac{1}{3}$	$\frac{1}{2} \sim 1$

注：以顺纹抗压强度为 1。

(2) 影响木材强度的主要因素

木材强度除由本身组织构造因素决定外，还与含水率、疵点（木节、斜纹、裂缝、腐朽及虫蛀等）、负荷持续时间、温度等因素有关。

1) 含水率：木材含水率在纤维饱和点以下时，含水率降低，吸附水减少，细胞壁紧密，木材强度增加，反之，强度降低。当含水率超过纤维饱和点时，只是自由水变化，木材强度不变。

木材含水率对其各种强度的影响程度是不相同的，受影响最大的是顺纹抗压强度，其次是抗弯强度，对顺纹抗剪强度影响小，影响最小的是顺纹抗拉强度，如图 11-7 所示。

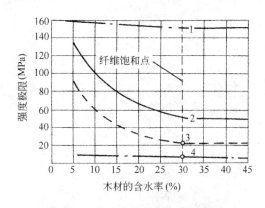

图 11-7　含水率对木材强度的影响
1—顺纹抗拉；2—抗弯；3—顺纹抗压；4—顺纹抗剪

2) 负荷时间：木材在长期外力作用下，只有在应力远低于强度极限的某一定范围之下时，才可避免因长期负荷而破坏。而它所能承受的不致引起破坏的最大应力，称为持久强度。木材的持久强度仅为极限强度的 50%~60%。木材在外力作用下会产生塑性流变，当应力不超过持久强度时，变形到一定限度后趋于稳定；若应力超过持久强度时，经过一定时间后，变形急剧增加，从而导致木材破坏，因此，在设计木结构时，应考虑负荷时间对木材强度的影响，一般应以持久强度为依据。

3) 环境温度：温度对木材强度有直接影响，当温度从 25℃ 升至 50℃ 时，将因木纤维和其间的胶体软化等原因，使木材抗压强度降低 20%~40%，抗拉和抗剪强度降低 12%~20%。当温度在 100℃ 以上时，木材中部分组织会分解、挥发、木材变黑、强度明显下降。因此,环境温度长期超过50℃时,不应采用木结构。

4)缺陷:木材在生长、采伐、储存、加工和使用过程中会产生一些缺陷,如木节、裂纹、腐朽和虫蛀等。这会破坏木材的构造,造成材质的不连续性和不均匀性,从而使木材的强度大大降低,甚至可失去使用价值。

(3)木材的力学性质

建筑工程中常用树种的力学性质见表11-2。

我国常用树种的木材主要物理力学性质　　　　　　　表11-2

树种		产地	干缩系数		表观密度 (g/cm³)	顺纹抗压强度 (MPa)	顺纹抗拉强度 (MPa)	抗弯强度 (MPa)	横纹抗压强度(MPa)				顺纹抗剪强度(MPa)	
									局部承压比例极限		全部承压比例极限			
			径向	弦向					径向	弦向	径向	弦向	径向	弦向
阔叶树	白桦	黑龙江	0.227	0.308	0.607	42.0	—	87.5	5.2	3.3	—	—	7.8	10.6
	柞木	长白山	0.199	0.316	0.766	55.6	155.4	124.0	10.4	8.8	—	—	11.8	12.9
	麻栎	安徽肥西	0.210	0.389	0.930	52.1	155.4	128.6	12.8	10.1	8.3	6.5	15.9	18.0
	竹叶青冈	湖南吊罗山	0.194	0.438	1.042	86.7	172.0	171.7	21.6	16.5	13.6	10.5	15.2	14.6
	枫香	江西全南	0.150	0.316	0.592	—	—	88.1	6.9	9.7	7.8	11.6	9.7	12.8
	水曲柳	长白山	0.197	0.353	0.686	52.5	138.7	118.6	7.6	10.7	—	—	11.3	10.5
	柏木	湖北崇阳	0.127	0.180	0.600	54.3	117.1	100.5	10.7	9.6	7.9	6.7	9.6	11.1
铁叶树	杉木	湖南江华 四川表衣江	0.123 0.136	0.277 0.286	0.371 0.416	37.8 36.0	77.2 83.1	63.8 63.4	3.1 3.1	3.3 3.8	1.8 2.3	1.5 2.6	4.2 6.0	4.9 5.9
	冷杉	四川大渡河 长白山	0.174 0.122	0.341 0.300	0.433 0.390	35.5 32.5	97.3 73.6	70.0 66.4	3.6 2.8	4.4 3.6	2.4 2.0	3.3 2.5	4.9 6.2	5.5 6.5
	云杉	四川平武 新疆	0.173 0.139	0.327 0.390	0.459 0.432	38.6 32.0	94.0 —	75.9 62.1	3.4 6.2	4.5 3.8	2.8 2.9	2.9 2.6	6.1 6.1	5.9 7.0
	铁杉	四川青衣 云南丽江	0.149 0.145	0.273 0.269	0.511 0.449	46.3 36.1	117.8 87.4	91.5 76.1	3.8 4.6	6.1 5.5	3.2 3.5	3.6 3.8	9.2 7.0	8.4 6.9
	红松	小兴安岭 及长白山	0.122	0.321	0.440	33.4	98.1	63.5	3.7	3.8	—	—	6.3	6.9
	落叶松	小兴安岭 新疆	0.169 0.162	0.398 0.372	0.641 0.563	57.6 39.0	129.9 113.0	118.3 84.6	4.6 3.9	8.4 6.1	— 2.9	— 3.4	8.5 8.7	6.8 6.7
	马尾松	湖南郴县会同 广西州沙塘	0.152 0.123	0.297 0.277	0.519 0.449	44.4 31.4	104.9 66.8	91.0 66.5	4.0 4.3	6.6 4.1	2.1 2.6	3.1 2.6	7.5 7.4	6.7 6.7

第二节　木材的腐朽与防止

一、木材腐朽

木材受到真菌侵害后,其细胞改变颜色,结构逐渐变松、变脆,强度和耐久性降低，这种现象称为木材的腐蚀（腐朽）。

侵害木材的真菌，主要有霉菌、变色菌、腐朽菌等。它们在木材中生存和繁殖必须同时具备三个条件：适当的水分、足够的空气和适宜的温度。当空气相对湿度在 90% 以上，木材的含水率在 35%～50%，环境温度在 25～30℃时，适宜真菌繁殖，木材最易腐蚀。

此外，木材还易受到白蚁、天牛、蠹虫等昆虫的蛀蚀，使木材形成很多孔眼或沟道，甚至蛀穴，破坏木质结构的完整性而使强度严重降低。

二、木材的防腐

木材防腐基本原理在于破坏真菌及虫类生存和繁殖的条件，常用方法有以下两种：一是将木材干燥至含水率在 20% 以下，保证木结构处在干燥状态，对木结构物采取通风、防潮、表面涂刷涂料等措施；二是将化学防腐剂施加于木材，使木材成为有毒物质，常用的方法有表面喷涂法、浸渍法、压力渗透法等。常用的防腐剂有水溶性的、油溶性的及浆膏类的几种。

水溶性防腐剂多用于内部木构件的防腐，常用氯化锌、氟化钠、铜铬合剂、硼氟酚合剂、硫酸铜等。油溶性防腐剂药力持久、毒性大、不易被水冲走、不吸湿，但有臭味，多用于室外、地下、水下，常用蒽油、煤焦油等。浆膏类防腐剂有恶臭，木材处理后呈黑褐色，不能油漆，如氟砷沥青等。

第三节　木材的综合利用

木材的综合利用就是将木材加工过程中的大量边角、碎料、刨花、木屑等，经过再加工处理，制成各种人造板材，有效提高木材利用率，这对弥补木材资源严重不足有着十分重要的意义。

一、胶合板

胶合板是用原木旋切成薄片，经干燥处理后，再用胶粘剂按奇数层数，以各层纤维互相垂直的方向，粘合热压而成的人造板材。一般为 3～13 层。工程中常用的是三合板和五合板，针叶树和阔叶树均可制作胶合板。

胶合板的特点是：材质均匀，强度高，无明显纤维饱和点存在，吸湿性小，不翘曲开裂，无疵病，幅面大，使用方便，装饰性好。

胶合板广泛用作建筑室内隔墙板、护壁板、顶棚、门面板以及各种家具和装修。

普通胶合板的胶种、特性及适用范围见表 11-3 所示。

胶合板分类、特性及适用范围　　　　　表 11-3

类　别	相当于国外产品代号	使用胶料和产品性能	可使用场所	用　途
Ⅰ类(NQF)耐气候、耐沸水胶合板	WPB	具有耐久、耐煮沸或蒸汽处理和抗菌等。用酚醛类树脂胶或其他性能相当的优质合成树脂胶制成	室外露天	用于航空、船舶、车厢、包装、混凝土模板、水利工程及其他要求耐水性、耐气候性好的地方
Ⅱ类(NS)耐水胶合板	WR	能在冷水中浸渍,能经受短时间热水浸渍,并具有抗菌性能,但不能耐煮沸,用脲醛树脂或其他性能相当的胶合剂制成	室内	用于车厢、船舶、家具、建筑内装饰及包装
Ⅲ类(NC)耐潮胶合板	MR	能耐短期冷水浸渍,适于室内常态下使用。用低树脂含量的脲醛树脂、血胶或其他性能相当的胶合剂胶合制成	室内	用于家具、包装及一般建筑用途
Ⅳ类(BNS)不耐潮胶合板	INT	在室内常态下使用,具有一定的胶合强度。用豆胶或其他性能相当的胶合剂胶合制成	室内	主要用于包装及一般用途。茶叶箱需要用豆胶胶合板

注：WPB—耐沸水胶合板；WR—耐水性胶合板；MR—耐潮性胶合板；INT—不耐水性胶合板。

二、细木工板

细木工板属于特种胶合板的一种,芯板用木板拼接而成,两面胶粘一层或二层板。细木工板按结构不同,可分为芯板条不胶拼的和芯板条胶拼的两种；按表面加工状况可分为一面砂光、两面砂光和不砂光三种；按所使用的胶合剂不同,可分为Ⅰ类胶细木工板、Ⅱ类胶细木工板两种；按面板的材质和加工工艺质量不同,可分为一、二、三等三个等级。细木工板具有质坚、吸声、绝热等特点,适用于家具和建筑物内装修等。

细木工板的尺寸规格和技术性能见表 11-4。

细木工板的尺寸规格、技术性能　　　　　表 11-4

长　度(mm)						宽度(mm)	厚度(mm)	技术性能
915	1220	1520	1830	2135	2440			
915	—	—	1830	2135	—	915	16	含水率:10%±3%
							19	静曲强度(MPa):
—	1220	—	1830	2135	2440	1220	22	厚度为 16mm,不低于 15；
							25	厚度>16mm,不低于 12；
								胶层剪切强度(MPa):不低于 1

注：芯条胶拼的细木工板,其横向静曲强度为表中规定值上各增加 10MPa。

三、纤维板

纤维板是以植物纤维为主要原料,经破碎、浸泡、研磨成木浆,再加入一定的胶料,经热压成型、干燥等工序制成的一种人造板材。

纤维板的原料非常丰富。如木材采伐加工剩余物（板皮、刨花、树枝等）、稻草、麦秸、玉米秆、竹材等。纤维板是木材综合利用、节约木材的重要途径之一。

纤维板可按原料不同分为：木质纤维板，它是由于木材加工废料经进一步加工制成的纤维板；非木质纤维板，它是由草本纤维或竹材纤维制成的纤维板。

纤维板按密度分类是国际分类法，通常分为三大类：

1. 硬质纤维板

密度在 $0.8g/cm^3$ 以上的称硬质纤维板，又称高密度纤维板。一等品的密度不得低于 $0.9g/cm^3$，二、三等品的密度不得低于 $0.8g/cm^3$。具有强度大、密度高的特点，广泛用于建筑、车辆、船舶、家具、包装等方面。

2. 软质纤维板

密度 $0.4g/cm^3$ 以下的称为软质纤维板，又称低密度纤维板。其强度不大，导热性也较小，适于作保温和隔声材料。

3. 半硬质纤维板

密度 $0.4\sim0.8g/cm^3$ 的称半硬质纤维板，通常称为中密度纤维板。其强度较大，性能介于硬质纤维板和软质纤维板之间，易于加工。主要用作建筑壁板、家具，产品可以贴纸和涂饰。

四、刨花板、木丝板、木屑板

刨花板、木丝板、木屑板是利用木材加工中产生的大量刨花、木丝、木屑为原料，经干燥，与胶结料拌合，热压而成的板材，所用胶结料有动植物胶（豆胶、血胶）、合成树脂胶（酚醛树脂、脲醛树脂等）、无机胶凝材料（水泥、菱苦土等）。

这类板材表观密度小，强度较低，主要用作绝热和吸声材料。经饰面处理后，还可用作吊顶板材、隔断板材等。

五、关于人造木板材的甲醛释放量控制问题

人造木板材是装修材料中使用得最多的材料之一，改革开放以来，我国几种主要的人造木板材（刨花板、胶合板、细木工板、纤维板等）工业年均增长速度达16%，1997年产量已达1648万 m^2。目前，我国人造木板材总产量仅次于美国，居世界第二位。

人造木板材在我国普遍采用的胶粘剂是酚醛树脂和脲醛树脂，二者皆以甲醛为主要原料，使用中会散发有害、有毒气体，影响环境质量。一般情况下，脲醛树脂中的游离甲醛浓度约3%左右，酚醛树脂中也有一定的游离甲醛，由于脲醛树脂胶粘剂价格较低，故许多厂家均采用脲醛树脂胶，但由于这类胶粘剂强度较低，加之以往胶合板、细木工板等人造木板材国家没有甲醛释放量限制，所以许多人造木板生产厂就采用多掺甲醛这种低成本的方法来提高粘接强度，据有关部门抽查，甲醛释放量超过欧洲EMB工业标准的几十倍。人造木板材中甲醛的释放持续时间往往很长，所造成的污染很难在短时间解决。

为控制民用建筑工程使用人造木板材及饰面人造木板材的甲醛释放，必须测定其游

离甲醛含量或释放量。

根据《民用建筑工程室内环境污染控制规范》(GB 50325—2001)规定：人造木板及饰面人造木板根据游离甲醛含量或游离甲醛释放量限量划分为 E_1 类和 E_2 类。E_1 类为可直接使用的人造板材，E_2 类为必须经饰面处理后方可允许用于室内的人造板材。各类的游离甲醛含量或甲醛释放量分类限量为：环境测试舱法：E_1 类，$\leqslant 0.12 mg/m^2$；穿孔法测定（适于刨花板、中密度纤维板）E_1 类，$\leqslant 0.9 mg/100g$，E_2 类，$\leqslant 30.0 mg/100g$；干燥器法测定（适用于胶合板、细木工板）E_1 类，$\leqslant 1.5 mg/L$，E_2 类，$\leqslant 5.0 mg/L$。

另外《人造木制板材环境标志产品技术要求》对人造木制板材中的甲醛释放量也提出了具体要求：人造板材中甲醛释放量应小于 $0.20 mg/m^3$；木地板中甲醛释放量应小于 $0.12 mg/m^3$。

应用案例与发展动态

新型环保、节能建材——水泥木丝板❶

研发绿色建筑材料已被国家有关部门列为重大项目。水泥木丝板（以下简称木丝板）是一种理想的绿色建筑材料，在欧美已广泛应用于建筑工程上。水泥木丝板是以天然木材、硅酸盐水泥为原料，经特殊工艺处理、混合、压制而成的板状材料。它的主要特点是：绿色环保、节能保温。①环保性：木丝板是将木材切削成细长木丝、用硅酸盐水泥作粘合剂而制成的，无任何有害身体健康成分。不同于目前市场上的木质人造板材（胶合板、刨花板、密度板、细木工板等）均含有严重危害人们健康的甲醛、苯酚等化合物。木丝板所采用的木材是人工速生林（杨木、落叶松）小径材，而不耗用优质天然木材。原料来源广泛，可采用造林—加工一体化的产业模式，能更加有利于生态环境的保护。②保温性：木材本身属于一种绝热材料，而木丝板在制造成型过程中又产生出很多空隙，这样就赋予它具有很好的绝热保温性。近些年又研制出一种专门用作保温材料的产品称之为复合保温木丝板，该产品：两表层（或单面）为水泥木丝板，芯层（或另一面）为聚苯乙烯板、岩棉板、玻璃纤维板等。复合保温木丝板具有更好的保温效果。③防火性：经检测木丝板的防火等级为 B1 级，可用作高层建筑材料。由于硅酸盐水泥渗入与包裹木材纤维，这样阻止了木材的燃烧氧化。④抗冻融性：木丝板对水和冰冻不敏感，不会因冰冻而产生膨胀和破裂，经冻融试验后木丝板无损伤变化。⑤耐久性：硅酸盐水泥渗入至木材纤维之间，起到了很好地保护木材纤维免遭生化腐蚀的作用，大大延长了木丝板的使用寿命。⑥耐潮性：木丝板具有优良的耐潮性能，可用于室外或潮湿环境下（如：厨房、卫生间、地下室等）；可以露天存放。⑦其他性能：木丝板可用水泥灰沙与其他建材粘合，可锯割、可钉钉；优雅的外表面可直接使用（本色），也可着色、涂饰、粉刷、覆贴等。

由于水泥木丝板具备上述诸多优良技术特性，所以在国外（包括中国台湾）已于

---

❶ 摘自：住宅设施. 2007 (3).

20 世纪 80 年代就广泛应用于建筑领域,而国内上海、南京、北京等地近两年才开始使用。随着我国推广绿色建筑进程加快,木丝板的市场前景将会十分美好。目前,木丝板的用途有:①吸声材料:用于公共场所的吸声与装饰,如影剧院、体育馆、会议室、候车室等;用于消声降噪,如高速公路、(铁路)的噪声屏障,工业降噪机房。②装饰材料:用于公寓、住宅、写字楼、学校等建筑的装饰与吸声;家具用板材、地板等。③保温材料:用于各种建筑物外墙、屋顶的保温,隔墙板;活动板房等。④混凝土模板:在混凝土施工中,木丝板与混凝土浇筑成一体,既当模板又不再拆除并起装饰作用,真是一举两得。

总之,水泥木丝板确属绿色环保产品,是建材领域的一位新成员;用途十分广泛,但还有待深度开发、利用。

本 章 小 结

木材是传统的三大建筑材料(水泥、钢材、木材)之一。但由于木材生长周期长,大量砍伐对保持生态平衡不利,且因木材也存在易燃、易腐以及各向异性等缺点,所以在工程中应尽量以其他材料代替,以节省木材资源。

掌握　木材的纤维饱和点、平衡含水率、标准含水率和持久强度等概念。

理解　木材的各向异性、湿胀干缩性,以及含水率等对木材性质的影响。

了解　木材在建筑工程中的主要应用及木材的综合利用。

复习思考题

1. 木材的纤维饱和点、平衡含水率、标准含水率各有什么实用意义?
2. 施工现场木材的贮存需要注意哪些问题?
3. 试述木材综合利用的实际意义。
4. 木材从宏观构造观察有哪些主要组成部分?
5. 木材含水率的变化对其性能有什么影响?
6. 影响木材强度的因素有哪些? 如何影响?
7. 简述木材的腐蚀原因及防腐方法。

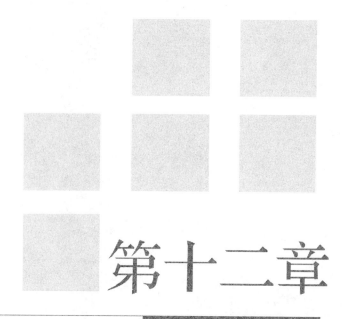

第十二章

建筑功能材料

[学习重点和建议]
1. 常用建筑功能材料的种类及其主要的功能特性。
2. 建筑功能材料的发展方向。

建议结合具体建筑功能材料的学习,了解和认识功能材料的发展对建筑物的使用功能以及人类生存环境不断改善的重要意义和作用。

第十二章 建筑功能材料

第一节 隔热保温材料

隔热保温材料是指对热流具有显著阻隔性的材料或材料复合体。建筑隔热保温材料是建筑节能的物质基础,性能优良的隔热保温材料、合理科学的设计和良好的保温技术是提高节能效果的关键。通常将导热系数 λ 值不大于 0.23W/(mK) 的材料称为隔热材料,而将 λ 值小于 0.14W/(mK) 的隔热材料称为保温材料。

隔热材料的种类很多,按材质可分为无机隔热材料、有机隔热材料和金属隔热材料。按形态可分为纤维状(岩矿棉、玻璃棉、硅酸铝棉及其制品和植物纤维为原料的纤维板材)、多孔状(膨胀珍珠岩、膨胀蛭石、微孔硅酸钙、泡沫石棉、泡沫玻璃、加气混凝土、泡沫塑料等)、层状(各种镀膜制品)等。

一、岩棉、矿渣棉、玻璃棉

岩棉、矿渣棉统称岩矿棉,是用岩石或高炉矿渣的熔融体,以离心、喷射或离心喷射方法制成的玻璃质絮状纤维,前者称岩棉,后者称矿渣棉。膨松的岩矿物棉导热系数极小(导热系数 0.047~0.072W/(mK)),是良好的保温隔热材料。矿物棉与粘结剂结合可制成岩矿棉制品,有板、管、毡、绳、粒、块六种形态。其中,岩矿棉毡或岩矿棉毡板,常用于建筑围护结构的保温。岩矿棉具有良好的隔热、隔冷、隔声和吸声性能,良好的化学稳定性、耐热性以及不燃、防蛀、价廉等特点,是我国目前建筑保温常选用的材料。

玻璃棉及制品玻璃纤维是由制玻璃相近的天然矿物和其他化工原料的熔融物以离心喷吹的方法制成的纤维,其中短纤维(150mm 以下)组织蓬松,类似棉絮,外观洁白,称作玻璃棉。与岩矿棉相似,玻璃棉可制成玻璃棉制品,有毡、板、带、毯、管等型态。由于玻璃棉制品的玻璃纤维上有树脂胶粘剂,故制品外观上呈黄色。玻璃棉制品具有表观密度小、手感柔软、导热系数小、绝热、吸声、隔振、不燃等特点。但由于玻璃棉的生产成本较高,今后较长一段时间建筑保温仍将以岩矿棉及其制品为主。

二、膨胀珍珠岩、膨胀蛭石

珍珠岩是一种酸性岩浆喷出而成的玻璃质熔岩。膨胀珍珠岩是以珍珠岩矿石为原料,经破碎、分级、预热、高温焙烧时急剧加热膨胀而成的一种轻质、多功能材料。

膨胀珍珠岩制品一般以胶粘剂命名,如水玻璃膨胀珍珠岩制品,水泥膨胀珍珠岩制品,磷酸盐膨胀珍珠岩制品等。按制作地点与时间的不同,又可分为现场浇制(现浇)与制品厂预制两种方法。

膨胀珍珠岩具有表观密度小(堆积密度 70~250kg/m^3)、导热系数小 [0.047~

0.072W/(mK)]、化学稳定性好（pH=7）、使用温度范围广（-200~800℃）、吸湿能力小（<1%）、且具有无毒、无味、防火、吸声、价格低廉等特点，是一种优良的建筑保温绝热吸声材料。

在建筑领域内，膨胀珍珠岩散料主要用作填充材料、现浇水泥珍珠岩保温、隔热层，粉刷材料以及耐火混凝土等方面。常用做墙体、屋面、吊顶等围护结构的散填保温隔热以及其他建筑工程或大型设备的保温绝热。

膨胀蛭石是以层状的含水镁铝硅酸盐矿物蛭石为原料，经烘干、焙烧，在短时间内体积急剧增大膨胀（6~20倍），而成的一种金黄色或灰白色的颗粒状物料。是一种良好的绝热、绝冷和吸声材料。膨胀蛭石表观密度一般为 $80~200kg/m^3$，导热系数为 $0.047~0.07W/(mK)$。有足够的耐火性，可以在1000~1100℃温度下应用。由膨胀蛭石和其他材料制成的耐火混凝土，使用温度可达1450~1500℃。

膨胀蛭石具有表观密度小、导热系数小、防火、防腐、化学性能稳定、无毒无味等特点，是一种优良的保温、隔热、吸声、耐冻融建筑材料。由于原料来源丰富，加工工艺简单，价格低廉，故膨胀蛭石及其制品的应用相当普遍。但其主要用途仍然是作建筑保温材料。利用膨胀蛭石制造蛭石隔热制品，用作房屋的防护结构，可大大提高建筑物的热工性能，有效地节约能源。

三、微孔硅酸钙

微孔硅酸钙是用粉状二氧化硅质材料、石灰、纤维增强材料、助剂和水经搅拌、凝胶化、成型、蒸压养护、干燥等工序制成的新型保温材料。

微孔硅酸钙材料具有表观密度小（$100~1000kg/m^3$）、强度高（抗折强度0.2~15MPa）、导热系数小[$0.036~0.224W/(mK)$]和使用温度高（1000℃）以及质量稳定等特点，并具有耐水性好、防火性强、无腐蚀、经久耐用、制品可锯可刨、安装方便等优点。故被广泛用作工业保温材料、房屋建筑的内、外墙、平顶的防火覆盖材料、高层建筑的防火覆盖材料和船用舱室墙壁以及走道的防火隔热材料。

在建筑领域，硅酸钙材料广泛用作钢结构、梁、柱及墙面的耐火覆盖材料。微孔硅酸钙保温材料的主要缺点是吸水性强，施工中采用传统的水泥砂浆抹面较为困难，表面容易开裂，抹面材料与基材不易粘合，须使用专门的抹面材料。

四、泡沫石棉

石棉是一类形态呈细纤维状的硅酸盐矿物的总称。石棉具有优良的防火、绝热、耐酸、耐碱、保温、隔声、电绝缘性和较高的抗拉强度。但由于石棉对人的健康有危害，故世界一些国家对石棉的生产给予限制，甚至禁止使用石棉制品。

泡沫石棉是一种新型的、超轻质的保温、隔热、绝冷、吸声材料。它是以温石棉为主要原料，将其在阴离子表面活性剂的作用下，使石棉纤维充分松解制浆、发泡、成型、干燥制成的具有网状结构的多孔毡状材料。与其他保温材料比较，在同等保温、隔热效果下，其用料量只相当于膨胀珍珠岩的1/5，膨胀蛭石的1/10，比超细玻璃棉轻

1/5，施工效率比上述几种保温吸声材料高约7~8倍，是一种理想的新型保温、隔热、绝冷和吸声材料。

与其他保温材料相比，泡沫石棉具有表观密度小、材质轻、施工简便、保温效果好等特点。绝热性能优于其他几种常用的保温材料。制造和使用过程无污染，无粉尘危害，不像膨胀珍珠岩、膨胀蛭石散料那样随风飞扬，也不像岩矿棉、玻璃纤维那样带来刺痒，给施工人员和环境带来不便。

泡沫石棉还具有良好的抗震性能，有弹性、柔软，易用于各种异形外壳的包覆，使用温度范围较广，低温不脆硬，高温时不散发烟雾或毒气。吸声效果好，还可用作建筑吸声材料。

五、泡沫塑料

1. 特性和品种

泡沫塑料是以各种树脂为基料，加入少量的发泡剂、催化剂、稳定剂以及其他辅助材料，经加热发泡而成的一种轻质、保温、隔热、吸声、防振材料。它保持了原有树脂的性能，并且比同种塑料具有表观密度小、导热系数低、防振、吸声、电性能好、耐腐蚀、耐毒变，加工成型方便、施工性能好等优点，广泛用于建筑保温、冷藏、绝缘、减振包装等若干领域。

泡沫塑料按其泡孔结构可分为闭孔、开孔和网状泡沫塑料三类。按柔韧性可分为软质、硬质和半硬质泡沫塑料。按燃烧性能可分为自熄性和非自熄性泡沫塑料。按塑料热性能可将其分为热塑性和热固性泡沫塑料。按其在建筑上的使用功能，可分为非结构性和结构性泡沫塑料。

泡沫塑料均以其构成的母体材料命名，目前比较常见的有聚苯乙烯泡沫塑料、聚乙烯泡沫塑料、聚氯乙烯泡沫塑料、聚氨酯泡沫塑料、脲醛泡沫塑料、环氧树脂泡沫塑料等。

目前泡沫塑料生产品种主要是聚氨酯泡沫塑料和聚苯乙烯泡沫。泡沫塑料用于建筑业的主要品种是钢丝网架夹芯复合内外墙板、金属夹芯板等。

2. 挤塑聚苯乙烯泡沫板

挤塑聚苯乙烯泡沫板，简称挤塑板，又名XPS板或挤塑聚苯板，是以聚苯乙烯树脂辅以其他聚合物在加热混合的同时，注入催化剂，而后由挤压工艺制出的连续性闭孔发泡的硬质泡沫塑料板，其内部为独立闭口孔气泡结构，是一种具有优异性能的环保型隔热保温材料。

挤塑聚苯乙烯泡沫板的优异性能主要体现在以下几方面：

（1）优异、持久的隔热保温性

尽可能更低的导热系数是所有保温材料追求的目标。挤塑板主要以聚苯乙烯为原料制成，而聚苯乙烯原本就是极佳的低导热原料，再辅以挤塑押出，紧密的蜂窝结构就更为有效地阻止了热传导，挤塑板导热系数为0.028（W/m·k），具有高热阻、低线性膨胀率的特性。导热系数远远低于其他保温材料，如EPS板、发泡聚氨酯、保温砂浆、珍珠岩等。

（2）优越的抗水、防潮性

挤塑板具有紧密的闭孔结构，聚苯乙烯分子结构本身不吸水，板材的正反面都没有缝隙，因此吸水率极低，防潮和防渗透性能极佳。

（3）防腐蚀、高耐用性

一般的硬质发泡保温材料使用几年后易老化，随之导致吸水造成性能下降。而挤塑板因具有优异的防腐蚀、抗老化性、保温性，在高水蒸气压力下，仍能保持其优异的性能，使用寿命可达30~40年。

但不可忽视的是挤塑板的可燃性。在施工没有做面层，保温板裸露在外的阶段，仍要采取有效的防火措施。

挤塑板广泛应用于干墙体保温、平面混凝土屋顶及钢结构屋顶的保温，低温储藏地面、低温地板辐射采暖管下、泊车平台、机场跑道、高速公路等领域的防潮保温，控制地面冻胀，是目前建筑业物美价廉、品质俱佳的隔热、防潮材料。

随着我国节能降耗工作的深入开展，工业和民用建筑隔热保温要求的逐渐提高，泡沫塑料隔热保温材料的应用前景将会异常广阔。

六、轻质保温墙体及屋面材料

轻质保温墙体及屋面材料是新兴材料，具有自重轻、保温隔热、安装快、施工效率高、可提高建筑物的抗震性能、增加建筑物使用面积、节省生产、降低使用能耗等优点。随着框架结构建筑的日益增多、墙体革新和建筑节能工程的实施以及为此而制定的各项优惠政策，轻质保温墙体及屋面材料获得了迅猛的发展。

轻质保温墙体和屋面制品通常是板材，墙体还可加工各种砌块，常见的有加气混凝土砌块和板材、石膏砌块与板材、轻质混凝土砌块与板材、粉煤灰砌块、纤维增强水泥板材、钢丝网夹芯复合板材、有机纤维板与有机复合板、新型金属复合板材等。

第二节 建筑装饰材料简介

一、饰面石材（详见第二章（三、饰面石材））

二、陶瓷面砖

陶瓷通常是指以黏土为主要原料，经原料处理、成型、焙烧而成的无机非金属材料。陶瓷可分为陶和瓷两大部分。介于陶和瓷之间的一类产品，称为炻，也称为半瓷或石胎瓷。瓷、陶和炻通常又按其细密性、均匀性各分为精、粗两类。建筑陶瓷主要是指用于建筑内外饰面的干压陶瓷砖和陶瓷卫生洁具，其按材质主要属于陶和炻。

根据国标《陶瓷砖》（GB/T 4100—2006），陶瓷砖按材质分为瓷质砖（吸水率≤0.5%）、炻瓷砖（0.5%＜吸水率≤3%）、细炻砖（3%＜吸水率≤6%）、炻质砖（6%＜吸水率≤10%）、陶质砖（吸水率＞10%）。按应用特性，陶瓷砖可分为釉面内墙砖、墙地砖、陶瓷锦砖等。

1. 釉面内墙砖

（1）分类

陶质砖可分为有釉陶质砖和无釉陶质砖两种。其中，以有釉陶质砖即釉面内墙砖应用最为普遍，属于薄形陶质制品（吸水率＞10%，但不大于21%）。釉面内墙砖采用瓷土或耐火黏土低温烧成，坯体呈白色或浅褐色，表面施透明釉、乳浊釉或各种色彩釉及装饰釉。

釉面内墙砖按形状可分为通用砖（正方形、矩形）和配件砖；按图案和施釉特点，可分为白色釉面砖、彩色釉面砖、图案砖、色釉砖等。

（2）特性

釉面内墙砖强度高，表面光亮、防潮、易清洗、耐腐蚀、变形小、抗急冷急热。表面细腻、色彩和图案丰富，风格典雅，极富装饰性。

釉面内墙砖是多孔陶质坯体，在长期与空气接触的过程中，特别是在潮湿的环境中使用，坯体会吸收水分，产生吸湿膨胀现象，但其表面釉层的吸湿膨胀性很小，与坯体结合得又很牢固，所以，当坯体吸湿膨胀时会使釉面处于张拉应力状态，超过其抗拉强度时，釉面就会发生开裂。尤其是用于室外，经长期冻融，会出现表面分层脱落、掉皮现象。所以，釉面内墙砖只能用于室内，不能用于室外。

（3）技术要求

釉面内墙砖的技术要求为尺寸偏差、平整度、表面质量、物理性能和抗化学腐蚀性。其中，物理性能的要求为：吸水率平均值大于10%（单个值不小于9%。当平均值大于20%时，生产厂家应说明）；破坏强度和断裂模数、抗热震性、抗釉裂性应合格或检验后报告结果。

（4）应用

釉面内墙砖主要用于民用住宅、宾馆、医院、学校、实验室等要求耐污、耐腐蚀、耐清洗的场所或部位，如浴室、厕所、盥洗室等，既有明亮清洁之感，又可保护基体，延长使用年限。用于厨房的墙面装饰，不但清洗方便，还可兼有防火功能。

2. 陶瓷墙地砖

陶瓷墙地砖为陶瓷外墙面砖和室内外陶瓷铺地砖的统称。由于目前陶瓷生产原料和工艺的不断改进，这类砖在材质上可满足墙地两用，故统称为陶瓷墙地砖。

（1）分类

墙地砖采用陶土质黏土为原料，经压制成型再高温（1100℃左右）焙烧而成，坯体带色。根据表面施釉与否，分为彩色釉面陶瓷墙地砖、无釉陶瓷墙地砖和无釉陶瓷地砖，前两类属于炻质砖，后一类属细炻类陶瓷砖。炻质砖的平面形状分正方形和长方形两种，其中长宽比大于3的通常称为条砖。

（2）特性

陶瓷墙地砖具有强度高、致密坚实、耐磨、吸水率小（<10%）、抗冻、耐污染、易清洗、耐腐蚀、耐急冷急热、经久耐用等特点。

（3）技术要求

炻质砖的技术要求为：尺寸偏差、边直度、直角度和表面平整度、表面质量、物理力学性能与化学性能。其中物理性能与化学性能的要求为：吸水率的平均值不大于10%；破坏强度和断裂模数、耐热震性、抗釉裂性、抗冻性、地砖的摩擦系数、耐化学腐蚀性应合格或检验后报告结果。

无釉细炻砖的技术要求为：尺寸偏差、表面质量、物理力学性能中的吸水率平均值为 $3\%<E\leqslant 6\%$，单个值不大于 6.5%；其他物理和化学性能技术要求项目同炻质砖。

（4）应用

炻质砖广泛应用于各类建筑物的外墙和柱的饰面和地面装饰，一般用于装饰等级要求较高的工程。用于不同部位的墙地砖应考虑其特殊的要求，如用于铺地时应考虑彩色釉面墙地砖的耐磨类别；用于寒冷地区的应选用吸水率尽可能小、抗冻性能好的墙地砖。

无釉细炻砖适用于商场、宾馆、饭店、游乐场、会议厅、展览馆的室内外地面。各种防滑无釉细炻砖也广泛用于民用住宅的室外平台、浴厕等地面装饰。

墙地砖的品种创新很快，劈离砖、麻面砖、渗花砖、玻化砖、大幅面幕墙瓷板等都是常见的陶瓷墙地砖的新品种。

3. 陶瓷锦砖

陶瓷锦砖是陶瓷什锦砖的简称，俗称马赛克，是指由边长不大于 40mm、具有多种色彩和不同形状的小块砖，镶拼组成各种花色图案的陶瓷制品。陶瓷锦砖采用优质瓷土烧制成方形、长方形、六角形等薄片状小块瓷砖后，再通过铺贴盒将其按设计图案反贴在牛皮纸上，称作一联，每 40 联为一箱。陶瓷锦砖可制成多种色彩或纹点，但大多为白色砖。陶瓷锦砖的表面有无釉和施釉的两种。

陶瓷锦砖具有色泽明净、图案美观、质地坚实、抗压强度高、耐污染、耐腐蚀、耐磨、耐水、抗火、抗冻、不吸水、不滑、易清洗等特点，它坚固耐用，且造价较低。

陶瓷锦砖主要用于室内地面铺贴，由于砖块小，不易被踩碎，适用于工业建筑的洁净车间、工作间、化验室以及民用建筑的门厅、走廊、餐厅、厨房、盥洗室、浴室等的地面铺装，也可用作高级建筑物的外墙饰面材料，它对建筑立面具有良好的装饰效果，且可增强建筑物的耐久性。

三、建筑玻璃

建筑玻璃在过去主要是用作采光和装饰材料，随着现代建筑技术发展的需要，玻璃制品正在向多品种、多功能的方向发展。近年来，兼具装饰性与功能性的玻璃新品种的不断问世，为现代建筑设计提供了更加宽广的选择余地，使现代建筑中愈来愈多地采用玻璃门窗，玻璃幕墙和玻璃构件，以达到光控、温控、节能、降低噪声以及降低结构自重、美化环境等多种目的。

1. 玻璃的基本知识

玻璃是用石英砂、纯碱、长石和石灰石为主要原料,在1550~1600℃高温下熔融、成型,并经急冷而制成的固体材料。

玻璃的品种繁多,分类方法也有多样,通常按其化学组成和用途进行分类。按玻璃的化学组成可分为:钠玻璃、钾玻璃、铝镁玻璃、硼硅玻璃、铅玻璃和石英玻璃;按玻璃的用途可分为:平板玻璃、安全玻璃、特种玻璃及玻璃制品。

玻璃是均质的无定型非结晶体,具有各向同性的特点。普通玻璃的密度为2450~2550kg/m^3,其密实度$D=1$,孔隙率$P=0$,故可以认为玻璃是绝对密实的材料。

玻璃的抗压强度高,一般为600~1200MPa,抗拉强度很小,为40~80MPa,故玻璃在冲击作用下易破碎,是典型的脆性材料。性脆是玻璃的主要缺点,脆性大小可用脆性指数(弹性模量与抗拉强度之比)来评定。脆性指数越大,说明玻璃越脆。玻璃的脆性指数为1300~1500(橡胶为0.4~0.6,钢材为400~600,混凝土为4200~9350)。玻璃的弹性模量为60000~75000MPa,莫氏硬度为6~7。

玻璃具有优良的光学性质,特别是其透明性和透光性,所以广泛用于建筑采光和装饰,也用于光学仪器和日用器皿等。

玻璃的导热系数较低,普通玻璃耐急冷急热性差。

玻璃具有较高的化学稳定性,在通常情况下对水、酸以及化学试剂或气体具有较强的抵抗能力,能抵抗除氢氟酸以外的各种酸类的侵蚀。但碱液和金属碳酸盐能溶蚀玻璃。

2. 平板玻璃

(1) 分类及规格

平板玻璃按颜色属性分为无色透明平板玻璃和本体着色平板玻璃。按生产方法不同,可分为普通平板玻璃和浮法玻璃两类。根据国家标准《平板玻璃》(GB 11614—2009)的规定,平板玻璃按其公称厚度,可分为2mm、3mm、4mm、5mm、6mm、8mm、10mm、12mm、15mm、19mm、22mm、25mm十二种规格。

(2) 特性

良好的透视、透光性能(3mm、5mm厚的无色透明平板玻璃的可见光透射比分别为88%和86%)。对太阳光中近红外热射线的透过率较高,但对可见光射至室内墙顶地面和家具、织物而反射产生的远红外长波热射线却有效阻挡,故可产生明显的"暖房效应"。无色透明平板玻璃对太阳光中紫外线的透过率较低。

隔声、有一定的保温性能。抗拉强度远小于抗压强度,是典型的脆性材料。

有较高的化学稳定性,通常情况下,对酸、碱、盐及化学试剂及气体有较强的抵抗能力,但长期遭受侵蚀性介质的作用也能导致变质和破坏,如玻璃的风化和发霉都会导致外观的破坏和透光能力的降低。

热稳定性较差,急冷急热,易发生炸裂。

(3) 等级

按照国家标准,平板玻璃根据其外观质量分为优等品、一等品和合格品三个等级。
（4）应用

3~5mm的平板玻璃一般直接用于有框门窗的采光,8~12mm的平板玻璃可用于隔断、橱窗、无框门。平板玻璃的另外一个重要用途是作为钢化、夹层、镀膜、中空等深加工玻璃的原片。

3. 装饰玻璃

（1）彩色平板玻璃

彩色平板玻璃又称有色玻璃或饰面玻璃。彩色玻璃分为透明和不透明的两种。透明的彩色玻璃是在平板玻璃中加入一定量的着色金属氧化物,按一般的平板玻璃生产工艺生产而成;不透明的彩色玻璃又称为饰面玻璃。

彩色平板玻璃也可以采用在无色玻璃表面上喷涂高分子涂料或粘贴有机膜制得。这种方法在装饰上更具有随意性。

彩色平板玻璃的颜色有茶色、黄色、桃红色、宝石蓝色、绿色等。

彩色玻璃可以拼成各种图案,并有耐腐蚀、抗冲刷、易清洗等特点,主要用于建筑物的内外墙、门窗装饰及对光线有特殊要求的部位。

（2）釉面玻璃

釉面玻璃是指在按一定尺寸切裁好的玻璃表面上涂敷一层彩色的易熔釉料,经烧结、退火或钢化等处理工艺,使釉层与玻璃牢固结合,制成的具有美丽的色彩或图案的玻璃。

釉面玻璃的特点是：图案精美,不褪色,不掉色,易于清洗,可按用户的要求或艺术设计图案制作。

釉面玻璃具有良好的化学稳定性和装饰性,广泛用于室内饰面层,一般建筑物门厅和楼梯间的饰面层及建筑物外饰面层。

（3）压花玻璃

压花玻璃又称为花纹玻璃或滚花玻璃。有一般压花玻璃、真空镀膜压花玻璃和彩色膜压花玻璃几类。单面压花玻璃具有透光而不透视的特点,具有私密性。作为浴室、卫生间门窗玻璃时应注意将其压花面朝外。

（4）喷花玻璃

喷花玻璃又称为胶花玻璃,是在平板玻璃表面贴以图案,抹以保护面层,经喷砂处理形成透明与不透明相间的图案而成。喷花玻璃给人以高雅、美观的感觉,适用于室内门窗、隔断和采光。

（5）乳花玻璃

乳花玻璃是在平板玻璃的一面贴上图案,抹以保护层,经化学蚀刻而成。它的花纹柔和、清晰、美丽,富有装饰性。

（6）刻花玻璃

刻花玻璃是由平板玻璃经涂漆、雕刻、围蜡与酸蚀、研磨而成。图案的立体感非常强,似浮雕一般,在室内灯光的照耀下,更是熠熠生辉。刻花玻璃主要用于高档场所的室内隔断或屏风。

（7）冰花玻璃

冰花玻璃是一种利用平板玻璃经特殊处理而形成的具有随机裂痕似自然冰花纹理的玻璃。冰花玻璃对通过的光线有漫射作用。它具有花纹自然、质感柔和、透光不透明、视感舒适的特点。

冰花玻璃装饰效果优于压花玻璃，给人以典雅清新之感，是一种新型的室内装饰玻璃。可用于宾馆、酒楼、饭店、酒吧间等场所的门窗、隔断、屏风和家庭装饰。

4. 安全玻璃

安全玻璃通常是对普通玻璃增强处理，或者和其他材料复合或采用特殊成分制成的。节能玻璃是兼具采光、调节光线、调节热量进入或散失、防止噪声、改善居住环境、降低空调能耗等多种功能的建筑玻璃。下面介绍常用的安全玻璃及节能玻璃。

（1）防火玻璃

普通玻璃因热稳定性较差，遇火易发生炸裂，故防火性能较差。防火玻璃是经特殊工艺加工和处理、在规定的耐火试验中能保持其完整性和隔热性的特种玻璃。防火玻璃原片可选用浮法平板玻璃、钢化玻璃，复合防火玻璃原片还可选用单片防火玻璃制造。

防火玻璃按结构可分为：复合防火玻璃（以 FFB 表示）、单片防火玻璃（以 DFB 表示）。按耐火性能可分为：隔热型防火玻璃（A 类）、非隔热型防火玻璃（C 类）。按耐火极限可分为五个等级：0.50h、1.00h、1.50h、2.00h、3.00h。

防火玻璃主要用于有防火隔热要求的建筑幕墙、隔断等构造和部位。

（2）钢化玻璃

钢化玻璃是用物理的或化学的方法，在玻璃的表面上形成一个压应力层，而内部处于较大的拉应力状态，内外拉压应力处于平衡状态。玻璃本身具有较高的抗压强度，表面不会造成破坏的玻璃品种。当玻璃受到外力作用时，这个压应力层可将部分拉应力抵消，避免玻璃的碎裂，从而达到提高玻璃强度的目的。

钢化玻璃特性主要表现为：机械强度高；弹性好；热稳定性好；碎后不易伤人；可发生自爆。

钢化玻璃具有较好的机械性能和热稳定性，常用作建筑物的门窗、隔墙、幕墙及橱窗、家具等。但钢化玻璃使用时不能切割、磨削，边角亦不能碰击挤压，需按现成的尺寸规格选用或提出具体设计图纸进行加工定制。用于大面积玻璃幕墙的玻璃在钢化程度上要予以控制，宜选择半钢化玻璃（即没达到完全钢化，其内应力较小），以避免受风荷载引起振动而自爆。对于公称厚度不小于 4mm 的建筑用半钢化玻璃，其上开孔的位置和孔径应符合国家标准《半钢化玻璃》（GB/T 17841—2008）的规定。

（3）夹丝玻璃

夹丝玻璃也称防碎玻璃或钢丝玻璃。它是由压延法生产的，即在玻璃熔融状态时将经预热处理的钢丝或钢丝网压入玻璃中间，经退火、切割而成。夹丝玻璃表面可以是压花的或磨光的，颜色可以制成无色透明或彩色的。

夹丝玻璃的特性主要表现为以下几方面：

安全性：夹丝玻璃由于钢丝网的骨架作用，不仅提高了玻璃的强度，而且遭受到冲击或温度骤变而破坏时，碎片也不会飞散，避免了碎片对人的伤害作用。

防火性：当遭遇火灾时，夹丝玻璃受热炸裂，但由于金属丝网的作用，玻璃仍能保持固定，可防止火焰蔓延。

防盗抢性：当遇到盗抢等意外情况时，夹丝玻璃虽玻璃碎但金属丝仍可保持一定的阻挡性，起到防盗、防抢的安全作用。

夹丝玻璃应用于建筑的天窗、采光屋顶、阳台及须有防盗、防抢功能要求的营业柜台的遮挡部位。当用作防火玻璃时，要符合相应耐火极限的要求。夹丝玻璃可以切割，但断口处裸露的金属丝要作防锈处理，以防锈体体积膨胀，引起玻璃"锈裂"。

（4）夹层玻璃

夹层玻璃是玻璃与玻璃和/或塑料等材料，用中间层分隔并通过处理使其粘结为一体的复合材料的统称。常见和大多使用的是玻璃与玻璃，用中间层分隔并通过处理使其粘结为一体的玻璃构件。而安全夹层玻璃是指在破碎时，中间层能够限制其开口尺寸并提供残余阻力以减少割伤或扎伤危险的夹层玻璃。用于生产夹层玻璃的原片可以是浮法玻璃、钢化玻璃、着色玻璃、镀膜玻璃等。夹层玻璃的层数有2、3、5、7层，最多可达9层。

夹层玻璃的特性表现为：透明度好；抗冲击性能要比一般平板玻璃高好几倍，用多层普通玻璃或钢化玻璃复合起来，可制成抗冲击性极高的安全玻璃；由于粘接用中间层（PVB胶片等材料）的粘合作用，玻璃即使破碎时，碎片也不会散落伤人；通过采用不同的原片玻璃，夹层玻璃还可具有耐久、耐热、耐湿、耐寒等性能。

夹层玻璃有着较高的安全性，一般在建筑上用作高层建筑的门窗、天窗、楼梯栏板和有抗冲击作用要求的商店、银行、橱窗、隔断及水下工程等安全性能高的场所或部位等。

夹层玻璃不能切割，需要选用定型产品或按尺寸定制。

5. 节能装饰型玻璃

（1）着色玻璃

着色玻璃是一种既能显著地吸收阳光中热作用较强的近红外线，而又保持良好透明度的节能装饰性玻璃。着色玻璃通常都带有一定的颜色，所以也称为着色吸热玻璃。

着色玻璃的特性有：可有效吸收太阳的辐射热，产生"冷室效应"，可达到蔽热节能的效果；可吸收较多的可见光，使透过的阳光变得柔和，避免眩光并改善室内色泽；能较强地吸收太阳的紫外线，有效地防止紫外线对室内物品的褪色和变质作用；具有一定的透明度，能清晰地观察室外景物；色泽鲜丽，经久不变，能增加建筑物的外形美观。

着色玻璃在建筑装修工程中应用的比较广泛。凡既需采光又需隔热之处均可采用。采用不同颜色的着色玻璃能合理利用太阳光，调节室内温度，节省空调费用，而且对建筑物的外形有很好的装饰效果。一般多用作建筑物的门窗或玻璃幕墙。

(2) 镀膜玻璃

镀膜玻璃分为阳光控制镀膜玻璃和低辐射镀膜玻璃，是一种既能保证可见光良好透过又可有效反射热射线的节能装饰型玻璃。镀膜玻璃是由无色透明的平板玻璃镀覆金属膜或金属氧化物而制得。根据外观质量，阳光控制镀膜玻璃和低辐射镀膜玻璃可分为优等品和合格品。

阳光控制镀膜玻璃是对太阳光具有一定控制作用的镀膜玻璃。

这种玻璃具有良好的隔热性能。在保证室内采光柔和的条件下，可有效地屏蔽进入室内的太阳辐射能。可以避免暖房效应，节约室内降温空调的能源消耗。并具有单向透视性，单向透视性表现为光弱方至光强方呈透明，故又称为单反玻璃。

阳光控制镀膜玻璃可用作建筑门窗玻璃、幕墙玻璃，还可用于制作高性能中空玻璃。具有良好的节能和装饰效果，很多现代的高档建筑都选用镀膜玻璃做幕墙，但在使用时应注意不恰当或使用面积过大会造成光污染，影响环境的和谐。单面镀膜玻璃在安装时，应将膜层面向室内，以提高膜层的使用寿命和取得节能的最大效果。

低辐射镀膜玻璃又称"Low-E"玻璃，是一种对远红外线有较高反射比的镀膜玻璃。

低辐射镀膜玻璃对于太阳可见光和近红外光有较高的透过率，有利于自然采光，可节省照明费用。但玻璃的镀膜对阳光中的和室内物体所辐射的热射线均可有效阻挡，因而可使夏季室内凉爽而冬季则有良好的保温效果，总体节能效果明显。此外，低辐射膜玻璃还具有较强的阻止紫外线透射的功能，可以有效地防止室内陈设物品、家具等受紫外线照射产生老化、褪色等现象。

低辐射膜玻璃一般不单独使用，往往与普通平板玻璃、浮法玻璃、钢化玻璃等配合，制成高性能的中空玻璃。

(3) 中空玻璃

中空玻璃是由两片或多片玻璃以有效支撑均匀隔开并周边粘接密封，使玻璃层间形成有干燥气体空间，从而达到保温隔热效果的节能玻璃制品。中空玻璃按玻璃层数，有双层和多层之分，一般是双层结构。可采用无色透明玻璃、热反射玻璃、吸热玻璃或钢化玻璃等作为中空玻璃的基片。

中空玻璃的特性主要表现在以下几方面：

光学性能良好：由于中空玻璃所选用的玻璃原片可具有不同的光学性能，因而制成的中空玻璃其可见光透过率、太阳能反射率、吸收率及色彩可在很大范围内变化，从而满足建筑设计和装饰工程的不同要求。

保温隔热、降低能耗：中空玻璃玻璃层间干燥气体导热系数极小，故起着良好的隔热作用，有效保温隔热、降低能耗。以 6mm 厚玻璃为原片，玻璃间隔（即空气层厚度）为 9mm 的普通中空玻璃，大体相当于 100mm 厚普通混凝土的保温效果。适用于寒冷地区和需要保温隔热、降低采暖能耗的建筑物。

防结露：中空玻璃的露点很低，因玻璃层间干燥气体层起着良好的隔热作用。在通常情况下，中空玻璃内层玻璃接触室内高湿度空气的时候，由于玻璃表面温度与室内接近,不会结露。而外层玻璃虽然温度低,但接触的空气湿度也低,所以也不会结露。

良好的隔声性能:中空玻璃具有良好的隔声性能,一般可使噪声下降 30～40dB。

中空玻璃主要用于保温隔热、隔声等功能要求较高的建筑物,如宾馆、住宅、医院、商场、写字楼等,也广泛用于车船等交通工具。内置遮阳中空玻璃制品是一种新型中空玻璃制品,这种制品在中空玻璃内安装遮阳装置,可控遮阳装置的功能动作在中空玻璃外面操作,大大提高了普通中空玻璃隔热、保温、隔声等性能并增加了性能的可调控性。

四、建筑涂料

涂敷于物体表面能与基体材料很好粘结并形成完整而坚韧保护膜的材料称为涂料。建筑涂料是专指用于建筑物内、外表装饰的涂料,建筑涂料同时还可对建筑物起到一定的保护作用和某些特殊功能作用。

1. 涂料的组成

涂料由主要成膜物质、次要成膜物质、辅助成膜物质构成。

(1) 主要成膜物质

涂料所用主要成膜物质有树脂和油料两类。

树脂有天然树脂(虫胶、松香、大漆等)、人造树脂(甘油酯、硝化纤维等)和合成树脂(醇酸树脂、聚丙烯酸酯、环氧树脂、聚氨酯、聚磺化聚乙烯、聚乙烯醇缩聚物、聚醋酸乙烯及其共聚物等)。

油料有桐油、亚麻子油等植物油和鱼油等动物油。

为满足涂料的各种性能要求,可以在一种涂料中采用多种树脂配合,或与油料配合,共同作为主要成膜物质。

(2) 次要成膜物质

次要成膜物质是各种颜料,包括着色颜料、体质颜料和防锈颜料三类,是构成涂膜的组分之一。其主要作用是使涂膜着色并赋予涂膜遮盖力,增加涂膜质感,改善涂膜性能,增加涂料品种,降低涂料成本等。

(3) 辅助成膜物质

辅助成膜物质主要指各种溶剂(稀释剂)和各种助剂。涂料所用溶剂有两大类:一类是有机溶剂,如松香水、酒精、汽油、苯、二甲苯、丙酮等;另一类是水。

助剂是为改善涂料的性能,提高涂膜的质量而加入的辅助材料。如催干剂、增塑剂、固化剂、流变剂、分散剂、增稠剂、消泡剂、防冻剂、紫外线吸收剂、抗氧化剂、防老化剂、防霉剂、阻燃剂等等。

2. 建筑涂料的分类

按使用部位可分为木器涂料、内墙涂料、外墙涂料和地面涂料。

按溶剂特性可分为溶剂型涂料、水溶性涂料和乳液型涂料。

按涂膜形态可分为薄质涂料、厚质涂料、复层涂料和砂壁状涂料。

3. 常用建筑涂料品种

(1) 木器涂料

溶剂型涂料用于家具饰面或室内木装修又常称为油漆。传统的油漆品种有清油、清漆、调合漆、磁漆等；新型木器涂料有聚酯树脂漆、聚氨酯漆等。

1) 传统的油漆品种

清油又称熟油。由干性油、半干性油或将干性油与半干性油加热，熬炼并加少量催干剂而成的浅黄至棕黄色黏稠液体。

清漆为不含颜料的透明漆。主要成分是树脂和溶剂或树脂、油料和溶剂，为人造漆的一种。

调合漆是以干性油和颜料为主要成分制成的油性不透明漆。稀稠适度时，可直接使用。油性调合漆中加入清漆，则得磁性调合漆。

磁漆以清漆为基础加入颜料等研磨而制得的黏稠状不透明漆。

2) 聚酯树脂漆

聚酯树脂漆是以不饱和聚酯和苯乙烯为主要成膜物质的无溶剂型漆。

聚酯树脂漆可高温固化，也可常温固化（施工温度不小于15℃），干燥速度快。漆膜丰满厚实，有较好的光泽度、保光性及透明度，漆膜硬度高、耐磨、耐热、耐寒、耐水、耐多种化学药品的作用。含固量高，涂饰一次漆膜厚可达 $200\sim300\mu m$。固化时溶剂挥发少，污染小。

该种涂料的缺点是漆膜附着力差、稳定性差、不耐冲击。为双组分固化型，施工配制较麻烦，涂膜破损不易修补。涂膜干性不易掌握，表面易受氧阻聚。

聚酯树脂漆主要用于高级地板涂饰和家具涂饰。施工应注意不能用虫胶漆或虫胶腻子打底，否则会降低粘附力。施工温度不小于15℃，否则固化困难。

3) 聚氨酯漆

聚氨酯漆是以聚氨酯为主要成膜物质的木器涂料。

聚氨酯漆可高温固化，也可常温或低温（0℃以下）固化，故可现场施工也可工厂化涂饰。装饰效果好、漆膜坚硬、韧性高、附着力高、涂膜强度高、高度耐磨、优良的耐溶性和耐腐蚀性。

该种涂料的缺点是含有游离异氰酸酯（TDI），污染环境。遇水或潮气时易胶凝起泡。保色性差，遇紫外线照射易分解，漆膜泛黄。

聚氨酯漆广泛用于竹、木地板、船甲板的涂饰。

木器涂料必须执行《室内装饰装修材料 溶剂型木器涂料中有害物质限量》（GB 18581—2009）、《室内装饰装修材料 水性木器涂料中有害物质限量》（GB 24410—2009）国家标准的强制性条文。

(2) 内墙涂料

1) 分类

乳液型内墙涂料，包括丙烯酸酯乳胶漆、苯-丙乳胶漆、乙烯-乙酸乙烯乳胶漆。

水溶性内墙涂料，包括聚乙烯醇水玻璃内墙涂料、聚乙烯醇缩甲醛内墙涂料。

其他类型内墙涂料，包括复层内墙涂料、纤维质内墙涂料、绒面内墙涂料等。

水溶性内墙涂料已被建设部2001年颁布的第27号公告《关于发布化学建材技术与产品公告》列为停止或逐步淘汰类产品，产量和使用已逐渐减少。

2) 特性及应用

丙烯酸酯乳胶漆涂膜光泽柔和、耐候性好、保光保色性优良、遮盖力强、附着力高、易于清洗、施工方便、价格较高，属于高档建筑装饰内墙涂料。

苯-丙乳胶漆有良好的耐候性、耐水性、抗粉化性、色泽鲜艳、质感好，由于聚合物粒度细，可制成有光型乳胶漆，属于中高档建筑内墙涂料。与水泥基层附着力好，耐洗刷性好，可以用于潮气较大的部位。

乙烯-乙酸乙烯乳胶漆是在乙酸乙烯共聚物中引入乙烯基团形成的乙烯-乙酸乙烯（VAE）乳液中，加入填料、助剂、水等调配而成。该种涂料成膜性好、耐水性较高、耐候性较好、价格较低，属于中低档建筑装饰内墙涂料。

（3）外墙涂料

1) 分类。溶剂型外墙涂料，包括过氯乙烯、苯乙烯焦油、聚乙烯醇缩丁醛、丙烯酸酯、丙烯酸酯复合型、聚氨酯系外墙涂料。

乳液型外墙涂料，包括薄质涂料纯丙乳胶漆、苯-丙乳胶漆、乙-丙乳胶漆和厚质涂料乙-丙乳液厚涂料、氯-偏共聚乳液厚涂料。

水溶性外墙涂料，该类涂料以硅溶胶外墙涂料为代表。

其他类型外墙涂料包括复层外墙涂料和砂壁状涂料。

2) 特性及应用。过氯乙烯外墙涂料具有良好的耐大气稳定性、化学稳定性、耐水性、耐霉性。

丙烯酸酯外墙涂料有良好的抗老化性、保光性、保色性、不粉化、附着力强，施工温度范围（0℃以下仍可干燥成膜）。但该种涂料耐沾污性较差，因此，常利用其与其他树脂能良好相混溶的特点，将聚氨酯、聚酯或有机硅对其改性制得丙烯酸酯复合型耐沾污性外墙涂料，综合性能大大改善，得到广泛应用。施工时基体含水率不应超过8%，可以直接在水泥砂浆和混凝土基层上进行涂饰。

复层涂料由基层封闭涂料、主层涂料、罩面涂料三部分构成。按主层涂料的粘结料的不同可分为聚合物水泥系（CE）、硅酸盐系（SI）、合成树脂乳液系（E）和反应固化型合成树脂乳液系（RE）复层外墙涂料。复层涂料粘结强度高、具有良好的耐褪色性、耐久性、耐污染性、耐高低温性。外观可成凹凸花纹状、环状等立体装饰效果，故亦称浮感涂料或凹凸花纹涂料。适用于水泥砂浆、混凝土、水泥石棉板等多种基层的中高档建筑装饰饰面。

（4）地面涂料（水泥砂浆基层地面涂料）

1) 分类。溶剂型地面涂料包括过氯乙烯地面涂料、丙烯酸-硅树脂地面涂料、聚氨酯-丙烯酸酯地面涂料，为薄质涂料，涂覆在水泥砂浆地面的抹面层上，起装饰和保护作用。

乳液型地面涂料，有聚醋酸乙烯地面涂料等。

合成树脂厚质地面涂料，包括环氧树脂厚质地面涂料、聚氨酯弹性地面涂料、不饱和聚酯地面涂料等。该类涂料常采用刮涂方法施工，涂层较厚，可与塑料地板媲美。

2) 特性及应用。过氯乙烯地面涂料干燥快、与水泥地面结合好、耐水、耐磨、耐化学药品腐蚀。施工时有大量有机溶剂挥发、易燃，要注意防火、通风。

聚氨酯-丙烯酸酯地面涂料涂膜外观光亮平滑、有瓷质感，良好的装饰性、耐磨性、耐水性、耐酸碱、耐化学药品。

以上两种地面涂料适用于图书馆、健身房、舞厅、影剧院、办公室、会议室、厂房、车间、机房、地下室、卫生间等水泥地面的装饰。

环氧树脂厚质地面涂料是以黏度较小、可在室温固化的环氧树脂（如 E-44、E-42 等牌号）为主要成膜物质，加入固化剂、增塑剂、稀释剂、填料、颜料等配制而成的双组分固化型地面涂料。其特点是粘结力强、膜层坚硬耐磨且有一定韧性，耐久、耐酸、耐碱、耐有机溶剂、耐火、防尘，可涂饰各种图案。施工操作比较复杂。环氧树脂厚质地面涂料主要应用于机场、车库、实验室、化工车间等室内外水泥基地面的装饰。

(5) 氟碳涂料

氟碳涂料是在氟树脂基础上经改性、加工而成的涂料，简称氟涂料又称氟碳漆，属于新型高档高科技全能涂料。

1) 分类。按固化温度的不同可分为高温固化型（主要指 PVDF，即聚偏氟乙烯涂料，180℃固化）、中温固化型、常温固化型。按组成和应用特点可分为溶剂型氟涂料、水性氟涂料、粉末氟涂料、仿金属氟涂料等。

2) 特性。氟碳涂料具有优异的耐候性、耐污性、自洁性、耐酸碱、耐腐蚀、耐高低温性能好，涂层硬度高，与各种材质的基体有良好的粘结性能、色彩丰富有光泽、装饰性好、施工方便、使用寿命长。

3) 应用。氟碳涂料广泛用于金属幕墙、柱面、墙面、铝合金门窗框、栏杆、天窗、金属家具、商业指示牌户外广告着色及各种装饰板的高档饰面。

第三节　建筑功能材料的新发展

1. 绿色建筑功能材料

绿色建材又称生态建材、环保建材等，其本质内涵是相通的，即采用清洁生产技术，少用天然资源和能源，大量使用工农业或城市废弃物生产无毒害、无污染、达生命周期后可回收再利用，有利于环境保护和人体健康的建筑材料。在当前的科学技术和社会生产力条件下，已经可以利用各类工业废渣生产水泥、砌块、装饰砖和装饰混凝土等；利用废弃的泡沫塑料生产保温墙体材料；利用无机抗菌剂生产各种抗菌涂料和建筑陶瓷等各种新型绿色功能建筑材料。

2. 复合多功能建筑材料

复合多功能建筑材料是指材料在满足某一主要的建筑功能的基础上，附加了其他使用功能的建筑材料。例如抗菌自洁涂料，它既能满足一般建筑涂料对建筑主体结构材料的保护和装饰墙面的作用，同时又具有抵抗细菌的生长和自动清洁墙面的附加功能，使得人类的居住环境质量进一步提高，满足了人们对健康居住环境的要求。

3. 智能化建筑材料

所谓智能化建筑材料是指材料本身具有自我诊断和预告失效、自我调节和自我修复的功能并可继续使用的建筑材料。当这类材料的内部发生异常变化时，能将材料的内部状况反映出来，以便在材料失效前采取措施，甚至材料能够在材料失效初期自动进行自我调节，恢复材料的使用功能。如自动调光玻璃，根据外部光线的强弱，自动调节透光率，保持室内光线的强度平衡，既避免了强光对人的伤害，又可调节室温和节约能源。

4. 建筑功能新材料品种

（1）热弯夹层纳米自洁玻璃

该种新型功能玻璃充分利用纳米 TiO_2 材料的光催化活性，把纳米 TiO_2 镀于玻璃表面，在阳光照射下，可分解粘在玻璃上的有机物，在雨、水冲刷下实现玻璃表面的自洁。以热弯夹层纳米自洁玻璃作采光棚顶和玻璃幕墙，可大大减少了清洁成本，而且对城市整体形象的提升可起到明显的作用。

（2）自愈合混凝土

相当部分建筑物在完工尤其受到动荷载作用后，会产生不利的裂纹，对抗震尤其不利。自愈合混凝土则可克服此缺点，大幅度提高建筑物的抗震能力。自愈合混凝土是将低模量粘接剂填入中空玻璃纤维，并使粘接剂在混凝土中长期保持性能稳定不变。为防玻璃纤维断裂，该技术将填充了粘接剂的玻璃纤维用水溶性胶粘接成束，平直地埋入混凝土中。当结构产生开裂时，与混凝土粘结为一体的玻璃纤维断裂，粘接剂释放，自行粘接嵌补裂缝，从而使混凝土结构达到自愈合效果。该种自愈合功能性混凝土可大大提高混凝土结构的抗震能力，有效提高使用的耐久性和安全性。

（3）新型水性化环保涂料

新型水性化环保涂料是用水做为分散介质和稀释剂，而且涂料采用的原料无毒无害，在制造工艺过程中也无毒无污染的涂料。与溶剂型涂料最大区就在于使用水做为溶剂，大大减少了有机溶剂挥发气体的排放（VOC）；而且水作为最为普遍的资源之一，大大简化了涂料稀释的工艺性，同时该种功能新材料非常便于运输和贮藏，这些特点都是有机溶剂涂料无法比拟的。

中国是世界涂料市场增长最快的国家，涂料年产量达到500多万吨，位居世界第二。但产品多以传统的溶剂型涂料为主，污染相对较严重。目前在工业和木器涂料中，水性涂料应用比例还较低。在欧美市场，由于制定了严格的环保标准，走出了一条粉末涂料加水性涂料的绿色之路，产品普遍应用在木器、塑料、钢铁涂层上，甚至连火车也刷涂水性漆。在政府的推动和支持下，我国新型水性化环保涂料有着非常广阔的发展前景。

第十二章 建筑功能材料

应用案例与发展动态

外墙有机保温板保温性能与防火性能统筹考虑的必要性

上海"11·15"特别重大火灾事故现场大楼外立面上大量裸露聚氨酯（PU）泡沫保温材料，是导致大火迅速蔓延的重要原因。而且燃烧产生剧毒氰化氢气体，更是导致多人死亡的主要原因。

从 20 世纪 90 年代末，有机保温材料聚苯乙烯泡沫塑料（EPS）和挤塑板（XPS），开始在国内应用。这些材料优势明显：造价较低；保温性能好且易施工，但最大的缺点是可燃性强。而随后逐步发展起来的聚氨酯（PU）保温材料，虽价位较高，但保温性更好、品质更高档，然而，它的可燃性更强。

从 2007 年开始，随着各种外墙保温材料广泛应用，国内由此引发的火灾此起彼伏：长春住宅楼电焊引燃外墙材料、乌鲁木齐市一在建高层住宅楼外墙保温层着火……这些高层建筑火灾，九成是施工期间发生，大多又跟外墙保温材料密切相关。

目前有机保温材料中，都向原材料中添加了阻燃剂，有一定阻燃效果。但 EPS 和 XPS 仍易着火易滴溶。PU 材料虽可自熄，但温度达到一定程度后就难以熄灭。

2006 年发布的《建筑材料燃烧性能分级方法等级标准》（GB 8624—2006），虽然提高了外墙保温材料的阻燃性指标，但并没禁止使用，仅指出上述材料使用时存在安全隐患，需要防护措施。

2009 年 9 月 25 日，公安部、住房和城乡建设部联合制定《民用建筑外保温系统及外墙装饰防火暂行规定》。根据防火等级，A 级材料燃烧性是不燃，B1 级是难燃，B2 级是可燃。规定指出，非幕墙类居住建筑，高度大于等于 100m，其保温材料的燃烧性能应为 A 级；高度大于等于 60m 小于 100m，保温材料燃烧性能不应低于 B2 级。如果使用 B2 级材料，每层必须设置水平防火隔离带。

日本法规将耐热性能好燃烧后发烟量低的酚醛泡沫作为公共建筑的标准节能耐燃材料，在我国仅有"水立方"、北京地铁等高档公共建筑施工中使用酚醛泡沫。目前，岩棉和玻璃棉作为保温材料，在国际上被广泛采用，岩棉耐高温最高使用温度能达到 650℃，玻璃棉也可以达到 300℃。德国、瑞典及芬兰等发达国家大都使用岩棉做外墙及屋面保温。我国已经开发出既保温又防火的材料，但因成本价格是普通材料的数倍，大面积推广仍需时间。

目前在国内仍普遍使用的墙体保温材料—挤塑板按《绝热用挤塑聚苯乙烯泡沫塑料（XPS）》（GB/T 108012—2002）产品标准和《建筑材料及制品燃烧性能分级》（GB 8624—2006）标准应为 D、E 级（原 B2 级），属于可燃的建筑材料，即使加入一定的阻燃添加剂（溴系阻燃剂），形成所谓阻燃型也仅是商业名称，其仍属于可燃的材料。

通过以上的分析可知，有机墙体保温材料材料的选择与经济发展水平有密切的关系，在目前我国相关政策及市场环境条件下，处理好外墙有机保温板的保温性能与防火性能统筹考虑的问题是至关重要的。

本章小结

本章主要介绍了隔热保温材料和装饰材料两大类建筑功能材料以及新型建筑功能材料的发展。

掌握　用于墙体保温隔热的无机、有机材料的品种、特性和应用要点；建筑陶瓷制品的类别、特性及选用原则；安全及节能玻璃的功能特性原理及选用；建筑涂料的功能、组成和及其应用。

理解　墙体保温隔热材料的基本性能要求；建筑涂料的功能、组成。

了解　陶瓷和玻璃的基本知识；新型建筑功能材料的发展。

复习思考题

1. 试分析隔热保温材料受潮后，其隔热保温性能明显下降的原因。
2. 结合具体案例说明外墙有机保温板的保温性能与防火性能必须统筹考虑的必要性。
3. 常用的陶瓷饰面材料有哪几种？各有何用途？
4. 釉面砖为何不宜用于室外？
5. 玻璃在建筑上的用途有哪些？有哪些性质？
6. 常用的安全玻璃有哪几种？各有何特点？用于何处？
7. 什么是吸热玻璃、热反射玻璃、中空玻璃？各自的特点及应用有哪些？
8. 不同种类的安全玻璃有何不同？
9. 建筑涂料对建筑物有哪些应用功能？
10. 有机建筑涂料主要有哪几种类型？各有什么特点？
11. 从溶剂型和乳液型涂料的组成特点上分析其之间的应用性能的不同和各自的特色。

第十三章

建筑材料试验

第十三章 建筑材料试验

绪 论

一、试验目的

建筑材料试验是建筑材料这门课程的一个重要组成部分,它是与课堂理论教学互相配合的一个不可缺少的实践性教学环节。多年的教学试验证明,通过这个教学环节既可验证和巩固课堂上讲授的理论知识,充实和丰富教学内容,同时又可通过试验操作,熟悉试验设备和试验操作技能,具体了解材料性质的检验方法和有关的技术规范,为将来参加实际材料试验和科学研究工作打下必要的基础,所以学好建筑材料试验是很重要的。

二、试验步骤

(1) 选取有代表性的样品(简称取样),选择适当精度仪器设备;
(2) 按规定的标准方法进行试验操作,作出试验记录;
(3) 将试验数据加以整理,通过分析作出试验结论,写出试验报告。

三、注意事项

(1) 应该注意不同的材料有不同的取样方法。各种材料的取样方法,一般在有关国家标准和技术规范中有所规定,试验人员必须严格遵守,使试验结果具有充分的代表性和可靠性,以利于取得可靠的试验数据,作出可信的结论。

(2) 要注意材料性质试验数据总是带有一定的条件性,即材料性质试验的测定值与试验时的种种条件有关。很多因素影响着材料强度的测定值。因此,为了取得可以进行比较材料性质的测定值,必须严格按照国家标准所规定的试验条件进行试验。

(3) 每次试验完毕,都必须认真填写试验报告,计算时要注意单位,数据要有分析,问题要有结论。分析中应说明试验数据的精确度,结论要指出试验数据说明了什么问题。为了加深理论认识,在试验报告中,可以写上试验原理、影响因素、存在的问题以及自己的心得体会。

试验一 建筑材料基本性质的试验

一、密度试验

1. 主要仪器设备

李氏瓶、筛子（孔径0.20mm或900孔/cm²）、量筒、烘箱、天平、温度计、漏斗、小勺等。

2. 试样制备

将材料（建议用石灰石）试样磨成粉末，使它完全通过筛孔为0.2mm的筛，再将粉末放入烘箱内，在105～110℃温度下烘干至恒重，然后在干燥器内冷却至室温。

3. 试验方法及步骤

（1）将不与试样起反应的液体（水、煤油、苯等）倒入李氏瓶中，至突颈下部。并将李氏瓶放在盛水的玻璃容器中，使刻度部分完全浸入，并用支架夹住，容器中的水温应与李氏瓶刻度的标准温度（20±2℃）一致。待瓶内液体温度与水温相同后，读李氏瓶内液体凹液面的刻度值为V_1（精确至0.1ml，以下同）。

（2）用天平称取60～90g试样（准确至0.01g，以下同），记为m_1，用小勺和漏斗小心地将试样徐徐送入李氏瓶中（不能大量倾倒，否则会妨碍李氏瓶中空气排出或使咽喉部位堵塞），直至液面上升至20mL刻度左右为止。

（3）转动李氏瓶，使液体中气泡排出，再将李氏瓶放入盛水的玻璃容器中，待液体温度与水温一致后，读液体凹液面刻度值V_2。

（4）称取未注入瓶内剩余试样的质量（m_2）计算出装入瓶中试样质量m（两次称量值m_1、m_2之差）。

（5）将注入试样后的李氏瓶中液面读数减去未注前的读数（V_2-V_1），得出试样的绝对体积V。

4. 试验结果确定

按下式计算出密度ρ（精确至0.01g/cm³）

$$\rho = \frac{m}{V} \tag{13-1}$$

式中　m——装入瓶中的质量（g）；

　　　V——装入瓶中试样的体积（cm³）。

按规定，密度试验用两个试样平行进行，以其计算结果的算术平均值作为最后结果，但两次结果之差不应大于0.2g/cm³，否则重做。

二、表观密度试验

1. 砂的表观密度试验（容量瓶法）

（1）主要仪器设备

容量瓶（500ml）、托盘天平、干燥器、浅盘、铝制料勺、温度计、烧杯等。

（2）试样制备

将按规定方法提取的试样样品缩分至约660g，在温度为105℃±5℃的烘箱中烘干至恒重，并在干燥器内冷却至室温后分为大致相等的两份备用。

（3）试验方法及步骤

1）称取烘干的试样300g（m_0），精确至0.1g，将试样装入容量瓶中，注入冷开水至接近500mL的刻度处，用手旋转摇动容量瓶，使砂样在水中充分搅动，以排除气泡，塞紧瓶塞，静置24h左右。

2）静置后用滴管小心加水至容量瓶500mL刻度处，再塞紧瓶塞，擦干瓶外水分，称其质量（m_1），精确至1g。

3）倒出瓶内水和试样，将瓶的内外表面洗净。再向容量瓶内注入与上述水温相差不超过2℃的冷开水至500mL刻度处。塞紧瓶塞，擦干瓶外水分，称其质量（m_2），精确至1g。

（4）试验结果及确定

按下式计算砂的表观密度（精确至10kg/m³）：

$$\rho = \left(\frac{m_0}{m_0 + m_2 - m_1} - \alpha_t \right) \times \rho_w \qquad (13\text{-}2)$$

式中　m_0——试样的烘干重量，g；
　　　m_1——试样、水及容量瓶的总质量，g；
　　　m_2——水及容量瓶的总质量，g；
　　　α_t——称量时的水温对表观密度影响的修正系数，见表13-1。

不同水温下砂的表观密度修正系数　　　　　　　　　表13-1

水温℃	15	16	17	18	19	20	21	22	23	24	25
α_t	0.002	0.003	0.003	0.004	0.004	0.005	0.005	0.006	0.006	0.007	0.008

按规定，表观密度应用两份试样平行测定两次，并以两次结果的算术平均值作为测定结果，如两次测定结果的差值大于0.02g/cm³时，应重新取样测定。

2. 石子表观密度试验（广口瓶法）

（1）主要仪器设备

广口瓶、烘箱、天平、筛子、浅盘、带盖容器、毛巾、刷子、玻璃片。

（2）试样制备

将试样筛去5mm以下的颗粒，用四分法（此方法见试验三，混凝土用骨料试验中的取样方法）缩分至不少于2kg，洗刷干净后，分成两份备用。

（3）试验方法及步骤

1）将试样300g左右浸入水饱和，然后装入广口瓶中。装试样时，广口瓶应倾斜放置，注入饮用水，用玻璃片覆盖瓶口，以上下左右摇晃的方法排除气泡。

2）气泡排尽后，向瓶中添加饮用水，直至水面凸出瓶口边缘。然后用玻璃片沿瓶口迅速滑行，使其紧贴瓶口水面。擦干瓶外水分后，称出试样、瓶和玻璃片总量m_1，精确至1g。

3）将瓶中试样倒入浅盘，放在烘箱中于105±5℃下烘干至恒重，待冷却至室温后，称出其质量m，精确至1g。

4）将瓶洗净并重新注入饮用水，用玻璃片紧贴瓶口水面，擦干瓶外水分后，称出水、瓶和玻璃片总质量m_2，精确至1g。

（4）试验结果确定

表观密度按下式计算（精确至 $10kg/m^3$）：

$$\rho_g = \left(\frac{m}{m+m_2-m_1}\right) \times \rho_w \times 1000 \qquad (13\text{-}3)$$

式中　ρ_g——石子表观密度（kg/m^3）；
　　　m_1——试样、水、瓶和玻璃片的总质量（g）；
　　　m——烘干试样质量（g）；
　　　m_2——水、瓶和玻璃片总质量（g）；
　　　ρ_w——水的密度（g/cm^3）。

以两次检验结果的算术平均值作为测定值，如两次结果之差大于 $20kg/m^3$，可取 4 次试验结果的平均值。

三、体积密度试验

试验目的：体积密度是计算材料孔隙率，确定材料体积及结构自重的必要数据。通过体积密度还可估计材料的某些性质（如导热系数、强度等）。

1. 规则几何形状试样的测定（如砖）

（1）主要仪器设备

游标卡尺、天平、烘箱、干燥器等。

（2）试样制备

将规则形状的试样放入 $105\pm5℃$ 的烘箱内烘干至恒重，取出放入干燥器中，冷却至室温待用。

（3）试验方法与步骤

1）用游标卡尺量出试样尺寸（试件为正方体或平行六面体时以每边测量上、中、下三个数值的算术平均值为准；试件为圆柱体，按两个垂直方向量其直径，各方向上、中、下量三次，以 6 次的平均值为准确定直径），并计算出其体积（V_0）。

2）用天平称量出试件的质量（m）。

（4）试验结果确定

按下式计算出体积密度 ρ_0：

$$\rho_0 = \frac{m}{V_0} \qquad (13\text{-}4)$$

式中　m——试样的质量（g）；
　　　V_0——试样体积（包括开口孔隙、闭口孔隙体积和材料绝对密实体积）。

2. 不规则形状试样的测试（卵石等）

对于形状不规则的试件，则须用排液置换法才能求其体积。如被测试件溶于水或其吸水率大于 0.5%，则试件须进行蜡封处理（蜡封法）。

（1）试验材料

将试件（建议用石灰石）破碎成长约 5~7cm 的碎块 3~5 个。用毛刷刷去表面石粉，然后置于 $105\pm5℃$ 烘箱内烘干至恒重，并在干燥器内冷却至室温。

(2) 仪器与设备

液体静力天平（感量 0.1g）、烘箱及干燥器、石蜡。

(3) 试验方法及步骤

1) 称出试件在空气中的质量 m（精确至 0.1g，以下同）。

2) 将试件置于熔融石蜡中，1～2s 后取出，使试件表面沾上一层蜡膜（膜厚不超过 1mm）。如蜡膜上有气泡，用烧红的细针将其刺破，然后再用热针蘸蜡封住气泡口，以防水分渗入试件。

3) 称出蜡封试件在空气中的质量 m_1。

4) 称出蜡封试件在水中的质量 m_2。

5) 检定石蜡的密度 $\rho_{蜡}$（一般为 0.93g/cm³）。

(4) 试验结果确定

按下式计算材料的体积密度 ρ_0（精确至 0.01g/cm³）：

$$\rho_0 = \frac{m}{\frac{m_1-m_2}{\rho_w} - \frac{m_1-m}{\rho_{蜡}}} \tag{13-5}$$

式中　m——试件在空气中的质量（g）；

m_1——蜡封试件在空气中的质量（g）；

m_2——蜡封试件在水中的质量（g）；

$\rho_{蜡}$——石蜡密度（g/cm³）。

试件的结构均匀时，以三个试件测定值的算术平均值作为试验结果，各个测定值的差不得大于 0.02g/cm³；如试件结构不均匀时，应以 5 个试件测定值的算术平均值作为试验结果，并注明最大、最小值。

四、堆积密度试验

堆积密度是指粉状或颗粒状材料，在堆积状态下，单位体积的质量。下面我们就以细骨料和粗骨料为例介绍两种堆积密度的测试方法。

1. 细骨料堆积密度试验

(1) 主要仪器设备

标准容器（容积为 1L）、标准漏斗、台秤、铝制料勺、烘箱、直尺等。

(2) 试样制备

用四分法缩取 3L 试样放入浅盘中，将浅盘放入温度为 105±5℃ 的烘箱中烘至恒重，取出冷却至室温，分为大致相等的两份备用。

(3) 试验方法及步骤

1) 称取标准容器的质量（m_1）。

2) 取试样一份，用漏斗和铝制料勺将其徐徐装入标准容器，直至试样装满并超出标准容器筒口。

3) 用直尺将多余的试样沿筒口中心线向两个相反方向刮平，称其质量（m_2）。

(4) 试验结果确定

试样的堆积密度 ρ_0' 按下式计算（精确至 10kg/m^3）：

$$\rho_0' = \frac{m_2 - m_1}{V_0'} \times 1000 \tag{13-6}$$

式中 m_1——标准容器的质量（kg）；

m_2——标准容器和试样总质量（kg）；

V_0'——标准容器的容积（L）。

2. 粗骨料堆积密度试验

(1) 主要仪器设备

容量筒（规格容积见表13-2）、平头铁锹、烘箱、磅秤。

容量筒的规格要求　　　　　表 13-2

碎石或卵石的最大粒径 (mm)	容量筒容积 (L)	容量筒规格(mm)		筒壁厚度 (mm)
		内径	净高	
9.5,16.0,19.0,26.5	10	208	294	2
31.5,37.5	20	294	294	3
63.0,75.0	30	360	294	4

(2) 试样制备

用四分法缩取不少于表13-3规定数量的试样，放入浅盘，在 $105\pm5℃$ 的烘箱中烘干，也可以摊在洁净的地面上风干，拌匀后分成大致相等的两份备用。

堆积密度试验所需的试样最小数量　　　　　表 13-3

最大公称粒径(mm)	10.0	16.0	20.0	25.0	31.5	40.0	63.0	80.0
试样质量(kg)	40	40	40	40	80	80	120	120

(3) 试验方法与步骤

1) 称取容量筒质量 m_1（kg）。

2) 取试样一份置于平整、干净的混凝土地面或铁板上，用平头铁锹铲起试样，使石子在距容量筒上口约5cm处自由落入容量筒内，容量筒装满后，除去凸出筒口表面的颗粒，并以比较合适的颗粒填充凹陷空隙部分，使表面稍凸起部分和凹陷部分的体积基本相等。

3) 称出容量筒连同试样的总质量 m_2（kg）。

(4) 试验结果及确定

试样的堆积密度 ρ_0' 按下式计算（精确至 0.01kg/m^3）：

$$\rho_0' = \frac{m_2 - m_1}{V_0'} \times 1000 \tag{13-7}$$

式中 m_1——标准容器质量（kg）；

m_2——标准容器和试样总质量（kg）；

V_0'——标准容器的容积（L）。

按规定，堆积密度应用两份试样平行测定两次，并以两次结果的算术平均值作为测定结果。

五、孔隙率、空隙率的计算

1. 孔隙率计算

孔隙率是指材料体积内，孔隙体积所占的比例。

材料的孔隙率 P 按下式计算：

$$P = \left(1 - \frac{\rho_0}{\rho}\right) \times 100\% \tag{13-8}$$

式中　ρ——材料的密度（g/cm³）；

　　　ρ_0——材料的体积密度（g/cm³）。

2. 空隙率的计算

空隙率是指粉状或颗粒状材料的堆积体积中，颗粒间空隙体积所占的比例。

材料的空隙率 P' 按下式计算：

$$P' = \left(1 - \frac{\rho_0'}{\rho_0}\right) \times 100\% \tag{13-9}$$

式中　ρ_0——材料颗粒的体积密度，当测试混凝土用骨料时，ρ_0 应取 ρ'（kg/m³）；

　　　ρ_0'——颗粒材料的堆积密度（kg/cm³）。

试验二　水　泥　试　验

一、水泥试验的一般规定

1. 取样方法

以同一水泥厂按同品种、同强度等级编号和取样。袋装水泥和散装水泥应分别进行编号和取样。每一编号为一取样单位。水泥出厂编号按年生产能力规定为：

200×10^4 t 以上，不超过 4000t 为一编号；

120×10^4 t～200×10^4 t，不超过 2400t 为一编号；

60×10^4 t～120×10^4 t，不超过 1000t 为一编号；

30×10^4 t～60×10^4 t，不超过 600t 为一编号；

10×10^4 t～30×10^4 t，不超过 400t 为一编号；

10×10^4 t 以下，不超过 200t 为一编号。

取样方法可连续取，亦可从 20 个以上不同部位取等量样品，总量至少 12kg。当散装水泥运输工具的容量超过该厂规定出厂编号吨数时，允许该编号的数量超过取样规定吨数。

2. 养护条件

试验室温度应为20℃±2℃，相对湿度应大于50%。养护箱温度为20℃±1℃，相对湿度应大于90%。

3. 材料要求

(1) 水泥试样应充分拌匀。

(2) 试验用水必须是洁净的淡水。

(3) 水泥试样、标准砂、拌和用水等的温度与试验室温度相同。

4. 仪器设备

量筒或滴定管精度为±0.5mm。

天平最大称量不小于1000g，分度值不大于1g。

二、水泥标准稠度用水量试验

1. 试验目的

标准稠度用水量是水泥净浆以标准方法测试而达到统一规定的浆体可塑性所需加的用水量，而水泥的凝结时间和安定性都和用水量有关，因此测试可消除试验条件的差异，有利于比较，同时为凝结时间和安定性试验做好准备。

2. 主要仪器设备

(1) 标准稠度与凝结时间测定仪

如图13-1所示，标准稠度测定用试杆（见图13-1c）有效长度为50±1mm，由直径为$\phi 10\pm 0.05$mm的圆柱形耐腐蚀金属制成。测定凝结时间时取下试杆，用试针（见图13-1d、e）代替试杆。试针由钢制成，其有效长度初凝针为50±1mm，终凝针为30±1mm、直径为$\phi 1.13\pm 0.05$mm的圆柱体。滑动部分的总质量为300±1g。与试杆、试针联结的滑动杆表面应光滑，能靠重力自由下落，不得有紧涩和摇动现象。

(2) 净浆搅拌机

如图13-2所示。净浆搅拌机由搅拌锅、搅拌叶片、传动机构和控制系统组成。搅拌叶片在搅拌锅内作旋转方向相反的公转和自转，并可在竖直方向调节。搅拌锅可以升降，传动结构保证搅拌叶片按规定的方向和速度运转，控制系统具有按程序自动控制与手动控制两种功能。

(3) 量水器（最小刻度为0.1ml，精度1%），天平（称量为1000g，精度为1g）。

3. 试验方法与步骤

(1) 标准法

1) 测定前检查仪器，仪器的金属棒应能自由滑动。试锥降至锥模顶面时，指针应对准标尺的零点，搅拌机应能正常运转。

2) 拌合前将拌合用具（搅拌锅及搅拌叶片等）、试锥及试模等用湿布擦抹。然后在5~10s内将称量好的500g水泥试样倒入搅拌锅内。拌合用水量按经验初步选定（精确至0.5g）。

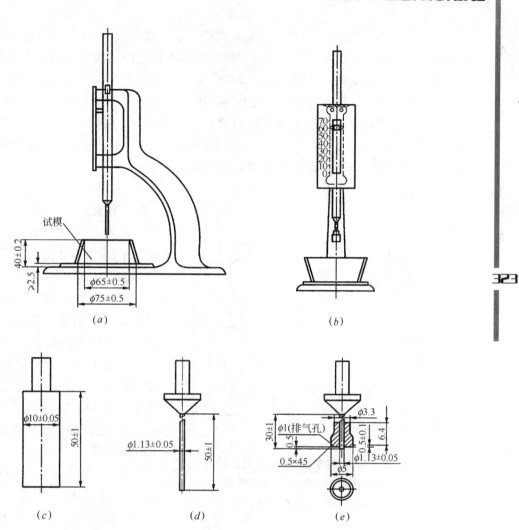

图 13-1 测定水泥标准稠度和凝结时间用的维卡仪

(a) 初凝时间测定用立式试模的侧视图；(b) 终凝时间测定用反转试模的前视图；
(c) 标准稠度试杆；(d) 初凝用试针；(e) 终凝用试针

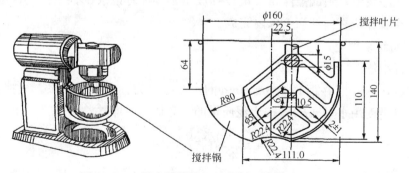

图 13-2 水泥净浆搅拌机示意图（单位：mm）

3）将装有水泥试样的搅拌锅固定在搅拌机锅座上，并升至搅拌位置，开动搅拌机，同时徐徐加入拌合水，慢速搅拌 120s，停 15s，接着高速搅拌 120s 后停机。

4）拌合完毕，将净浆立即一次装入试模，浆体超过试模上端，用宽约 25mm 的直边刀轻轻拍打超过试模部分浆体 5 次以排除浆体中的孔隙，然后在试模上表面 1/3 处，略倾斜于试模分别向外轻轻锯掉多余余浆，再从试模边沿轻抹顶部一次，使净浆表面光滑，在锯掉余浆及抹平的过程中，注意不要压实净浆，抹平后迅速将试模和底板放到维卡仪上。将试杆降至净浆的表面，拧紧螺丝（1～2s），然后突然放松（即拧开螺丝），让试杆垂直自由地沉入水泥净浆中，到试杆停止下沉或释放试杆 30s 时记录试杆距底板之间的距离，整个操作应在搅拌后 90s 内完成。

（2）代用法

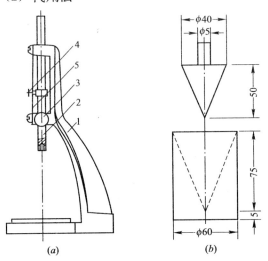

图 13-3 标准稠度和凝结时间测定仪
（a）标准稠度测定仪；（b）试锥和锥模
1—铁座；2—金属圆棒；3—松紧螺丝；4—指针；5—标尺

代用法所用试验仪器中维卡仪及净浆搅拌机与标准法相同，区别仅在于所用试锥和装净浆的锥模不同，如图 13-3（b）所示。

采用代用法测定水泥标准稠度用水量可用调整水量和不变水量两种方法的任一种测定。

采用调整水量法时拌和水量按经验确定，采用不变水量法时拌合用水量为 142.5mL。

1）测试前仪器检查工作与搅拌过程同标准法。

2）拌合结束后，立即将拌制好的水泥净浆装入锥模中，用宽约 25mm 的直边刀在浆体表面轻轻插捣 5 次，再轻振 5 次，刮去多余的净浆，抹平后迅速放到试锥下的固定位置上。将试锥降至净浆的表面，拧紧螺丝（1～2s），然后突然放松（即拧开螺丝），让试锥垂直自由地沉入水泥净浆中，到试锥停止下沉或释放试锥 30s 时记录试锥下沉的深度 S（单位：mm）。整个操作应在搅拌后 90s 内完成。

4. 试验结果评定

（1）标准法

以试杆沉入净浆并距底板 6±1mm 的水泥净浆为标准稠度净浆。其拌合水量为该水泥的标准稠度用水量（P），按水泥质量的百分比计。即

$$P=\frac{用水量}{水泥质量}\times 100\% \tag{13-10}$$

（2）代用法

1）调整水量法

试锥下沉深度为 (30±1)mm 时的拌合用水量为水泥的标准稠度用水量 P，以水泥质量的百分比计，按下式计算：

$$P = \frac{W}{500} \times 100\% \qquad (13\text{-}11)$$

式中 W —— 拌合用水量，ml。

如试锥下沉的深度超出上述范围，须重新称取试样，调整用水量，重新试验，直至达到（30±1）mm 时为止。

2）不变水量法

当测得的试锥下沉深度为 S（单位：mm）时，可按下式计算（或由标尺读出）标准稠度用水量 P：

$$P = 33.4 - 0.185S \qquad (13\text{-}12)$$

当试锥下沉深度 S 小于 13mm 时，不得使用不变用水量法，而应采用调整用水量法。如调整用水量法与不变用水量法测定值有差异时，以调整用水量法为准。

三、安定性试验

1. 试验目的

安定性是水泥硬化后体积变化是否均匀的性质，体积的不均匀变化会引起膨胀、开裂或翘曲等现象。

2. 主要仪器设备

沸煮箱、雷氏夹（见图 13-4）、雷氏夹膨胀值测量仪（见图 13-5），水泥净浆搅拌机、玻璃板等。

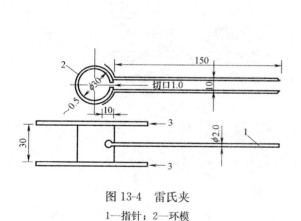

图 13-4 雷氏夹
1—指针；2—环模

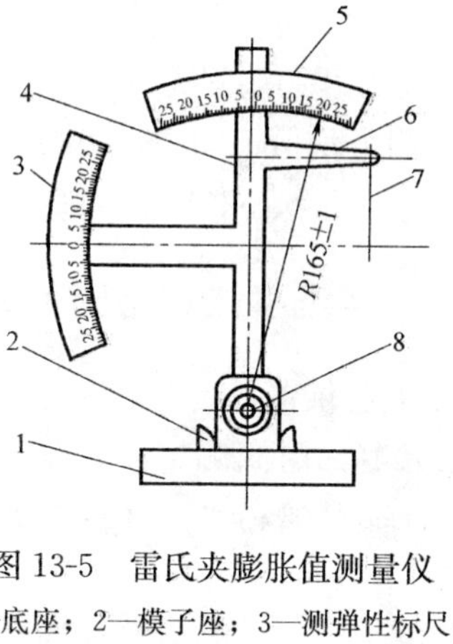

图 13-5 雷氏夹膨胀值测量仪
1—底座；2—模子座；3—测弹性标尺；
4—立柱；5—测膨胀值标尺；6—悬臂；
7—悬丝；8—弹簧顶扭

3. 试验方法及步骤

（1）试件制作及养护

1）代用法：每个样品需准备两块边长约 100mm 的玻璃板，凡与水泥净浆接触的表面均应涂上一层油。将制好的标准稠度净浆取出一部分分成两等分，使之成球形，放在涂过油的玻璃板上，轻轻振动玻璃板，并用湿布擦过的小刀由边缘向中央抹动，做成直径 70~80mm、中心厚约 10mm、边缘渐薄、表面光滑的试饼。接着将试饼放入湿气养护箱内,自成型时起,养护 24±2h。

2) 标准法(雷氏夹法):雷氏夹试件的制备是将预先准备好的雷氏夹放在已稍擦油的玻璃板上,并立刻将已制好的标准稠度净浆(与饼法相同)装满试模,装模时一只手轻轻扶持试模,另一只手用宽约 25mm 的直边刀在浆体表面轻轻插捣 3 次左右,然后抹平,盖上稍涂油的玻璃板,接着立刻将试模移至养护箱内养护 24±2h。

(2) 试件沸煮

去掉玻璃板并取下试件。当采用试饼时,先检查其是否完整,在试件无缺陷的情况下将试饼放在沸煮箱的水中箅板上,然后在 30±5min 内加热至沸,并恒沸 180±5min。当用雷氏夹法时,先测量试件指针尖端间的距离(A),精确至 0.5mm,接着将试件放入水中箅板上,指针朝上,试件之间互不交叉,然后在 30±5min 内加热至沸,并恒沸 180±5min。

沸煮结束,即放掉箱中热水,打开箱盖,待箱体冷却至室温时,取出试件进行判断。

4. 试验结果确定

(1) 代用法

目测试件未裂缝,用钢直尺检查也没有弯曲(使钢直尺紧贴试饼底部,以两者间不透光为不弯曲)的试饼为安定性合格,反之为不合格。当两个试饼的判别结果有矛盾时,该水泥也判为不合格。

(2) 标准法

测量指针尖端间距(C),计算沸煮后指针间距增加值(C-A),当两个试件煮后(C-A)的平均值不大于 5.0mm 时为体积安定性合格,当两个试件煮后的(C-A)平均值超过 5mm 时,应用同一样品立即重做一次试验,以复检结果为准。

四、水泥净浆凝结时间的测定

1. 主要仪器设备

(1) 凝结时间测定仪:与测标准稠度用水量时的测定仪相同,只是将试锥换成试针,装净浆的锥模换成圆模,如图 13-6 所示。

(2) 净浆搅拌机、人工拌和圆形钵及拌和铲等。

2. 试验方法及步骤

(1) 测定前,将试模放在玻璃板上,并调整仪器使试针接触玻璃板时,指针对准标尺的零点。

(2) 以标准稠度用水量及 500g 水泥,按水泥标准稠度用水量方法拌制标准稠度水泥净浆,并

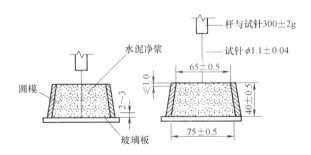

图 13-6 凝结时间测定(尺寸单位:mm)

按照水泥标准稠度用水量方法装模及刮平后立即放入湿气养护箱内。记录水泥全部加入水中的时间作为凝结时间的起始时间。

（3）试件在湿气养护箱中养护至加水后 30min 时进行第一次测定。测定时，从养护箱中取出试模放到试针下，使试针与净浆表面接触，拧紧螺丝，然后突然放松，试针自由沉入净浆，观察试针停止下沉或释放试针 30s 时指针读数。在最初测定时应轻轻扶持试针的滑棒使之徐徐下降，以防止试针撞弯。但初凝时间仍必须以自由降落的指针读数为准。

当临近初凝时，每隔 5min 测定一次，临近终凝时，每隔 15min 测定一次，每次测定不得让试针落入原针孔内，每次测定完毕，须将试模放回养护箱内，并将试针擦净。测定过程中，试模不应振动，在整个测试过程中试针沉入的位置至少要距试模内壁 10mm。

（4）自加水时起，至试针沉入净浆中距底板 4±1mm 时所需时间为初凝时间，到达初凝时应立即重复测一次，当两次结论相同时才能确定到达初凝状态；至试针沉入净浆中离净浆表面不超过 0.5mm 时，所需时间为终凝时间，到达终凝时，需要在试体另外两个不同点测试，确认结论相同才能到达终凝状态，如图 13-6 所示。

五、水泥胶砂强度试验

1. 目的

根据国家标准要求，用 ISO 胶砂法测定水泥各标准龄期的强度，从而确定和检验水泥的强度等级。

2. 主要仪器设备

行星式水泥胶砂搅拌机、胶砂振实台、试模（三联模 40mm×40mm×160mm）、抗折试验机、抗压试验机及抗压夹具、天平、刮平刀，标准养护箱（20℃±1℃，相对湿度大于 90%），养护水槽（深度 100＞mm）。

3. 试验方法及步骤

（1）试件成型

1）成型前将试模擦净，四周模板与底板的接触面应涂黄干油，紧密装配，防止漏浆，内壁均匀涂一薄层机油。

2）水泥与标准砂的质量比为 1∶3，水灰比为 0.50（五种常用水泥品种都相同，但用火山灰水泥进行胶砂检验时用水量按水灰比 0.50 计，若流动性小于 180mm 时，需以 0.01 的整倍数递增的方法将水灰比调至胶砂流动度不小于 180mm）。

3）每成型三条试件需称量水泥 450±2g，中国 ISO 标准砂 1350±5g，水 225±1g。水泥、砂、水和试验用具的温度与实验室温度相同。称量用的天平精度应为 ±1g，当用自动滴管加 225ml 水时，滴管精度应达到 ±1ml。

4）先将称好的水倒入搅拌锅内，再倒入水泥，将袋装的标准砂倒入搅拌机的标准砂斗内。开动搅拌机，搅拌机先慢速搅拌 30s 后，开始自动加入标准砂并慢速搅拌 30s，然后自动快速搅拌 30s 后停机 90s，将粘在搅拌锅上部边缘的胶砂刮下，搅拌机再自动开动,搅拌60s停止。取下搅拌锅。

5)胶砂搅拌的同时,将试模漏斗卡紧在振实台中心,将搅拌好的全部胶砂均匀地装入下料漏斗中,开动振实台,胶砂通过漏斗流入试模,振动(120±5)s停车。

6)振动完毕,取下试模,用刮刀轻轻刮去高出试模的胶砂并抹平,接着在试件上编号,编号时应将试模中的三条试件分在两个以上的龄期内。

7)试验前或更换水泥品种时,搅拌锅、叶片、下料漏斗须擦干净。

(2)养护

养护的目的是为保证水泥的充分水化,并防止干燥收缩开裂。

1)试件编号后,将试模放入标准养护箱或雾室,养护温度保持在20℃±1℃,相对湿度不低于90%,养护箱内篦板必须水平,养护24±3h后取出试模,脱模时应防止试件损伤,硬化较慢的水泥允许延期脱模,但须记录脱模时间。

2)试件脱模后,立即放入水槽中养护,水温为20℃±1℃,试件之间应留有空隙,水面至少高出试件20mm,养护水每两周换一次。

4. 试验结果确定

(1)各龄期的试件,必须在规定的3d±45min;7d±2h;28d±8h内进行强度测试。试件从水中取出后,在强度试验前应先用湿布覆盖。

(2)抗折强度的测定

1)到龄期时取出三个条试件,先做抗折强度的测定,测定前需擦去试件表面水分,清除夹具上水分和砂粒以及夹具上圆柱表面粘着的杂物,将试件放入抗折夹具内,使试件侧面与圆柱接触。

2)采用杠杆式抗折试验机试验时,试件放入前应使杠杆成平衡状态。试件放入后调整夹具,使杠杆在试件折断时,尽可能接近平衡位置。

3)抗折测定时的加荷速度为(50±10)N/s。

4)抗折强度按下式算(精确到0.1MPa):

$$f=\frac{3FL}{2b^3} \tag{13-13}$$

式中　f——抗折强度,MPa;

　　　F——折断时施加于棱柱体中部的荷载(N);

　　　L——两支撑圆柱之间的中心距离(100mm);

　　　b——棱柱体正方形截面的边长(40mm)。

5)抗折强度的评定

以一组三个棱柱体抗折强度测定值的算术平均值作为试验结果,精确至0.1MPa。当三个强度值中有一个超出平均值的±10%时,应将该值剔除后再取平均值作为抗折强度试验结果。

(3)抗压强度的测定

1)抗折试验后的六个断块,应立即进行抗压试验,抗压强度测定需用抗压夹具进行,试件受压断面为40mm×40mm,试验前应清除试件受压面与加压板间的砂粒或杂物，试验时，以试件的侧面作为受压面，并使夹具对准压力机压板中心。

2) 压力机加荷速度应控制在 (2400±200)N/s 范围内，接近破坏时应严格控制。

3) 抗压强度按下式计算（精确至 0.1MPa）：

$$f_c = \frac{F_c}{A} \tag{13-14}$$

式中　f_c——抗压强度（MPa）；
　　　F_c——破坏时的最大荷载（N）；
　　　A——受压部分面积，40mm×40mm＝1600mm²。

4) 抗压强度的评定

以一组三个棱柱体上得到的六个抗压强度测定值的算术平均值作为试验结果，精确至 0.1MPa。如六个测定值中有一个超出平均值的±10%，就应剔除这个结果，而以剩下五个的平均数为试验结果；如果五个测定值中再有超过它们平均值±10%的，则此组结果作废。

试验三　混凝土用骨料试验

一、取样方法

1. 细骨料的取样方法

（1）分批方法：细骨料取样应按批取样，在料堆上取样一般以 400m³ 或 600t 为一批。

（2）抽取试样：在料堆上取样时，应在料堆均匀分布的 8 个不同的部位，各取大致相等的试样一份，取样时先将取样部位的表层除去，于较深处铲取，由各部位大致相等的 8 份试样，组成一组试样。

（3）取样数量：每组试样的取样数量，对于每一单项试验应不少于表 13-4 所规定的取样重量。如确能保证试样经一项试验后不致影响另一项试验结果，可用一组试样进行几项不同的试验。

（4）试样缩分：试样缩分可用分料器法与人工四分法。分料器法是将样品在潮湿状态下拌合均匀，然后通过分料器，将接料斗中的其中一份再次通过分料器。重复上述过程，直到把样品缩分至试验所需量为止。人工四分法是将所取的样品置于平板上，在潮湿的状态下拌合均匀，并堆成厚度约为 20mm 的圆饼。然后沿互相垂直的两条直径把圆饼分成大致相等的 4 份，取其中对角线的两份重新拌匀，再堆成圆饼。重复上述过程，直到把样品缩分至试验所需量为止。

单项试验取样数量（kg） 表13-4

序号	试验项目	最少取样数量	序号	试验项目	最少取样数量
1	颗粒级配	4.4	8	硫化物与硫酸盐含量	0.05
2	含混量	4.4	9	氯化物含量	2.0
3	石粉含量	1.6	10	坚固性	分成公称粒级
4	泥块含量	20.0			5.00～2.50mm、2.50～1.25mm、1.25～0.63mm、0.63～0.315mm、0.315～0.16mm 每个粒级各需100g
5	云母含量	0.6	11	表观密度	2.6
6	轻物质含量	3.2	12	堆积密度与空隙率	5.0
7	有机物含量	2.0	13	碱集料反应	20.0

2. 粗骨料取样法

（1）分批方法：粗骨料取样应按批进行，一般以400m³为一批。

（2）抽取试样：取样应自料堆的顶、中、底三个不同高度处，在均匀分布的5个不同部位，取大致相等的试样一份，共取15份，组成一组试样，取样时先将取样部位的表面铲除，于较深处铲取。从皮带运输机上取样时，应用接料器在皮带运输机机尾的出料处，定时抽取大致等量的石子8份，组成一组样品。从火车、汽车、货船上取样时，由不同部位和深度抽取大致等量的石子16份，组成一组样品。

（3）取样数量：单项试验的最少取样数量应符合表13-5的规定。做几项试验时，如确能保证试样经一项试验后不致影响另一项试验的结果，可用同一试样进行几项不同的试验。

单项试验取样数量（kg） 表13-5

试验项目	不同最大公称粒径(mm)下的最少取样量							
	10.0	16.0	20.0	25.0	31.5	40.0	63.0	80.0
筛分析	8	15	16	20	25	32	50	64
表观密度	8.0	8.0	8.0	8.0	12.0	16.0	24.0	24.0
堆积密度	40.0	40.0	40.0	40.0	80.0	80.0	120.0	120.0

（4）试样缩分：将所取样品置于平板上，在自然状态下拌合均匀，并堆成锥体，然后用前述四分法把样品缩分至试验所需量为止。堆积密度试验所用试样可不经缩分，在拌匀后直接进行试验。

（5）若试验不合格应重新取样，对不合格项应进行加倍复检，若仍有一个试样不能满足标准要求，按不合格处理。

二、砂的筛分析试验

1. 目的

测定砂子的颗粒级配并计算细度模数,为混凝土配合比设计提供依据。

2. 主要仪器设备

标准筛(孔径边长为 9.5、4.75、2.36、1.18、0.6、0.3、0.15mm)、天平、烘箱、摇筛机、浅盘、毛刷等。

3. 试验步骤

(1) 按规定取样,并将试样缩分至 1100g,放在烘箱中于 105±5℃下烘干至恒重,等冷却至室温后,筛除大于 9.50mm 的颗粒(并算出其筛余百分率),分为大致相等的两份备用。

(2) 取试样 500g,精确至 1g。将试样倒入按孔径大小从上到下组合的套筛(附筛底)上,然后进行筛分。

(3) 将套筛置于摇筛机上,摇 10min(也可用手筛)。取下套筛,按筛孔大小顺序再逐个用手筛,筛至每分钟通过量小至试样总量 0.1% 为止。通过的试样放入下一号筛中,并和下一号筛中的试样一起过筛,按顺序进行,直至各号筛全部筛完为止。

(4) 称出各号筛的筛余量,精确至 1g,试样在各号筛上的筛余量不得超过按下式计算出的量,否则应将该筛的筛余试样分成两份或数份,再次进行筛分,并以筛余量之和作为该筛的筛余量。

$$G = \frac{A\sqrt{d}}{200} \tag{13-15}$$

式中　G——在一个筛上的筛余量(g);

　　　A——筛面面积(mm^2);

　　　d——筛孔边长(mm)。

4. 试验结果确定

(1) 分计筛余百分率:各号筛的筛余量与试样总量之比,计算精确至 0.1%。

(2) 累计筛余百分率:该号筛的分计筛余百分率加上该号筛以上各分计筛余百分率之和,精确至 0.1%。筛分后,如每号筛的筛余量与筛底的剩余量之和同原试样质量之差超过 1% 时,须重新试验。

5. 试验结果鉴定

(1) 级配的鉴定:根据各筛两次试验累计筛余的平均值(精确至 1%)绘制级配曲线,对照国家规范规定的级配区范围,判定其是否都处于一处级配区内。

(注:除 4.75mm 和 0.6mm 筛孔外,其他各筛的累计筛余百分率允许略有超出,但超出总量不应大于 5%)。

(2) 粗细程度鉴定:砂的粗细程度用细度模数的大小来判定。细度模数按下式计算(精确到 0.01):

$$\mu_\mathrm{f} = \frac{(\beta_2 + \beta_3 + \beta_4 + \beta_5 + \beta_6) - 5\beta_1}{100 - \beta_1} \tag{13-16}$$

式中 β_1、β_2、β_3、β_4、β_5、β_6——分别为筛孔边长 4.75、2.36、1.18、0.6、0.3、0.15mm 筛上的累计筛余百分率。

根据细度模数的大小，可确定砂的粗细程度。

(3) 筛分试验应采用两个试样平行进行，取两次结果的算术平均值作为测定结果精确至 0.1；如两次所得的细度模数之差大于 0.2，应重新进行试验。

三、碎石或卵石的筛分析试验

1. 目的

测定粗骨料的颗粒级配及粒级规格，以便于选择优质粗骨料，达到节约水泥和提高混凝土强度的目的，同时为使用骨料和混凝土配合比设计提供依据。

2. 主要仪器设备

方孔筛（孔径尺寸为 2.36、4.75、9.50、16.0、19.0、26.5、31.5、37.5、53.0、63.0、75.0、90.0mm 的各一只）、托盘、台秤、烘箱、容器、浅盘等。

3. 试样制备

从取回的试样中用四分法缩取不少于表 13-6 规定的试样数量，经烘干或风干后备用（所余试样做表观密度、堆积密度试验）。

粗骨料筛分试验取样数量 表 13-6

最大公称粒径(mm)	10.0	16.0	20.0	25.0	31.5	40.0	63.0	80.0
试样质量(kg)≥	8	15	16	20	25	32	50	64

4. 试验方法与步骤

(1) 按表 13-6 规定称取试样。

(2) 按试样的粒径选用一套筛，按孔径由大到小顺序叠置于干净、平整的地面或铁盘上，然后将试样倒入上层筛中，将套筛置于摇筛机上，摇 10min。

(3) 按孔径尺寸由大到小顺序取下各筛，分别于洁净的铁盘上摇筛，直至每分钟通过量不超过试样总量的 0.1% 为止，通过的颗粒并入下一筛中。顺序进行，直到各号筛全部筛完为止。当试样粒径大于 19.0mm，筛分时，允许用手拨动试样颗粒，使其通过筛孔。

(4) 称取各筛上的筛余量，精确至 1g。在筛上的所有分计筛余量和筛底剩余的总和与筛分前测定的试样总量相比，相差不得超过 1%。否则，须重做试验。

(5) 试验结果确定

1) 分计筛余百分率：各号筛上筛余量除以试样总质量的百分数（精确到 0.1%）。

2) 累计筛余百分率：该号筛上分计筛余百分率与大于该号筛的各号筛上的分计筛余百分率之总和（精确至 1%）。

粗骨料各号筛上的累计筛余百分率应满足国家规范规定的粗骨料颗粒级配范围

要求。

试验四　普通混凝土试验

一、混凝土拌合物的取样与试验

1. 混凝土工程施工取样
(1) 混凝土强度试样应在混凝土的浇筑地点随机取样。
(2) 试件的取样频率和数量应符合下列规定：
1) 每 100 盘，但不超过 100m³ 的同配合比混凝土，取样次数不应少于一次；
2) 每一工作班拌制的同配合比的混凝土不足 100 盘和 100m³ 时其取样次数不应少于一次；
3) 当一次连续浇筑同配合比混凝土超过 1000m³ 时，每 200m³ 取样不应少于一次；
4) 对房屋建筑，每一楼层、同一配合比的混凝土，取样不应少于一次。
5) 同一组混凝土拌合物的取样应从同一盘混凝土或同一车混凝土中取样。取样量应多于试验所需量的 1.5 倍，且应不低于 20L。
6) 混凝土拌合物的取样应具有代表性，宜采用多次采样的方法。一般在同一盘混凝土或同一车混凝土中的约 1/4 处、1/2 处和 3/4 处之间分别取样，从第一次取样到最后一次取样不宜超过 15min，然后人工搅拌均匀。从取样完毕到开始做各项性能试验不宜超过 5min。
(3) 每批混凝土试样应制作的试件总组数，除满足标准规定的混凝土强度评定所必需的组数外，还应留置为检验结构或构件施工阶段混凝土强度所必需的试件。
2. 混凝土试件的制作与养护
(1) 每次取样应至少制作一组标准养护试件。
(2) 检验评定混凝土强度用的混凝土试件，其成型方法及标准养护条件应符合现行国家标准《普通混凝土力学性能试验方法标准》(GB/T 50081—2002) 的规定。
(3) 在试验室拌制混凝土进行试验时，拌合用的骨料应提前运入室内。拌合时试验室内的温度应保持在 20±5℃。
(4) 试验室拌制混凝土时，材料用量以质量计，称量的精确度：骨料为 ±1%；水泥、水和外加剂均为 ±0.5%。
(5) 拌合物拌合后应尽快进行试验。实验前，试样应经人工略加搅拌，以保证其质量均匀。

二、普通混凝土拌合物和易性试验

新拌混凝土拌合物的和易性是保证混凝土便于施工、质量均匀、成型密实的性能，它是保证混凝土施工和质量的前提。

1. 适用范围

本试验方法适用于坍落度值>10mm，骨料最大粒径≤40mm 的混凝土拌合物测定。

2. 主要仪器设备

坍落度筒（见图 13-7）、捣棒、小铲、木尺、钢尺、拌板、抹刀、下料斗等。

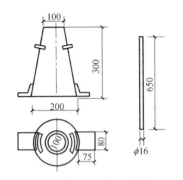

图 13-7 标准坍落度筒（单位：mm）

3. 试验方法及步骤

（1）按配合比计算 15L 材料用量并拌制混凝土（骨料以全干状态为准）。

人工拌和：将称好的砂子、水泥（和混合料）倒在铁板上，用平头铁锹翻至颜色均匀，再放入称好的石子与之拌和至少翻拌三次，然后堆成锥形，将中间扒一凹坑，加入拌和用水（外加剂一般随水一同加入）小心拌和，至少翻拌六次，每翻拌一次，应用铁锹将全部混凝土铲切一次。拌和时间从加水完毕时算起，在 10min 内完成。

机械拌和：拌和前应将搅拌机冲洗干净，并预拌少量同种混凝土拌和物或与拌和混凝土水灰比相同的砂浆，使搅拌机内壁挂浆。向搅拌机内依次加入石子、砂和水泥，干拌均匀，再将水徐徐加入，全部加料时间不超过 2min，水全部加入后，继续拌和 2min。将混合料自搅拌机卸出备用。

（2）湿润坍落度筒及其他用具，把筒放在铁板上，用双脚踏紧踏板。

（3）用小方铲将混凝土拌物分三层均匀地装入筒内，每层高度约为筒高的 1/3 左右。每层用捣棒沿螺旋方向在截面上由外向中心均匀插捣 25 次。插捣深度要求为：底层应穿透该层，上层应插到下层表面以下约 10~20mm。

（4）顶层插捣完毕后，用抹刀将混凝土拌和物沿筒口抹平，并清除筒外周围的混凝土。

（5）将坍落度筒徐徐垂直提起，轻放于试样旁边。坍落度筒的提离过程应在 5~10s 内完成，从开始装料到提起坍落度筒的整个过程应不间断地进行，并在 150s 内完成。用钢尺量出试样顶部中心与坍落度筒的高度之差，即为坍落度值（见图 13-8）。

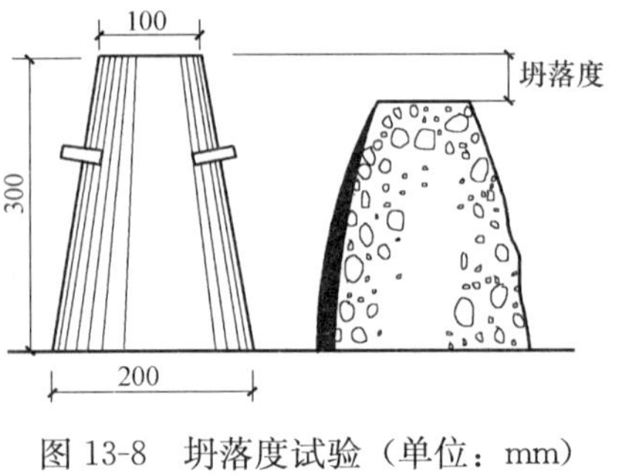

4. 试验结果确定

（1）坍落度测定

提起坍落度筒后，立即测量筒高与坍落后混凝土试件最高点之间的高度差，此值即为混凝土拌合物的坍落度值，单位 mm，并精确至 5mm。

图 13-8 坍落度试验（单位：mm）

坍落度筒提起后,如混凝土拌合物发生崩塌或一边剪切破坏,则应重新取样进行测定,如仍然出现上述现象,则该混凝土拌合物和易性不好,并应记录备查。

(2) 黏聚性和保水性的评定

黏聚性和保水性测定是在测量坍落度后,再用目测观察判定黏聚性和保水性。

1) 黏聚性检验方法:用捣棒在已坍落的混凝土锥体侧面轻轻敲打,此时,如锥体渐渐下沉,则表示黏聚性良好,如锥体崩裂或出现离析现象,则表示黏聚性不好。

2) 保水性检验:坍落度筒提起后,如有较多的稀浆从底部析出,锥体部分的混凝土拌合物也因失浆而集料外露,则表明保水性不好。

坍落度筒提起后,如无稀浆或仅有少量稀浆从底部析出,则表明混凝土拌合物保水性良好。

当混凝土拌合物的坍落度大于 220mm 时,用钢尺测量混凝土扩展后最终的最大直径和最小直径,在这两个直径之差小于 50mm 的条件下,用其算术平均值作为坍落扩展度值;否则,此次试验无效。

如果发现粗骨料在中央集堆或边缘有水泥浆析出,表示此混凝土拌合物抗离析性不好,应予记录。混凝土拌合物坍落度和坍落扩展度值以毫米为单位,测量精确至 1mm,结果表达修约至 5mm。

5. 和易性的调整

(1) 当坍落度低于设计要求时,可在保持水胶比不变的前提下,适当增加水泥浆量,其数量可为原来计算用量的 5%～10%。

当坍落度高于设计要求时,可在保持砂率不变的条件下,增加骨料用量。

(2) 若出现含砂量不足,导致黏聚性、保水性不良时,可适当增大砂率,反之则减小砂率。

三、普通混凝土立方体抗压强度试验

1. 目的

学会混凝土抗压强度试件的制作方法,用以检验混凝土强度,确定、校核混凝土配合比,并为控制混凝土施工质量提供依据。

2. 主要仪器设备

压力试验机、上下承压板、振动台、试模、捣棒、小铲、钢直尺等。

3. 制作方法

(1) 制作试件前首先检查试模,拧紧螺栓,清刷干净,并在其内壁涂上一薄层矿物油脂。

(2) 试件的成型方法应根据混凝土的坍落度来确定。

1) 坍落度小于 70mm 的混凝土拌合物应采用振动成型。其方法为将拌好的混凝土拌合物一次装入试模,装料时应用抹刀沿试模内壁略加插捣并使混凝土拌合物稍有富余,然后将试模放到振动台上,用固定装置予以固定,开动振动台并计时,当拌合物表

面出现水泥浆时，停止振动并记录时间，不得过振。用抹刀沿试模边缘刮去多余拌合物，并抹平。

2）坍落度大于70mm的混凝土拌合物采用人工捣实成型。其方法为将混凝土拌合物分两层装入试模，每层装料的厚度大致相同，插捣时用垂直的捣棒按螺旋方向由边缘向中心进行，插捣底层时捣棒应达到试模底面，插捣上层时，捣棒应贯穿下层深度20～30mm，并用抹刀沿试模内侧插入数次，以防止麻面，每层插捣次数随试件尺寸而定：

100mm×100mm×100mm的试件插捣12次；
150mm×150mm×150mm的试件插捣25次；
200mm×200mm×200mm的试件插捣50次；

捣实后，刮去多余混凝土，并用抹刀刮平。

4. 试件养护

（1）采用标准养护的试件成型后应覆盖表面，防止水分蒸发，并在20±5℃的室内静置24～48h，然后编号拆模。

（2）拆模后的试件应立即放入标准养护室（温度为20℃±2℃，相对湿度为95％以上）养护，或在温度为20℃±2℃不流动的$Ca(OH)_2$饱和溶液中养护。每一龄期试件的个数一般为一组三个，试件之间彼此相隔10～20mm，并应避免用水直接冲淋试件。

（3）试件成型后需与构件同条件养护的，应覆盖其表面，试件拆模时间可与实际构件拆模时间相同，拆模后，试件仍需与构件保持同条件养护。

5. 抗压强度测定

到达试验龄期时，从养护室取出试件并擦拭干净，将上下承压板面擦干净，检查试件外观并测量试件尺寸（准确至1mm），当试件有严重缺陷时应废弃。将试件放在试验机的下压板正中，加压方向应与试件捣实方向垂直。调整球座，使试件受压面接近水平位置。在试验过程中应连续均匀地加荷，混凝土强度等级<C30时，加荷速度取0.3～0.5MPa/s，混凝土强度等级≥C30且<C60时，取0.5～0.8MPa/s，混凝土强度等级≥C60时，取0.8～1.0MPa/s。当试件接近破坏而开始迅速变形时，停止调整试验机油门，直至试件破坏，然后记录破坏荷载F（N）。

6. 试验结果确定

（1）混凝土立方体试件抗压强度按下式计算（精确至0.1MPa）：

$$f_{cu,k}=\frac{F}{A} \tag{13-17}$$

式中　$f_{cu,k}$——混凝土立方体试件抗压强度（MPa）；
　　　F——破坏荷载（N）；
　　　A——试件受压面积（mm^2）。

（2）以三个试件抗压强度的算术平均值作为每组试件的强度代表值，精确到0.1MPa。如果一组试件中强度的最大值或最小值与中间值之差超过中间值的15％时，取中间值作为该组试件的强度代表值；如果一组试件中强度的最大值和最小值与中间值之差均超过中间值的 15%时，则该组试验作废（根据设计规定，可采用大于 28d 龄期的混凝土试件）。

（3）混凝土抗压强度是以 150mm×150mm×150mm 的立方体试件作为抗压强度的标准试件，混凝土强度等级＜C60 时，用非标准试件测得的强度值均应乘以尺寸换算系数：其值为对 200mm×200mm×200mm 试件的换算系数为 1.05，对 100mm×100mm×100mm 试件的换算系数为 0.95。当混凝土强度等级≥C60 时，宜采用标准试件；使用非标准试件时，尺寸换算系数应由试验确定，其试件数量不应少于 30 个对组。

试验五　建筑砂浆试验

一、砂浆的稠度试验

1. 目的

通过稠度试验，可以测得达到设计稠度时的加水量，或在施工期间控制稠度以保证施工质量。

2. 仪器设备

砂浆稠度仪（图 13-9）、捣棒、台秤、拌锅、拌合钢板、秒表等。

3. 试验方法与步骤

（1）将拌好的砂浆装入圆锥筒内，装至筒口下约 10mm，用捣棒插捣 25 次，前 12 次需插到筒底，然后将砂浆筒在桌上轻轻振动 5~6 下，使之表面平整，再移置于砂浆稠度仪台座上。

（2）放松固定螺钉，使圆锥体的尖端和砂浆表面接触，并对准中心，拧紧固定螺钉，读出标尺读数，然后突然放开固定螺钉，使圆锥体自由沉入砂浆中 10s 后，读出下沉的距离（以 mm 计），即为砂浆的稠度值。

4. 试验结果确定

（1）以两次测定结果的算术平均值作为砂浆稠度测定结果，如两次测定值之差大于 20mm，应重新配砂浆测定。

（2）如稠度值不符合要求，可酌情加水或石灰膏，重新再测，直到符合要求为止。但从加水拌合算起，时间不准超过 30min，否则重拌。

二、砂浆的分层度试验

1. 目的

测定砂浆的稳定性，并依此判断砂浆在运输、停放及使用时各组分保持均匀、不离析的性质。

2. 主要仪器设备

分层度测定仪（图 13-10），其他仪器同稠度试验仪器。

3. 试验方法与步骤

（1）将拌好的砂浆，测出稠度值 k_1（mm）后，重新拌匀，一次注入分层度测定仪中。

（2）静置 30min 后，去掉上层 20cm 砂浆，然后取出底层 10cm 砂浆重新拌合均匀，再测定砂浆稠度值 k_2（mm）。

（3）两次砂浆稠度值的差值（k_1-k_2）即为砂浆的分层度。

4. 试验结果评定

砂浆的分层度宜在 10～30mm 之间，如大于 30mm，易产生分层、离析、泌水等现象，如小于 10mm，则砂浆过粘，不易铺设且容易产生干缩裂缝。一般取两次试验的平均值作为试验砂浆的分层度。

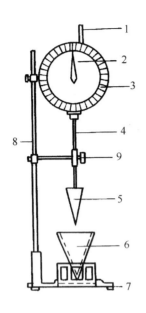

图 13-9　砂浆稠度测定仪

1—齿条测杆；2—指针；
3—刻度盘；4—滑杆；5—圆锥体；
6—圆锥筒；7—底座；
8—支架；9—制动螺丝

三、砂浆的抗压强度试验

1. 目的

检验砂浆的实际强度，依此确定砂浆的强度等级，并判断是否达到设计要求。

2. 主要仪器设备

压力机、试模（规格 70.7mm×70.7mm×70.7mm 无底试模）、捣棒、馒刀等。

3. 试验方法及步骤

（1）砌砖砂浆试件：

1）将内壁事先涂刷薄层机油的无底试模，放在预先铺有吸水性较好湿纸的普通砖上。

2）砂浆拌好后一次装满试模内，用直径 10mm，长 350mm 的钢筋捣棒（其一端呈半球形）均匀插捣 25 次，然后在四侧用馒刀沿试模壁插捣数次，砂浆应高出试模顶面 6～8mm。

3）当砂浆表面开始出现麻斑状态时（约 15～30min）将高出部分的砂浆沿试模顶面削去抹平。

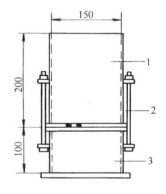

图 13-10　砂浆分层度筒（mm）

1—无底圆筒；2—连接螺栓；3—有底圆筒

（2）砌石砂浆试件：

1）试件用带底试模制作。

2）砂浆分两层装入试模（每层厚度约 40mm），每层均匀插捣 12 次，然后沿试模壁用抹刀插捣数次。砂浆应高出试模顶面 6～8mm，1～2h 内，用刮刀刮掉多余的砂浆，并抹平表面。

(3) 试件拆模与养护：

1) 试件制作后应在 20±5℃温度环境下静置一昼夜（24±2h），当气温较低时，可适当延长时间，但不超过两昼夜，然后对试件进行编号并拆模。小心拆模，不要损坏试件边角。

2) 试件养护。水泥混合砂浆应在温度为 20±3℃，相对湿度为 60%～80%的条件下养护；水泥砂浆或微沫砂浆应在温度为 20±3℃，相对湿度为 90%以上的潮湿条件下养护。

3) 自然养护。水泥混合砂浆应在高于 0℃，相对湿度为 60%～80%的条件下（如养护箱中或不通风的室内）养护；水泥砂浆和微沫砂浆应在正温度并保持试件表面湿润的状态下（如湿砂堆中）养护。养护期间必须作好温度记录。

4. 抗压强度试验

(1) 试验前，应将试件表面刷净擦干，以试件的侧面作受压面进行抗压强度试验。

(2) 试验时，加荷速度必须均匀，加荷速度为 0.5～1.5kN/s。

5. 试验结果确定

(1) 单个砂浆试件的抗压强度按下式计算（精确至 0.1MPa）：

$$f_m = \frac{F}{A} \tag{13-18}$$

式中　f_m——单个砂浆试件的抗压强度（MPa）；

　　　F——破坏荷载（N）；

　　　A——试件的受力面积（mm²）。

(2) 每组试件为 6 块，取 6 个试件试验结果的算术平均值（计算精确至 0.1MPa）作为该组砂浆试件的抗压强度。当 6 个试件中的最大值或最小值与平均值的差超过 20%时，以中间 4 个试件的平均值作为该组试件的抗压强度值。

试验六　钢筋试验

一、一般规定

1. 同一截面尺寸和同一炉罐号组成的钢筋分批验收时，每批质量不大于 60t。如炉罐号不同时，应按《钢筋混凝土结构用热轧光圆（带肋）钢筋》的规定验收。

2. 钢筋应有出厂合格证或试验报告单。验收时应抽样作力学性能试验，包括拉力试验和冷弯试验两个项目。两个项目中如有一个项目不合格，该批钢筋即为不合格品。

3. 钢筋在使用中如有脆断、焊接性能不良或力学性能显著不正常时，还应进行化学成分分析及其他专项试验。

4. 取样方法和结果评定规定，自每批钢筋中任意抽取两根，于每根距端部 500mm 处各取一套试样（两根试件），在每套试样中取一根作拉力试验，另一根作冷弯试验。在拉力试验的两根试件中，如其中一根试件的屈服点、抗拉强度和伸长率三个指标中，有一个指标达不到标准中规定的数值，应再抽取双倍（4根）钢筋，制取双倍（4根）试件重做试验，如仍有一根试件的一个指标达不到标准要求，则不论这个指标在第一次试件中是否达到标准要求，拉力试验项目也按不合格处理。在冷弯试验中，如有一根试件不符合标准要求，应同样抽取双倍钢筋，制成双倍试件重做试验，如仍有一根试件不符合标准要求，冷弯试验项目即为不合格。

5. 试验应在室温 10~35℃ 范围内进行，对温度要求严格的试验，试验温度为 23±5℃。

二、拉伸试验

1. 试验目的

测定低碳钢的屈服强度、抗拉强度与延伸率。注意观察拉力与变形之间的变化。确定应力与应变之间的关系曲线，评定钢筋的强度等级。

2. 主要仪器设备

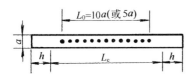

图 13-11 钢筋拉伸试件
a—试样原始直径；L_0—标距长度；
h—夹头长度；L_c—试样平行长度
（不小于 L_0+a）

（1）万能材料试验机 为保证机器安全和试验准确，其吨位选择最好是使试件达到最大荷载时，指针位于指示度盘第三象限内。试验机的测力示值误差不大于1%。

（2）量爪游标卡尺（精确度为 0.1mm）。

3. 试件制作和准备

抗拉试验用钢筋试件不得进行车削加工，可以用两个或一系列等分小冲点或细划线标出原始标距（标记不应影响试样断裂），测量标距长度 L_0（精确至 0.1mm），如图 13-11 所示。计算钢筋强度用横截面积采用表 13-7 所列公称横截面积。

钢筋的公称横截面积   表 13-7

公称直径(mm)	公称横截面积(mm²)	公称直径(mm)	公称横截面积(mm²)
8	50.27	22	380.1
10	78.54	25	490.9
12	113.1	28	615.8
14	153.9	32	804.2
16	201.1	36	1018
18	254.5	40	1257
20	314.2	50	1964

4. 屈服强度和抗拉强度的测定

(1) 调整试验机测力度盘的指针，使对准零点，并拨动副指针，使与主指针重叠。

(2) 将试件固定在试验机夹头内。开动试验机进行拉伸，拉伸速度为：屈服前，应力增加速度按表 13-8 规定，并保持试验机控制器固定于这一速率位置上，直至该性能测出为止；屈服后或只需测定抗拉强度时，试验机活动夹头在荷载下的移动速度不大于 $0.5L_0/\min$。

屈服前的加荷速率　　　　　　　　　　表 13-8

金属材料的弹性模量（MPa）	应力速率[N/(mm²·s)]	
	最小	最大
<150000	2	20
≥150000	6	60

(3) 拉伸中，测力度盘的指针停止转动时的恒定荷载，或第一次回转时的最小荷载，即为所求的屈服点荷载 F_s(N)。按下式计算试件的屈服强度：

$$f_y = \frac{F_s}{A} \tag{13-19}$$

式中　f_y——屈服强度（MPa）；
　　　F_s——屈服点荷载（N）；
　　　A——试件的公称横截面积（mm²）。

当 $f_y>1000$MPa 时，应计算至 10MPa；f_y 为 200~1000MPa 时，计算至 5MPa；$f_y \leq 200$MPa 时，计算至 1MPa。

(4) 向试件连续施载直至拉断，由测力度盘读出最大荷载 F_b（N）。按下式计算试件的抗拉强度：

$$f_u = \frac{F_b}{A} \tag{13-20}$$

式中　f_u——抗拉强度（MPa）；
　　　F_b——最大荷载（N）；
　　　A——试件的公称横截面积（mm²）。

f_u 计算精度的要求同 f_y。

5. 伸长率测定

(1) 将已拉断试件的两段在断裂处对齐，尽量使其轴线位于一条直线上。如拉断处由于各种原因形成缝隙，则此缝隙应计入试件拉断后的标距部分长度内。

(2) 如拉断处到邻近的标距点的距离大于 1/3（L_0）时，可用卡尺直接量出已被拉长的标距长度 L_1（mm）。

(3) 如拉断处到邻近的标距端点的距离小于或等于 1/3（L_0），可按下述移位法确定 L_1：

在长段上，从拉断处 O 取基本等于短段格数，得 B 点，接着取等于长段所余格数 [偶数，图 13-12（a）] 之半，得 C 点；或者取所余格数 [奇数，图 13-12（b）] 减 1 与加 1 的一半，得 C 与 C_1 点。移位后的 L_1 分别为 $AO+OB+2BC$ 或者 $AO+OB+$

$BC + BC_1$。

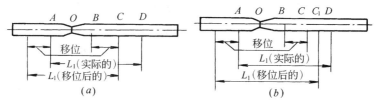

图 13-12 用移位法计算标距

如果直接量测所求得的伸长率能达到技术条件的规定值,则可不采用移位法。

(4) 伸长率按下式计算（精确至 1‰）：

$$\delta_{10}(\text{或}\delta_5) = \frac{L_1 - L_0}{L_0} \times 100\% \tag{13-21}$$

式中 δ_{10}、δ_5——分别表示 $L_0 = 10d$ 或 $L_0 = 5d$ 时的伸长率；

L_0——原标距长度 $10d$ ($5d$) (mm)；

L_1——试件拉断后直接量出或按移位法确定的标距部分长度 (mm)（测量精确至 0.1mm）。

(5) 如试件在标距端点上或标距处断裂，则试验结果无效，应重做试验。

三、冷弯试验

1. 主要仪器设备

压力机或万能试验机，具有不同直径的弯心。

2. 试验步骤

(1) 钢筋冷弯试件不得进行车削加工，试样长度通常按下式确定：

$$L \approx 5a + 150 \text{ (mm)} \quad (a \text{ 为试件原始直径}) \tag{13-22}$$

(2) 半导向弯曲

试样一端固定，绕弯心直径进行弯曲，如图 13-12 (a) 所示。试样弯曲到规定的弯曲角度或出现裂纹、裂缝或断裂为止。

(3) 导向弯曲

1) 试样放置于两个支点上，将一定直径的弯心在试样两个支点中间施加压力，使试样弯曲到规定的角度，如图 13-12 (b) 所示或出现裂纹、裂缝、断裂为止。

2) 试样在两个支点上按一定弯心直径弯曲至两臂平行时，可一次完成试验，亦可先弯曲到图 13-12 (b) 所示的状态，然后放置在试验机平板之间继续施加压力，压至试样两臂平行。此时可以加与弯心直径相同尺寸的衬垫进行试验，如图 13-13 (c) 所示。

当试样需要弯曲至两臂接触时，首先将试样弯曲到图 13-13 (c) 所示的状态，然后放置在两平板间继续施加压力，直至两臂接触，如图 13-13 (d) 所示。

3) 试验应在平稳压力作用下，缓慢施加试验压力。两支辊间距离为 $(d + 2.5a) \pm 0.5a$，并且在试验过程中不允许有变化。

4) 试验应在 10～35℃ 或控制条件 23±5℃ 下进行。

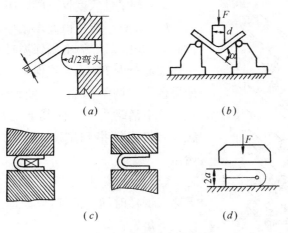

图 13-13 弯曲试验示意图

3. 试验结果评定

弯曲后，按有关标准规定检查试样弯曲外表面，进行结果评定。若无裂纹、裂缝或裂断，则评定试样合格。

试验七 石油沥青试验

一、石油沥青针入度测定

1. 试验目的

针入度是表示沥青流动性的指标，根据它来确定石油沥青的牌号。

2. 试验材料

石油沥青取样，以 20t 沥青为一个取样单位。从每个取样单位的 5 个不同部位，各取大致相同量的洁净试样，共约 1kg，作为该批沥青的平均试样。

将沥青试样装入金属皿中在密闭电炉上加热熔化，加热温度不得比估计的软化点高出 100℃，充分搅拌，至气泡完全消除为止。将用 0.6～0.8mm 筛网过滤后的熔化沥青注入试样皿中，试样厚度不小于 30mm，放在环境温度 15～30℃中冷却 1h，再把试样皿浸入 25±0.5℃的恒温水浴中，恒温 1h，水浴中水面应高于试样表面 25mm。至此，试样制备完毕，准备试验。

3. 仪器与设备

针入度仪（见图 13-13）、恒温水浴、试样皿（金属圆柱形平底容器）、温度计、秒表、平底玻璃皿等。

4. 试验方法及步骤

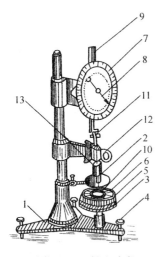

图 13-14 针入度仪
1—底座；2—小镜；3—圆形平台；4—调平螺丝；5—保温皿；6—试样；7—刻度盘；8—指针；9—活动齿杆；10—标准针；11—连杆；12—按钮；13—砝码

(1) 调平针入度仪三脚底座。

(2) 将试样皿从恒温水浴中取出，置于水温严格控制为 25±0.1℃ 的平底保温玻璃皿中，水面应高出试样表面至少 10mm。将保温玻璃皿置于底座上的圆形平台上。调整标准针，使针尖正好与试样表面接触。拉下活动齿杆，使其下端与标准针连杆顶端接触，并将指针指到刻度盘上的"0"位上，记录初始值。

(3) 压下按钮，同时启动秒表。当标准针自由落下穿入试样时间达 5s 时，立即放松按钮，使标准针停止下落。

(4) 拉下活动齿杆与标准针连杆顶端接触。记录刻度盘上所指数值（或与初始读值之差），即为试样的针入度值（图 13-14）。

(5) 每一试样进行平行测定至少三次。每次试验后，应将标准针用浸有煤油、苯或汽油的布擦净，再用干布擦干。各测定点间距离及测定点与试样边缘之间的距离应不小于 10mm。每次测定前应将平底玻璃皿放入恒温水浴，测定期间要随时检查保温皿内水温，使其恒定。

(6) 测定针入度大于 200 的沥青试样时，至少用 3 根针，每次测定后将针留在试样中，直至 3 次测定完成后，才能把针从试样中取出。

5. 试验结果确定

(1) 以每一试样的三次测定值的算术平均值为该试样的针入度值。

(2) 三次测定值中的最大与最小值之差，当针入度低于 49 度时，不大于 2 度；针入度为 50～149 度时，不应大于 4 度；针入度为 150～249 度时，不应大于 6 度；针入度为 250～350 度时，不应大于 10 度。

二、石油沥青的延度测定

1. 试验目的

延伸度是表示石油沥青塑性的指标，它也是评定石油沥青牌号的指标之一。

2. 试验材料

(1) 取样方法与针入度试验相同。制备试件之前，将 8 字形试模的侧模内壁及玻璃板上涂以隔离剂（甘油∶滑石粉=1∶3）。

(2) 将熔化并脱水的沥青用 0.6～0.8mm 的筛网过滤后，浇筑 8 字形试模 3 个。沥青应略高于模面，冷却 30min 后，用热刮刀将试模表面多余的沥青仔细刮平，试样不得有凹陷或鼓起现象，且须与试模高度水平（误差不大于 0.1mm），表面应十分光滑。

3. 仪器设备

延度测定仪（图 13-15a）及 8 字形试模（图 13-15b）。

4. 试验方法及步骤

（1）将试样连同试模及玻璃板（或金属板）浸入恒温水浴或延度仪水槽中，水温保持25±0.5℃，水面高出沥青试件上表面不少于25mm。

（2）检查延度测定仪滑板移动速度（5cm/min），并使指针指向零点。待试件在水槽中恒温1h后，便将试模自玻璃上取下，将模具两端的小孔分别套在延度测定仪的支板与滑板的销钉上，取下两侧模。检查水温，保持在25±0.5℃。

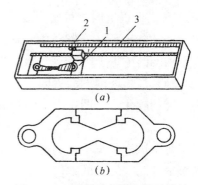

图 13-15 沥青延度测定仪及模具
(a) 延度仪；(b) 延度模具
1—滑板；2—指针；3—标尺

（3）开动延度测定仪，使试样在始终保持的水温中以5±0.25cm/s的速度进行拉伸，仪器不得震动，水面不得晃动，观察沥青试样延伸情况。如果发现沥青细丝浮在水面或沉入槽底时，则应在水中加入酒精或食盐水调整水的密度，直至与试样密度相近后重新试验。

（4）试样拉断时指针所指标尺上的读数即为试样的延度，以"cm"表示。

5. 试验结果确定

取三个试件平行测定值的算术平均值作为测定结果。若三次测定值不在其平均值的5%以内，但其中两个较高值在平均的5%以内，则舍去最低值，取两个较高值的平均值作为测定结果，否则重新试验。正常情况下，试样拉断后呈锥尖状，实际断面接近于零，如果不能得到上述结果，则应报告注明，在此条件下无法测定结果。

三、石油沥青的软化点测定

1. 试验目的

软化点是表示石油沥青温度敏感性的指标，也是评定石油沥青牌号的指标之一。

2. 试验材料

取样方法与针入度试样相同。

制备试样时，将铜环置于涂有隔离剂的玻璃上，往铜环中注入熔化已完全脱水的沥青，注入前用筛孔尺寸为0.6~0.8mm的筛网过滤，注入的沥青稍高于铜环的上表面。试样在15~30℃环境中冷却30min后，用热刮刀刮平，注意使沥青表面与铜环上口平齐，光滑。

3. 仪器与设备

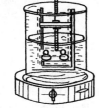

图 13-16 软化点测定仪

软化点测定仪（或称环球仪，包括800mL的烧杯、架子、铜环、环套以及钢球，参见图13-16）、加热器（电炉）、温度计等。

4. 试验步骤

（1）将铜环水平放置在架子的小孔上，中间孔穿入温度计。将架子置于烧杯中。

（2）烧杯中装5±0.5℃的水。如果预计软化点较高，在80℃以上时，可装入30±1℃的甘油，装入水或甘油的高度应与架子上的标记相平。经30min后，在铜环中沥青试样的中心各放置一枚3.5g重的钢球。将烧杯移至放有石棉网的电炉上加热，开始加热3min后，升温速度应保持5±0.5℃/min。随着温度的不断升高，环内的沥青因软化而下坠，当沥青裹着钢球下坠到底板时，此时的温度即为沥青的软化点（图13-16）。如升温速度超出规定时，则试验应重做。

5. 试验结果确定

每个试样至少平行测定两个试件，取两个试件测定值的算术平均值作为试验结果。两个试件测定结果的差值不得大于0.5℃（软化点高于80℃的，不得大于1.2℃）。

四、石油沥青油毡试验

1. 取样方法

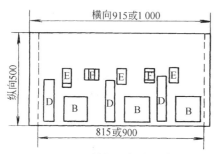

图13-17 试样切取部位示意图

（1）石油沥青油毡以同一生产厂、同一品种、同一标号、同一等级的产品，不超过1500卷为一验收批。

（2）取样方法：每一验收批中抽取一卷，切除距外层卷头2500mm部分后顺纵向截取长度为500mm的全幅卷材两块，一块做物理性能试验用，另一块备用（如由于特殊原因造成试验失败，不能得出结果应取备用试样重做，但须注明原因）。并按试图13-17及表13-9所表示部位、尺寸及数量切取试件。

试件尺寸和数量   表13-9

试 验 项 目		部 位 号	试件尺寸(mm)	数 量
不透水性		B	150×150	3
拉力		D	250×50	3
耐热力度		E	100×50	3
柔度	纵向	F	60×30	3
	横向	F	60×30	3

2. 拉力试验

（1）试验步骤

1）试验应在25±2℃的条件下进行，将试件置于与拉力试验相同温度的干燥处不少于1h。

2）先调整拉力试验机（测试范围：0～1000N或2000N；最小读数5N），在无负荷情况下，空夹具自动下降速度为40～50mm/min，然后将试件夹在拉力机的夹具中心，并不得歪扭，上、下夹具之间的距离为180mm，开动拉力机直至试件被拉断为止，读出拉断时指针所指数值，即为试件的拉力值，如试件断裂处距夹具小于20mm时，该试件试验结果无效，应在同一样品上另行切取试件，重做试验。

(2) 试验结果的确定

拉力试验以三个试件的算术平均值作为试验结果。

3. 耐热度试验

(1) 试验步骤

把准备好的试件用细铁丝或回形针穿过每个试件，将距短边一端1cm处中心的小孔挂好，然后放入标准规定温度的电热恒温箱内（试件与箱壁间距不应小于50mm）2h后取出，观察并记录试件表面有无涂盖层滑动和集中性气泡。

(2) 试验结果的确定

若三个试件表面均无涂盖层滑动和集中性气泡，则耐热度试验合格。

4. 不透水性试验

(1) 试验步骤

1) 试验准备　将洁净水注满水箱后，启动油泵，在油压的作用下夹脚活塞带动夹脚上升，先排净水缸的空气，再将水箱内的水吸入缸内，同时向三个试座充水，当三个试座充满水，并已接近溢出状态时，关闭试座进水阀门，如果水缸内储存水已近断绝，需通过水箱向水缸再次充水，以确保测试的水缸内有足够的储存水。

2) 测试　将三个试件分别置于三个透水盘试座上，涂盖材料薄弱的一面接触水面，并注意"O"型密封圈应固定在试座槽内，试件上盖上金属压盖，然后通过夹脚将试件压紧在试座上，如产生压力影响试验结果，可向水箱泄水，达到减压的目的。

打开试座进水阀门，通过水缸向装好试件的透水盘底座继续充水，当压力表达到指定压力时，停止加压，关闭进水阀和油泵，同时开动定时钟，随时观察试件表面有无渗水现象，直到达到规定时间为止。期间如有渗漏应停机，记录开始渗水时间。试验前，试件在15～30℃的室温及干燥处保持一定时间。水温为20±5℃。

(2) 试验结果确定

若三个试件均无渗水现象，则不透水性合格。

5. 柔度试验

(1) 试验步骤

试件经30min浸泡后，自水中取出，立即沿圆棒（或弯板）用手在约2s时间内按均衡速度弯曲成180°，用肉眼观察试件表面有无裂纹。

(2) 试验结果确定

柔度试验纵向和横向6个试件中，至少5个试件无裂纹，则柔度试验合格。

主要参考文献

[1] 湖南大学等. 土木工程材料. 北京：中国建筑工业出版社，2011.
[2] 刘祥顺. 建筑材料. 北京：中国建筑工业出版社，2011.
[3] 周世琼. 建筑材料. 北京：中国铁道出版社，1999.
[4] 高琼英. 建筑材料. 武汉：武汉理工大学出版社，2006.
[5] 魏鸿汉. 建筑装饰材料. 北京：机械工业出版社，2009.
[6] 王忠德等. 实用建筑材料试验手册（第三版）. 北京：中国建筑工业出版社，2007.
[7] 全国一级建造师执业资格考试用书编写委员会. 建筑工程管理与实务. 北京：中国建筑工业出版社，2011.